THE NAVAL HISTORY OF ENGLAND

図説
イングランド海軍の歴史

小林幸雄
Kobayashi Yukio

原書房

図説　イングランド海軍の歴史

目次

第二部　イングランド海軍の戦い

第四章　覇権

プロローグ

いま思い返すに、イングランド海軍史を紐解くようになった動機は、海軍における階級の呼称に関するささいな疑念であった。例えば、わが帝国海軍や海上自衛隊の佐官級は海軍大佐、海軍中佐及び海軍少佐並びに一等海佐、二等海佐及び三等海佐と等差級数的な秩序で並んでいる。ところが、師匠格のイギリス海軍では、キャプテン、コマンダー及びレフテナント・コマンダーと続いて、そこに段階的な相関性が何も見えてこないから、ただ支離滅裂に並んでいるとしか言いようがない。これがなぜなのか不思議で仕方がなかった。そこで、とりあえず海軍士官の階級のルーツを訪ねてみようと思い立ったわけである。

その当初は、話に聞くイングランド海軍の分野をブラッと冷やかす程度のつもりでしかなかった。われながら突飛な疑問にまさかまともな回答が見つかるとは、思いもしなかったからである。ところが、いかほども歩かないうちに、あっけないほど簡単に答が見つかってしまった。何のことはない、現在では階級となっているアドミラル、キャプテン及びレフテナントは、それぞれが艦隊の長、個艦の長及び艦長の補佐という配置の呼称であった。つまり、そもそもイングランド海軍には階級制度がなかったのである。また、海軍の規模が拡大されると、コマンダー、レフテナント・コマンダー及びサブ・レフテナントという役職が補充された。そして、詳しくは序章に譲るが、海軍に階級の概念が芽生え始めると、従来の配置がそのまま階級の呼称になっていく。そのために階級の上下に何ら脈絡のない配列が出現する結果となったのである。

　このように当初の疑問が解けると、海軍大佐の階級章の金筋がなぜ四本なのか、少佐と中尉にだけなぜ半分の筋があるのかも判った。さらには、国家元首に対する礼砲の発射数を二十一発とした経緯や、英国海軍省設立の発端が賭博の借金の返済策であったことも知った。そうなると、イングランド海軍が単なる歴史ではなく、眼前に実在するロンドンやコツウォルドのように魅力に満ちた都市や村のように思えてくるのである。かくして、イングランド海軍史の散策が本格的に始まった。とはいえ、この世界に足を踏み入れたばかりの頃は、その街角をただ当てどもなく徘徊《はいかい》しただけであったから、道を誤って袋小路に迷い込むこともしばしばであった。だが、そうした行きつ戻りつを十数年も続け、時には小高い丘の上から全域を見渡すと、イングランド海軍史という世界が段々はっきりと見えてきたのである。

　イングランド海軍は、八七五年に時のイングランド王アルフレッドが戦闘艦隊《バトル・フリート》を編成してデーン・ヴァイキングを迎え撃ったことから始まる。これが世界の檜舞台にデビューするのは、ようやく一五八八年の「アルマダの戦い」である。その後、十七世紀後段にオランダ艦隊と三度戦い、一六八八年の名誉革命の翌年からはフランス艦隊と七度の死闘を繰り返し、一八〇五年の「トラファルガー岬の海戦」によって遂に世界の海軍におけるプリマドンナの座を不動のものとする。

　後世のロンドン・タイムズは白色軍艦旗《ホワイト・エンサイン》を掲げた艨艟《もうどう》の群を「世界中の艦隊が束になっても敵わない最強の艦隊[一]」と呼び、自らの国を「海神ネプチューンの想い人《ミストレス》[二]」と称するが、事実、この艦隊はすでに七つの海を制覇し、地球上をあまねく覆うパクス・ブリタニカ[三]の鎮めとなっていた。

　イングランド海軍史はおよそ右のような経緯をたどるが、そこを貫く重要なテーゼが二つある。一つは、「海軍オーナーの変遷」と「制海権の確立」という国内的な紆余曲折である。ある時代から「誰の金で艦艇を建造し、それを誰が運用するか」が問題となり、やがて、国王の私的財産である艦隊が議会や政府の手に移り、遂に常備国家海軍という体制が完成する。そこで初めて、国家と海軍が自国の海上交通路を維持するために制海権という指導理念に到達したのである。もう一つは、より世界史的な有為転変である。イングランドは四周を海に囲まれた島国だが、十五世紀から十六世紀にかけての「地理上の発見」時代には、スペインやポルトガル並びにアジアの明にさえ大きく遅れをとった。いわば、この国は海洋開拓の世界史に遅れて登場した端役に過ぎなかった。その端役の小娘がなぜネプチューンの愛を独り占めしたか、実はこれこそがイングランド海軍史における究極のテーゼである。

　さて、この物語はざっと以上の次第で出来上がったのであるが、著者の知るかぎりにおいて、日本語で綴られた唯一のイングランド海軍通史である。かつて世界の頂点を極めたイングランド海軍の歴史は、ある人には稀有なサクセス・ストーリーと映るだろうし、また別な人には盛者必衰の理《ことわり》を告げる祇園精舎《ぎおんしょうじゃ》の鐘の声とも聞こえよう。しかし、いま改めてイングランド海軍の歴史をたどろうとするとき、そうした先入観や思惑に一切とらわれないように努めた。なぜなら、イングランドの人々は、時に隆盛を誇り、時に見る影もなく凋落する艦隊を良くも悪くも「我らが樫の木の防壁《ウッドン・ウォール》」と呼び続けたが、こうした人々の行為や心情を理解するのに、特定の予断や史観は百害あって一利もないと考えたからである。そこで、イングランドの君主や国民、政治家や提督が、政治や戦争の場でどのように考え、どのように行動したかをできるだけ仔細にたどることに徹した。また、歴史散策の路地裏で仄聞した噂話の類もあまり斟酌せずに挿入した。そうすることで、先の二つのテーゼに関する事由が自ずと明らかになると期待したのである。

　最後に付言すれば、この物語は正面切った海軍戦略・戦術論ではないが、海軍を語る以上、関連する国家政策、戦略及び戦術を避けては通れない。そこで、専門的な概念や用語は必要最小限に留め、これらを判りやすく説明したつもりである。だが、これで果たしてよく理解していただけるのか、今となっては読者諸賢の明察に委ねるよりほか仕方がない。

凡例

● われわれがイギリスとか英国と称する国は、一七〇七年にイングランド王国とスコットランド王国が合併した後、数次にわたり国名を改称する。だが、この物語では、原則として「イングランド」で押し通すことにする。イングランド海軍通史の特徴である一貫性を損ないたくないからである。

本来、イギリスもイングランドも原語はEnglandだが、英国の王室や紋章に詳しい森護氏は、一八〇一年（グレート・ブリテン連合王国がアイルランド王国を合併）以前の連合王国をイギリスと呼ぶのを誤りとしておられる。[四] 日本語のイングランドとイギリスとが微妙に違うのは確かであるが、すでに一七〇八年の『増補華夷通商考』に「イギリス」という呼称が現れているから、何年をもって両者の分岐点とするかには、まだ議論の余地がありそうである。ちなみに、一八〇五年におけるネルソンの有名な信号が「イングランドは諸子らが各自の本分を全うするものと確信せり」と檄を飛ばしている。[五] つまり、イングランドという国名が消滅したのは一七〇七年であるが、百年後のネルソンと同時代の人々は、自らの国を依然イングランドと呼んで憚らなかったのである。

● 年月日の表記については、旧暦と新暦の区別はせずに、両方をそのままとする。ヨーロッパ諸国は一五八二年にユリウス旧暦をグレゴリー新暦に切り替えるが、なぜかイングランドだけが一七五二年九月三日から十三日までの十一枚を日めくりから剝ぎ取って、グレゴリー暦に切り替えた。イングランド海軍史では、旧暦をそのままとするケースと、すべて新暦に換算して表記するケースとがある。だが、旧暦から新暦への換算は十一日を加えればよいし、幸いにも、この物語で取り上げる史実には旧暦から新暦への変換で年が変わる例がないから、混乱は全くないはずである。

● 階級、役職、組織・機関の名称は、原則として原語をカタカナ書きにする。ただし、定訳として誤解と疑問を生じる恐れのないものは、このかぎりではない。また、艦艇名は〈〉に入れた。

● 外国の人名や地名の表記は様々で、言い出したらキリのない厄介な問題である。従って、原則として現地音表記とするが、わが国ですでに定着している呼称はこのかぎりではない。また、特に人名の原綴りをできるだけ脚注に付しておいた。

● 艦隊《フリート》と戦隊《スコードロン》は艦艇部隊の編成規模を示す概念であるが、厳密な一般定義があるわけではない。この物語においては、おおむね二十隻前後以上が艦隊で、それ以下を戦隊とする。

● 最後に、物語とはいえ脚注を付すこととした。この話に出てくるのはすべて史実であるから、これが何を根拠とするか、その見解が誰のものかを明示すべきであると考えたからである。

第一部　イングランド海軍の形態

第一節　海軍

ネービーと海軍

英語の navy という言葉は nauye や navye へと変遷しつつ、五世紀頃に現在の綴りとなるが、初めから海軍を意味したわけではない。試みにオックスフォード英語辞典（OED）で navy を引くと、①（冠詞なしで）無数の船舶、船舶群又は海運。艦隊、特に戦争のために集結された無数の船舶。②国家又は支配者が保有する軍艦並びにこれを運用、維持する組織の総称と説明されている[六]。ちなみに、navy の語源であるラテン語の nāvis も単に「船」を意味しただけである。

確かに、人々は太初の昔から海上を往来し、ここで漁猟もしていた。紀元前の大昔から海賊が横行していたし、アラリヤの海戦やサラミスの海戦をはじめ多くの海戦も生起した[七]。それでも太初の人々がこれらの戦いを「海戦」と呼び、海を戦いの場と認識していたかは大いに疑わしい。なぜなら、人間は早くから舟で海を渡ったが、海上に棲んでいたわけではない。それに、海は土地と違って排他的に所有することもできないから、特定の海域を攻めたり守ったりもしない。こう考えれば、太初の navy に海軍の意味がなくても、さほど驚くにはあたらない。

イングランドで初めて海を戦いの場と認識した人物は、九世紀末のアルフレッド大王である。第二部で詳述するが、彼が初めて戦闘専門の船で艦隊を編成した。だが、その後は一〇六六年のノルマン・コンクェストまで、この国には外敵がやって来なかったから、海軍が歴史に残る活躍をする機会がなかった。このために、当時のアングロ＝サクソン語には、海軍という言葉がなかったのであろう。ならば、いつ頃からnavyが海軍を意味するようになったか。それは十五世紀後段のヘンリー八世時代である。再びＯＥＤによれば、海軍を意味するネービーの初出は、一五四〇年に公布した彼の勅令とされている。[八]

ついでに日本語の海軍であるが、『古事類苑』には「水軍ハ舊《ふる》クフナイクサト云ヒ、後ニ海軍トモ稱ス」と説明されており、初出は一八六一年の海陸御備向並びに御軍制取調御用に対する答申書とされる。同年、その前年に〈咸臨丸〉でアメリカを訪問した木村摂津守をはじめ幕閣十名が、将軍から国防体制の改革策を審問されたのである。その答申書の一節に「尤環海之御国海軍ヲ不レ被レ爲レ興レ候而者、海軍御建興之儀、當今第一之御要務」（四方を海に囲まれるわが国では、海軍の整備が当面第一の課題）とある。では、摂津守らは海軍という熟語をどうして知ったか。当時のことだから、漢籍の類に相違ない。諸橋博士の『大漢和辞典』によれば、海軍とは「海上の軍艦及び海防に関する一切の総称」で、初出は宋史洪邁伝「招二善操レ舟者一、以補二海軍一」（船舶運用術に優れた者を招いて、これを海軍に補任せよ）とある。なお、宋史は一三四五年に完成した正史だから、イングランド人より百年も前に海を戦いの場として認識していたわけである。

中世期イングランドの艦隊

英語のfleetは、flēotが変化して六世紀頃に現在の綴りとなった。これは「海上における船舶とその乗員の集合体」の意味においてnavyとほぼ同義語であった。やがて社会の進化に伴って、船と人による特定の集団が出現すると、これが「フリート」と呼ばれるようになる。そして、navyが海軍を意味するようになると、fleetも「艦隊」を指す言葉となる。だから、前世紀当初まではわざわざbattle fleetと断ったり、現代もあえてmerchant fleetと言うこともある。

中世イングランドでは、国王は戦争の度に艦隊を編成した。当時の戦争には二通りあって、一つは国王自らのイニシアティヴでフランスへ侵攻するようなケースで、この戦争はあくまでも国王の私事と見なされる。この場合、国王が臣下の船を借上げて、自分の船と併せて艦隊を編成した。こうした制度はすでに五世紀半ばのダルリアダ王国（現在のグラスゴー一帯）にあった。ここでは十家族当たり船一隻と乗組員十四人を供出する義務が定められていたが、これが十二世紀後半にシンク・ポーツ制度として定着する。

シンク・ポーツ制度とは、シンク・ポーツに在住する豪族や商人が、国王の要請に基づき自分の船を一定の期間だけ提供し、その見返りに独自の司法権などの特権を授与されるのである。シンク・ポーツとは読んで字の如く五つの港で、イングランド東部のサンドウィッチ、ドーバー、ヘイスティングズ、ロムニー及びハイスという商業港である。後にライとウィンチェルシーが加わると、従前の五港が「基幹港」と呼ばれ、新参入の二港は「旧港」として認められた。すると、さらに仲間入りする港が増え始め、これらは基幹・旧港の「支部港」とされ、最盛期には四十二港を数えた。

シンク・ポーツの船乗りたちは特許状で付与された特権を笠に着て、いつでも好き勝手なことができた。洋上で他の船舶を襲って略奪しようが、密輸に精を出そうが一切お構いなしであった。なぜならば、シンク・ポーツ独自の司法権がある種の治外法権を生み出したからであろう。しかも、中世の歴代国王は周辺海域の秩序を回復・維持するだけの力がなかったから、いつの間にか常備艦隊《フルタイム・フリート》と化したシンク・ポーツ・フリートには、何も怖いものがなかったのである。

もう一つに、外敵襲来という国家非常事態の場合、国王が強権を発動して国中の船を徴用した。その最も有名な事例が、一五八八年にエリザベス一世が編成した対スペイン・アルマダ艦隊である。ただし、この艦隊も臨時編成で、戦いが終われば解散された。かくして、後述するアルフレッド大王時代の一時期を除いて、中世イングランドの歴代国王は戦闘専門の常備艦隊を持たなかったのである。

戦争が国王の私事であるのも、シンク・ポーツ制度で艦隊を編成するのも奇妙な話である。だが、当時のイングランド国王は、周辺の貴族や豪族を代表する存在でしかなかった。王権は絶対専制に拠って立っていたわけではなく、支配する側とされる側の約束事に過ぎず、特権には義務も付随していた。それを如実に表明しているのがマグナ・カルタで、「大憲章」と勿体《もったい》ぶってはいるが、実態はジョン王と貴族・豪族との間の租税契約書でしかない。また、当時のイングランドには「王国《キングダム》」という言葉も国王の印璽もなかった。だから、戦争が国王の私事と見なされもするし、国王が商人から軍艦を借りもしたのである。

近世期イングランドの艦隊

近世期になると戦争の様相が大がかりになり、艦隊は質量ともに拡大される。すると、戦争は王室の私事か国家の大事か、また艦隊という資産《アセット》が王室と国家のいずれに帰属するか、誰の金で艦艇を建造し、それを誰が管理し運用するかが問題となった。そして、いずれの問題も究極的には国王の権限と国民の権利との角逐を生むから、艦隊の維持整備と運用が重大な政治問題となり、遂には内乱と国王刎頸の騒ぎへとエスカレートするのである。この経緯の委細は第二部第三章や第四章で説明するが、以下に予備的な説明をしておく。

近世イングランドにおける艦隊の編成と運用のスタイルは、おおむね四つの段階を経ながら変遷した。そして、いずれもキーワードは「王室の艦隊」か「国民の艦隊」かであり、また「臨時艦隊」か「常備艦隊」かである。

戦闘艦隊の典型を最初に生み出したのはヘンリー八世である。彼は父王ヘンリー七世から相続した十隻の王室艦隊を九十隻の戦闘艦隊に拡張し、その経費はカトリック教会の財産を没収して売却した金を当てた。従って、この艦隊は彼個人の財産であり、完全な「常備王室艦隊」であって、むしろこれこそが真のロイヤル・ネービーと呼ぶに相応しい。

次は、エリザベス一世が編成した対《アンチ》スペイン・アルマダ艦隊の百九十七隻である。彼女は王室艦艇三十四隻しか提供できなかったから、不足分百六十三隻は個人の商船を庸入して補った。艦隊の編成と運用の経費は王室、ロンドンの金融街シティ、シンク・ポーツ及びヴォランティアで分担したから、いわば官民一如のシンク・ポーツ・フリートである。これをエリザベスが運用したが、その目的に国民の疑義を差し挟む余地はなかった。つまり、アンチ・アルマダ艦隊は「臨時王室艦隊」と言える。

三つ目は、ジェイムズ一世とチャールズ一世の初期スチュアート朝海軍である。前者は海軍を無視しながらも、豪華なガレオン艦を国家予算で建造した。後者は艦隊を増強しようとして、船舶税を賦課した。つまり、彼らは「国民の金」で「常備王室艦隊」を構築しようとしたのである。これにジェントリー階層を中心とする議会の庶民院が異を唱えて、遂に革命騒ぎを引き起こす。

最後が、クロムウェルのニュー・モデル・ネービーであり、チャールズ二世が名付けたザ・ロイヤル・ネービーである。前者は共和制海軍であり、当然ながら国家予算で構築し、議会が運用した。後者は国王がロイヤルの接頭辞《エピゼット》を下賜したが、もはや国王は議会の承認なしに艦隊を運用できなかった。即ち、この頃から艦隊は国家の財産と認識され、国民を代表する議会が運用することになった。次いで、一七二一年、ウォルポールが議会に責任を負う責任内閣制を発足させると、議会に代わって政府が艦隊を運用するようになる。つまり、ここに「常備国家艦隊」という近代的なシステムが完成するのである。

こうして艦隊のオーナーが変遷したように、その管理監督機関であるアドミラルティも様々な変遷をたどるが、この組織の長も武官であるロード・ハイ・アドミラルから文官即ち政治家へと変遷する。

つまり、常にイングランド海軍は二つの重要な政治問題の中心にあった。一つは国王と国民の角逐で、もう一つは政治と軍事の関係である。そして、その変遷の過程において、否応なしに軍事の政治的統制《シビリアン・コントロール》の原則が確立され、イングランド海軍が大英帝国への基盤確立政策の強力な道具となったのである。

ちなみに、イングランド海軍史は、初期スチュアート朝時代までの海軍を「ザ・ネービー・ロイヤル（オールド・ネービー）」、共和制時代以降のそれを「ザ・ロイヤル・ネービー（ニュー・ネービー）」と呼び分けているが、これは便宜上の話である。

シーパワー異聞

「シーパワー」という言葉があるが、その概念を本章で論じることはやや違和感を否めない。だが、イングランド海軍史を貫く重要なキーワードの一つであるし、他に適当な場がないので、あえてここで触れる。

プロローグにおいて、ロンドン・タイムズは自らの国の艦隊を世界最強と断定し、自らの国を「海神ネプチューンの想い人《ミストレス》」と称したと述べた。いつもは乙に澄ました高級紙にしては随分とセンセーショナルな表現であるが、世界中の人々はいずれの記事にも特に違和感を覚えなかったに違いない。なぜならば、件の記事を書いた記者と多くの読者の念頭に、その数年前の大ベストセラーである『シーパワーが歴史に及ぼした影響　一六六〇―一七八三年』と『シーパワーがフランスの革命と植民地支配に及ぼした影響　一七七三―一八一二年　第一巻・第二巻』と題する「シーパワー史論」がなかったとは考えられないからである。

この三巻において、著者アルフレッド・マハン[九]は「イングランドのシーパワーこそが今を盛りのパクス・ブリタニカの立役者」と説いた。すると、当時は一介の合衆国海軍大佐に過ぎない著者のご託宣に世界の海軍々人は言うに及ばず、政治家、財界人、学者及び一般知識人らがこぞってひれ伏すように帰依したのである。時のドイツ皇帝ヴィルヘルム二世などはこの三巻を座右の経典として、イギリスとの建艦競争に乗り出した。マハンのシーパワー史論は全く新しいスタイルの海軍史であったが、今なお古典的書物としての地位を不動のものとしている。だから、どういう形にせよイングランド海軍の歴史を主題とするからには、往年のベストセラー『大国の興亡』の著者ポール・ケネディ教授の指摘するとおり、誰しもがマハンのシーパワー史論を原点としなければならないし、[一〇]少なくとも無視することはできない。

三巻併せて千三百三十二頁にわたる教義は、次のように要約されよう。

海洋は世界の共有区域《コモンズ》で、そこには幾つもの常用航路《ハイウェイ》があるから、何人も自由にアクセスできる。昔から様々な国が海洋の彼方から富を運び、その富で権力を獲得してきた。その富と権力をもたらすのがシーパワーである。とりわけ、島国イングランドは、艦隊、海運、植民地を三位一体《トリニティ》とするシーパワーを運用して、遂に植民地大帝国を建設するに至ったが、これほどにシーパワーの及ぼす政治的、経済的な影響は大きいのである。

従来、このような観点から、彼我艦隊の対峙や海戦の意義を論じた歴史書がなかったから、人々は目から鱗の落ちる思いに打たれ、この著作が世界の紙価を高からしめた。だが、浅学を顧みず言えば、マハンのシーパワー方程式は、彼が著書で選択した十七―十九世紀でしか成立しない。その証拠に、第一次世界大戦を境に、大英帝国はかつての面影を急速に失っていくのである。彼自身は「有為転変たる戦術や歴史的情勢に底流する戦略は、万物の不可変かつ普遍の秩序に則る」と胸を張る。[一一]だが、そのこと自体が彼に歴史的省察が欠落している証拠である。彼には「植民地主義的帝国主義が時代に合わなくなる」と予見できなかったから、その結果として、彼のテーゼが時代を超えた普遍性を欠いていたのである。と言って、決して彼を非難するわけではない。当時、世界はまだ帝国主義的拡張の夢を追い求めていたし、如何に優れた歴史家でも、大なり小なり時代の影響を免れないからである。[一二]ただ、今にして見れば、彼の説は大いなる幻想であって、世界中のマハン教徒たちが教祖の六要素をポパイのホウレン草のように飲み込めば、たちまちシーパワー大国になると勘違いしただけである。

次に、最前からしきりに使う「シーパワー」であるが、これはマハンが最初の著作で編み出した造語である。彼は何の変哲もない二つの言葉を組み合わせたシーパワーという新語で、小さな島国が世界帝国へと変身する過程を解明した。これはニュートンが簡潔な数式でリンゴの落ちる理由を説明したように見事であったから、やがて誰しもがシーパワーという言葉を使うようになった。一度使ってみると、確かに便利な言葉ではある。ところが、よくよく考えれば、この言葉の使い勝手がいいのは、まるで呪文のように、その字義が判然としないからである。なぜか当のマハンがその概念を明確に規定しなかったから、人々はシーパワーを論じながら、しばしば同床異夢の混乱を招いた。

そうした事情に鑑み、マハンより半世紀後、イングランド海軍史の泰斗ハーバート・リッチモンド提督[一三]がシーパワーの定義づけを試みた。それによれば、シーパワーとは「国力の一形態であって、一国が戦時に軍事海上輸送と海外通商活動を継続する一方、敵の同様の活動を拒否する力」である。この力は「物理的な要素と精神的な要素」とで構成[一四]されるが、前者は「戦闘手段、拠点及び輸送手段」であり、後者は「その国民の資質、気質及び勇気」である。要するに、シーパワーとは「海軍、海運及び基地の集合体を運用する能力」と理解すればよい。

付言すれば、シーパワーの機能は限定的、流動的かつ暫定的でしかない。海には物理的な境界線を設定できないので、特定の海域を攻めたり、守ったりもできない。結局、人類は海洋を利用するだけであるから、シーパワーの運用も、リッチモンドが言うとおり、軍事機動と通商海運に限定される。すると、「シーパワーが海洋を利用する力ならば、平時における海運、漁業及び海底資源の採掘もシーパワーの機能に加えるべきだ」と言い出す向きがいそうだし、現にそう主張する外国の学者もいる[一五]。だが、それは別の話であって、要らざる混迷を招いて一利もない。やはり、シーパワーはあくまでも政＝戦略《ポリティコ・ミリタリー》的な用語と考えるべきである。

ざっと以上が、この物語で言うシーパワーの意義である。長い説明で気が引けるが、むしろこれもシーパワーの特質かもしれない。先のケネディ教授も言うとおり、「シーパワーの簡潔明瞭な定義など、いまだかつて誰も成功した試しがない」のである[一六]。

第二節　軍艦

ガレー船とラウンド船

古来、外洋航海に用いる船には櫂漕《とうそう》型のガレー船と帆走型のラウンド船とがあった。ガレー船は地中海沿岸国が好んで用いた戦闘専門の船である。これは操縦性能に優れていたが、搭載容積と航洋性に欠けるのが致命的で、帆走船の発達に伴い消滅していった。帆走船は風任せで操縦性を著しく欠くが、航洋性と容積に優れていた。中世期の帆走船は、いずれも船の長さに対して幅が広く、船体形状が樽のようでラウンド・シップと総称された。

イングランドでは、チューダー朝時代まではガレー船もあったが、主力はラウンド船である。この国の周辺海域における気象海象が、航洋性を優先させたのであろう。そして、このラウンド船が時代とともに様々に改善されて、やがてシーパワーの主役となるのである。

ガレー船

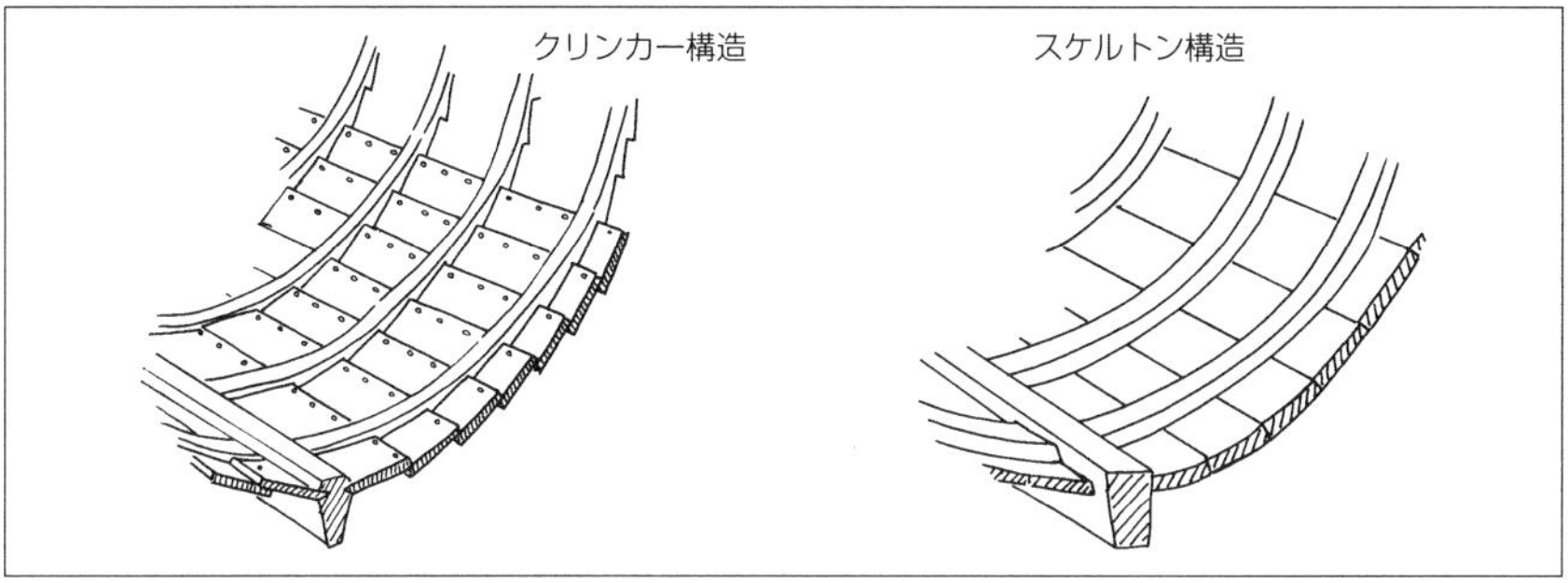

帆船の外板構造

コグ、カラヴェルとカラック

中世初期の代表的な外洋帆走船は、八世紀から十一世紀の間に活躍した北欧のヴァイキング・シップである。この発展型が十三世紀から十五世紀にかけて広く使われたコグと呼ばれる帆走船である。バルト海、北海、北大西洋などで盛んに使われたのを北方コグ、地中海のを地中海コグ又は南方コグとして区別する。このコグ型は鎧張《クリンカー・ビルト》外板構造で、船幅が大きく、船首部と船尾部の形状が丸味を帯び、舵は船尾の舷側に長いオールを一、二本取り付けていた。北方コグは船体中央部の一本マストに長方形か台形の横帆《スクェア・セール》、南方コグは一、二本のマストに三角形の縦帆《ラティーン・セール》をそれぞれ一枚ずつ付けていた。

十三世紀頃からコグ型帆走船の改善が顕著に進んだ。現在のような舵が出現して、これを装備するために船尾部が平板に切り取られた形状となる。十四世紀に入ると、北方と南方コグの艤装と造船技術が融合する。これが地中海西部とポルトガルに現れたカラヴェル型である。先ず、前部《フォア》、中央《メイン》及び後部《ミズン》マストを装備した三本マスト船が出現し、前部と中央のマストにスクェア・セールを、後部マストにはラティーン・セールを張った。スクェア・セールとは千石船の帆のような横帆である。これは船首尾線の左右に張り出すから、大きな推進力が得られる。だが、風に切れ上がる性能を欠き、針路が安定しない欠点もある。一方、ヨットのセールのように船首尾線方向に張るラティーン・セールは、風波を間切りながら一定の針路を維持できるが、推進力には欠ける。中には欲張って四本目のボナベンチャー・マストを増設したものもあるが、最終的には三本マストに落ち着いた。カラヴェル型は百五十トンほどと比較的小型で、スペイン人やポルトガル人が遠洋航海で盛んに使った。コロンブスが新大陸探険航海に使った〈サンタ・マリア〉、〈ピンタ〉及び〈ニーナ〉もカラヴェル型で、全長がそれぞれ九十五フィート、五十八フィート、五十六フィートであった。

十五世紀になると、地中海地方では船の外板に平張外板構造《スケルトン・ビルト》が採用され始めた。この構造は先の鎧張外板構造《クリンカー・ビルト》より堅固であったから、より大型の船が建造されるようになり、これがカラック型と呼ばれた。かくしてカラヴェル船とカラック船の出現で木造帆船の原型が完成し、いよいよ「地理上の発見《ジオグラフィカル・ディスカヴァリーズ》」時代の幕が切って落とされることとなる。なお、この時代がしばしば「大航海時代」とも呼ばれているが、これは日本でしか通用しない。

コグ

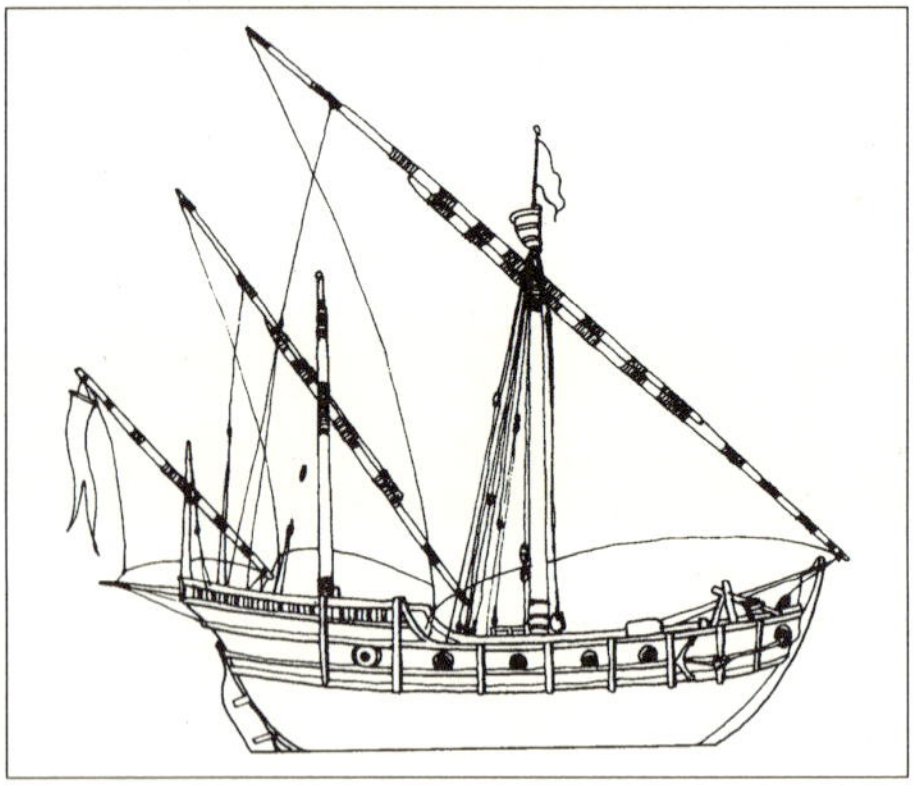

カラヴェル

カラック

ガレオン

　帆船はコグからカラヴェルやカラックへと発展するが、いずれも戦闘艦としての運動性能に欠けた。そこで、オールとセールの両方を装備したガレアス船が出現した。これで運動性能と航洋性能の両方を確保しようというのである。有名なスペインのアルマダ艦隊にも六隻のガレアスが随伴した。だが、このガレアスも航洋性に難があり、戦闘艦は帆走タイプに戻るしかなかった。一六世紀にカラックを大型化したガレオンが登場する。これは船首と船尾に高くそびえる船楼を建て、戦闘専門に設計された。また、カラック型の長さ、幅、高さの比が三対二対一に対して、ガレオン型は六―一〇対二対一とスマートになったが、依然として保針性などの運動性能が思わしくなかった。

　ガレオンの改善に大きく貢献したのは、エリザベス艦隊の管理責任者ジョン・ホーキンズである[一七]。以前から、彼はガレオンの欠点が船首楼にあると考えた。高い船楼が風に押されると、船の保針性に影響

ガレオン

しないはずがないからである。そこで、彼はガレオンの船首楼を取り払って、この船で長期の外洋航海を試みた。その結果、船の耐洋性と運動性が格段に向上した。この性能試験が契機となり、スペインをはじめ各国が様々な改良を加え、ガレオン型が次第に完成されていく。

このようにガレオンは戦闘専門艦としてスタートしたが、帆走性能が向上するに従って、商用にも使われるようになり、ヨーロッパ諸国の大洋航行帆船の主流を占めるようになる。スペイン財宝運搬船もすべてガレオン型が使われていたから、トレジャー・ガレオンとも呼称された。

シップ・オブ・ザ・ラインとフリゲート

これまで述べてきたコグ、カラヴェル、カラック及びガレオンは、いずれも商船としても軍艦としても使われてきた。十七世紀後段になると、商船と軍艦が完全に分かれ、そこに登場したのがシップ・オブ・ザ・ラインとフリゲートである。

シップ・オブ・ザ・ラインという呼称は、この艦種が海戦で演じる役割を示している。大昔から海軍艦隊は陣形を組んで航行したが、戦闘時には個艦単位で行動した。ところが、一六五三年のポートランド岬の海戦において初めてイングランド艦隊が単縦陣を組んで交戦してから、やがて各国の艦隊が単縦列の戦列陣形《ライン・オブ・バトル》を組んで戦うのが当り前になった。つまり、シップ・オブ・ザ・ラインは戦列を構成して、敵の主力と交戦する艦、即ち戦列艦なのである。とは言うものの、戦列艦は造船技術的にはガレオンの延長線上にあった。通念的には、戦列艦とは三本マスト艤装で、二、三層の全通ガン・デッキに五十門以上の砲を装備したものとされる。ガレオンのような高い船尾船楼は跡形もなく消滅していた。そして、戦闘機能の効率性を追求しつつ、艤装は細部に至るまで洗練されていった。

一六四五年、イングランドはこの海軍最初のフリゲート艦を建造したが、ヨーロッパでは何十年も前からこの艦種を運用していた。フリゲートの語源は明確ではないが、地中海方面では早くから小型の多用途船の呼称として流布されていた。フリゲート艦は基本的に戦列艦と同じだが、単層のガン・デッキに装備砲二四—四四門の軽武装小型艦である。そして、優に十四ノットに達する船足を利して、哨戒、索敵、偵察、船団護衛、私掠船・海賊対処、海戦における信号中継及び司令官命令の伝達等々の多岐多様な任務を遂行した。だから、高速フリゲートの出現は海軍史上画期的なことであった。この艦種を編成に加えた艦隊は、ますます均整の取れた姿となり、戦略戦術面で新しい分野が開けたのである。特にネルソンがこれを「艦隊の眼《アイズ・オブ・フリゲート》」と称して重用したことでも広く知られている。

シップ・オブ・ザ・ライン

艦の等級区分

十七世紀末まで、イングランドの軍艦、厳密に言えば王室艦艇に等級区分はなかった。だが、様々な種類の軍艦が登場してくると、建造、維持管理の行政上、軍艦の等級区分という考え方が現れた[一八]。ジェイムズ一世時代の一六一八年、最初の等級区分が次のように制定された。

ロイヤル・シップ（八〇〇トン以上）

グレート・シップ　（六〇〇―八〇〇トン）
ミドル・シップ　（四五〇トン）
スモール・シップ
ピニス（櫂漕式）

次いでチャールズ一世時代の一六四一年、等級を六段階に区分し、これが帆走艦代終幕の一八五〇年代まで継承される。[一九]

面白いことに、等級区分の基準が初めは艦長の俸給額であった。これがトン当たりの乗員数になり、一六七七年に砲一門当たりの乗員数に変わった。やがて造艦技術が確立されると、艦砲の装数により艦のサイズが定まってきた。そこで、艦の等級も下表のように砲装備門数で決めるようになった。

ちなみに、かつてイングランド海軍は、艦名の前にHis Maties Shipという接頭辞を冠したが、Maties は Majesty's の古い綴りの省略形であろうか。これが現在のＨＭＳの三文字になったのは、一七八九年に就役した〈フェニックス〉が最初である。

年　代	1714－60	1762－92	1779	1793－1813	
区分要素	砲　門	砲　門	砲　門	甲板	砲　門
第一等級艦	100	100	100	3	100－
第二等級艦	84－90	84－98	90－98	3	90，98
第三等級艦	64－80	64－80	64－74	2	64，74，80
第四等級艦	50－60	50－60	50	2	50，60
第五等級艦	30－40	22－44	32－44	2	30－40
第六等級艦	10－30	20－30	20－28	1	28

第三節　アドミラルティ

admiralty とアドミラルティ

イングランド海軍の翻訳小説などでは admiralty が「海軍本部」と訳されている。アドミラルティは国王や政府の海軍政策を施行し、海軍全体を統括する機関であるから、つまり海軍省である。だが、訳者たちはそうすることになぜか躊躇して、仕方なく海軍本部という如何にも安っぽい訳語をひねり出したのであろうが、その気持は判らないでもない。思うに、先ず、アドミラルティが最初から海軍省のような近代的な政府行政機関ではなかったからで、次に、最後までネービー・デパートメントと呼ばれることがなかったからであろう。

ＯＥＤは admiralty を「アドミラルの司法機関又は執務室」、「アドミラルが統括する部局」、「海軍の監理部局」と説明し[二〇]、事実、アドミラルティはこの順序で変遷を遂げたが、この三つをうまく統括する日本語がない。「海軍省」は初めの二つにそぐわないし、古い「海軍奉行所」を持ち出しても、「提督府」と新語をひねり出しても、今度は三つ目に当てはまらない。確かに、アドミラルティの最終的な姿は、国家行政組織体の海軍省以外の何ものでもない。しかし、最初のアドミラルティである「アドミラルの司法機関又は執務室」が出現するのは、イングランドにアドミラルが現れる十四世紀初頭で、海軍省としての「海軍の監理部局」にたどり着くのは、ナポレオン戦争末期の十九世紀初頭である。つまり、ＯＥＤが数行で説明する変遷を詳らかにすれば、別表一に示すとおりとなる。この間、約五百年の年月を経て、最後の姿は最初とは似ても似つかないが、これを終始イングランド人がアドミラルティと呼び続けてきたものだから、先のようにわが国の訳者が訳語に困ることになるのである。

ところで、一八六一年二月二十一日、アメリカ合衆国がネービー・デパートメントを設立する。十年後の（明治五年）五月二十八日、わが明治政府が海軍省を創設する。だから、合衆国のネービー・デパートメントを海軍省と訳すのには、誰もが躊躇しないであろう。しかし、アドミラルティを海軍省とするのは何かしら憚られる。確かに、海軍本部と訳されるアドミラルティは大概がナポレオン戦争の話だから、すでに近代国家行政官庁の体を成していて、紛れもなく日米両海軍省の先輩格である。だが、御本家が数百年間も使い続けたアドミラルティという言葉に高々百年前の新造語を当てることに、どうしても違和感を拭いきれない。現代の日本人が持つ言葉と先様の歴史がうまく嚙み合わないのである。結局、この物語ではadmiraltyを単に「アドミラルティ」と表記することにした。能のない話だが、海軍本部のような未熟で奇妙な言葉を当てるよりはよほどましである。

ロード・アドミラルとハイ・コート・アドミラルティ

元来、アドミラルティが「アドミラルの執務室」であるなら、そこでアドミラルは何をしていたのかということになるが、中世のアドミラルは、近世以降の提督のように海軍戦略や戦術を練っていたわけではないし、また艦隊に乗り込んで作戦指揮に当たることも滅多になかった。

一一九〇年、イングランド王リチャード一世がフランス海事法規のオレロン法を導入して、イングランド周辺における海上秩序の維持、整備を図る。内容は主として海賊の取締りと捕獲賞金の取扱いといった海事司法事案であるが、後者については若干の説明を要しよう。中世イングランドの慣習法《コモン・ロー》では、私掠活動など

ハイ・コート・オブ・アドミラルティ

で捕獲した船舶は「王室の特権《ドロイツ・オブ・ザ・クラウン》」として王室に帰属し、一部は捕獲や揚収に携わった乗組員に分与された。この獲物《プライズ》の捕獲賞金《プライズ・マネー》の額と分配は地方代官が査定した。だが、十四世紀以降、海上交通の発展に伴い海事司法事案が増大すると、地方代官の手には負えなくなり、代わってアドミラルが差配するようになる。

一三六〇年、エドワード三世が最先任のアドミラルにアドミラル・オブ・イングランドという称号を付与した。十五世紀初頭、アドミラル・オブ・イングランドの官房であるハイ・コート・オブ・アドミラルティが設置され、一元的に海事司法裁定業務を取り仕切るようになる。また、この世紀末以降、他のアドミラルが任命されなくなった。当時、艦隊の任務は精々が兵士の海上輸送だから、アドミラル・オブ・イングランドはもっぱら陸での海事司法行政に精を出していた。しかも、海難船や座礁船から揚収したものにかぎり、

「アドミラルティの特権」として彼の懐中に入るルールが確立され、その役得収入は莫大な額に達した。すると、貴族でも最高位の公爵がアドミラル職に任命されるようになった。この職は元来が騎士階層の船乗りの指定席であった。だが、この職に要求される資質はもはやシーマンシップではなくなっていて、むしろ社会的権威が重視されたのである。それに、この職の莫大な「特権」を享受するに、騎士階層の身分はあまりに低かった。

後にアドミラル・オブ・イングランドは、ロード・アドミラル又はハイ・アドミラルと呼ばれるようになる。確かに彼は国王から任命されるが、決して宮廷官僚ではなかった。その権限は王権の容喙《ようかい》をも入れなかったから、その意味では唯一至高の独立司法行政官である。つまり、中世期のアドミラルティとは文字どおりアドミラルの官房であり、その実態は海上作戦中枢というわけでは決してなくて、海事司法事案を裁定する役所にほかならなかった。

ネービー・ボードの創設

近世になると、ヘンリー八世がロード・アドミラルを本来あるべき姿に戻した。彼は陸《おか》に上がったロード・アドミラルを艦隊に追い返して、海上作戦の陣頭指揮に当たらせる。如何にも専制君主らしいが、その彼をしてもロード・アドミラルから伝統的な「アドミラルティの特権」(実は、付随する莫大な役得)は奪い取れず、これを黙認するしかなかった。これもまた、古い慣習と既得権にこだわるイングランドらしい話である。

翻って、中世イングランドにおける王室艦艇の後方部門を概観するに、王室艦隊のキャプテンやキャプテン・アンド・アドミラルには、船の造修や後方支援などの管理責任がなかった。これらの業務に当たるのはキーパー・オブ・キングズ・シップスで、後にクラーク・オブ・ザ・キングズ・シップスとも呼ばれる。へンリーの艦隊が九十隻と大規模になり、あちこちにドックヤードが設置されると、これらの管理体制を拡充する必要が生じた。一五五四年四月二十日、ヘンリーは艦隊管理機関を創設して、これをロード・アドミラルの下に置いた。主要構成員はアドミラルティ次官《レフテナント》、海事主計局長《トレジャラー》、王室艦艇監察官《コントローラー》、王室艦艇監督官《サーヴェイヤー》及び王室艦艇事務長《クラーク》等々である。レフテナントはロード・アドミラルの次官として役所の全般を主宰する。トレジャラー以下の主要部局長は、ロード・アドミラル輩下の各級指揮官とのパイプ役を果たす。

ヘンリーの艦隊管理機関は、後にネービー・ボードと呼ばれるようになった。ここに言う「会議《ボード》」の所以は、複数の役員による会議制をとって、一人に責任と負担が集中するのを避けたからである。さらに、ネービー・ボードは財務卿の財政的なチェックを受けた。これは現代の海軍省が大蔵省の予算査定を受けるのと同じで、たとえ絶対王権の下での兵力整備といえど、国家財政の枠組みを踏み外すことが許されなかったからである。

以上のとおり、ヘンリーは眼の上のたん瘤であった独立最高行政官ロード・アドミラルを眼の下の廷臣に戻し、さらにこの下に新設の海軍後方部門を置いたから、海軍の統括に二段階の系統が確立されたことになる。一つは国王と枢密院からロード・アドミラルに至る政治的軍事統制で、もう一つがロード・アドミラルによる艦隊の監理・指揮である。専門的に言えば、ロード・アドミラルが作戦運用の軍令と兵力維持整備の軍政を一手に掌握し、国王とその政府である枢密院が政治的にロード・アドミラルを監督することになる。従って、ロード・アドミラルのオフィスであるアドミラルティは現代の「海軍省」になるはずであった。しかし、一五四七年、ヘンリーが死去すると、ロード・アドミラルはたちまち単なる名誉職へと形骸化して旧《もと》の木阿弥となり、彼の意図した軍令・軍政の一元化は泡沫《うたかた》の夢と化した。

ロード・ハイ・アドミラルとコミッション・オブ・アドミラルティの創設

一六一九年一月二十八日、ジェイムズ一世の寵臣バッキンガム侯爵ジョージ・ヴィラーズがロード・アドミラルとなり、その後すぐにロード・ハイ・アドミラルと改称した。やがてバッキンガムは公爵へと位人臣を極めて宮廷と議会を牛耳ったから、艦隊もネービー・ボードも思うがままである。しかし、彼は従来のロード・アドミラルのように王権から独立したわけではなく、依然として国王の愛顧の下にあった。換言すれば、少なくとも形の上では、ヘンリー八世が描いた構図、即ち王権の下における軍令・軍政の一元化が初めて具現されたことになる。

バッキンガム公が一六二八年八月に暗殺されると、これを契機にイングランドに初めて海軍々令と軍政を統括する国家行政組織体が生まれた。詳しくは後述するが、九月二十日、チャールズ一世が枢密院の中にコミッション・オブ・アドミラルティ(通称アドミラルティ・コミッション)を創設し、この下にネービー・ボードを置き、後任のロード・ハイ・アドミラルを置かなかったからである。

紆余曲折の時代

アドミラルティ・コミッションの創設で、以後の事がすんなり納まったわけではない。何しろイングランドのことであるから、以下に述べるとおり、色々な試行錯誤が繰り広げられた。

一六四二年から八八年の大内乱から名誉革命にかけて、アドミラルティが猫の目のように変わる。大内乱中は議会が海軍の大半を支配したが、革命議会は何でも委員会方式を採ったから、アドミラルティも「コミッティー」や「コミッション」と称する委員会が管理した。この方式は共和制時代も継承されたが、このアドミラルティ委員会は本来の政府機関というには程遠かったし、議会や会議派指導者オリヴァー・クロムウエルの意図を海軍に伝達する臨時機関以上の何ものでもなかった。

しかし、はっきりしたのは、ボード、コミッションあるいはコミッティーという合議形式が、唯一至高の職による統制より安定した権威を発揮できるという考え方が浸透し、以後、この基本理念が次第に根を下ろすことになる。

一六六〇年五月、新国王チャールズ二世が王座に復帰する。その一ヶ月後、彼はロード・ハイ・アドミラル・オフィスとネービー・ボードを復活させ、前者に実弟ヨーク公ジェイムズを、後者の長官に当たるクラーク・オブ・ザ・キングズ・シップスにサミュエル・ピープス[二]を任命した。ヨーク公は優れた指揮官で、卓越した見識の持ち主であった。一方のピープスは、日本では暗号で記述した膨大な日記で一部の人々に知られるのみであるが、彼こそは後世のイングランド海軍史が「イングランド海軍の父」と位置づける逸材なのである。

サミュエル・ピープス

一六七三年六月十三日、チャールズは枢密院勅令を公布し、ハイ・コート・アドミラルティからの収入、海軍及びネービー・ボードに対する命令権を確保した。その二日後、カトリック教徒を公職から排除することを定めた審査律《テスト・アクト》によってヨーク公がロード・ハイ・アドミラルを辞職し、七月九日、チャールズがコミッション・オブ・アドミラルティを復活させた。筆頭コミッショナーはチャールズの従兄弟に当たるルパート王子で、書記官長《セクレタリー》にピープスがなった。

実は、カトリック教徒のヨーク公が海軍を辞職せざるを得ない状況となったことから、すでにピープスはコミッション形式のアドミラルティの構想を練っていて、これにチャールズもヨーク公も賛同した。そして、チャールズがピープスにコミッションを「監視、監督させた」わけである。ピープスは一六七三年から七九年と八四年から八九年の二度にわたってアドミラルティ書記官長を務めた。その彼は国王と直《じか》に政策のやり取りをし、それを審議院勅令という形に整えて、コミッショナーたちに国王の名の下に事後説明をするのである。恐らく、彼は自分に何ら具体的な権限のないことを逆用して、国王の御意を伝達する形をとったに違いない。彼は議会でも海軍スポークスマンの地位を確立し、一六七七年二月、議会から新造艦三十隻分の予算を獲得するなど、その活躍は留まるところを知らなかった。つまり、新コミッションはアドミラルティとしては全く機能しなかった。

一六八四年、チャールズは自らロード・ハイ・アドミラルとなって、海軍再建に乗り出した。無論、ピープスもロード・ハイ・アドミラル秘書官に返り咲く。しかも、以前より一層強力な立場となった。今度のロード・ハイ・アドミラルは国王であるから、ピープスは国璽が押された親任状を下賜されていた。一六八五年二月六日、ヨーク公がジェイムズ二世として即位し、同時にロード・ハイ・アドミラルとなるが、ピープスにとって何も変わるところはなかった。新国王とはかつて共に海軍を発展させた仲である。

日本では、ピープスを海軍長官や海軍大臣とする翻訳書が散見されるが、随分と乱暴な話である。彼はあくまでも一介の書記官長であり、国王やロード・アドミラルの私設秘書に過ぎないし、精々が海軍省官房長か事務次官あたりであろう。ただ、ピープスには局長も課長もいないし、それらを必要ともしなかった。当時のアドミラルティ職員は、彼のほか書記、メッセンジャー、ドアマン併せて六人で、その六人を彼が個人的に雇っているに過ぎなかった。この事務次官にとって、大臣、副大臣、政務次官たるべきコミッショナーは無用の長物でしかなく、それが逆に彼を特異な地位に押し上げた。

彼はチャールズから直接かつ完全にすべてを任されていたから、施策をボードの審議にかけることすらしなかった。当時、ピープスの政敵は「彼は秘書官というより、ロード・アドミラルだ」と評していた。[二二] 現代におけるイングランド海軍史の第一人者ロジャー博士によれば、

ピープスの卓越した才能が彼を高位高官へと押し上げた。彼自身が必然的に政治に関与し、議員にもなった。だが、彼は決して議会政治家ではなく、あくまで国王の臣下であり、海軍の高級官僚であった。ただ、もしジェイムズ二世が晩年まで王位にあったなら、彼は間違いなくこの国最初の海軍大臣になったであろう。[二三]

ボード・オブ・アドミラルティの設立

ジェイムズとピープスの二人が海軍を去った後、アドミラルティは役立たずな政治家のサロンと化してしまった。そのアドミラルティが名誉革命によって梃入れされる。無論、イングランドのことであるからコペルニクス的転換とはとても言えないが、歴史的に見れば、アドミラルティが国王又は政府の海軍政策々定機関に生まれ変わる契機になったとはいえる。

一六八八年の名誉革命によって、オラニエ公ウィレムが新国王ウィリアム三世として即位するが、彼の情熱はかねてより不倶戴天の敵であるフランス王ルイ十四世と戦うことに向けられた。そのためにイングランド海軍は必要不可欠の道具である。艦隊は革命当初からウィリアムに忠誠を誓うが、これを統括する者が不在であった。自らキング・アズ・ロード・ハイ・アドミラルに任じていたジェイムズ二世が国外に逃亡したからである。

こうしたことから、ウィリアムは忠実な海軍顧問を必要とした。これに相応しい人物は、先のロジャー博士によれば、アーサー・ハーバートとエドワード・ラッセルの二人しかいない。確かに、両名とも経験豊富

な提督で、命がけでウィリアムを招聘した仲間であるから、新国王と両名は一蓮托生の関係にあって、このことがウィリアムには何よりも重要であった。なぜなら、彼の母国では絶えず裏切りと暗殺が繰り返されたし、彼自身は生来が内向的で猜疑心が強く、ごく限られた人物しか信用できなかったからである。

一六八九年三月八日付の勅任状によって、ウィリアムはハーバートをファースト・ロードとする七名のアドミラルティ・コミッショナーを任命して「卿らは枢密院の指示に従って、ロード・ハイ・アドミラル執務室の業務を遂行すべし」と命じた。翌年、議会が委員会設置法を通過させて、このコミッションに後のアドミラルティ・ボードと同様な法的根拠を付与した。また、ウィリアムはハーバートに艦隊司令長官を兼ねさせた。ロジャー博士はこのコミッションを最初のボード・オブ・アドミラルティと位置づけている。

ハーバートはアドミラルティの筆頭コミッショナーであり、艦隊の最高指揮官でもあるから、一見ロード・ハイ・アドミラルのようではある。ロード・ハイ・アドミラルもファースト・ロードも海軍の統括者であるが、前者は指揮官であり、後者はあくまでも枢密院に属する閣僚である。トリントン伯爵はホイッグ党の政治家でもあったから、ファースト・ロードとして艦隊司令長官たる自分を指揮する立場にあった。

かくもややこしくなった理由は、国王ウィリアムその人にある。彼は長年にわたりフランス国王ルイ十四世と激しく戦ってきたし、彼自身が第一級の戦略家でもあったから、戦争指導に関しては自分でリーダーシップを握るつもりでいた。だから、戦争遂行に関して強大な権限を持つロード・ハイ・アドミラルという存在は不要であり、また目障りでもあったのであろう。そこで期せずして、本来あるべきアドミラルティが芽生えることになったわけである。ちなみに、ファースト・ロード以外のコミッショナーは、その時々でシニア・ネーバル・ロードなど様々な呼称で呼ばれた。

次はまた訳語の話である。巷間、ファースト・ロードがしばしば「第一海軍卿」と訳されるが、うるさく言えば、これがまた厄介である。なぜならば、一七七一年にファースト・ネーバル・ロードが現れ、これが一八六八年にファースト・シー・ロードと改称される。いずれもファースト・ロードの配下の職である。さらに、ファースト・ロードにセカンドはいないが、ファースト・ネーバル（シー）・ロードの同列にセカンドがいる。従って、ファースト・ロードとファースト・ネーバル（シー）・ロードをどう訳し分けるかが問題となるが、この物語では前者を海軍卿、後者を第一海軍卿とする。

組織体としての欠陥

ウィリアム三世のアドミラルティ・ボードは、実際には何も機能しなかった。歴代の海軍卿やシニア・ネーバル・ロードがみな無知蒙昧であったからである。生来が猜疑心の強いウィリアムは派閥政争を嫌悪したが、次のジョージ朝時代に再び政党間の政争が激化した。この闘争における最強の武器は、政治家同士や政治家と支持者との間の便益互恵関係である。海軍でも、政治家のコネが提督・艦長級の人事を左右した。そして、アドミラルティ自体が有力な政治家にすがって息をついていた。史上有名なアンソンの世界周航も、国務卿がスポンサーとなって、すべてがアドミラルティの頭越しに行われた。

二十一年間にわたり政権の座にあったジョージ・ウォルポールは、常に大艦隊を維持し、これを使って外国を威嚇することに躊躇しなかったが、その彼でさえ、海軍卿サー・チャールズ・ウェイガー一人を海軍顧問とするだけで、アドミラルティを全く無視したのである。このアドミラルティが海軍を統括できるはずはない。

一七四四年、オーストリア継承戦争が始まり、新たに発足した超党派トマス・ペラム内閣の下でアドミラルティが息を吹き返す。開戦時の海軍卿はエドワード・ラッセルで、一七四八年に第四代サンドウィッチ伯爵ジョン・モンタギューへ、一七五一年にジョージ・アンソン男爵へ引き継がれる。それぞれ三十五歳、二十七歳、四十五歳という若い人材が、内閣の中枢で腕を振るったが、特にアンソンが有能であった。彼の主

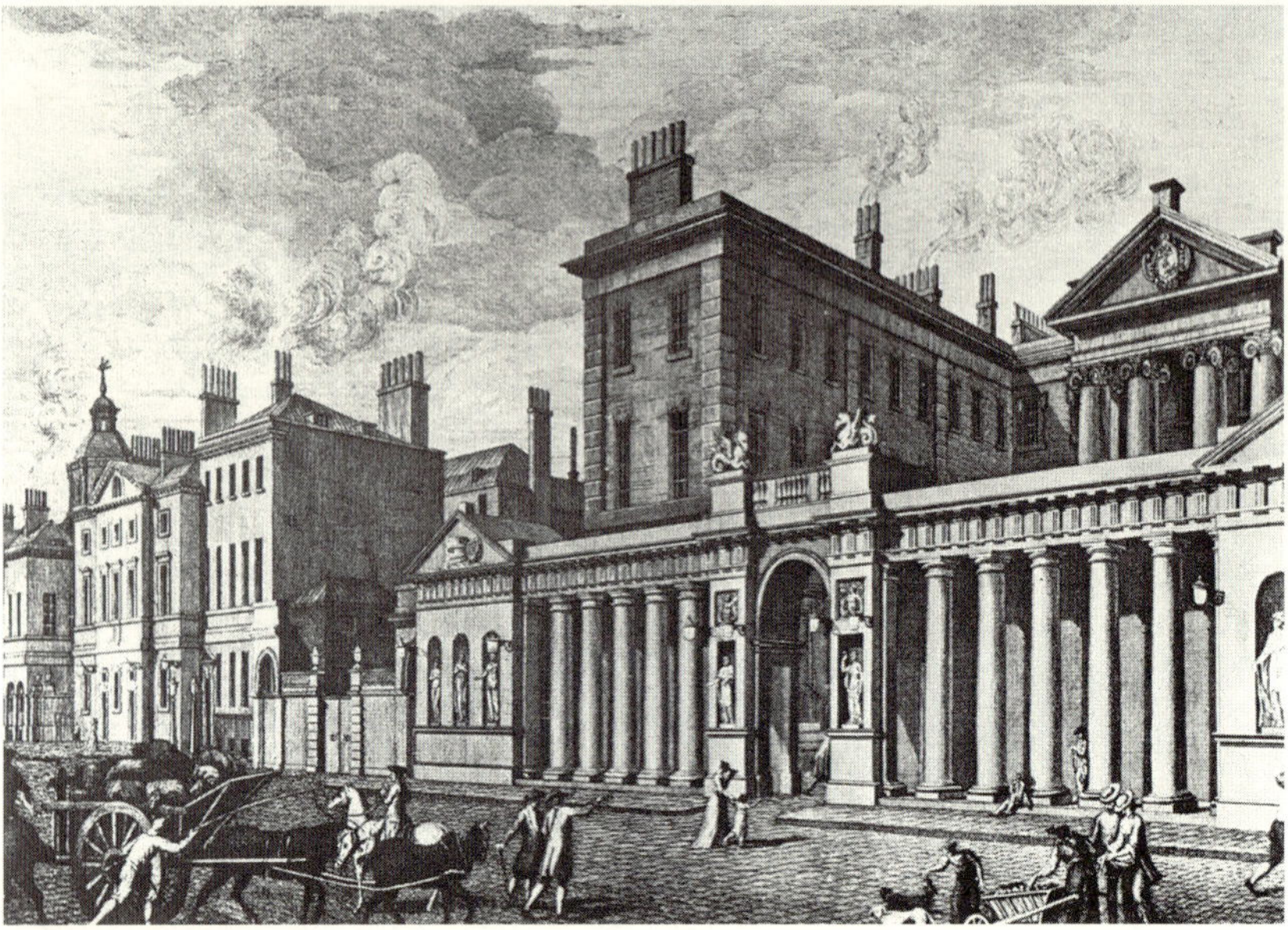

1775年のアドミラルティ

導で、アドミラルティがネービー・ボードとドックヤードに新型艦艇を開発させたのも、この頃である。

総じて十八世紀の政府は、海軍政策にアドミラルティを一切タッチさせなかったが、この点においては海軍卿アンソンもまた例外ではない。彼が海軍を管理するのに、海軍卿の権威もアドミラルティの補佐も必要なかった。彼は首相ニューカースル公から全幅の信頼を寄せられ、財務卿の義理の息子である。この二つの政治的な武器を先の世界周航による国民的人気が後押しした。

要するに、これまでアドミラルティの消長は、すべて一人芝居のなせる業であった。ヨーク公ジェイムズ然り。ピープスはアドミラルティ・コミッションを復活させながら、これを結果的に無視した。クロムウェル、ブレイク、モンクの共和制トリオ然り。ウォルポール、アンソンまた然りである。バッキンガム公暗殺の瓢箪から飛び出たという出自ではあるが、合議制アドミラルティが十八世紀を通じて継続されてきた。だが、組織体としてのアドミラルティは、一向に機能しなかった。万事に理論的なフランス人と違って、イングランド人の頭の中には眼前の状況対処しかない。二人寄れば組織を作るドイツ人とも違って、イングランド人は常に四番でエースの選手に依存したがる。

結局、アドミラルティの内部構造も、海軍全体の組織も等閑視されたのである。実は共和制時代から海軍における隊員処遇改善政策が進められ、一六五三年に医療本部が、翌年には糧食調達本部がそれぞれ設立された。その後、艦隊の規模が拡大するに従って、様々な分野の機関がネービー・ボードから独立したり、新たに設置されたりしてきた。だが、各機関を機能的に連結するルートが全く整備されなかった。この欠陥がもろに露呈されたのがアメリカ独立戦争で、その張本人は海軍卿に返り咲いたサンドウィッチ伯爵である。ちなみに、ロジャー博士は彼を次のように評している。

> 彼は豊かな才能に恵まれ、自分の職務に精通し、一般行政についても広い知識を備え（……）卓越した処理能力を発揮した。彼は早朝から夜遅くまで、薄切りのブレッドにコールド・ビーフを挟み込んだものをかじりながら、デスクに向かった。ジェイムズ二世以降のアドミラルティ統括者で、彼ほど海軍とその管理に精通した文民はいなかった。[二四]

そうならば、そのサンドウィッチ伯爵がなぜあれほどひどい無能振りを曝け出したか。当時の提督たちは誰一人として彼を信用しなかったというから、彼自身が本当に堕落していたのであろう。加えて、前述のとおり、アドミラルティを頂点とする海軍全体が機能的に組織されていなかったこともある。

アメリカ独立戦争において、イングランドははるか彼方の大陸に大部隊を派遣して戦わせ、海軍は三千マイルに延びきった海上交通路を保護するに四苦八苦していた。この状況にあって、海軍の管理業務体制は、九十年前の名誉革命で確立された組織のままである。各機関の連絡調整系統がなく、ひどく煩雑な手続きを要した。例えば、一七七八年、アドミラルティがネービー・ボード、財務局及び国務卿を経由して、ロンドンからニューヨークへ食酢二百樽を輸送するのに七ヶ月を要した。これでは戦争に勝てるはずがない。

一八〇〇年前後のイングランド海軍は、別表二に示すような組織になる。ただし、これが真に機能的であったか否かは、フランス革命戦争とナポレオン戦争の戦勝の陰に隠れて定かではない。

新たな息吹

一方、アドミラルティ事務局《オフィス》にも新たな芽が出てきた。アドミラルティにおいて、政治家であるコミッショナーの会議《ボード》と事務局《オフィス》との調整役は、事務局統括者であり、海軍卿の政治担当秘書でもある書記官である。彼は部外との接触や庶民院との連絡調整にも当たった。

十七世紀末から十八世紀中頃にかけて、ジョージ・バーチェット、トマス・コルベット、ジョン・クリーヴランド、フィリップ・ステファンらの有能な書記官が続々と輩出される。彼らもパトロン政治家のコネで役所に入ったのだから、その昇進も政治家に左右された。だが、彼らの優れた事務処理能力がやがて彼ら自身に政治的中立性を確保させるようになった。つまり、この頃のアドミラルティは、軍事的にも行政的にも高度な専門性が要求されたし、政治家が最も必要としたのは、政治の埒外で営々と職務を遂行する専門家の公僕であった。また、内閣がアドミラルティを重用すればこそ、この役所が海軍を管理監督できた。実は、こうしたパラドックスが政治的に中立の公務員《クラーク》を生み出すことになるのである。

十七世紀後段のピープスはあまりに時代を先取りした特異な存在に見えたが、彼こそが国家行政官僚の先駆けであった。そして、十八世紀のバーチェットらの書記官が特別な存在でなくなったとき、アドミラルティが近代的な国家行政組織体へと脱皮するのである。

アドミラルティ・ボード・ルーム

後述するとおり、アメリカ独立戦争では終始敗勢のイングランド海軍は、一七八二年のセイント諸島の海戦という九回裏の逆転劇で辛うじて面目を保った。一七九三年から一八一五年、この国はフランス革命戦争とナポレオン戦争を戦って、大英帝国建設の幕を開ける。この間の海軍卿で最も有名なのはセント・ヴィンセント岬の海戦で祖国侵攻の危機を救ったセント・ヴィンセント伯爵ジョン・ジャーヴィスである。だが、ロジャー博士は「ジャーヴィスは当代一流の提督であるが、一八〇一年の時点における最善の海軍卿ではなかった」とも言う[二五]。地中海艦隊司令長官の頃、彼は艦隊に猛訓練を課したばかりでなく、この方面の後方支援体制を大幅に改善しているのである。部隊指揮官としての彼は、後方の重要性を知り抜いていた。だが、海軍卿という政治家としての彼は、フランス革命戦争のアミアンの和議を額面どおりに受け取って、艦隊の勢力を削減してしまった。それに、当時の海上士官と同様、彼は海軍の文民職員に抜き難い偏見を抱き、特にネービー・ボードを怠慢と腐敗の巣窟と見なしていた。ネービー・ボードの非効率性は、海軍卿の指弾のとおり、その腐敗に起因するところ大であった。だが、海軍卿自らがその是正に努める責任があったはずである。ところが、元来、彼は何かにつけ専断的で、コミッショナーとの協議など時間の浪費としか考えなかったし、ネービー・ボード以下の部機構の改善に手間暇を掛けようとはしなかった。言ってみれば、海軍卿は自分の役所を無視したのであるが、広範な海域に散在する艦隊への後方支援は海軍卿一人の手に負えるはずがなかった。

　ナポレオン戦争中の一八〇四年、ピットが政権に復帰すると、ジャーヴィスは海軍卿を辞任する。次の海軍卿ヘンリー・メルヴィル子爵がネービー・ボードの汚職疑惑で失職したとき、首相ピットは七十八歳の老提督に白羽の矢を立てた。それがバーラム伯爵チャールズ・ミドルトンで、かつて彼はネービー・ボード長官として、時の首相ピットから海軍力整備のすべてを無条件で委任されていた人物である。

　一八〇五年五月二日、ミドルトンが海軍卿に任命されるが、当時のイングランドはかつてないスケールで海洋戦争を戦っていた。ネルソンは、後にトラファルガーで相見《あいまみ》えるヴィルニューヴ提督のフランス艦隊を地中海から西インド諸島へと追いかけていた。ブレスト封鎖艦隊はじめ多くの艦隊や戦隊が、地球上の至るところに散在していた。イングランド本国でも護衛船団が二週間毎に出入港した。当然ながら、おびただしい数の命令、報告、情報がアドミラルティを出入した。この状況にはもはや一人の人間では対応できなかったから、海軍卿は個々の作戦を第一海軍卿以下のスタッフに任せ、定常的な業務は事務局に処理させた。そのアドミラルティには連夜二時までランプが点り、作戦センターという新たな機能が初めて発揮された。即ち、ミドルトンこそがアドミラルティという仏に魂を入れた最初の海軍卿であった。一八〇五年十月のトラファルガーにおけるイングランドの勝利は、ネルソンの地中海艦隊だけが獲得したのでは決してない。

アドミラルティの確立

翌年二月、ミドルトンが海軍卿を辞職すると、たちまちアドミラルティは元の木阿弥と化し、以前の混迷と無能ぶりを曝け出した。結局、ジャーヴィスやミドルトンは良くも悪くも一人芝居をしていたのである。そして、後者の置き土産が実際に機能し始めたのは、半世紀以上も後である。別の言い方をすれば、イングランド海軍は、完成された組織体としてのアドミラルティを遂に持ち得なかったということである。

一八六九年一月十四日、これまで長年にわたり慣習的に継承されたボード・メンバーが、その俸給を定めるという形で明文化された。そのメンバーとはファースト・ロードを筆頭とし、ファースト、セカンド、サード及びフォース・ネーバル・ロード、シヴィル・ロード、ファースト（又はパーラメンタリー）・セクタリー並びにセカンド（又はパーマネント）・セクレタリーである。

一八七二年三月十九日と八二年三月十日、二つの審議院勅令が公布された。この二つは、ファースト・ロード以下の職責を規定し、ネーバル・ロードをシー・ロードと改称した。ここで、ファースト・ロードは、右のロード五人を統括し、王室と議会に対して海軍全般に関する責任を負うと明記された。ファースト・シー・ロード、セカンド・シー・ロード、サード・シー・ロード・アンド・コントローラー及びジュニア・シー・ロードは、作戦運用、訓練、後方支援及び兵力整備の各分野を分掌する。シヴィル・ロードとパーラメンタリー・アンド・フィナンシャル・セクレタリーは、海軍関連予算と給与を担当する。パーマネント・セクレタリーは、アドミラルティの事務を担当する。

つまり、制服又は私服の別なく、ファースト・ロードは閣僚政治家で、シー・ロード以下は局長級の官僚に当たるから、アドミラルティがようやく近代的な政府行政官庁としての形を整えたことになる。それにしても、イングランドでは、何事によらず呆れるほど手間暇がかかる。

最後に付言すれば、一九六四年、アドミラルティが国防省に吸収されたが、同省の海軍部局は現在でも相変わらずアドミラルティと呼称されている。それに、ファースト・シー・ロードも、海軍作戦部長として残された。なお、一九七六年、ファースト・シー・ロードの海軍大将サー・エドワード・アシュモアが、時の海上幕僚長・中村悌次海将に招待されて日本を訪れている。

第四節　艦隊戦術準則

戦術と戦略

戦術や戦略はごく普通の言葉であるが、これを厳密に定義するのは存外に厄介なのである。一つには定義の目的や視点によって十人十色になるからであるが、それは一向に構わない。困るのは、戦術と戦略とは不離不可分の関係にありながら、互いの対極にあって境目が判然としないことである。従って、以下に試みる概念規定は、あくまでも暫定的でしかない。

端的に言えば、戦略や戦術の目的は「我を有利な対勢に持ち込む」ことで、有利とは戦闘力を最も効率的かつ効果的に集中できることである。この点において戦略と戦術はよく似ているが、それぞれが拠って立つ視野が違っている。戦略《ストラテジー》が戦争や作戦の全般を貫く指導理念なら、戦術《タクティクス》は局地的な戦闘を左右する要因となる。これを碁将棋に擬《なぞら》えて、戦略が大局観で、戦術は定石とすれば、当たらずとも遠からずであろうか。つまり、戦術を「局地的な戦闘場面において、我の戦闘力を全幅発揮かつ集中できる対勢を作為する方策」と定義できる。ただし、この定義は依然として完全ではない。例えば、かつてイングランド艦隊はしばしばツーロンやブレストを封鎖したが、この戦法を戦略とするか戦術と見るかは、これを論じる人の目的と視野によるからである。

私見ではあるが、孟子の教える「衆寡《しゅうか》敵せず」[二六]は戦略・戦術上の不滅の真理と言える。特に戦闘速力の遅い帆走艦隊時代では、この原則が戦術の最も根源的なテーゼであった。トラファルガーのネルソンが二十七隻をもって、ヴィルニューヴの三十三隻を撃破したのは、桶狭間《おけはざま》の織田信長《おだのぶなが》と同じことをしたからである。両者は局地的かつ一時的に我を衆とし彼を寡としたが、その状況を作為した戦術が、信長の場合は奇襲で、ネルソンの場合が敵戦列の突破と分断であった。これまた余談ではあるが、戦略も戦術も総じて単純明快であるべきである。今次大戦における帝国海軍の戦策や作戦計画にも散見されるが、どうもわれわれ大和民族には、戦略や戦術を複雑巧緻な策略をもって可《よ》しとする傾向がある。常々思い巡らせるのだが、一体こうした傾向の淵源は奈辺にあるのであろうか。

海上戦術と艦隊戦術準則の出現

第一節で述べたとおり、初期の海軍や艦隊は、地上軍を輸送する道具でしかなかった。そうした艦隊同士がたまたま海上において遭遇したとき、互いに舷々相摩す海戦が生起した。だが、この海戦は艦対艦ではなく、兵士が相手艦に乗り移って演じる白兵戦であるから、艦隊にも個艦にも戦術というべきものがなかった。無論、大砲は使われたが、一般に小口径の対人殺傷武器でしかなかった。艦隊戦術が出現するのは、十六世紀半ばにヘンリー八世が王室船に攻城砲《グレート・ガン》を搭載してからである。攻城砲で敵艦を撃破できるとなれば、自ずと軍艦同士が戦うようになる。海戦場面に砲戦距離という空間が生じ、その砲戦距離に到達するまでに、味方を有利な対勢に持ち込むことが重要課題となる。言うなれば、軍艦や艦隊の運用と運動が戦術そのものとなった。ただ、攻城砲の艦載化で古典的な白兵戦が全く消滅したわけではなく、「乗り込み《ボーディング》」戦法は帆船時代の最後まで用いられていた。

艦隊の陣形や運動が戦術と認識されると、艦隊指揮官は自分の採用する戦術をあらかじめ隷下部隊に示達するようになる。これがファイティング・インストラクションと称される一般命令である。直訳すれば「戦闘指示書」であろうが、この物語では「艦隊戦術準則」と呼ぶ。現に、帝国海軍や海上自衛隊には各種戦準則と総称される令達があって、これは対潜、対空、対機雷戦の戦闘場面で準拠すべき教義と手順を定めている。指揮官が任務を付与されると、隷下部隊に作戦計画を示達する。その際、実施の細部要領は各種戦準則によるとすれば済むし、状況によって一部を修正すればよい。準則の目的は当該部隊の戦術を整合し、一糸乱れぬチーム・ワークで作戦することにある。これは帆走艦隊でも全く同じで、まして当時は通信手段が未熟なだけに、艦隊戦術準則は現代よりはるかに重要であったに違いない。

　イングランドに現存する最古の艦隊戦術準則は、ヘンリー八世治下の一五三〇年頃に制定されたが、その内容はガレー船の古典的戦法の域を出なかった。確かに、ヘンリーの艦載攻城砲は戦闘専門の「軍艦」を出現させ、艦隊戦術を生み出した。だが、実際に軍艦の内部編成を改革し、片舷斉射戦法を編み出したのは、後のエリザベス一世時代のフランシス・ドレイクである。そこで、ドレイクらは一体如何なる戦術によってアルマダを撃破したかであるが、不思議なことに、彼らの艦隊戦術準則は一つも残っていない。イングランド海軍史家ジュリアン・コルベット[二七]によれば、この時代の提督たちは対スペイン戦略を盛んに論じながら、自らの戦術を語った形跡が皆無であるという。当時の船乗りに特有の秘密主義のためらしいが、日本の武芸百般における一子相伝の奥義に似ていなくもない[二八]。

　ドレイクらは好んで風上側から攻撃し、しばしば単縦列陣形を用いたことは判っている。それは『我が沿岸海域における海上戦闘並びにスパニッシュ・アルマダとの戦いで海軍が採るべき戦術に関する省察と序論』という長ったらしい題名の書物が残っているからである。著者はアマチュアの海軍ファンで、実際にアルマダの戦いに参加した海軍士官の父親や叔父から聞いた話を論文にまとめたのである。

　一六二五年、チャールズ一世がカディス遠征艦隊九十隻を派遣する。この艦隊司令長官ウィンブルドン子爵、次席指揮官エセックス伯爵及び三席指揮官デンビー伯爵はいずれも陸軍軍人で、おまけに、事実上の参謀長たるべき艦隊旗艦の艦長すら本職の船乗りではなかった。それでも、司令長官は慣例に従って艦隊戦術準則を制定した。その骨子は、先ず、風上側攻撃法を明記したこと。次に、艦隊を三個分隊に分割し、各艦が逐次先頭艦に続航しつつ、交戦に突入することである。結局、この艦隊には戦う機会がなかったが、その準則は以後の戦術思想に多大な影響を及ぼした。例えば、ユニット毎に逐次交戦に突入するとした陸戦式の発想が、艦隊戦術に戦闘序列の概念を植えつける。ちなみに、オーダー・オブ・バトルは戦闘序列と訳されるとおり、各艦の戦闘開始順序を意味するが、むしろ戦闘陣形又は戦闘突入対勢と理解したほうが判りやすい。

第一次英蘭戦争の最中の一六五二年三月二十九日、ロバート・ブレイク、リチャード・ディーン及びジョージ・モンクの三人が連署して、共和制政府の艦隊戦術準則を制定した。実はこの準則こそがイングランドのみならず世界の帆走海軍史上最も重要な意義を持つ令達なのである。なぜならば、これが世界で初めて単縦列の戦闘陣形を制定し、以後、この陣形を帆走艦隊戦術の基本と位置づけたからである。ドレイクはしばしば単縦列陣形を用いたが、これが運用しやすいことを経験的に知っていたからである。だが、アルマダの戦いに参加したスペイン海軍士官の記録によれば、イングランド艦隊は整然と陣形を組んで向かってきたが、接敵後は各艦ばらばらに戦闘した。[二九] 実は上の図に示す運動を「各艦ばらばら」と見たのであろうが、いずれにせよドレイクは単縦列陣形を戦術として使ったのではない。

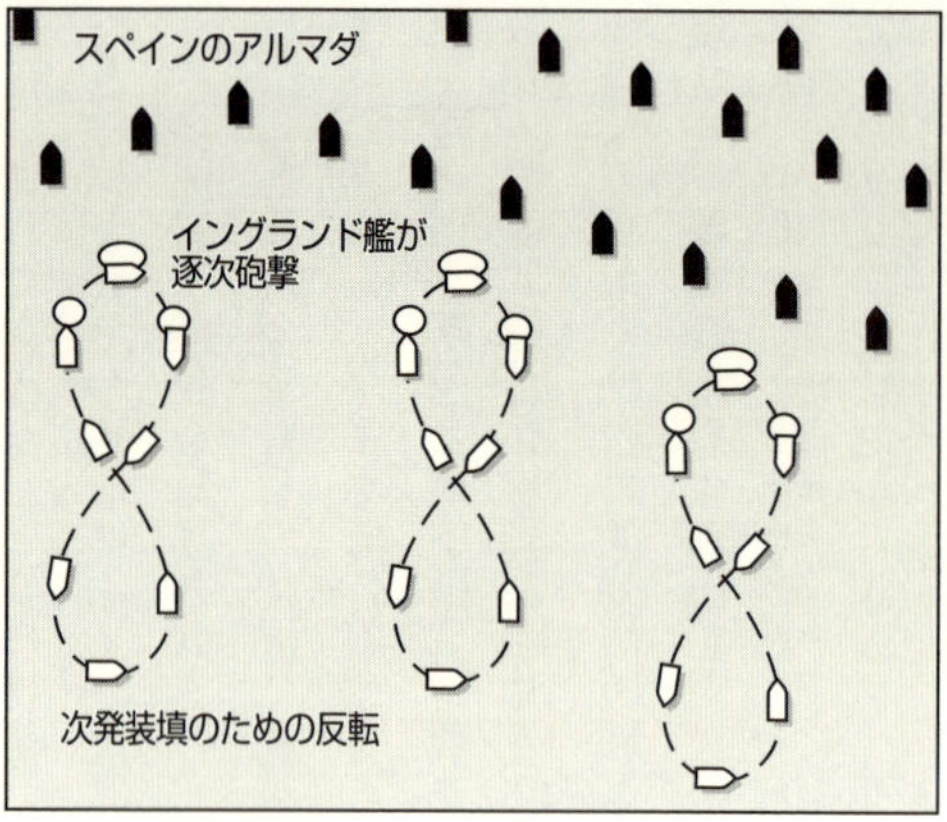

ドレイクの砲撃戦法

しかし、共和制政府の艦隊戦術準則が単縦列を採用すると、イングランドの艦隊戦術に二つの流れが生じる。先ず、ヨーク公やウィリアム・ペンに代表される陣形派《フォーマリスト》が「交戦中は厳格に単縦列陣形を維持すべし」と主張し、これに対してモンクとルパートの混戦派《メレイスト》は「個艦の自由な積極性こそ勝利への鍵である」として譲らなかった。

王政復古後のイングランド艦隊は右の論争を引きずりながら第二次英蘭戦争を戦うが、一六七二年の第三次英蘭戦争の直前、ヨーク公が独自の戦術準則と二つの補足準則を制定した。これは先の共和制政府準則を基本としたが、さらに幾つか新機軸が盛り込まれていた。主な例を挙げると、先ず、単縦列を正規の「戦列《ライン・オブ・バトル》」と規定し、各艦固有の占位々置を指定した。次に、大型艦の方位列成形法を導入した。方位列とは、列艦が特定の艦を基準にして任意の方位に並ぶことである。増減速や変針の容易な現代の艦でも、方位列の形成と維持はかなりの訓練を要する。これを風任せの帆走艦で行うのだから、当時のシーマンシップは相当なものであったと思われる。そして、敵艦隊が混乱状態に陥った場合、各個撃破に移行する接近戦を制定した。ヨーク公はこれにさらに二つの追加準則を加えて、初めて風上と風下からの攻撃法を確立した。また、標準対艦距離を半ケーブル（一一〇メートル）として、敵艦の追跡や捕獲の際、味方の戦列に間隙が生じないよう工夫した。特に素晴しいのは、上図に示すとおり、艦隊の前衛又は後衛から逐次反転し、反航対勢から同航対勢に変換する運動を開発したことである。これで艦隊運動が一段と柔軟になった。

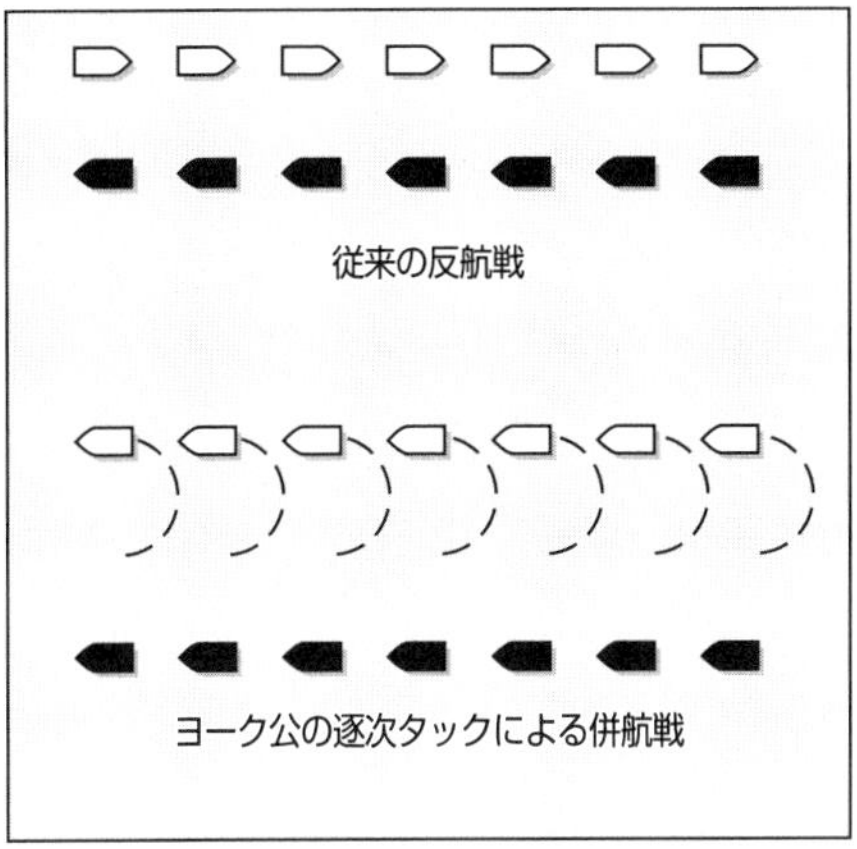

ヨーク公の戦術開発

一六七三年、ヨーク公は右の艦隊戦術準則と追加準則を一つにまとめて制定する。この艦隊戦術準則が二十年間にわたる陣形派と混戦派の論争に終止符を打ち、一六九一年に地中海艦隊司令長官エドワード・ラッセルがヨーク公準則に基づく準則を制定した。一七〇三年、ラッセルの後任のジョージ・ルックがラッセル準則を使って、マラガの海戦で勝利を収め、ジブラルタルを確保した。このことでラッセル準則が高く評価されて、アドミラルティが「イングランド王国艦隊用航行・戦術準則」を制定した。つまり、従来は艦隊指揮官が個人的に制定した艦隊戦術準則がアドミラルティによって統一されたことで、戦列主義が公式にイングランド艦隊の指導理念となった。これを歴史的に見れば、現代的な輪形陣形やミサイル戦術が出現するまで、世界の海軍における艦隊砲戦々術の基本となったとしても過言ではない。

ところで、艦隊の砲戦における陣形戦術を初めて採用したのはブレイクらであるが、彼らは後に説明する陸軍式提督《ジェネラル・アット・シー》である。その戦術に同じ陸軍式提督のモンクとルパート王子が反対し、その反対を押し切って陣形主義を定着させたのが生粋の海軍提督のヨーク公とペンであった。偶然とはいえ、面白い話である。

艦隊戦術の基本形

前項において、いきなり単縦列陣形や風上側攻撃が強調されたが、共和制政府やヨーク公の艦隊戦術準則の最も根源的な意義は「艦隊戦術の基本形を明確にしたこと」である。先に、砲戦距離が艦隊戦術を生み出したと述べたが、換言すれば、艦隊戦術の要諦とは、艦隊が砲戦距離という空間を如何に行動するかにほかならない。そして、艦隊の行動は陣形、変針及び攻撃の二つのカテゴリーに分けられる。

先ずは、基本陣形には縦列、横列及び方位列の三つがある。ちなみに、最前からしきりに言う単縦列とはすべての列艦が一本の列を形成することで、これが二本になれば複縦列となる。この点、横列の場合も同じである。

一六五三年六月二日、ガバード・バンクの海戦において、イングランドのブレイク艦隊が単縦列の戦列で戦ってみせ、オランダのトロンプ艦隊将兵の度肝を抜いた。世界の海戦史上これが最初の単縦列陣形の実例となった。だが、七月二十九日のシュヴニンゲンの海戦において、さすが名将トロンプは敵の戦術で戦ってみせた。以後、これが帆走艦隊の基本戦術となるが、この理由は簡単である。単縦列は艦隊運動が容易で、それに加えて、帆走艦の射線方向が舷側と直角を成しているからである。即ち、舷側に沿って装備された砲門を集中できるのは舷側と直角方向であるから、複数の艦が縦列で並べば、さらに効果的な打撃力を発揮できるわけである。また、相前後する両艦との協力も容易である。そもそも、ブレイクが単縦列の採用に踏み切ったのは、二月十八日のポートランド岬の海戦において、味方艦同士の協同が不十分であったからである。そこで、第二次英蘭戦争の頃、イングランド艦隊は主力艦で戦列を形成するようになり、ここに戦列艦（シップ・オブ・ザ・バトル・ライン又はシップ・オブ・ザ・ライン）という呼称が生まれる。また、汽走鋼鉄艦の時代になって、戦列艦が海戦《バトル》で主役を演じる艦、即ち戦艦《バトル・シップ》と改称されることになる。

次は、艦隊の変針法であるが、逐次回頭と一斉回頭の二通りがある。逐次回頭は、先頭艦が所定の新針路に変針した地点において後続艦が逐次転舵する方法で、一斉回頭は、文字どおり全艦が一斉に所定の新針路に転舵する方法である。技術的には一斉回頭のほうが困難で危険を伴うが、いずれが良し悪しということではなくて、変針の目的によって選択されるべきことである。

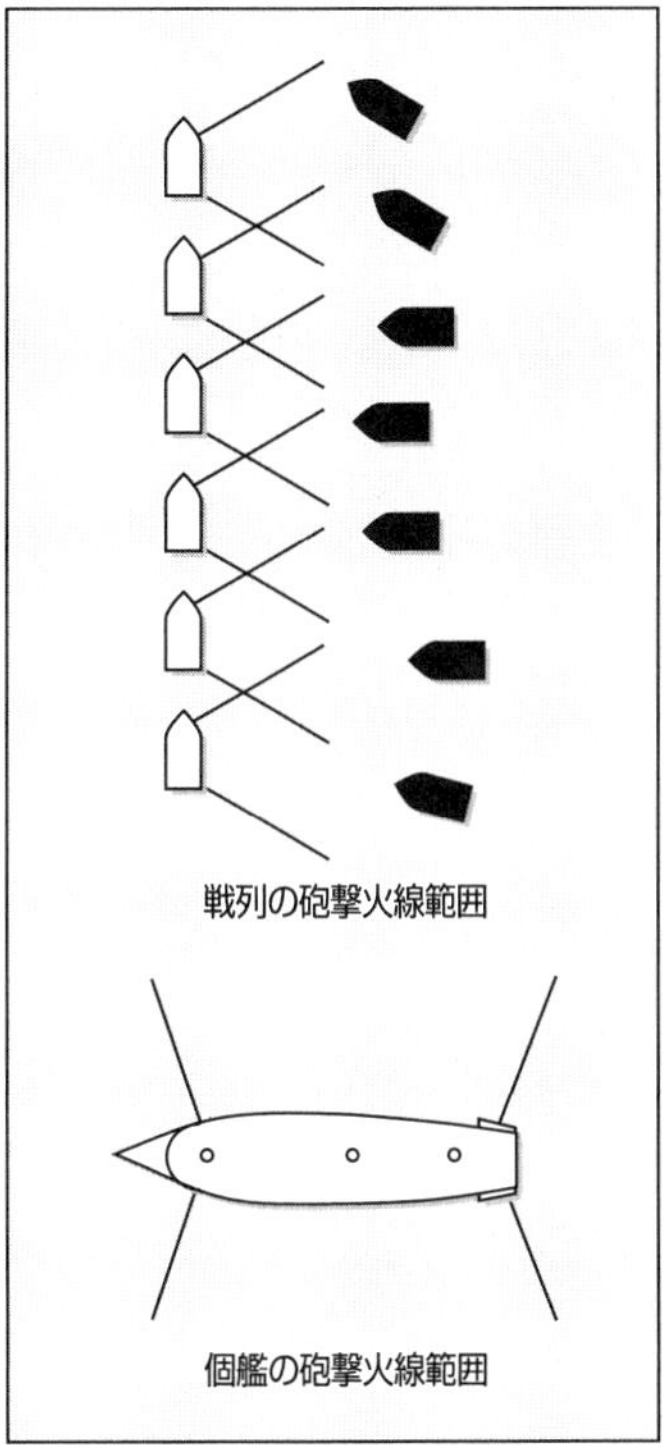

片舷斉射の火線方向

最後が攻撃法であるが、風上側から

仕掛けるのと風下側の二通りである。かつてドレイクもしばしば風上側から攻撃を仕掛けたが、これがヨーク公準則によってイングランド艦隊の十八番《おはこ》となる。この頃、イングランド海軍に「見敵必戦の艦隊決戦思想」が生まれるからで、相手に決戦を挑むには風上側から攻撃するのが有利と考えられたからである。しかし、左図に示すとおり、風上側と風下側とにはそれぞれ一長一短があって、いずれが有利かは一概に決められない。風上側攻撃の利点は、攻撃時期と砲戦距離を主体的に決定して、戦闘の主導権を握ることである。また、相手の戦列を分断又は突破して挟撃することが容易で、火船の使用もできる。だが、荒天時に次の二点において不利が生じる。先ず、各艦が下部砲門を開くことができない。これは砲門から波浪が入り込み、最悪の場合は艦が沈没するからである。事実、キベロン湾の海戦において、このためにフランス艦数隻が沈没した。次に、損傷艦は避退が困難である。風下側の最大の利点は避退しやすいことで、フランス艦隊がもっぱら風下側を選択した。

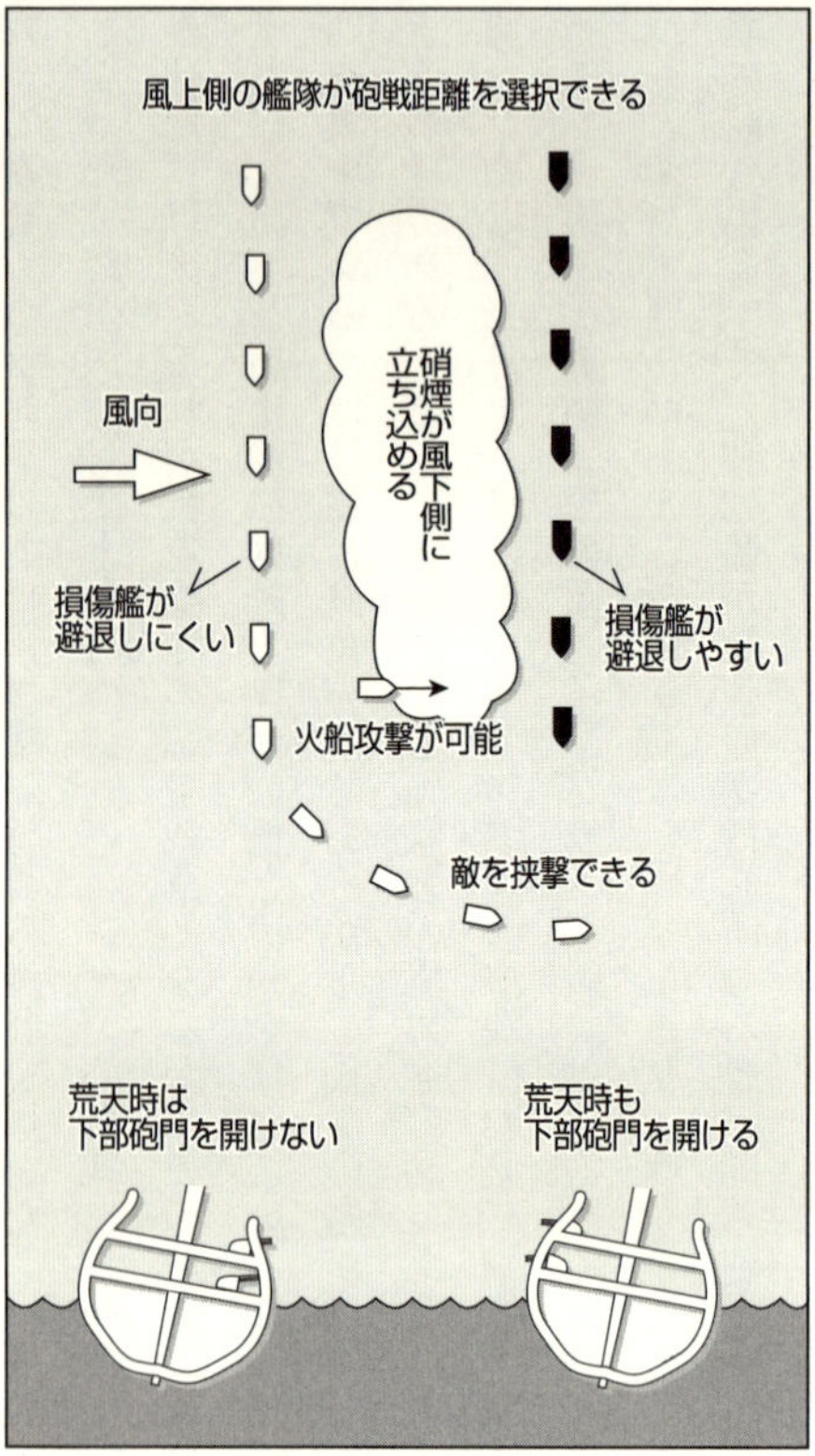

風上側と風下側の比較

以上、艦隊戦術運動の概略について説明した。これは個別の戦術の長所や欠点を論じるためではなく、第二部以降で紹介する海戦で双方が展開した艦隊運動の問題点を理解するに資するためである。

以下は余談である。アメリカのノンフィクション作家バーバラ・タックマンの『最初の礼砲』では、一人の少年が船の模型を池に浮かべて、単縦列戦列の欠陥に気が付き、さらには敵戦列突破の戦術を編み出したと紹介されている。[三〇]これは話としては俗耳に受けやすいが、にわかには信じられない。この少年とはエディンバラの豪商の息子ジョン・クラーク・オブ・エルディン[三一]であり、彼は幼少の頃から船が大好きであったから、屋敷の池に船を浮かべて遊んでいたのも事実であろう。また、長じては、常時ポケットに小さな模型を入れていて、これで艦隊戦術を説明したとも言われる。跡取りの彼は海軍には入らなかったが、ケンブリッジ大在学中に書いた『海軍戦術論《エッセイ・オン・ネーバル・タクティクス》』は帆走艦隊時代のイングランドにおける唯一の海軍戦術論となった。また、セイント諸島の海戦において、イングランド艦隊司令長官ロドニーが敵戦列を突破して、戦いの勝利を決定的なものとした。タックマン女史は、彼が戦列突破戦術をクラーク理論から学んだと述べている。[三二]確かに彼がクラーク論文を読んでいたのは事実のようだが、当時の彼が敵戦列突破を意図した証拠は何もない。イングランド海軍史の定説によれば、彼の戦列突破は偶然の出来事であったが、それがあまりにも劇的な成果をもたらしたものだから、後に彼自身がデッチ上げた作り話である。ちなみに、当初から意図的に敵艦隊の戦列の突破を意図して、実際に成功したのは、トラファルガーのネルソンが最初で最後である。

艦隊戦術準則の陥穽

これまで縷《る》々と説明してきたとおり、艦隊戦術の出現に伴って艦隊戦術準則が編み出されたのは必然であった。だが、好事

ジョン・クラーク

魔多しではないが、有益至便で必要不可欠な艦隊戦術準則というシステムは諸刃の剣でもある。やがて知らずしらずのうちに、イングランド艦隊はこの制度に潜む落し穴にはまり込むのであるが、その陥穽は三つあった。

その一つ目は、この種の制度には、必ず逆説的で構造的な欠陥が付随することである。艦隊戦術準則の目的は、予期される状況に対応する手段と手順をあらかじめ決めておくことにあった。一方、自然現象としての海上模様も人為的な戦闘行為も千変万化する。つまり、あらゆる状況を想定して、それぞれの対策と手順を定めておくことは不可能に近い。仮にできたとしても、準則の条項は膨大なものに膨れ上がるであろう。すると、最適の条項を選定することが困難になり、戦いにおいて最も肝腎な戦機を逸してしまう。事実、補足準則を初めて制定したヨーク公以降の指揮官も、それぞれ独自の補足準則を制定した。だが、いずれも完全なものとはならなかった。

二つ目は、官僚的で制度的な現象を惹起したことである。発端はヨーク公が自らの準則において「みだりに戦列を離れた艦長は銃殺刑に処す」とまで厳格に規定したことにあった。これが後に二つの問題の原因となるのである。そもそも、彼が定めた対艦距離半ケーブルという緊密な戦列は、むしろ防御陣形に向いていた。だが、イングランド艦隊は見敵必戦と敵艦隊の撃滅を指導理念としたから、かえって戦列主義に弊害が生じてきた。砲撃でダメージを受けた相手艦が風下側へ避退し、あるいは取り残されても、これに止めを刺すため戦列を離れるわけにはいかないからだ。しかも、十八世紀初頭のアン女王時代のアドミラルティがヨーク公準則を継承したラッセル準則を「常用艦隊戦術準則」として制定したことにより、これが不磨の大典と化したことである。

第四章で詳述するとおり、多くの提督が戦列主義と作戦指導理念との矛盾に気付きながらも、事勿れ主義の殻に閉じこもって、あえて火中の栗を拾おうとしなかった。これがイングランド艦隊のモラールの低下を招来した。今後折に触れて説明するが、この常用艦隊戦術準則は、後にハウやネルソンによって打破されるまで、ほぼ一世紀の長きにわたりイングランド艦隊に自縄自縛《じじょうじばく》の辛苦を舐めさせたのである。

艦隊戦術準則が内包する陥穽の三つ目は、準則の効果は適切な信号法と併用して初めて十全に発揮されるということである。各級指揮官相互の意思疎通を図る信号法が未熟な時代においては、艦隊戦術準則が不可欠の規範であったという意味のことを先に述べた。これは全くの真実である。しかし、あえて逆説的な言い方をするつもりはないが、すでに様々な角度から眺めてきたとおり、如何に精緻な艦隊戦術準則をもってしても、指揮官の判断と決断を適時的確に艦隊に伝達できないからである。だから、どの艦隊戦術準則も所要の信号を定めていたが、あまりにも未成熟であった。後に取り上げるが、イングランド艦隊の戦列至上主義が深刻な問題をもたらした海戦が四つある。これらはいずれも信号の運用を誤ったか、適切な信号が欠落していたために起こったことである。

信号書の制定

そこで項を改めて、イングランド艦隊が如何にして前項の第三の落し穴を埋め立てたかを簡単にたどっておきたい。念のため最初に注意を喚起しておくが、巷間よく作戦《オペレーション》と戦術が混同されるように、信号と暗号もごちゃ混ぜにされがちである。信号と暗号の類似点は、原文を別のものに置換して伝達することである。その相違点は、置換の目的である。信号の場合は遠く隔てられた相手に伝達することにあり、暗号は第三者に秘匿するためである。もっとも、信号も信号書がないと解読できず、結果的には秘匿されることになるから、暗号と混同されても無理からぬ面がないではない。

イングランドの海上信号は、十五世紀半ばのヘンリー七世時代から使われていた。ただし、艦隊に戦闘開始や戦闘中止を命じるのに赤旗と白旗を掲げたり、司令長官が隷下の各級指揮官を招集するために、特定の旗章を特定の個所に掲揚したりする程度であった。

十七世紀後段の三次にわたる英蘭戦争の間（一六五二―四年、一六六五―七年、一六七二―四年）、艦隊が組織的な戦術を駆使するようになると、信号もシステマティックに発展し始める。一六五三年の共和制政府の艦隊戦術準則が初めて本格的な旗旒信号も定めると、一六七三年のヨーク公準則、一六九一年のラッセル準則及び一七〇三年のアドミラルティ準則も信号規定を取り入れた。

当時の信号に使われる旗章は主として既存の識別旗《エンサイン》、艦隊旗《バナー》、軍艦旗《ジャック》、就役旗《ペナント》及び指揮官旗《コマンド・フラッグ》であったが、専用の信号旗旒が少しずつ増え始めていた。[三三] ラッセル準則では二十二通りの艦隊運動を指示できた。十八世紀に入ると、色で塗り分けた旗が出回って、信号の数が徐々に増え始める。当時の信号書では、個艦別に追撃針路を指示することも可能になった。アメリカ独立戦争直後の一七八三年頃には、信号旗旒も二十八に増え、五十七通りの信号が制定された。また、複数の旗旒を組み合わせて一つの信文を意味し、どこに掲揚しても意味が違わないように工夫された。

アメリカ独立戦争末期頃から、リチャード・ハウ、[三四] リチャード・ケッペンフェルト、チャールズ・ヘンリー・ノウルズといった提督が信号法の欠陥に着目して、それぞれ独自に改善を試みた。特に、ハウは一七八三年から八八年にかけて海軍卿を、一七九〇年から九九年にはイングランド艦隊主力の海峡艦隊司令長官を務めたので、結果として信号に関して最も顕著な貢献を成し遂げることになった。ハウの信号法は彼自身が独自に考案したという証拠はないが、いずれにしても、十種の数字方旗《フラッグ》、代表方旗、発動準備方旗並びに肯定方旗及び否定方旗の併せて十四種の旗旒を組み合わせる仕組みになっていた。その他通常使用する旗旒は特殊な意味に使われた。例えば、国旗が「指揮官参集せよ」で、青と黄の市松模様は「合同せよ」である。数字旗はそれぞれ固有の意味を付与されていて、「1」は「敵発見」、「2」は「戦隊毎に航行隊形をとれ」である。さらには「5」と「3」の連繋によって、「合戦準備をなせ」の信号を送れた。こうして、ハウが初めて制定した一七九〇年の信号書は二百六十の信号文を送れたし、最後の一七九九年の信号書では三百四十に増えていた。

ハウの信号法が画期的であった所以は、信号法が艦隊戦術準則から独立した「信号書」によって作成されることである。二百から三百の信号文を柔軟かつ簡便に駆使して、指揮官が望む陣形と発動時期を選択できたことである。このことによって、従来の艦隊戦術準則が戦術の選択と発動を規定するものではなくて、単なる戦術参考書になってしまった。

ハウの信号書は、現代の信号書の基礎を確立したとして過言ではない。その一方、信号旗のデザインも改良を加えられて、一七九九年、一八〇三年及び一八一〇年に改正された。ただし、一八〇三年の改正は、スクーナー艇〈レッドブリッジ〉がフランス艦に捕獲された際、艇長が信号書を海中投棄しなかったからである。

リチャード・ハウ

とはいえ、信号書が発信できるメッセージは、まだまだ大幅に制約されていた。例えば、一八〇〇年[三五]、五十門艦〈ロムニー〉艦長ホーム・ポッファムは、コペンハーゲン駐在公使と十キロ北に待機するイングランド艦隊との信号中継に従事していた。だが、ハウの信号書では「当該国における内閣改造が差し迫っている」との信号を作成できなかった。爾来、彼は信号法の改善に取り組み、一八〇三年に『遠隔信号法《テレグラフィック・シグナルズ・オア・》―海上語彙書《マリン・ヴォキャブラリー》』を、一八一〇年には改正版をそれぞれ出版したのである。彼もハウの信号書と同様に数字旗を使った。先ず、一つ一つの文字をアルファベットにおける順番を示す数字旗で表したのである。数字旗「3」はCとし、「1」と「2」の連繋は十二番目のMとした。これで如何なる言葉も綴れることになった。次に、信号符字を短縮するため、一―四個の数字旗を組み合わせた語彙表を作成した。例えば、「4」と「2」の連繋は「アドミラルティ」である。

一八〇三年、アドミラルティはハウの信号書とポッファムの信号語彙表を併用し、前者は作戦と戦術用とし、後者は一般的なメッセージ用と前者の補助用とした。かくして、一八〇五年のトラファルガーにおいて、ネルソンは歴史に残る二つの信号を掲げることになる。その最初が「イングランドは諸子らが各自の本分を全うするを確信せり」という彼の信条の披瀝であるが、これはポッファムの語彙表で綴った。次が「さらに敵に接近し交戦せよ」との戦闘命令で、このほうはハウの信号書に拠っていた。

第五節　士官

乗組士官の態様

英語の「海軍士官《ネーバル・オフィサー》」はさほど古い言葉ではないが、当初は現在とは違う意味で使われた。一七三一年から一八五六年にかけて、ネーバル・オフィサーとは法令によって「ネービー・ボードや海軍ドックヤード等に勤務する文官の行政官僚」と定義されていた。元来が officer とは office-holder を意味するから、ネーバル・オフィサーとは「海軍の役所に執務室を持っている者」である。ドレイクやネルソンたちのように艦に乗組む武官は「乗組士官《シー・オフィサー》」である。彼らがネーバル・オフィサーと呼ばれ始めるのは、トラファルガーの五年ほど前からであった。この少し以前から、シー・オフィサーの階級制度が確立し、彼らが現役のままでアドミラルティなどの役所に勤務するようになったからであろう。

中世時代の乗組士官はマスター、ボースン及びカーペンターである。マスターは船の運航と安全に関して全責任を負う船長で、ボースンは次席士官として運用作業を所掌し、カーペンターは船体と装備品その他の維持整備に当たった。キャプテンは国王の兵士を率いて乗船した指揮官である。彼は船の行動についてはマスターを指揮したが、船舶運航と安全に関しては口を出さなかった。なぜならば、キャプテンとマスターは別の指揮系統にあり、前者は騎士階層出身の戦士《ウォーリア》であって船乗りではないから、船のことに嘴《くちばし》を挟めなかったのである。

ところが、グレート・ガンが艦載化されると、揺れる艦上で重い大砲を迅速に操作することになる。言うなれば、これはシーマンシップそのものだから、艦砲の操作も兵士より船乗りにさせるほうがよいに決まっている。かくして、単なる水夫でしかないシーマンがファイティング・シーマン、即ち水兵へと変貌した。さらには、操艦（艦艇の操縦）が戦闘を左右するようになり、マスターとキャプテンの役目が融合した。その結果、キャプテンが船の運航までを一元的に指揮するようになり、彼が個艦で唯一最高の士官である艦長になる。こうした変化がいつ始まったかは明確でないが、エリザベス一世時代の十六世紀後半以降と考えて大きく違うことはないだろう。なお、現在のように商船々長もキャプテンと呼称されるのは十八世紀に入ってからである。

イングランド海軍の乗組士官には、どのようなものがあったか。それを教えてくれるのが、何と士官給与一覧表である。例えば[三六]一五八二年の給与記録によれば、中型ガレオン艦（五〇〇―八〇〇トン）の乗組士官は次のとおりである。ただし、各呼称名は仮訳である。

航海長《マスター》及び航海士《マスターズ・メイト》、掌帆員長《ボースン》及び掌帆員長助手《ボースンズ・メイト》
信号員長《コーターマスター》及び信号員長助手《コーターマスターズ・メイト》、船具倉庫長《ヨーマン・オブ・ザ・ジア》
艦長艇員長《コクスン》及び艦長艇員長助手《コクスンズ・メイト》、補給員長《パーサー》、調理員長《コック》、給仕員長《スチュワード》及び給仕員長助手《スチュワーズ・メイト》
清掃員長《スワッバー》及び清掃員長助手《ライアー》、掌砲員長《マスター・ガナー》及び掌砲員長助手《ガナーズ・メイト》、医務員長《サージョン》及び医務員長助手《サージョンズ・メイト》
ラッパ手《トランペッター》、鼓手《ドラマー》

現代の感覚では、航海長と航海士を除いてはいずれもが士官とは考えられず、精々が下士官である。例えば、コックは戦闘で片足をなくしたような者の配置であるが、水兵として役に立たないから、士官になった

とも言えよう。もっと傑作なのは清掃員長助手である。普段の彼は清掃員長の下で艦内の清掃消毒に当たり、月曜日の朝だけは特別任務につく。それはメイン・マスト上で「嘘つきッ《ライヤー》」と大声で三唱することである。[三七]これで艦内の毒を洋上に放出するというが、それこそ「嘘ーッ」と言いたくなる。だが、そもそもオフィサーとは何かの基本概念に立ち返れば、これをまんざら嘘と片付けられない。オフィサーに固有の執務室がやがて固有の任務を意味するようになるが、乗組士官とは艦内で特定の職務を付与されている者である。ならば、ピンのキャプテンもキリのライアーも同じ士官には違いない。

二百年余も後のネルソン時代には、士官構成もかなり整理された。これも一七四〇年の士官給与表によれば、艦長《キャプテン》、海尉《レフテナント》、航海長《マスター》、航海士《セカンド・マスター》、主計長《パーサー》、医務長《サージョン》及び牧師《チャプリン》である。なお、この時代の一般的な艦内編成は別表三のとおりである。

乗組士官の任用区分

任用区分とは、誰が当該人物を採用、補職、昇任させるかであるが、それによれば、イングランドの士官はアドミラルティが任用するコミッション・オフィサーとネービー・ボードが所掌するワラント・オフィサーの二通りに分けられる。

先ず、コミッション・オフィサーとは、国王の親任状《キングズ・コミッション》を携えて艦に着任する士官で、アドミラル、キャプテン及びレフテナントである。次に、ワラント・オフィサーとは、マスター、ボースン及びカーペンターである。当時、アドミラルティはネービー・ボードに所要の艦艇及び需品等を要請することになっていたが、その要求書をワラントと称する。これに基づいて、ネービー・ボードはマスター以下の乗員を配員した艦艇を準備した。

このように、ネービー・ボードがある種の士官と水兵たちの人事までを所掌したのは、一つにこの国独特の海事システムにおける伝統的慣習を引きずっていたからであろう。シンク・ポーツ・システムや緊急時に国王が船舶の提供を要請する場合、船主が船舶に士官や水夫の乗組員を付ける慣わしがあった。国王から見れば、乗組員も「請求すべきもの」というのである。以上から推定するに、ワラント・オフィサーという呼称が出現したのは、十六世紀半ば以降に違いない。この頃、ヘンリー八世が創設したネービー・ボードが軌道に乗ったからである。

配置と階級

帝国海軍や海上自衛隊では、将兵のピンからキリまで一律に階級が定められている。欧米では、階級《ランク》は士官に付与され、下士官・兵が持つのは等級《レート》である。階級と等級の相違は、前者が指揮権継承順位を示し、後者が技量の等級を意味するところにある。この背景には「士官の指揮に従って、下士官・兵が仕事をする」という理念がある。この点において、わが国では昔も今もやや曖昧だが、考え方というか文化の相違に起因するのであろう。

階級の話に入る前に、改めて重要なことを指摘しておかなければならない。古来、乗組士官にはキャプテンからライアーまで様々あったが、いずれも配置であって、決して階級ではなかった。つまり、初期のイングランド海軍には、階級はなかったのである。この物語では、配置を基準にして補職することを配置主義の任用制度と呼ぶことにする。現代では配置と階級のヒエラルキーがきちんと整合されていて、階級に従って補職をするが、これを階級主義の任用制度と呼ぶ。

かつてイングランド海軍においては、配置主義の士官任用制度が、気の遠くなるような長い年月を経て、われわれの常識をはるかに越える奇妙奇天烈《きてれつ》な展開を繰り広げた。とはいえ、配置主義でも指揮権行使に問題はほとんど生じなかった。指揮権とは付与されて初めて行使できるのであり、これを付与する対象が階級でも配置でも、その機能に変わりはない。問題はむしろ人事行政に潜んでいた。

海軍に階級がない頃、乗組士官の身分を保証するのは、就役艦における配置がすべてであった。乗組士官が艦の配置を離れたら、それで海軍という職場を失う羽目になる。艦が戦闘や遭難で沈没・廃滅し、あるいは予備艦となっても同じである。このため乗組士官の身分が不安定で、専門的職業になりにくかった。だから、人材の確保が困難になり、かつ人事行政に様々な障害が生じた。ドレイク時代の王室私設海軍ならともかく、共和制時代になり海軍が国家の常備軍へ発展すると、この問題を無視できなくなった。ところが、やがてイングランド海軍にも階級の概念が芽生えて、配置と階級の関係がギクシャクするという事例が続出することになる。これが先の人事行政の問題であるが、後に項を改めて述べることにする。

以上がイングランド海軍における士官人事の配置主義だが、その名残が現在の階級制度に明瞭に認められる。例えば、わが国では海軍大佐（一等海佐）、海軍中佐（二等海佐）、海軍少佐（三等海佐）と幾何級数的に並んでいるが、本家の英国海軍では今なおキャプテン、コマンダー、レフテナント・コマンダーと続き、そこに連続的な規則性がまるでない。これはイングランド海軍における配置主義から階級主義への移行過程で、配置名がそのまま階級の呼称として残されたからである。

階級の概念

イングランド海軍に階級制度が生まれるのは、指揮権の問題ではなくて、意外にも士官俸給制度からであった。一六六八年、「今次戦争（第二次英蘭戦争）における将官級の顕著なる功績に報いんがため、平時の現在その職を離れている者に、前職の俸給に応じた恩給《ペンション》を下賜される」ことになった。[三八] これがイングランド海軍特有の半給《ハーフ・ペイ》制度の始まりで、何と第二次世界大戦直前の一九三八年七月二十九日まで継続される。

一六七四年、こうした恩給の特権が一、二等級艦のキャプテンまで広げられた。翌年にはコモドーとマスターの一部も加えられた。一六九三年、ほとんどの士官が半給を支給されるようになる。だが、この大盤振る舞いはすぐ財政的に行き詰まり、一七〇〇年に半給受給資格者をキャプテン五十人、レフテナント百人、マスター三十人に絞った。そこで、事が始まるのである。

今度は海軍当局が五十人のキャプテン、百人のレフテナント及び三十人のマスターを選択するという問題に直面した。その事務作業で先ず必要なのは名簿だが、正規の士官名簿がなかった。個人的なものなら、当時のアドミラルティ書記官長ピープスが自分用に作った将官名簿と乗組士官名簿があった。彼はこの二冊のノートを頼りに人事を行った。ただし、このリストはアルファベット順になっていて、使い勝手が悪かった。それに、英蘭戦争でイングランド海軍は急激に膨張していたから、手製ノートでは間に合わなかった。そこで、一七〇〇年、アドミラルティが正規の士官名簿を作成したが、これは個人別の「補職年月日」で整理されている。そして、半給受給資格の基準を当該配置の勤務期間、即ち補職年月日の順とした。

一七〇〇年以降、アドミラルティは士官名簿に様々な改善を施した。有名なのが一七一八年のアドミラルティ版・乗組士官名簿で、キャプテン、マスター・アンド・コマンダー（後のコマンダー）及びレフテナントを網羅し、この形式で一八四八年まで作成された。ネービー・ボードは、一七八〇年にマスターの名簿、一八一〇年にパーサー、ガナー、ボースン及びカーペンターの各名簿を制定した。

このように、イングランド海軍は一度拡大した半給支給対象を制限し、この事務手続きのために士官名簿を制定したが、これによって思いがけない二つの効果を派生する。先ず、名簿における氏名の記載順序は、当然ながら職務の高い方から並べるから、そこに「職務の格付け」という概念が発生した。次に、同一配置にある者の順位を当該配置に補された年月日に基づいて定めたから、「先任序列」の概念が生まれた。やがて、この二つが「階級の概念」を生み出すことになる。

以下は如何にもブリティッシュな余談である。一七七九年、スティールという人物が個人的に士官名簿を編集して、毎年定期的に発行した。このスティール版・士官名簿には先任序列の他に多くの事項が盛られていて、海軍でも随分と重宝したらしい。そして、一八一四年以降のアドミラルティ版は、スティール版の様式をそっくり真似た。そのため、スティール版は一八一七年に廃刊となった。この件では、当時のアドミラルティは真似たのはでないと主張したが、イギリス海軍大学のルイス教授によれば、「明らかにアドミラルティが商法違反を犯していた」のである。[三九]イギリスでは私企業が発行した資料を公式に使用するのは、ブラッシーやジェーンの年鑑をはじめ珍しくはない。今日でもイギリス議会両院の公式議事録を「ハンサード」と俗称する。これはハンサードという人物が、一八一一年から議会の議事録を個人的に記録、発行していたことに由来する。

27 May 1700.

A Liſt of the Names of ſuch Captains who Served in His Majeſty's Fleet, during the late War, Fifty whereof will from time to time be Entituled to Half-Pay, during their being out of Employment on Shoar, according to their Seniority, and His Majeſty's Eſtabliſhment in that behalf, Dated the 18th day of April 1700.

Perſons Names.	Date of Firſt Commiſſion as Captain.	Rate	For what Ship.	Which of them now Employ'd.
Munden John	23 July 88	6	Half-moon Prize	Commands off Sally.
Cornwall Woolſran	23 Aug 88	4	Dartmouth	
Fairborne Stafford	30 Aug 88	5	Richmond	Gone to Newſoundland.
Myngs Chriſtopher	3 Sept. 88	6	Sophya Prize	Captain of the Naſſau.
Graydon John	9 Sept 88	6	Saudadoes	
Leake John	24 Sept. 88	5	Firedrake Bomb	
Robinſon Robert	26 Sept. 88	4	Crown	Captain of the Chicheſter.
Ley Thomas	24 Octob. 88	5	Mermaid Fireſhip	Captain to the Admiral.
Foulks Symon	22 Dec. 88	5	Aſſurance	Captain of the Burford.
Greenhill David	5 Mar 88	5	Cadiz Merch^t Fireſhip	
Granvill John	12 Mar. 88	4	Advice	
Dilks Thomas	8 April 89	5	Charles Fireſhip	Captain of the Bridgewater.
Coal Thomas	10 April 89	5	Pearle	
Bokenham William	7 May 89	5	Saphire	
Beaumont Bazill	21 May 89	4	Centurion	
Warren Thomas	28 May 89	5	John of Dublin Fireſhip	Captain of the Harwich.
Jennings Thomas	29 May 89	5	Alexander Fireſhip	Captain of the Revenge.
Hicks Gaſper	30 May 89	4	Arch-Angel Hired	
Good Edward	6 June 89	3	Kent 2d Capt	
Haughton Henry	13 June 89	4	Briſtol	
Martin Henry	16 June 89	3	Berwick	
Avery John	16 June 89	4	Kingfiſher	
Robinſon Henry	17 June 89	5	Sampſon Hired	
Syncock Robert	27 June 89	4	Nonſuch	
Wiſhart James	4 July 89	5	Pearle	
Whetſtone William	30 July 89	5	Europa Hired	
Price John	30 July 89	5	Saphire Hired	
Jennings John	16 Nov. 89	4	Kingfiſher	
Fitz-Patrick Rich^d	Jan. 89	4	Succeſs Hired	
Main John	4 Febr. 89	4	Aſſurance	Captain of the Deſvance.
Robinſon Thomas	5 Febr 89	5	Guarland	
Kirkby Richard	7 Febr. 89	4	Succeſs Hired	
Crawley Thomas	7 Febr. 89	5	Richmond	

1770年版の士官名簿

イングランド海軍は、長い年月をかけて先任序列の原則を確立させながら、その一方ではこれにこだわらなかった。例えば、トラファルガーの時のネルソンは、当時としては六番目の階級であるヴァイス・アドミラル・オブ・ザ・ホワイトに過ぎず、将官序列に至っては七十四番目である。このあたりにイングランドらしい実利主義的あるいは現実主義的な面が如実に現れる。わが帝国海軍が艦隊司令長官級の人事において兵学校卒業期別や先任序列に拘泥したのと比べれば、それが一層鮮明に認められる。

階級主義への転換

先任序列の概念は十八世紀初頭から芽生え、やがてこれが階級意識を醸成する。ただ、何しろイングランドのことだから、一夜で変貌したわけではない。約一世紀半もの間、ひどく馬鹿げた体験を経なければならなかった。その事例を挙げればキリがないが、三つばかり紹介しておく。

十八世紀に入ると、アドミラル級がダブついて、キャプテンからの昇格が頭打ちになっていた。当時は定年制がなかったからだ。また、配置主義の下では、何かの配置に就かなければ、海軍を辞めざるを得なかった。そこで、アドミラルティは一七四七年に苦心の解決策を編み出した。ある古株のキャプテンを、ともかくも某戦隊司令官に仕立て上げたのである。これで件のキャプテンが随喜の涙を流したかどうかは不詳だが、確かなのは当該戦隊が実在しなかったことであった。やがて人々がこの幽霊戦隊を「黄色戦隊」と呼ぶようになったが、この俗称には二つの洒落が込められている。当時、イングランド艦（戦）隊は赤色艦（戦）隊、白色艦（戦）隊及び青色艦（戦）隊に区分されていたから、「黄色」はいずれにも所属していないことを意味した。そして、現代の国際旗旒信号でもそうだが、黄色は疫病発生による「隔離《コランティーン》」を意味する。

右は随分といい加減な話だが、次の事例は手品というより詐欺に近い。一七七三年、アドミラルティはリチャード・ピアスンを次のとおりに補職した。

六月二十五日付　リチャード・ピアスンに〈ジュノー〉のキャプテンを命ず。
六月二十六日付　キャプテン・ピアスンに〈スピードウェル〉のコマンダーを命ず。

〈ジュノー〉は十二ポンド砲三十二門のフリゲート艦で、指揮官配置の呼称はキャプテンである。[四〇]〈スピードウェル〉は二本マストのスループ艇だから、指揮官もコマンダーと呼ばれる。今風に翻訳すれば、一日だけ二千トン級の駆逐艦々長にして、翌日には五百トン級の掃海艇々長にしたことになる。しかも、「キャプテンの肩書き」を付けてである。当時はキャプテンの配置がダブついていたから、そうでもしなければピアスンをキャプテンに昇格させられなかった。これは、当時すでに配置主義と階級主義とがない交ぜになって、人事業務に混乱を来していたことを如実に物語っている。

最後の事例は、アドミラルティが筋の通らない強弁で自ら舌を噛んだ話である。十九世紀初頭の出来事であるが、北極海航路を開拓中の戦隊で、艦長以下の上級士官の総員が疫病や事故で死亡するという事案が生起した。そこで、残った幾人かの下級レフテナントが艦長の職務を継承して、どうにか戦隊を帰還させた。彼らは指揮権継承順序に従って艦長の職務を継承したのであって、合法かつ適正な対処である。それだけに、アドミラルティは厄介な問題に直面した。

当時の慣例では、当人が軍法会議で有罪判決を受けないかぎり、ひとたび艦長の職務を執行した者からその資格と権限を奪えない。だからと言って、アドミラルティはそのまま彼らをキャプテンに昇格させることも容認できない。彼らより先任のレフテナントが何百人もいるからである。つまり、配置主義と階級主義の矛盾に、先任序列の概念とイングランド伝統のコモン・ローの理念とが絡んだ複雑な問題が提議されたわけである。そこで、一八〇八年、アドミラルティはわざわざ勅令を出して、この問題を解消しようとした。勅令に曰く、

> 当局は貴官らがキャプテンたるを否定せず、従って、当該艦の行動中はキャプテンとして指揮権を行使するを容認するが、その後引き続きその職に留まるべからず。ただし、貴官らがキャプテンたる事実は

明白なるが故に、当局は貴官らをコマンダーに昇格させるものである。しかしながら、これまでの慣例の如何を問わず、貴官らがキャプテンの階級を保有するものに非ず。[四一]

念のため、原文を脚注に付しておくが、右を一読して勅令の言わんとするところを理解するのは至難の業である。問題の焦点は「キャプテンとは配置か階級か」であるが、それをアドミラルティ自身が明確に断言できなかった。そのくせ、旧来の配置主義の建前と新たな階級の概念との狭間をスリ抜けようともがいているのである。これをルイス教授が「頭隠して尻隠さずの駝鳥の如きアドミラルティ」と言うが、まさしく駝鳥自らが配置主義の敗北を認めた象徴的な出来事であった。[四二]

ところが、これまた誠にブリティッシュというべきことに、完全にケリが付いたのはさらに半世紀後であった。一八六〇年六月九日、アドミラルティ評議会が次の議案を承認した。

海軍における円滑なる業務運営に鑑み、配置指定のコミッション及びワラントを士官任用の根拠となす現行方式は、これを廃止すべし。王国海軍のコミッション・オフィサー及びワラント・オフィサーに関しては、それぞれ相当の階級をもって任用するを可とすべし。また、士官にコミッション又はワラントを授与せし場合、当該士官が同一階級に留まる限りにおいては、すでに授与せし辞令の外は如何なる辞令も改めて授与する要なく、すでに授与せし辞令に基づき、よろしく職務を遂行し、かつ士官たるの分限を保障されるものとすべし。

これで配置と階級との長年の角逐が終息したが、階級制度の問題がすべて片付いたのではない。階級制度は人事制度の骨幹要素だが、その適切な運用には必須要件が幾つかあり、その中で最も重要な一つに定年制度がある。厳格な指揮系統を生命とする戦闘集団に不可欠なのが階級別ピラミッド構成で、これを適正に維持するのが定年制である。さもなければ、先に触れたとおり、アドミラル級やキャプテン級が溢れて人事が停滞してしまう。定年制の導入は様々な紆余曲折を経て、階級主義に踏み切った四年後の一八六四年に実現された。このわずか数年後、明治政府がイギリス海軍を範とした帝国海軍の創設を決定するのである。しかも、これから述べるとおり、師匠格のイングランド海軍の士官制度はまだ完成されていなかった。思えば意外なことに、この国の海軍はさほど早くに姿形を整えたのでは決してなかった。

アドミラル

英語の admiral の語源はアラビア語で最高者を意味する amir 又は ameer である。その後、これに英語の admire の d がくっ付いて admiral となったとされる。いささか出来過ぎた話だが、これが正真正銘本家のイングランド海軍史の説明である。

十三世紀初頭まで、艦隊の指揮官はジャスティス・オブ・ザ・シーコーストと呼ばれ、ジャスティスがリーダー、ガヴァナー、リーダー・アンド・コンスタブル又はキーパーと置き換えられたりした。王室艦隊では、キャプテン・オブ・ザ・キングズ・セイラーズ・アンド・マリナーズ・オブ・シンク・ポーツである。一二九七年三月、時のイングランド王エドワード一世がキャプテン・キングズ・セイラーズ・アンド・マリナーズにアドミラル・オブ・ザ・シー・オブ・ザ・キング・オブ・イングランドという称号を付与した。これがイングランドにおける最初のアドミラルだが、これはフランダース海事国際会議に参加するための臨時で儀礼的な肩書きでしかなかった。

一三〇三年二月、エドワードは臣下の最先任キャプテンを艦隊指揮権を持つアドミラルに任命した。その正式な称号は、キャプテン・アンド・アドミラル・オブ・ザ・フリート・オブ・ザ・シンク・ポーツ・アンド・オブ・オール・アザー・ポーツ・フロム・ドーバー・バイ・ザ・シー・コースト・ウェストワーズ・アズ・ファー・アズ・コーンウォール・アンド・ザ・ホール・オブ・コーンウォールである。まるで落語の寿限無のようである。イングランド人はいい加減だが、その一方でひどく律儀でやたら長ったらしい名称を付けたがるから面白い。例えば、現在のエリザベス二世の正式称号もエリザベス・ザ・セカンド・バイ・ザ・グレース・オブ・ゴッド、オブ・ジ・ユナイティッド・キングダム・オブ・グレート・ブリテン・アンド・ノーザン・アイルランド、アンド・オブ・ハー・アザー・レルムズ・アンド・テリトリーズ・クィーン、ヘッド・オブ・ザ・コモンウェルス、ディフェンダー・オブ・ザ・フェイスであるが、何とか言い終えると、思わず「どうだッ。参ったか」と付け加えたくなるではないか。

話を戻すと、まもなくザ・シー・ノースワーズとサウスワーズの二人が追加されて、三人の寿限無アドミラルがイングランド周辺海域を取り仕切った。一三六〇年、エドワード三世が最先任アドミラルをアドミラル・オブ・イングランドに任命すると、以後、アドミラルと言えばアドミラル・オブ・イングランドただ一人となり、これがやがてロード・アドミラルとかハイ・アドミラルと呼ばれるようになる。

先の寿限無アドミラルがアドミラル、ヴァイス・アドミラル、及びリア・アドミラルと名前を変えて艦隊に戻ってきたのは、いつ頃であったのか。不思議なことに、万事に詳細厳密なイングランド海軍史でも、これが詳らかではない。確かに言えることは、一五一三年、ヘンリー八世の艦隊がフランスと戦った頃、すでに騎士階層出身のキャプテンがロード・アドミラルを補佐するヴァイス・アドミラルやリア・アドミラルになっていた。一五八八年、エリザベスがアルマダ迎撃艦隊を編成したとき、ロード・アドミラルにして艦隊司令長官《アドミラル》のハワードの配下に、ヴァイス・アドミラルのドレイク及びリア・アドミラルのホーキンズその他がいた。

一六一九年、ロード・アドミラルがロード・ハイ・アドミラルと改称されるが、最初のバッキンガム公爵から六代続いた一八二八年以降は空席のままであった。一九六四年、アドミラルティが国防省に統合されるが、同時にロード・ハイ・アドミラルのオフィスが正式に廃止され、その称号だけを現女王エリザベス二世が継承している。

一六二〇年、アルジェ遠征艦隊が編成された際、艦隊が別表四に示すように区分された。最先任指揮官の中央隊を「赤色戦隊」、次席指揮官の前衛隊を「白色戦隊」並びに三席指揮官の後衛隊を「青色戦隊」と呼称し、各戦隊にアドミラル、ヴァイス・アドミラル、リア・アドミラルを配した。以後、赤・白・青の識別色による先任序列が定着したが、共和制時代に青と白の順序が逆転された。一説には、貴族の紋章や盾の地色には青と白があって、前者は高位の者が使用したからという。

洋上で艦隊を指揮する者を一般的にアドミラルと呼称するのは、十七世紀半ば以降である。それまではアドミラルといえば、一義的にはロード・ハイ・アドミラルを意味した。それ以外は、アルマダの際にドレイクがヴァイス・アドミラルに指定されたように、その都度、アドミラルという称号を付与されたのである。ネルソンが活躍した十九世紀初頭頃、イングランドの将官には次の十段階があった。

アドミラル・オブ・ザ・フリート（海軍元帥）
アドミラル・オブ・ザ・レッド、ホワイト及びブルー（赤色、白色及び青色海軍大将）
ヴァイス・アドミラル・オブ・ザ・レッド、ホワイト及びブルー（赤色、白色及び青色海軍中将）
リア・アドミラル・オブ・ザ・レッド、ホワイト及びブルー（赤色、白色及び青色海軍少将）

一八六四年、艦隊や戦隊の色別区分とともにアドミラルの色別接尾語と色別識別旗《エンサイン》が廃止され、アドミラル級はアドミラル、ヴァイス・アドミラル及びリア・アドミラルの三段階となる。ただし、識別旗の方は、ホワイト・エンサインが軍艦旗、レッド・エンサインは商船旗、ブルー・エンサインは予備役艦旗として使われることとされた。

一六八八年、海軍元帥ともいうべきアドミラル・オブ・ザ・フリートの称号がダートマス伯爵に初めて正式に与えられた。ロード・ハイ・アドミラルが海軍行政の最高官僚で、アドミラル・オブ・ザ・フリートは文字どおり艦隊の最高指揮官である。だが、これもすぐに名誉職的な配置になり、そのまま象徴的な階級になって最古参の提督に付与された。ちなみに、今日でも海軍の将官をフラグ・オフィサーと称するが、これは王政復古時代のピープスの造語とされている。

コモドー

この階級を最初に設けたのは、第一次英蘭戦争時代のオランダとされる。一六八八年の名誉革命で、オレンジ公ウィリアムがイングランドに渡ったとき、将官に準じるコマドュール[四三]を一人帯同したが、これがイングランド初のコモドーとなった。

一六九〇年、アドミラルティは、小戦隊又はフラグ・オフィサーが不在の基地における最先任キャプテンにコマドーの称号を付与し、一七三二年、コモドーを正式に制定した。[四四]これにはファースト・クラスとセカンド・クラスがあった。前者は隷下指揮官にキャプテンを持ち、リア・アドミラルの俸給を支給され、後者は自らが個艦の艦長で、当該戦隊の最先任指揮官である者とされた。

キャプテン

キャプテンの綴りは、ラテン＝フランス系の caput が capytayne やその他様々な変化を経て captain となった。元来兵士の指揮官であったキャプテンが戦時の各艦に必ず配置されたかというと、これがあまり明確ではない。少なくとも記録上は一四四二年まで遡り、当時の資料に「大型の各艦にはキャプテンが乗り込むものとする」と記載されている[四五]。

十七世紀半ばに戦列艦を六等級に区分して、五等級以上でマスターが配置される艦をポスト・シップと称し、その艦長を慣例的にポスト・キャプテンと呼んだ。一七四八年に初めて士官服装規則が制定された際、合わせて陸海軍士官の階級が整合され、ポスト・キャプテンの勤務年限三年以上の者を陸軍大佐と同等に格付けし、それ以下は陸軍中佐相当とし、両者の制服に明確な差異を施した。ただし、歴史的に見れば、この区別は階級制度への移行期における過渡的な現象である。この頃から、ポスト・キャプテンという呼称があまり使われなくなるが、これは階級の概念が浸透し始めたからである。

一方、この世紀の末にフラグ・キャプテンという配置が出現すると、ポスト・キャプテンの呼称も復活した。このフラグ・キャプテンとはキャプテンの階級を持つ士官で、司令官たるフラグ・オフィサーの参謀である。無論、司令官と一緒に旗艦に乗艦している。そこで、個艦々長のキャプテンを再びポスト・キャプテンと呼んで、フラグ・キャプテンと区別した。区別する必要があったのは、人々の頭が完全に階級制度へ切り替わっていなかった証拠でもある。言うまでもないが、このポスト・キャプテンもフラグ・キャプテンも配置の呼称であって、階級ではない。なお、いつの間にかフラグ・キャプテンが旗艦々長を意味するようになり、現代のＯＥＤもこれを採用している。恐らく、大概の場合、わざわざ参謀格のキャプテンを置かず、これを旗艦々長が兼ねたからであろう。

コマンダー

十七世紀半ば、イングランド艦隊は、商船々長を彼の船や乗組員と一緒に雇い入れた。これについては改めて後述するが、彼らには海軍士官としてかなり問題があった。そこで、海軍は熟練のレフテナントをコマンダー・アンド・マスターと称して庸入船に配置した。それがいつの間にかマスター・アンド・コマンダーと順序を逆転して呼ばれるようになった。

一六七四年、六等級艦々長の資格に、トリニティ・ハウス[四六]でのマスター試験に合格することが加わった。一七四八年、セカンド・マスターが正式な階級となり、ノン・ポスト・シップにも配員された。するとマスター・アンド・コマンダーが航海専門士官を部下に持つわけで、マスター・アンドの部分が不要になる。次いで一七九四年、余計な部分が外されて、コマンダーという階級が制定された。

ただし、コマンダーが現在のように大型艦の副長配置に就くのは、一八二七年以降である。換言すれば、この頃にコマンダーが完全に階級化したことになる。

レフテナント・コマンダー

海軍の規模が大きくなると、キャプテンとレフテナントの間にコマンダーが生まれた。さらに海軍の機構が一層複雑になると、今度はコマンダーとレフテナントの間にもう一つの階級が出現しても、何の不思議もあるまい。事実、レフテナント・コマンダー即ち海軍少佐はそういう出自の階級で、そのためか、ひと頃はややミソッ子的な存在であった。

従来、大型艦では最古参レフテナントがファースト・レフテナント、つまり副長として艦内を取り仕切った。ちなみに、イギリス海軍では副長をナンバー・ワンと称するが、これは右のファーストの名残だろう。ところが、一八二七年以降に栄光のナンバー・ワンを新参のコマンダーに奪われて、最古参レフテナントたちは心中穏やかでなかったに違いない。その慰撫策として、一八三〇年から八八年にかけて、幾度か彼らだけが加俸された。やがて、レフテナントの勤務期間八年を超え、先任序列七十番以内の者には定常的に加俸されるようになる。

さらに一八七五年、この七十名は正装にかぎり二本の金筋の間に半幅の一本を加えることを許され、一八七七年、通常の制服にまで拡大された。一九一二年、レフテナント・コマンダーという金筋二本半の階級が正式に制定された。そして、この半分こそが、前述のミソッ子的存在を表明するものである。このことは、現代のロイヤル・ネービーにおけるコミッション・オフィサーの階級章（次頁）を見比べれば一目瞭然であろう。

レフテナント

この物語ではレフテナントと表記する。人によっては目障りであろうが、イングランド海軍の話なのにアメリカ流のルテナントで通すわけにはいくまい。レフテナントは lieutenant と綴るとおり、フランスから伝わった言葉である。lieu は「代わりに」で、tenant とは「サポーター」である。即ち、レフテナントはキャプテンを補佐し、時に彼の代行を務める配置である。

現代の海軍大尉に相当するレフテナントがイングランド海軍に出現するのは、おおよそ一五八〇年頃である。[四七]だが、当初からどの艦にもレフテナントがいたわけではなく、アルマダと戦ったエリザベスの三十四隻中、レフテナントが乗っていたのはわずか五隻に過ぎなかった。[四八]当時王室艦の人事を握っていたのは艦長だったから、彼が補助者を乗せないと決めれば、それで済んだのである。しかし、やがてアドミラルティの人事権が定着すると、戦列艦におけるレフテナントの定員化が進んだ。先ず、第一等及び第二等級艦では六名とされ、以下は艦の大きさに応じて決められた。そして一八一五年、最大八名までとされた。

サブ・レフテナント

サブ・レフテナントは、いささか厄介な存在である。先ず、これを何と訳せばよいのか判らない。レフテナントを海軍大尉とするなら、サブは中尉か少尉である。だが、イングランド海軍には少尉のエンスンがないから、話が面倒になる。要するに、二つを大・小又は大・中のいずれで区分するかの問題であるが、気にしだすと際限がない。次は、その出自である。サブ・レフテナントという言葉は、レフテナント・コマンダーと同様、最初から階級の呼称だった。ならば、これが出現した経緯は簡単明瞭なはずであるが、存外に複雑なのである。これがコミッション・オフィサーの最下位なので、後述のミジップマンとも密接に関連していたからである。従って、このあたりの詳しい経緯を次節でも説明する必要がある。

なお、サブ・レフテナントという呼称は、セント・ヴィンセント伯爵ジャーヴィス提督が創案したとされる。一八〇二年、ミジップマンのランクがあまりに複雑になったのを整理するために、地中海艦隊司令長官ジャーヴィスが隷下艦隊内にかぎってサブ・レフテナントという呼称を使わせた。[四九] そして一八六一年、これ

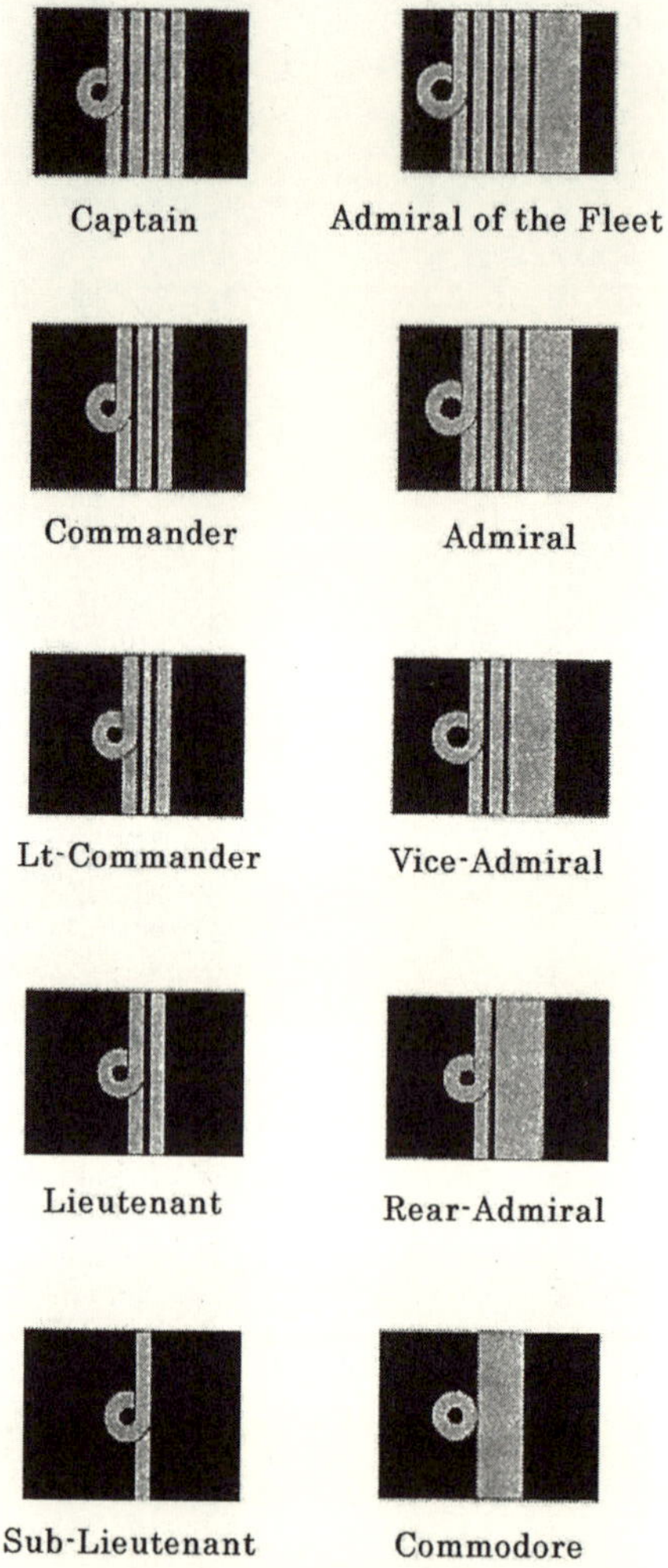

現代のザ・ロイヤル・ネービーにおける階級章（袖）

が正式な階級となる。

マスター

かつては船長であったマスターは特務士官の航海長となるが、それ相応の敬意をもって処遇された。一六七五年にレフテナントを差し置いて半給を支給されたし、十九世紀初頭には士官公室《ワード・ルーム》での食事を許された。ちなみに、イングランド軍艦の士官公室は十七世紀末に出現し、一七四五年、アドミラルティがコミッション・オフィサーの集会室として正式に認定した。しかし、サブ・レフテナントやミジップマンはガン・ルームで食事をするのである。従って、ワード・ルーム・オフィサーやガン・ルーム・オフィサーという俗称が使われ、わが帝国海軍でも士官室士官や次室士官と称した。

一八〇五年、マスターからレフテナントへの昇任資格が認定され、一八〇八年九月二十八日付の勅令で「レフテナントはマスターの上位」と規定した。一八四三年、マスターにも親任状が交付され、コミッション・オフィサーになった。この頃、マスターの勤務期間八年以上にはスタッフ・コマンダー、旗艦に勤務するマスター・オブ・ザ・フリートにはスタッフ・キャプテンの階級がそれぞれ付与された。一八六七年、マスターはナヴィゲイティング・レフテナントに、セカンド・マスターはナヴィゲイティング・サブ・レフテナントに、マスターズ・メイトはナヴィゲイティング・カデットにそれぞれ変更された。

ガナー

ガナーは、グレート・ガンが艦載化されて出現した新参者である。彼は先輩のボースンやカーペンターを抜いてマスターの次に格付けされ、やがて他のスタンディング・オフィサーとともに下士官《ペティ・オフィサー》の配置に区分される。

また、ガナーには大砲のほかに「若い紳士たち《ヤング・ジェントルメン》」の「艦上の親父《シー・ダディ》」という特別の役目があった。新参者をマン・ツー・マンで世話する古参者をシー・ダディと称するが、ガナーの場合は特別である。彼は自分より上位の若い紳士を大砲に腹ばいにさせて、お尻に仕置きの鞭を加えた。ところが、この悪ガキどもは瞬く間にキャプテンとなり、やがては檣頭高く将旗を掲げる。それだけに、その鞭先に幾許かの誇りが込められていたであろう。だから、ある日、件の老ガナーはラム杯を傾けながら「アイ、うちのオヤッサンてのはナ、昔この儂《わし》が一丁前に仕立てたんサ」とことさらに事もなげに言ってみせると、聞き入る水兵たちは古参の船乗りに一段と畏敬の念を抱いたに違いない。

ボースン

ボースンは長らく甲板に君臨して、船乗り中の船乗りというべき存在であった。その彼の命運を決定的にしたのは、全く新しい推進装置の登場である。船から帆が消滅し、ロープやホーサーの類はかつての百分の一もない。錨を揚収するキャプスタンや荷役のデリック、クレーンも蒸気や電気で動くようになった。こうして肩身が狭くなったボースンは、ペティ・オフィサーの地位に甘んじつつ、甲板作業の監督としてようやく生き長らえている。だが、帆船を一隻も持たない海上自衛隊ですら、いまだに彼らを「掌帆長」と呼ぶ。長らく甲板に君臨した船乗り中の船乗りに敬意を表するからであろう。また同様に、世界の海に船が浮かぶかぎり、どの国の軍艦や商船からもボースンが消えることはあるまい。

カーペンター

船体、マスト、ヤードの類が鉄製になると、これらの修理に当たったカーペンターが消滅した。その過渡期に、アドミラルティはカーペンター・レフテナントやチーフ・カーペンターという配置を制定したが、彼らの仕事はかつてとは似ても似つかぬものとなった。そして一九一八年、右が統廃合されてシップライトという配置になった。ちなみに、カーペンターの名残を海上自衛隊で探せば、艦内における防火・防水・工作の専門屋「応急員長」かもしれない。

第六節　士官の雛と卵

レフテナントへの登竜門

十七世紀初頭まで、海軍当局は乗組員の採用と昇任をキャプテンの自由裁量に委ねていた。フォレスターやケントの小説で周知のとおり、十八世紀末から十九世紀初頭のナポレオン戦争時代ですら、キャプテンは強制募兵隊《プレス・ギャング》を派遣して、手当たり次第に男たちを捕らえて自艦の乗組員にしていた。彼らは乗員名簿に下級水兵《ランズマン》と登録されて、数年もすれば、ほぼ全員が自らの不運を諦めた。当時の一般庶民はほとんどが泳げなかったし、艦は沖がかりが普通だから、脱走はほぼ不可能である。やがてランズマンは上級水兵《アイブル・シーマン》に昇格するが、運と才覚次第でカーペンター、ボースン、ガナーへと上り詰め、遂にアドミラルへと位人臣を極める者さえいた。かくして、イングランド海軍の人的資源の大部分が、国王黙認の「人さらい」に依存していたのである。さすがにコミッション・オフィサーの採用は志願制であったが、これもキャプテンに任された。

以下はコミッション・オフィサー任用の仕組みだが、その変遷の紆余曲折が何ともブリティッシュで、幾つもの世紀にわたり複雑かつ怪奇な絵柄を描き出すのである。先ず、乗組士官になるには、四つの登竜門のいずれかを潜らねばならない。

①　十六世紀末までは、キャプテンズ・サーヴァント又はヴォランティアからレフテナントへ昇格する。

②十七世紀初頭以降、キャプテンズ・サーヴァント又はヴォランティアとミジップマンを経て、レフテナントへ昇格する。

③十八世紀末以降は、ヴォランティア・オブ・ファースト・クラスとミジップマンを経て、レフテナントへ昇格する。

④十九世紀半ば以降は、ネーバル・カデットとミジップマンを経て、レフテナントへ昇格する。

さて、キャプテンズ・サーヴァントとヴォランティアが士官の卵とするなら、ミジップマンは雛であるから、卵の話から始めるのが順序であろう。

古くから王室艦には、キャプテンズ・サーヴァントと呼ばれる少年が乗っていた。前チューダー朝時代から、乗組士官にはサーヴァントを乗せる権利が慣習的に認められていたが、キャプテンのサーヴァントが最も一般的であった。[五〇] 英語でサーヴァントといえば、われわれは反射的に下僕や召使を想起する。ところが、古くは「特定のパトロンから賃金を支給されながら、特定の修行に従事する者」という意味でも使われた。つまり、キャプテンズ・サーヴァントとは、キャプテンをパトロンとする「士官見習い」である。かのロドニーやネルソンも、その輝かしい経歴をキャプテンズ・サーヴァントから始めたのである。

もう一つのヴォランティアは、十六世紀半ばのエリザベス一世時代から出現した。ただし、こちらは良家の出自に限られていた。特に十七世紀半ばの第二次英蘭戦争時代、海軍に入るのが良家の子弟たちに流行して、艦隊にヴォランティアがはびこっていた。海戦を体験すると、仲間内や社交界で大いにハクが付いたからだ。[五一] ところが、この種の類は大概がドラ息子で、艦内の鼻つまみ者になっていた。当局はドラ息子を駆除するためにヴォランティアを定員制とするが、一向に効果がなかった。一方のキャプテンズ・サーヴァントは生活のために海軍に入り、最初からハングリー精神に燃えていた。これがレフテナントへの登竜門の第一ルートである。

乗組士官の任用と同様、その教育訓練もキャプテンを親方とする徒弟制度に依存していた。当初はこれで構わなかったが、やがて二つの問題が派生した。先ず、こうした徒弟制度が海軍の拡大に対応できなくなった。そこで、海軍当局が士官養成システムを整備しようとすると、徒弟制度の弊害がもう一つ表面化した。キャプテンの慣習的人事権に伴う諸々の役得である。例えば、キャプテンズ・サーヴァントの枠が拡大されると、キャプテンはわざとその採用を抑え、そこで浮いた食費と給与を自分のポケットに納めた。また、士官やその卵たちの任用裁量権は、キャプテンの社会的なコネの拡充に大いに貢献した。だから、海軍当局が士官の人事権を奪回しようとすると、一度この旨味を知ったキャプテンたちは猛烈に抵抗し、次々に制定される規則を平気で無視した。

かくして、イングランド海軍における士官養成の歴史は、乗組士官の人事権をめぐるアドミラルティとキャプテンとの戦いの物語とも言えよう。このために、士官養成制度が複雑奇怪な変遷をたどることになる。

オフィサーズ・アンド・ジェントルメンの理念

十七世紀初頭の初期スチュアート朝時代、時の国王チャールズ一世が士官の給与を改善する勅令を発するが、これには別に二つの重要な意義が秘められていた。[五二] 海軍当局自らが士官の採用と養成に乗り出す意思を示し、次いで、士官の資質と出自に言及して、レフテナントをオフィサーズ・アンド・ジェントルメンと言い換えたことである。念のため付言すれば、右のアンドは同格のアンドだから、意味は「およそ士官たる者は、なべて紳士たるべし」である。同時に、この勅令は士官を志す青少年をヤング・ジェントルマンと呼んだ。以後、イングランド海軍では「ヤング・ジェントルマン」がキャプテンズ・サーヴァントやヴォランティア、また後述するミジップマンやネーバル・カデットを意味する慣用語となった。

十七世紀半ばの共和制時代に入ると、オフィサーズ・アンド・ジェントルメンの指導理念が定着する。この時代はターポリン艦長の最盛期であった。ターポリンとはタールを塗った帆布製の艦上雨衣で、転じて水夫を意味した。つまり、ターポリン艦長は「水兵からの叩き上げ艦長」である。ピューリタン革命の大内乱では、艦隊も王党派と議会派に分かれて戦った。これが治まると、王党派の貴族、騎士及びジェントリー階層の士官の多くが艦隊を去り、上級士官が極度に払底した。しかも、共和制艦隊は英蘭戦争を目前に控えていた。そこで、政府はキャプテン・クラスの不足を主としてターポリンで、一部を商船々長で補った。ターポリンはおおむね下層階級の出自だから、読み書きのできない者が珍しくなかった。また、彼らは老練なシーマンで勇敢な戦士だが、指揮官としての資質に欠けていた。前述の既得権に執着したのもこの手合いである。これで、政府も海軍もともにジェントルマン艦長の価値を再認識した。指揮官に要求される資質は、国家と海軍に対する忠誠、戦闘意欲と技量、部下の統率並びに地位相応の威厳だが、これらをバランスよく体現しているのがジェントルマンであった。

これ以降、海軍士官とジェントルマンは同義語となり、ジョン・ポール・ジョーンズも「海軍士官である前に紳士たれ」と言い残している。かつてわが江田島の兵学校もしきりに紳士教育を標榜した。明治海軍の教育に当たったダグラス中佐が、徹底したジェントルマン教育を施したからだ。彼は後に提督として幾多の要職を歴任する逸材だが、元々カナダ移民の子息で、厳密にはジェントリーの出自ではない。

ミジップマン制度の萌芽

チャールズ一世時代から共和制時代にかけて、画期的な士官養成制度が出現する。この時代に士官の確保と養成が急務となり、士官への準備配置を設置することとなり、お馴染みのミジップマンが士官の雛として浮上した。と言っても、この時期にミジップマンという配置が初めて設置されたわけではない。ミジップマンの歴史はむしろレフテナントよりはるかに古く、記録上は一三六二年まで遡る。十六世紀初期の運用術参考書によれば、ミジップマンは一艦に二名いて、マスターに直属した。彼らの任務は、檣櫓《トップ》やヤードから石や火炎瓶を投擲《とうてき》する水兵を指揮することで、捕獲艦の回航指揮にも当たった。だが、決して士官配置ではなく、その準備配置でもなかった。大抵は少年たちだが、時には白髪の親爺もいた。なぜミジップマンに白羽の矢が立てられたのかは不詳であるが、彼らには少年が多く、曲がりなりにも水兵の指揮に当たっていたからであろう。いずれにせよ、キャプテンズ・サーヴァント又はヴォランティアからミジップマンを経て、レフテナントに至る第二のルートが出現することになった。

一六六〇年からの王政復古時代は、海軍行政の近代化が推進された時期である。その主役のアドミラルティ書記官長《セクレタリー》サミュエル・ピープスが、一六七六年の勅令に三つの改革を盛り込んだ。[五三]一つ目は、ヴォランティアの志願年齢を十六歳に引き上げたこと。二つ目は、乗組士官を目指す少年に親任状《オーダー》を授与し、これをヴォランティア・パー・オーダーと呼称したこと。三つ目に、ミジップマンの下にミジップマン・オーディナリーという配置を設けて、これをヴォランティア・パー・オーダーの指定席としたこと。第一の規定によって、前述の面白半分の輩が瞬く間に影をひそめ、本気で士官を目指す者だけになった。第二と第三は、慣習的な存在であり士官準備配置であったヴォランティアとミジップマンを正式に制度化することになった。つまり、ピープスの施策は、海軍当局による士官養成システムへの本格的な介入を意味し、ミジップマンをキーマンとする第二ルートを強化し、第三ルートへの基礎を構築したことになる。だが、この国のいつもの癖で、依然として厄介な問題が残っていた。

先ず、すぐにキャプテンたちがヴォランティア・パー・オーダーをキングズ・レター・ボーイと呼んで、何かと邪険に扱った。慣習的なヴォランティアやキャプテンズ・サーヴァントとキングズ・レター・ボーイとがミジップマンへの昇任枠で競合した場合、キャプテンは後者を優先しなければならず、彼らの既得権が制約されたからだ。そこで、敏腕能吏のピープスがこのようなキャプテンたちとの妥協策を繰り出すが、かえって五通りのミジップマンが並存する混乱を招く始末となった。それがミジップマン（オールド・レイティング）、ミジップマン（オフィサー・アンダー・インストラクション）、ミジップマン・オーディナリー、ミジップマン・エクストラ及びミジップマン・エキストローディナリーである。[五四]

当初からヴォランティア・パー・オーダーの全体数はごく限られていて、所要数の十パーセントにも満たなかった。その最大の原因は、恐らく予算の問題であろう。国家の強権で制度を完全にコントロールしようとすれば、士官の募集から養成まで全部を国家の経費で賄わねばならない。だが、当時の国家経済はまだま だ弱体であったから、従来の慣習に任せた方が安上がりである。艦長が役得を少々掠めても、その分を補って余りあった。従って、九十パーセントは、キャプテンたちに委ねられていた。

士官の養成面でも、イングランド海軍のいい加減さはこのとおりである。しかも、この海軍の基盤を築いた提督の大半は、こうしたいい加減さの中で育てられた。例えばアンソン、ホーク、ハウ、フッド、ダンカン、コリングウッドは、キャプテンズ・サーヴァントからスタートしたし、ネルソンも母親の弟である艦長のコネで海軍に入れたのである。

一六六七年のピープスの施策がミジップマン制度の第一エポックとすれば、第二エポックをもたらしたのは一七九四年の勅令である。この勅令で、海軍に入る少年は次のように分類された。[五五]

①　ヴォランティア・オブ・ファースト・クラス（十三歳以上。ただし、海軍士官の子弟は十一歳以上。いずれも将来はレフテナントに進む者）
②　ボーイ（十五歳から十七歳で、将来は水兵になる者）
③　サーヴァント（十三歳から十五歳で、アドミラルの従兵になる者）

ピープスが制定したヴォランティア・パー・オーダーは、キャプテンズ・サーヴァントを吸収して、ヴォランティア・オブ・ファースト・クラスとなった。また、これによって、ミジップマンを経てレフテナントに至る第三ルートが開かれることとなる。一八〇六年、ヴォランティア・オブ・ファースト・クラスはカレッジ・ヴォランティアとも呼ばれるようになり、一八二四年、ファースト・クラスとセカンド・クラスの二つに分けられた。前者は兵科士官としてミジップマンからレフテナントへと進むコースである。後者は航海分野の特務士官の系列に属した。

海軍ぐるみの勅令違反

一七九〇年代を通じて、ターポリン艦長たちは相変わらず子飼いの少年たちを乗せ、貴族やジェントリー階層のキャプテンやアドミラルは若き紳士たちにからむ既得権や慣習を大いに活用した。後者の代表的なのが任用年齢制限の違反である。一七九四年のヴォランティア任用の「十三歳ルール」は、すでに一七三一年に制定されていたが、貴族やジェントリーの子息が十三歳未満で乗艦することは珍しくなかった。エドワード・ハミルトン提督は七歳で父親の艦に乗艦し、翌年にミジップマンになった。ネルソンは十二歳で軍艦に乗ったが、これも規則違反である。士官の子息は十一歳で海軍に入れるが、父親が牧師の彼には十三歳ルールが適用されるはずである。

もう一つは、父親が息子の名前を乗員名簿に登録して、実際には乗せないやり方である。ネルソンより少し後輩に、ダンドナルド伯爵トマス・コックレーンという猛将がいる。彼の父親のキャプテンは五歳の子息の名前を自艦の乗員名簿に登録した。以後、父親は息子の名前だけを様々な艦に「転勤」させ、しかも適時「昇任」させていた。本当に本人が十八歳で海軍に入ったとき、すでに七十九回も転勤をして、何と艦長に昇任していたのである。

年齢詐称は、レフテナントへの昇任試験でも日常茶飯事のように行われた。当時、この受験資格年齢は二十歳以上である。提督サー・ジョージ・エリオットは十六歳と四日で昇任試験を受けたが、試験官が受け取った年齢証明書には二十一歳と明記されていた。ただ、その文字が墨痕鮮やかに過ぎたのは、彼が試験場の守衛から五シリングで買ったばかりで、まだインクがすっかり乾ききっていなかったからだ。レフテナントへの昇任に関して、ネルソンはまたしても有罪である。一七七七年四月二十四日、彼は昇任試験を受けて、翌日付でレフテナントになるが、彼がノーフォークの寒村バーナム・ソープで産声を上げたのは一七五八年九月二十九日である。

ミジップマン制度の確立

ミジップマン制度を確立させた第三のエポックは、一八三八年のヴォランティア・オブ・ファースト・クラスの素養試験であり、また翌年のミジップマン昇任試験の導入である。[五六] これで遂にアドミラルティがミジップマンへの昇任人事をほぼ掌握し、ミジップマン制度を確立させた。試験にはキャプテンの裁量が入り込む隙がないからである。こうした背景には、ナポレオン戦争が終ってから、アドミラルティが士官任用の人事権を行使し始めたこともある。一八二〇年代から三〇年代にかけて、アドミラルティは一連の訓令でキャプテンの慣習的人事権を根絶しようとした。従来、アドミラルティの施策にことごとく反抗したキャプテンだが、今度はうっかり反対できなかった。当時は戦争の終結で軍縮の嵐が吹き荒れていたから、自分がいつ半給の身、即ち休職になるかも知れず、若年士官の任用どころではなくなった。かくして、キャプテンの既得権は消滅したが、この類のことが完全になくなったわけではない。今度はアドミラルティ・クラスによる合格者の「推薦」である。高級士官自らが自分の後継者を指名する慣習があって、これが最下級の士官の任用に悪用された。この悪習が完全に消えるのは、何と一九一四年である。

ミジップマンという呼称の由来は、彼らの居住区が船体中央部《ミジップ》にあったからという。これは明らかに俗説である。第一、彼らの居住区であるガン・ルームはミジップにはなかった。本当の由来は大昔のミジップマンの持ち場が上甲板中央部だからで、それがいつの間にか居住区説にすり替えられたに違いない。ミジップマンの俗称「鼻たれ小僧《スノッティ》」は一七八〇年代に現れた。これも俗説だが、ミジップマンが袖で鼻を拭かないよう、袖にボタン三つを付けたからという。だが、一七四八年の海軍士官制服の制定当初から、上級士官の袖口にもボタンが付いていた。恐らく、鼻垂れの張本人はミジップマンより幼少のキャプテンズ・サーヴァントであろう。

さらには、この種のもっともらしい俗説がイングランド海軍に幾らでもある。わが国のセーラー服の襟に付けられた三本の白線は、ネルソンの「アブキールの海戦」、「コペンハーゲンの海戦」及び「トラファルガーの海戦」を記念しているという。これを信じる人が多いが、本場イングランド海軍では、アブキールのずっと以前から白線は三本であった。ついでに、セーラー服の襟の下に巻かれるネッカチーフやリボンも同じである。これはトラファルガーで戦死したネルソンを悼む喪章だというし、彼の葬儀に参列した〈ヴィクトリー〉乗員たちは、皆が黒いネッカチーフを首に巻いたと伝えられる。だが、元々が黒いネッカチーフは艦上の必需品であった。これを白や赤にしたのは、恐らく日本の女学校であろう。

士官の素養教育

士官の養成は準備配置の設置で事足りるわけではない。これが徒弟制度に依存するかぎり、人材のソースはキャプテンの出身階層に限定されるからだ。初期スチュアート朝時代から共和制時代にかけて、乗組士官が専門職へと進化して、士官に高度な専門的かつ一般的素養が要求されるようになる。こうした時代の流れに、もはや徒弟制度は追従できなかった。ただ、歴史的に見れば、このように認識するのは容易だが、かつてのイングランドでは万事そう簡単ではない。

士官教育制度の確立への突破口は、一六七七年にピープスがレフテナント昇任資格を制定し、この中で昇任試験の合格を義務付けたことである。これで、全員がレフテナント昇任まで艦上で術科教育を受けることになり、かつ教育の必要性が認識されると、その場としての学校問題が浮上する。事実、海軍士官養成の私立学校が設立された。

一七三三年、海軍当局が最初の海軍兵学校《ネーバル・アカデミー》をポーツマスに設置した。だが、生徒の定員が二十人と少なかったので、入学するのは貴族とジェントルマンの十三―十六歳の子弟に限られてしまった。反面、そもそも良家の子弟は親のコネで海軍に入れたから、学校は親にとって金の、子弟には時間の無駄でしかない。それに、叩き上げ士官のエリートに対する反感もあって、アカデミー出身の若年士官はターポリン・キャプテンから目の敵にされた。一七七三年、アドミラルティは士官の子弟十五名を公費で入校させ、校名も「ロイヤル・ネーバル・アカデミー」と改めた。国王ジョージ三世が息子ジョージ（後のジョージ四世）を入校させ、一八〇六年、「ロイヤル・ネーバル・カレッジ」と改名し、生徒数も増やした。それでも状況は好転しなかった。

学校教育に対する偏見はターポリンだけではなく、実は貴族やジェントリー階層の高級士官にもあった。彼らも学校での知識は海上で使い物にならないと思っていたし、自分が知らない「新しい教育」には不信感を拭いきれなかった。十九世紀初頭の海軍卿ジャーヴィスでさえ「御子息をあんなところにお入れですか」と知人に書き送っているくらいである。一八三七年、ネーバル・カレッジが閉鎖され、結局は士官教育システムが振り出しに戻る。

ネーバル・カデットの誕生

ヴィクトリア朝時代に入り、ようやく海軍当局が教育問題に真剣に取り組み始める。意外にも、当局は従来と正反対の方法を取った。一八三八年、ヤング・ジェントルマンすべてを未教育のまま乗艦させ、艦上で教育することにした。このために、各艦に大学卒業者の教官を乗せることにした。これはアドミラルティの戦術転換というより、前述のターポリン艦長や高級士官たちの偏見に屈したのである。その結果、少数精鋭主義を断念して「全員を教育することにした」というのが偽りのないところであろう。だが、その効果の程は、艦上が基礎教育に適するかを常識的に考えれば判る話である。それでも、この制度は以後二十年間も継続された。なお、一八四三年、ヴォランティア・オブ・ファースト・クラスの呼称が、正式にネーバル・カデットになる。クリミア戦争中、イングランド海軍は〈イラストリアス〉を練習艦として、新兵を訓練したところ大いに成果が上がった。そこで、同艦々長ロバート・ハリス大佐がこのシステムを士官養成訓練にも適用することを具申した。

一八五七年二月、アドミラルティは「ネーバル・カデット全員を練習艦に改造した〈サーキュラー〉で教育する」と定

練習艦〈ブリタニア〉

ダートマス海軍兵学校

めた。一八五九年、練習艦を〈ブリタニア〉に代えた。教育期間は一年から三ヶ月とまちまちだったが、一八六〇年には、三ヶ月を一学期とする四学期に、実習航海三ヶ月間を加えた十五ヶ月とした。練習艦はポーツマスの泊地に係留したが、一八六三年にポートランドに移動し、その翌年からダートマスに定着した。翌年、〈ブリタニア〉に〈ヒンダスタン〉を桟橋で連結した。

一八六九年、〈ブリタニア〉の老朽化に伴い、〈プリンス・オブ・ウェールズ〉に代替した。そして一九一六年、同艦が廃棄処分され、半世紀余の練習艦時代の幕が降りる。

ダートマス海軍兵学校の設立

かつてわが帝国海軍が艦上における士官養成の実習教育を大いに賞賛していたふしがある。恐らく、先の海軍中佐ダグラスが、盛んに吹聴したからであろう。前述のとおり、当時のイングランド海軍では、まさに練習艦時代の最盛期であった。無論、それが悪いと言うつもりはないし、如何にもイングランド伝統のプラグマティズムの発露と見えなくもない。だが、本当は背に腹は変えられない苦肉の策であったに違いない。その証拠に、就役艦上の素養教育はすぐに廃止されたし、練習艦は生徒の住居として不潔で時代錯誤という不評を買った。そこで、やはり陸上に学校を設立することにした。

一九〇三年、オズボーンにジュニア・カレッジが設立された。一九〇五年、ダートマスのシニア・カレッジが完成し、この時に現在の正式校名「ザ・ブリタニア・ネーバル・カレッジ」が決まった。一九二一年、オズボーン校をダートマス校に統合編入し、両校合わせて四年の教育期間を三年九ヶ月に短縮した。余談であるが、かのダートマスとわが江田島の立地条件は、互いにあまりにも似通っている。両者とも静かな入り江に面していて、そこに小さな集落と赤レンガの海軍兵学校がある。強いて相違を探せば、江田島の兵学校の敷地は海岸沿いにあるが、ダートマスのカデットたちは丘の中腹から村の頭越しに海を眺める。いずれにせよ、両方ともやがて大海原に旅立つ若者の揺籃の地として如何にも相応しいではないか。

次いで、イングランド海軍は初級士官の任用と教育制度の総仕上げに着手する。当時、海軍が問題視したことは、〈ブリタニア〉での教育では専門術科が全体の九〇パーセント以上を占めていて、一般素養の教育はないに等しいことである。また、一般大学の卒業生を海軍士官に採用することの是非もある。これを是とすれば、入隊時の年齢は不可避的に高くなり、ダートマス卒業生とのバランスが取れなくなる。また、兵科以外の士官（海軍機関科士官、海軍牧師、海軍教官、海軍軍医、海軍主計官及び海兵隊士官）の任用に明確な基準がなかった。

このための施策は、時の海軍卿と第一海軍卿の名をとって「セルボーン＝フィッシャー構想」と呼ばれたが、実質的な責任者は第一海軍卿ジョン・フィッシャー提督[五七]である。先ず、彼は一般教養を主眼とする「海軍兵学校のパブリック・スクール化」を図った。一九一三年、スペシャル・エントリー制度を導入した。パブリック・スクール卒を採用し、ダートマス卒業者と同様に扱うこととした。後に、この制度は「パブリック・エントリー」と呼ばれる。また、医官、教官、主計官及び牧師は、当該資格を取得した者を採用した。

これが「コモン・エントリー」である。そして、機関士官や海兵隊士官も兵科士官と同じと見なし、すべてダートマスでネーバル・カデットとして教育することとした。かくして、士官の卵と雛はそれぞれネーバル・カデットとミジップマンに整理され、第四のルートが確立された。十七世紀後段に芽生えたオフィサーズ・アンド・ジェントルメンの教育理念を具現するシステムが、ようやく二十世紀になって完成するのである。

これも余談だが、かつて「ミジップマンやネーバル・カデットを日本語でどう訳すか」と問われて、一瞬答えに窮したことがある。これが存外に厄介なのである。

ネーバル・カデットは比較的簡単である。帝国海軍の兵学校、機関学校及び経理学校で海軍生徒と呼称されたが、これらの三校は旧制高等学校に相当するからであろう。この伝でいけば、ダートマス海軍兵学校はカレッジだから、海軍学生ということになろう。ただし、アメリカ合衆国のアナポリス海軍兵学校ではミジップマンと呼称するから話はややこしくなる。

そのミジップマンは、帝国海軍では古くは海軍少尉心得と呼び、さらに海軍少尉候補生に変わった。だが、俗に海軍士官候補生という摩訶不思議な言葉があって、しかも、これが海軍生徒と海軍少尉候補生のいずれか、その双方を意味するのかが判然としない。思うに、士官候補生は元来が陸軍用語で、これを世間が援用又は誤用したに違いない。

第二部　イングランド海軍の戦い

第一章　萌芽

第一節　前チューダー朝時代

イングランド王国の成立

　われわれがイギリス人と総称する民族は、古来グレート・ブリテン島に移住してきた多くの異民族による複合民族である。今もソールズベリーに残る有名なストーンヘンジを築いたイベリア人たちも異民族であるが、最初に大規模に移住してきたのはケルト民族である。その第一波はゲール人で、第二波がブリトン人である。彼らは紀元前五世紀頃から北大西洋を渡って来た。以前ある場でそう言ったら、このケルト人はスペイン半島から来たのだから、北大西洋を渡るはずがないと反論された。だが、大西洋の北緯四七度以北は北大西洋と称されていて、グレート・ブリテン島の最南端リザード岬は北緯四九度五六分であるから、この島は北大西洋の東端に浮いている。そして、ケルト民族は後の異民族のように北海、ドーバー海峡、イギリス海峡を経由しなかったから、北大西洋を渡るしかない。

　次に、紀元前五五年、ローマ帝国のカエサルの軍団がヨーロッパ西部のガリアから渡来し、五世紀初頭までブリタニアを統治した。続いて五世紀半ばから、北欧民族の侵入が始まる。最初は北海から侵入したアングロ・サクソン人で、彼らがイングランド地方に七つの王国を成立させる。[五八] 八二九年、ウェセックス王エグバートが初めてイングランドを統一したが、この王国はまだ不安定であった。ちょうどこの頃、次の北欧民族のデーン人が襲ってきたからである。彼らはエグバートの孫のアルフレッド大王に一時は撃退されたが、一〇一六年、デーン人のクヌート王がイングランドを支配した。

最後が、イギリス海峡の対岸から来たノルマン人である。一〇六六年、イングランド東部のヘイスティングズにおいて、ノルマンディ公ウィリアムがハロルド王のデーン軍を破る。これが歴史に名高いノルマン・コンクェストであるが、その覇者ノルマンディ公がウィリアム一世として即位して、ここに主権国家イングランド王国の建国が完了する。その後、一三四八年から一四五三年にかけて、イングランドはフランスとの百年戦争を戦い、さらに一四五五年から八五年の間、国内にバラ戦争という一波瀾が続いた。歴史学の便宜上、エグバート王時代からバラ戦争が終るまでをひっくるめて、しばしば前チューダー朝時代と称する。

イングランド艦隊の創設

第一部で述べたとおり、古来のシンク・ポーツ制度や緊急時の船舶動員による艦隊は、いずれも事が終れば解散された。だから、この国には戦争専門の船舶即ち軍艦がなかったし、常備艦隊も存在しなかった。では、海上戦闘専門集団としての常備海軍はいつ出現したのか。イギリス海軍通史は、それを九世紀末のアルフレッド大王[五九]時代としている。七八九年、ノルウェイのヴァイキングが初めてイングランドを襲った。彼らは現在のドーゼット州ポートランドに上陸して、この地区の役人を殺害した。その後、

アルフレッド大王

デーン・ヴァイキングがこの地方にひんぱんに攻め込んで来た。二十二歳で即位して五十歳で死ぬまで、アルフレッド大王は絶えずヴァイキングと戦わねばならなかった。

八七五年、アルフレッドは船で戦闘集団を機動させてヴァイキングと戦った。記録に残るかぎり、これはイングランドが外敵との戦いで船を使った最初の事例である。次に八九六年、彼は戦闘用として特別に設計した大型艦で戦闘艦隊を編成するが、これは後のシンク・ポーツ・ネービーのような臨時編成ではなく常備艦隊であった。この時代の誰しもが海上を本来的な戦闘の場と認識しなかったが、アルフレッドはヴァイキングをあえて海上で迎え撃ったのである。彼は数世紀を先取りした戦略的天才で、まさしくロイヤル・ネービーの創始者とも言えよう。

アルフレッドの没後、常備戦闘艦隊が歴史の表舞台に登場することはなくなったが、実際に消滅したわけではない。アングロ・サクソン王時代の後期に、バスカル[六〇]と呼ばれる一団の司令部がテムズ河口に置かれていたし、次のデーン朝開祖のクヌート王は四十隻の艦隊を残した。また、歴代の王たちが今度はもっぱらフランスと戦ったから、イギリス海峡やその周辺海域で幾多の海戦も生起した。主要なものだけでも、最初の英仏海戦である一二一三年の「ダームの海戦」、一二一六年の「ドーバーの海戦」、一三四〇年の「スロイスの海戦」、一三五〇年の「ウィンチェルシーの海戦」[六一]及び一三七二年の「ラ・ロッシェルの海戦」と枚挙にいとまがない。ただし、これらの海戦は最初から意図されたのではなく、軍隊の海上輸送中に偶発的に起きたものである。当時、戦争の場はあくまでも地上であった。だから、歴代イングランド王は、いつもシンク・ポーツ・ネービーで済ませられたのである。

ただ、アルフレッド時代以降しばらく外敵の侵入がなくなったため、彼が自分の艦隊に付与した戦略目標の「国土周辺海域の防衛」という戦略構想は立ち消えとなった。もし、右の戦略が継承されていたら、やがて制海権の概念が生まれたかもしれない。周辺海域の防衛は、局地的な制海を意味するからだ。ところが、当時のイングランド防衛構想は、侵攻部隊の上陸を地上軍で迎え撃つ旧態依然の戦略に戻ってしまった。また、平時の海上治安維持という考えもなかった。前チューダー朝時代でも貿易が盛んで海賊もしきりに横行したが、組織的な航路帯防護という考えはなかった。精々、船主が貿易船に自衛用の武器を搭載する程度である。もっとも、考えたにしても、本格的な航路帯防衛の経費は国王の財力をはるかに超えていたから、逆に貿易の利潤を著しく低下させたに違いない。

結局、中世イングランドには海軍や艦隊という概念も実体もなかった。ただ、海上輸送は最も効率的で経済的な機動手段であったし、ノルマン・コンクェスト以降の歴代イングランド王はフランスに領地を持っていて、この防衛のために軍隊をイギリス海峡の対岸に送り込む必要があった。これを要するに、前チューダー朝時代のシーパワーが目的としたのは、ただ一つ「軍隊の輸送」である。

第二節　ヘンリー七世時代

ヘンリー七世の海洋政策

対仏百年戦争の後、イングランド国内でランカスター家とヨーク家が王位継承権を争って戦った。史上、これがバラ戦争と呼ばれるのは、前者の家紋が赤バラ、後者のそれが白バラだからである。一四八五年、ランカスター家の血筋を引くヘンリー・チューダーがヨーク家リチャード四世を打ち破り、ヘンリー七世[六二]として即位した。その翌年、ヘンリーとエリザベス・オブ・ヨークが結婚して、チューダー王家が始まる。

この新王家の発足で、近世イングランドがスタートする。前チューダー朝時代も単一王権の下に統治されていたが、国王・貴族・豪族の関係は互いに持ちつ持たれつの封建制に依存していたので、国全体には王国という概念も意識も希薄であった。名実ともにイングランド王国となるのは、ヘンリーがヨーロッパに先駆けて絶対王権を確立してからである。

チューダー朝時代の海軍、つまりチューダー海軍は前チューダー海軍から次第に脱皮していくが、それはまだ先の話である。王朝の交代で直ちに海軍が変わるわけではなく、それ相応の時を要した。従って、ヘンリーの海軍は前チューダー海軍そのものであった。

即位したとき、ヘンリーは六隻の船を相続したが、その後は大小四隻を新造する。中でも大型の〈ソヴリン〉と〈リージェント〉は、当時のヨーロッパでも最高級の船である。だが、彼の在位中、王室船が十隻を

ヘンリー7世

超えることはなかった。彼が船を戦争に使用したのは、一四九二年のフランス遠征と三年後のスコットランド進攻における地上軍の海上輸送の二回だけであり、それに海軍政策と言えるほどのことを一切しなかった。だからと言って、彼が海洋に全く興味がなかったわけではない。それどころか、常々重大な関心を寄せていた。ただ、その海は決して艦隊を浮べる戦争の場ではなかった。

　ヘンリー自身もまだ中世を引きずっていたから、「民富は王富」というような国是を信奉していても何ら不思議はない。しかし、彼には歴代の中世イングランド王に類を見ない特異点が二つあった。第一に、国王として右の中世的な国是に思いを寄せるだけではなく、自ら率先してこれに邁進した。彼は私財を投じてまで、商人の交易活動を育成したのである。第二に、交易活動の場としての海に着目した。資源に乏しい島国の生きる道が海外交易しかないのは、誰にでも判る。現に、ヘンリーが生まれる前の一四三七年、ポーツマス近くのチッチェスター在住の司教が、海洋政策の重要性を訴える次のような詩文を発表していた。[六三]

　そして只管《ひたすら》に、ドーバーとカレーの間に横たう波高きナロー・シーを守れかし

かくして、我が意に逆らう敵の来ることなし
・・・・・・・・
もし我ら同胞がフランダース人の独り占めなる羊毛を取り戻さば
ことはなべて治まるべし
欲深きフランダース人もやがて我と和すべし
然らずんば、容赦なく彼らを滅ぼさん
・・・・・・・・
イングランドの政治の正しき道はまさに是なり（……）商いに励め、海軍を興せ
然すれば、我らナロー・シーの王者たらん

この詩の題は『イングランドの政治に対する告発』といい、要旨は聖職者とも思えぬ激しさだが、まさに言うは易しである。しかし、これを実行に移したヘンリーその人は只者ではない。先ず、彼は王室船十隻全部をもっぱら海外交易に活用した。自分が使わない場合、商人に気前よく貸し出した。その一方、船の運用効率を向上させるため、ポーツマスを王室船の母港とし、この国で最初の乾ドックを建設する。次に、造船補助金制度を創設し、商船の建設を奨励した。一五〇九年には、商船の総船腹量がヘンリーの即位当時の六倍に増え、すでに貿易は盛んで、経済も活発化していた。また、一四八六年と八九年の二度にわたり、航海条令を改正した。航海条令とは、イギリスから商品を積み出す場合、イングランド人だけが乗組んだイングランド船に限定するという保護貿易主義的な法律である。最初の航海条令は一三八一年にリチャード二世が制定したが、ヘンリーが初めて強制執行の条項を付加して、法律上の実効性を定着させた。

最後に、ヘンリーは新世界の開拓に取り組む。周知のとおり、この頃は「地理上の発見」と称される時代

で、ポルトガルとスペインが世界の海を大西洋で二分していた。[六四]彼はこの海洋寡占体制に敢然として殴り込みをかけた。一四九七年、彼の命を受けたジョン・ガボットがブリストル港を出立し、遂に北アメリカに到達する。だが、その後、彼の情熱は憑《つ》きものが落ちたように急速に冷めてしまう。その理由は二つ考えられる。この頃、彼は長男アーサーとスペイン王家の王女キャサリン・オブ・アラゴンとの政略結婚を画策していたから、スペインを刺激したくなかった。

それに、ヘンリーの開拓させた新大陸には何もなかった。ポルトガルとスペインは、それぞれが東洋の宝石、真珠、香料並びにメキシコやペルーの金銀塊を獲得したのに引き換え、彼ヘンリーにはニューファンドランドの鱈しかなかった。しかし、彼自身は知る由もなかったが、自分の新世界が全く無駄であったわけではない。やがて、イングランドは北アメリカ大陸に十三の植民地を建設する。その上、数世紀にわたり、ニューファンドランド沖の荒海は幾多の船乗りを鍛え上げ、これがイングランドのシーパワーを支え続けたのである。

およそ右のような海洋政策を通じて、ヘンリーは三つの遺産を後世に託すのである。先ず、貿易商が豊かになり、中産階級が台頭した。次に、王室財政も潤沢になった。その結果、王権は中産階級との絆を強め、その分だけ貴族や豪族の機嫌に左右されずに済んだから、イングランドに近世的な絶対主義が芽生えたのである。最後に、イングランド人に初めてはるかなる大海原を意識させた。ヘンリーは貿易を奨励して、従来からケチな沿岸貿易に終始していたイングランド商人をオーシャン・マインドに目覚めさせたのである。しかも、彼らには南欧人のような別世界への憧憬というロマンティシズムの欠片《かけら》もなく、初手から海上通商路の開拓と海外市場の獲得を目指した。

第三節　ヘンリー八世時代

戦闘艦隊の出現と戦略目標の設定

チューダー朝二代目ヘンリー八世[六五]は、イングランド史上最も峻厳かつ横暴な専制君主とされる。自分の師であり刎頸の友でもあった宰相トマス・モアをはじめ五十人の貴族や聖職者を処刑し、王妃六人のうち二人の首を刎ねた。肖像画家ホルバインの描く中年期の彼は、ビヤ樽のような体軀といかにも好色そうな目付きで、ひどく冷酷に見える。しかし、青年時代の彼は、ヨーロッパの王族中随一のハンサムな教養人で、スポーツ、武道、ダンス、音楽が得意なルネッサンスの申し子のようであった。それかあらぬか、彼の様々な政策をよく眺めれば、しばしば端倪《たんげい》すべからざる閃きと周到さが認められる。

元来、ヘンリーは敬虔なカトリック教徒であった。かつてローマ教皇は彼がラテン語で書いたルター批判論を絶賛し、彼に「信仰の擁護者《ディフェンダー・オブ・フェイス》」という称号を贈った。ところが、王妃キャサリンとの離婚問題で、彼と教皇との間に亀裂が生じることになる。彼はキャサリンと仲むつまじかったが、どうしても男子に恵まれなかったことに我慢ならず離婚を考える。だが、離婚はカトリックの教義に反するから、先ず、宰相トマス・モアが反対した。それに、何よりローマ教皇が許可するはずがなかった。

そこで一五三四年、ヘンリーは首長令を公布して自らイングランド国教会の長に任じた。かくして、彼はカトリック教を放棄し、ローマ教会に絶縁状を突きつけた。当然、教皇はヘンリーを破門に処した。この事態を招いたのは彼の我儘が原因とされているが、こと彼に関しては少し穿った見方をしたくなる。例えば、彼がローマとの軋轢《あつれき》をむしろ政治的な奇貨としたふしがなくもない。実は、父ヘンリー七世もローマには何かと悩まされた。息子ヘンリー八世がこの中世的な確執と決別を告げたと見れば、そこには彼一流のルネッサンス的思考、政治的洞察力と決断力が見え隠れしているとも思える。

イングランドの安全保障の基本は、ヘンリー親子に仕えた宰相トマス・ウルジーのヨーロッパ勢力均衡政策である。サソリが一匹ならばヨーロッパ全域を制覇するモンスターとなるが、二匹になると互いに嚙み合って共倒れになる。だから、フランスやスペインのような大国のいずれか一国が超大国となることは絶対に防がねばならない。そのためには、常に仏西両大国間の勢力均衡に気を配り、イングランドが加担した方が優勢になるようにする必要があった。こうした政策には綱渡りのような際どさが否めないが、反面、そこそこの海軍でも自国を守れるから、この方策が島国イングランドの伝統的安全保障政策となる。

ヘンリー８世

ところが、ローマ教皇はヘンリーを破門するだけでは飽き足らず、仏西両国王に「異教徒」ヘンリー討伐の聖戦を呼びかけたので、情勢が急変した。仏西いずれか一国でも、ちっぽけな島国を鎧袖一触で葬り去れるというのに、両国が一緒になって侵攻しかねなくなった。この国家存亡の危機に直面して、先ずヘンリーは王室艦隊の増強を決意し、しかも、艦隊の機能を海上戦闘ただ一つに絞り、軍事輸送は全く考えなかった。

彼の戦略は仏西侵攻軍をイギリス海峡で撃退することである。アルフレッド以来実に六世紀半の時を経て、イングランドのシーパワーに再び「周辺海域の防衛」という戦略目標が付与された。ヘンリーが策定した仏西二国同時対処構想は、十七世紀末に再浮上してナポレオン戦争までイングランド戦略の伝統的指導理念となったのである。

さて、艦隊の増強といっても、ヘンリーが相続した王室船がわずか十隻ではどうにもならず、ここで彼の辣腕振りが発揮される。一五三六年と三九年の二度にわたり、彼は国内のカトリック修道院五百七十三ヶ所を解散させ、その財産を没収し、貴族や大商人に売却した。その収入十万八千ポンドの一部を艦隊整備費に回したが、換言すれば、カトリックの御旗を掲げる侵攻軍を迎撃するために、カトリックの財産で艦隊を構築したわけである。最終的にその艦隊は、一千トンから三十トン級のガレオン船九十隻並びに二十トン級バージ十三隻にまで増強された。この大艦隊の威容を目の当たりにして、さすがの仏西両国王も二の足を踏んだから、ローマ教皇の意趣返しは見事に封じ込められた。

王室艦隊の大改革

ヘンリー八世と信長にはどこか似通ったところがある。両者ともやりたい放題のうつけ者に見えるが、その眼は物事を透徹する光を宿している。ヘンリーの場合、その洞察力が海軍のハードウェアとソフトウェアの両面に大改革を加えることになる。ハードウェアとは軍艦である。ある時、彼は砲金鋳造の大口径砲が発明されたのを聞き及ぶと、これを実地に検分することにした。[六六] 試射はロンドンで実施されたが、それは聞きしに勝る威力であった。彼はこの大砲にすっかり魅了され、これを軍艦に搭載することを思いついた。[六七] 従来の艦載砲は小口径で、対人殺傷武器でしかなかったが、城壁を打ち破る大口径のグレート・ガンなら、敵艦を木っ端微塵に打ち砕くに違いない。直情径行の専制君主は、思い付きを直ちに実行に移そうとした。

驚いたのは王室の造船技師長ジェイムズ・ベイカー[六八]である。グレート・ガン一基で数トンもあるから、船の安定性を確保するため、上甲板以下のデッキに据えることになる。すると、舷側に発射口を開けねばならないが、これが大問題であった。当時の造船技術では、舷側外板は船体強度を支える部材でもあるから、これに大きな開口を設けることは不可能である。技師長は事情を説明するが、国王は「朕が命じたら、そのとおりやれ」としか言わなかった。これに逆らえる臣下は誰一人いない。散々苦心した挙句、ベイカーは遂に砲門《ガンポート》構造を案出する。

一五四五年八月十五日イギリス海峡において、イングランド戦隊の〈ミストレス〉と〈アン・ギャラント〉がグレート・ガンを発砲し、フランスのガレー船団を文字どおり木っ端微塵に撃破した。ルイス教授によれば「イギリス海軍年譜におけるこの年月日を赤丸で囲むべき」出来事である[六九]。以後、軍艦の姿が劇的に変化したからである。先ず、軍艦がグレート・ガンによる対艦破壊能力を具備したことから、ソルジャー・キャリアからウェポン・キャリアに変貌した。そして、第一部で述べたとおり、軍艦に定員として乗組む船乗りと臨時に乗組む兵士との二重構造を一元化した。

海軍のソフトウェアに関するヘンリーの改革は、第一部に述べたとおりである。彼によって、王室海軍の軍令と軍政の系統が明確かつ効果的に整理された。ただし、厳密に言えば、彼は海軍近代化の種を蒔いただけである。事の成り行きを観察するには、イングランドでは大抵百年以上のスコープを要する。さもないと、生前の彼は単なる暴君にしか見えない。イングランド海軍史が彼を「近世イングランド海軍の父」と認めたのは、その死後優に三百五十年も経ってからのことである。

第四節　エリザベス一世時代

エリザベスの即位と治世

イギリス歴史学界の吟遊詩人トレヴェリアンは、ヘンリー八世の死去からエリザベス一世[七〇]の即位までを「チューダー朝の幕間狂言《インターリュード》」と呼ぶ[七一]。わずか十一年間の治世でエドワード六世、九日間だけ無理やり女王にされたジェーン・グレイ、そしてメアリ一世へと目まぐるしく移り変わったからであろう。ならば、この狂言のシテ役はメアリである。彼女は狂信的なカトリック教徒で、四年間でプロテスタント聖職者三百人を火刑に処す暴挙をやってのけた。ちなみに、トマト・ジュースを使ったカクテルの「血まみれ《ブラディ》メアリ」は、彼女の綽名に因んでいる。それに、彼女は国中の反対を押し切ってスペイン王フェリペ二世と結婚した。そして、妻は愛しい夫の言いなりで、イングランドはスペインの属国になり下がり、西仏両大国の覇権争いに巻き込まれ、大陸に唯一残る領土であったカレーを失った。君主は信仰と愛欲に狂い、国民は分裂し、国家の財政は破綻し、イングランドはまさに崩壊寸前の有様であった。

次幕は一転し大エリザベス朝の絢爛たる場面であるが、ヒロインの登場からしてドラマティックである。エリザベスはヘンリー八世と二番目の妃アン・ブーリンとの間の娘だが、三歳の時に母は父によって断頭刑に処せられ、自身もプリンセスの身分を剝奪される。長じては、異母姉メアリによってロンドン塔に幽閉された。エリザベスが即位すると、先ずは父が火をつけた宗教改革を巧みに沈静化させ、その一方で決然としてスコットランド女王メアリを処刑した。彼女はカトリック教徒でフランス国王と結婚していたから、その処刑は、大国フランスと決別して反カトリックの旗幟を鮮明にすることを意味した。ここらは父王に似ていなくもないが、目的が全く違っている。父は自分のためで、娘は国家のためである。これがやがて国民の間に愛国的な求心力を醸成するのである。そして、イングランドはアルマダを撃退して、世界最強の海洋大国スペインに一矢を報い、政教両面で揺るぎなき独立を確かなものとした。

　トレヴェリアンはエリザベス朝時代をイングランド海上権の起源と位置づけているが[七二]、海軍史を仔細に眺めれば、この時代には海上権の原動力となるべきヘンリー大艦隊九十隻はほとんど消滅していた。エリザベスはわずか三十五隻を受け継ぎ、しかも、これらの老朽艦を更新しただけである。勢力激減の原因はヘンリーの最晩年からメアリの治世にわたるネービー・ボードの腐敗であり、エリザベスの場合は国家財政の逼迫であった。だから、アルマダの危機のとき、王室の戦闘艦艇は三十四隻しかなかった。

　然らば、エリザベスは如何にして後世の歴史家をして「海上権の起源」と言わしめたか。これこそがまさにエリザベス物語のメインテーマであるが、結論を言えば、彼女は祖父の遺産である海洋事業を基盤とし、わずかに残された父の近代的艦隊を効果的に用いたのである。そして、彼女が海に目を向けたからには、不可避的に当時の海洋大国スペインと対決することになる。従って、以後の話の中心にアルマダを据え、さらにその前後に目を配れば、そこに自ずと彼女の治世の在り様が浮き彫りされよう。

エリザベスの海洋事業

　エリザベス一世の祖父ヘンリー七世は海洋事業を興したが、前述のとおり、スペイン王に気兼ねして折角の事業を拡大しようとしなかった。父ヘンリー八世、異母弟エドワード六世や異母姉メアリ一世は、いずれも貿易には全く関心がなかったが、祖父が蒔いた海外通商の種はすでに根を下ろしていて、貿易商は取引相手を従来の低地諸州《ネーデルラント》から、東洋、アメリカ及びアフリカに転換した。エリザベス時代、この通商活動に顕著な特徴が出現した。貴族とジェントリーが出資して、海運業者に通商活動させる合資会社《ジョイント・ストック・カンパニー》である。女王はこの会社に特許状を下賜して、自分も船や金を提供し、ちゃっかり四百パーセントもの配当金を得ていた。

　この合資会社の商売は現代の総合商社に近いが、その仕組みは株式会社とはいささか違っている。ある学者は会社というより組合と呼ぶべきだとするが、いまひとつ判りにくい。むしろ「阿波踊り連」に見立てるほうが判りやすい。これは「踊らにゃ損と思う阿呆たち」が連を組織して、お祭りが終るとすぐ解散する。例えばレヴァント会社は、イタリアのレヴァント地方との交易で一儲けをたくらむ連中が、資金や船を持ち寄って連を結成する。このレヴァント連のお祭りが、とりもなおさず彼らの通商活動に当たるわけで、これを彼らは「航海《ヴォイジ》」と称した。この船団は航海が終ると、儲けを配分して解散した。

エリザベス１世

　しかし、見方によれば、レヴァント会社は恒常的な組織体のようでもある。翌年の阿波踊り連に同じ阿呆が集まるように、次回の交易にもしばしば同じ投資家が参画したからである。事実、幾つかは恒常化して先に言う組合になった。その最大規模が、エリザベスの特許状で一六〇〇年十二月三十一日に発足した東インド会社、The Governor and Company of Merchants of London trading into the East Indies である。これが一七〇九年に The United Company of England trading into the East Indies と改称され、一八七四年の会社解散まで継承された。

以下は社名の改称に付随する余談である。先ずは、インディーズであるが、これを多くはインドやセイロン（現在のスリランカ）と思い込んでしまうが、エリザベスは先の特許状で the East Indies を「喜望峰以東」と定義している。当時のヨーロッパでは India を複数形にすると、シナもジパングも包含する広大な地域、つまりアジアを意味したのである。次に、なぜアジアがインディーズか、さらにはなぜカリブ海方面が the West Indies かである。なまじ現代人は両者の本当の位置関係が判っているばかりに当惑するが、その知識に基づいて、大昔の人々に「なぜだ」と詰め寄っても、今度は向こうが当惑するだけであろう。ここは相手の言い分に耳を貸すしかないが、存外もっともらしく聞こえるから面白い。

そもそも、右のような大昔の思い込みの大本《おおもと》は一二九九年の『東方見聞録』にある。マルコ・ポーロがこの書物で「豊かで平和な夢のような国々」の話をすると、ヨーロッパの人々はその国々を「インディーズ」で象徴した。つまり、日本人が唐天竺に極楽浄土をイメージしたように、インディーズに楽園天国の夢を託したのである。それから二百年後、ヨーロッパがカラヴェル船やカラック船という遠洋航海手段を持つと、人々は夢の国インドを目指した。これが「地理上の発見」というブームである。

一四九二年、コロンブスがバハマ諸島に到達する。彼は「これこそインドだ」と言い、ヨーロッパ中がそう信じた。その六年後、ヴァスコ・ダ・ガマがインド航路を開拓すると、人々がマルコ・ポーロの伝える本当のインドを知る。もっとも、それが極楽浄土であったかどうかは別として、とりあえずカリブ海方面を the West Indies、東洋を the East Indies とした。ここで留意すべきは、一見して二つのインドを無理やり東西に分けたように思えるが、当時のヨーロッパ人は両方とも同じ海域にあると信じていた。いわば、「地理上の発見」とは人々が地球儀を完成するプロセスの一つであって、その最中の出来事が両インドの発見なのである。

付言すれば、一八三三年の特許状法において、この会社が The East India Company と呼称された。以後これが通り名になるが、突然 India と単数形になった理由は詳らかでない。あえて憶測すれば、その後二世紀余にわたる East Indies の植民地経営と通商活動を通じて、マルコ・ポーロのホラにまんまと乗せられていたと気が付いたからに違いない。

イングランドの海外経済活動は初め西インディーズ、次いで東インディーズへと参入するが、すでに前者は海洋先進国スペインが、後者はポルトガルやオランダが開拓していた。当時の植民地市場の拡張活動は、一面では競争国との物理的な暴力の衝突である。また、既成の植民地や通商路に殴り込みをかけるとき、プロテスタントのイングランド商人はスペインやポルトガルのカトリックに対する憎悪に燃えていた。合資会社という海外拡張システムは、外交政策や植民地政策に関する国中の関心を高め、一方で宗教的情熱が経済的利潤の追求を正当化した。そして、この二つの要因が国家への忠誠心に収斂して、エリザベス治下における繁栄の原動力といえよう。

スペインとの戦い

先に、エリザベスがスペインと対決するのは必定と述べたが、その戦いがいつから始まったかはあまり明確でない。そこで、イギリス海軍大学のルイス教授に従って、次の三つに分けて眺めると、状況の推移が幾らかは見えてくる[七三]。

第一段階は、一五五八年から六九年である。それまで、イングランドは先のメアリ一世時代から引き続いてスペインと友好関係にあった。この頃、イングランドが西インド諸島方面に進出し、スペインとの摩擦を引き起こすが、スペインからすれば、元凶はプリマスの商人ジョン・ホーキンズである。彼はアフリカ奴隷をカリブ海のスペイン植民地に売り込み、これがスペイン国王フェリペの逆鱗に触れた。奴隷売買がスペイン王の倫理観を逆撫でしたわけではない。当時、奴隷貿易はどこの国もやっていた。フェリペも植民地に奴隷を供給し、これを貴重な財源としていた。彼が激怒したのは、ホーキンズが運ぶ格安な奴隷に自国植民地人が飛び付いたからだ。つまり、純粋な意味での経済摩擦である。

　第二段階は、一五六九年から八五年にかけての冷戦状態である。ここで、フランシス・ドレイク[七四]が主役として登場し、マーティン・フロビッシャー[七五]やリチャード・グレンヴィル[七六]が脇を固めるのである。彼らは世界の海を股にかけ、新しい市場を開拓した。海外通商、貿易あるいは市場開拓と言っても、その実態の大部分は略奪行為である。ドレイクらは手当たり次第にスペイン財宝船を襲い、エリザベスの海の猟犬《エリザベタン・シー・ドッグズ》と恐れられた。そのスペイン人も、海外では情け容赦のない力ずくの商売をした。だから、イングランドがスペインの独占貿易に割って入ると、両国の経済摩擦が暴力沙汰へとエスカレートしていった。これを先に冷戦状態としたのは、イングランドの対スペイン戦略が私掠活動を基調としていたからである。

　その私掠活動に若干の説明を加えておく。イギリスでは国民的英雄のドレイクが、わが国ではしばしば海賊の親分のように扱われる。しかし、彼らの活動は私掠行為《プライヴェイティング》と呼ばれ、海賊行為《ピラシー》とは明確な一線で画されていた。確かに、私掠行為も海賊行為も実態は個人的な略奪行為である。しかし、両者を同日の談とすれば、真実を見誤ることになる。私掠船長は自国の君主から特許状《レター・オブ・マルク》を付与され、その活動は国家が公認した「経済行為」とされる。ただ、当然ながら武力を伴うが、私掠船は交戦相手国の船しか襲わないから、当時の国際慣習法も認める「私的な戦争行為」と解され、捕まっても戦時捕虜として扱われる。海賊は平時でも相手構わずに略奪するから、海洋の自由と安全を侵す世界共通の敵と見なされ、捕まったら直ちにヤードに吊るされた。

いずれにせよ、私掠活動は個人又は法人の経済活動を「武力をもってする」わけで、ドレイクらが個人的にスペイン相手に戦っていたことになる。また、エリザベスはドレイクの私掠活動に資金と船舶を提供していたから、君主も私的にスペインと戦っていたのである。これに激怒したフェリペはドレイク個人の首に賞金をかけたが、面と向かってエリザベスを指弾しなかった。これは一つに、私掠船の略奪行為が国際的に合法な活動だからであろうが、一説には、フェリペが密かに彼女に思いを寄せていたからとも言われる。エリザベスはお世辞にも美人ではなく、また金持ちでもなく、しかも反カトリックの頂点に君臨していた。その彼女に懸想するフェリペも相当な阿呆だが、これでイングランドは幾許か得したはずである。

フランシス・ドレイク

ちなみに、イングランド最初の私掠特許状は一二九三年に発行された。また、アメリカ独立戦争で活躍したジョン・ポール・ジョーンズは「合衆国海軍の父」と称せられるが、実はアメリカ植民地の大陸会議が公認した私掠船々長でもある。この頃、まだ正規のアメリカ海軍は発足していなかった。
最後の第三段階は一五八六年以降

の戦争状態だが、これはまた複雑で厄介な問題を内在させている。一五八五年四月、ドレイクは王室所有の〈ボナヴェンチャー〉を旗艦として、二十一隻の船と八隻の舟艇を率いてプリマス港を出立した。翌年、ドレイク艦隊はカリブ海に進出して、サンチアゴ、プエルト・プラヤ、ドミニカ、セント・キッツ及びカルタヘナ等々のスペイン領植民地を荒らしまくった。これが史上有名な西インド諸島襲撃である。従来の通説は、これをイングランドの公然たる対スペイン敵対行為の始まりとする。だが、イングランド海軍史の権威コルベットによれば、これも従前からの私掠活動と同じで、強いて差異を求めれば激しさの程度でしかないという。事実、エリザベスはこの遠征に大型艦四隻と舟艇二隻を提供し、多額の資金を投資した。しかも、この前後において、両国が最後まで公式な宣戦布告をしていないから、依然として平戦時の線引きが明確ではない[七七]。彼女にしてみれば、宣戦布告はできなかった。弱小の島国イングランドが大国スペインに正面切った喧嘩は吹っかけられないからだ。

　一五八七年二月十八日、エリザベスがメアリを刑処すると、漠然と歪んでいた英西関係に明確な亀裂が走ることになる。エリザベスによるメアリ処刑の意味は前述のとおりであるから、フェリペは渋々ながらもイングランド侵攻を決意する。すると、エリザベスはコンスタンティノープル公使に命じて、トルコのガレー艦隊を地中海で陽動させようとした。これはトルコがペルシアと抗争中のために実現に至らなかったが、フェリペを牽制するに十分であった。しかし、ドレイクの「スペイン国王の髯焦がし《シンジング・キング・オブ・スペインズ・ベアード》」が決定的な事件となった。四月十九日、ドレイクが二十隻を率いてカディス港のスペイン船三十隻を捕獲し、五隻を焼き払った。スペイン側の損害は二十四隻と七千五百万ポンド相当の貨物である。

　この海戦がなぜ「髯《ひげ》焦がし」と呼ばれるのかは想像に難くない。それまでドレイクは西インド諸島という海外植民地を襲っていたが、今回は初めてスペイン本土のカディス、即ちフェリペの鼻先で火の手を上げたからである。なお、このとき、ドレイク艦隊がガレー戦隊の前方を縦列で直角に航過しつつ片舷斉射を加えたが、これが世界海戦史上最初の丁字戦法である。

アルマダ前夜

　さすがに自慢の髯を焦がされるに及んで、フェリペとしても堪忍袋の緒を切るより仕方がなかった。そこで、当時はスペイン領のリスボンに艦隊を集結させた。イングランドは一刻の猶予も許されない危機に直面し、一五八八年一月、エリザベスは国中に艦船の動員を公布する。これが最初で最後であるが、君主も国民もこれまでの合資会社という迷彩服を決然と脱ぎ捨て、今度は誰も配当を期待しなかった。編成された艦隊は総勢百九十七隻で、エリザベスが三十四隻、会社や個人が百六十三隻を提供した。経費は王室、ロンドン・シティ、シンク・ポーツ及び少数の有志たちで分担した。

　イングランド艦隊は主力艦隊と海峡艦隊に分かれた。最高指揮官はロード・アドミラルのチャールズ・ハワード[七八]である。主力艦隊の司令長官《アドミラル》ハワードの補佐は次席指揮官《ヴァイス・アドミラル》ドレイクと三席指揮官《リア・アドミラル》ホーキンズで、全般の作戦計画はドレイクが一手に引き受けた。海峡艦隊《チャンネル・フリート》はヘンリー・セイモアーが指揮し、これにカンバーランド伯爵ジョージ・クリフォードが義勇志願戦隊《ヴォランティア》を率いて参加した。

　実は、早くも一五八三年、スペイン提督サンタ・クルスがアルマダ遠征作戦構想を具申していた[七九]。ところが、いざ鎌倉となると、肝腎の彼が急死してしまった。一五八八年二月、国王はメディナ・シドニア公爵ファン・アロンソ・ペレス・グスマン[八〇]を司令長官に任命する。フェリペにとって、クルスの死去がケチのつき始めなら、シドニア公の任命は最悪であった[八一]。スペイン最古の家柄と最大の資産を誇る公爵家の御曹司であるグスマンは、五歳で爵位を継承した乳母日傘《おんばひがさ》のトッチャン坊やである。突然の指名に肝を潰した彼は「洋上に出たらすぐに船酔いしてしまう」と断ってきた。だが、なぜか国王は頑として聞き入れなかった。下世話な憶測をすれば、国王が公爵夫人と不倫関係にあったことと無関係ではあるまい。

三月二十二日、アルマダ司令長官グスマンに国王フェリペの命令書が届いた。イングランド侵攻作戦の主作戦は、スペイン領ネーデルラント（ベルギーのフランドル地方）に駐留するパルマ公軍六千による上陸作戦である。上陸地点はイングランド東部のマルゲート岬海岸とされていた。アルマダの任務は、テムズ河口海域の制海権の確保並びにパルマ公軍の洋上護衛である。

アルマダの戦い

五月二十日、スペイン無敵艦隊《インヴィンシブル・アルマダ》がリスボン港を出撃する。この艦隊はガレオン艦六十五隻に補給船五十四隻とガレー船八隻が随伴する空前の大編成で、全艦艇が出港するのに両三日を要した。[八二]やがて艦隊は北への針路をとる。翌日、お坊ちゃん司令長官も隷下艦隊の勇姿を見て機嫌を直したのか、国王宛の書簡では「総員の練度も士気も極めて高く、必ずや陛下のご期待に添う所存です」と報告した。だが、すぐ艦隊は荒天に見舞われて、六月九日、グスマン司令長官の旗艦がクルナ港に逃げ込み、何隻かは行方不明となった。司令長官はたちまち弱気になり、国王に次の書簡を送る。「艦隊の練度も士気も拙劣で、補給の劣悪さは話になりません。この作戦は中止すべきです」。話にならないのはご当人であるが、国王に尻を叩かれて渋々ながら再びイングランドを目指した。そのイングランドでは、アルマダ迎撃艦隊の司令長官ハワードはすでに敵の出撃を知っていて、プリマス港で敵の出現を待ち構えてい

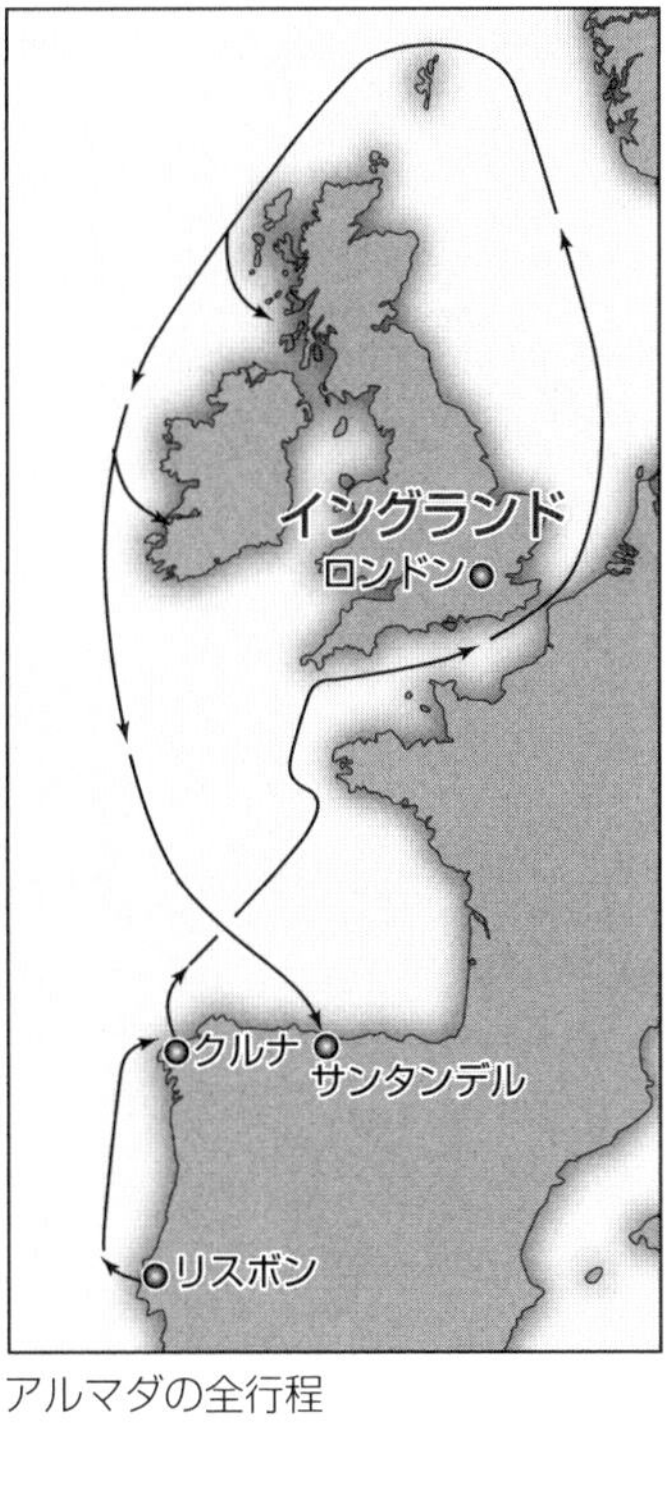

アルマダの全行程

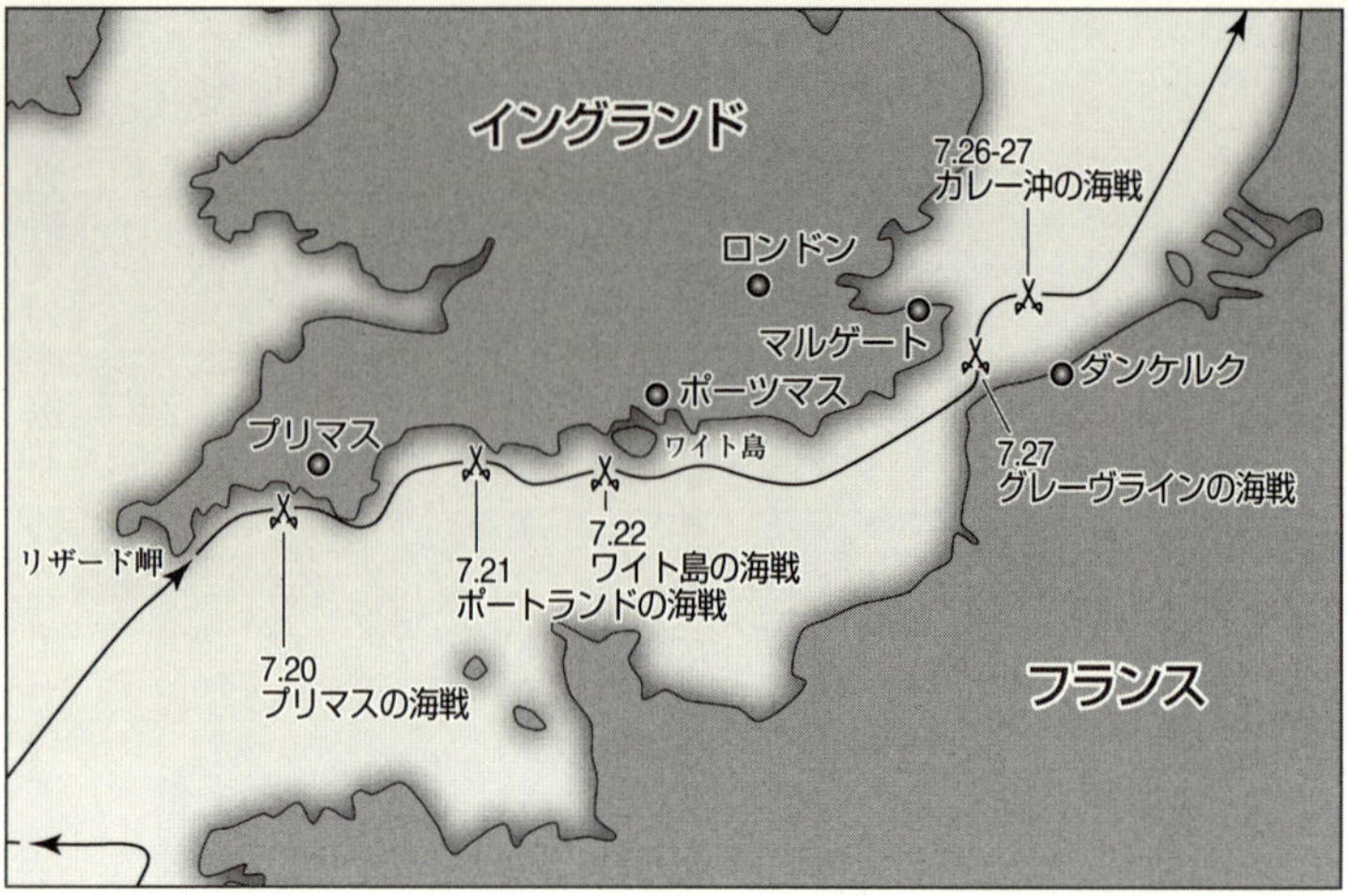

アルマダの戦い

た。この時、彼が直面した問題は、隷下艦隊の弾薬類の不足と糧食の切迫である。そこで、彼は先制攻撃を仕掛けることにし、七月六日、ドレイクらがクルナ在泊中のアルマダを攻撃しようとしたが、強い逆風にあおられて引き返した。

七月十八日早朝、リザード岬沖において、哨戒艦の一隻がアルマダを発見した。この岬はイングランドの最南西端にあり、あたり一面に荒涼とした草原が広がっている。切り立った断崖の上に、今では土産物屋が一軒だけあって、店番の娘が「ここからアルマダがよく見えた」とまるで自分が見たようなことを言っていた。そこからプリマスまでは陸路で百二十キロ、海路で七十海里[八三]あるから、この哨戒艦が艦隊に戻ったのは翌日の夕刻であった。

「敵艦見ゆ」の報告を受けたとき、ドレイクは港を見下ろす高台でボーリングに興じていた。この高台は現在のホー公園である。この時の彼は少しもあわてず「まだ時間はたっぷりあるさ。奴らをやっつけるのは、ゲームを終えてからにしよう」と言ってのけたという。それが本当かどうかは判らないが、彼にすぐ出撃する気はなかったに違いない。プリマス港湾の入口を塞ぐような位置にドレイク島があって、帆走艦隊の夜間出港はほとんど不可能である。それに、当時の風向や潮流のこともある。だから、彼は当り前のことを言ったのであるが、伝説の常で如何にも大胆不敵な話として誇張されたのであろう。翌二十日、司令長官ハワードの命令一下で全艦隊がプリマス港外に出て、粛々とアルマダを目指した。

　史上名高い「アルマダの戦い」は、先ず「プリマスの海戦」で幕が上がる。アルマダは襲いかかるイングランド艦隊を振り切るようにして東航を続け、これをドレイクらが執拗に追跡する。スペイン側も端から予測していたとおり、艦の運動性能、乗員のシーマンシップ及び砲戦術のすべてにおいて、イングランド艦隊のほうがはるかに優れていた。それでも、追撃戦は二十一日のポートランド沖から二十二日のワイト島沖へと続いて、依然として決着がつかなかった。両艦隊は追いつ追われつしながらドーバー海峡を通過するが、二十六日はカレー沖に投錨避泊した。翌二十七日、「グレーヴラインの海戦」が展開され、ここでドレイクが乾坤一擲の火船《ファイヤー・シップ》戦法を仕掛けた。これは燃え盛る小艦艇を敵艦に横付けさせるのだが、二世紀半後のネルソン時代にもよく使われた、当時としては最も効果的な攻撃法である。

　結局、この海戦が最終戦となった。四回の海戦で、グスマンの神経が参ってしまったのであろう。第一の目標であるドーバー海峡の制海権は全く見込みがなかったうえに、パルマ軍の出撃は夢のまた夢である。八月一日、彼は国王に作戦放棄の報告書を送り、敗残の艦隊を率いて北上する。これをハワードの主隊がエディンバラ沖まで追跡するが、相手に作戦再興の意図なしと見て引き返した。

　これで「アルマダの戦い」は終るが、グスマンとアルマダには、さらに一ヶ月余にわたる凄惨な試練が待ち受けていた。荒天、飢餓、そして病気との戦いである。北海から北大西洋に出て、スコットランドやアイルランドで補給しようとしたが、いずれも荒天で多数の犠牲を強いられた。ようやく九月十一日、グスマンと〈セント・マーチン〉がサンタンデル港にたどり着くが、乗員は半減し、総員が病に冒されていた。同港その他に次々と帰還した艦船も五十歩百歩の状態であった。

　巷間、「アルマダの戦い」はイングランド艦隊の完勝とされるが、実際は決してワンサイド・ゲームではなかった。最も信頼すべき記録によれば、アルマダの損失はガレオン艦二十六隻を含む六十三隻の多きを数えたが、戦闘で喪失したのは四隻に過ぎなかった。その他は、荒天によるもの二十四隻、さらに行方不明が三十五隻である。これを要するに、艦隊全般にわたる愚劣な指揮と拙劣な練度が相俟って、自滅したのである。それに加うるに、自然の猛威がアルマダに止めを刺したわけで、面白いことには、イングランド海軍史もこの強風をしばしば「神風《ウィンズ・オブ・ゴッド》」と呼ぶ。

なぜかわが国ではアルマダのことを常に「スペイン無敵艦隊」と称する。イングランド海軍史では、やや揶揄的な表現としての the Invincible Armada を稀に見かけるが、普通は Spanish Armada である。アルマダの公式名称は La Felicisima Armada で、直訳すれば「至福の艦隊」となる。ただ、一八八四年、スペイン海軍大佐C・F・ダロが「アルマダの戦い」に関する詳細な論文を発表したが、そのタイトルが La Armada Invincible であった。[八四] これが後世の無敵艦隊という呼称の元祖らしい。惨めな敗北を喫した後に、その艦隊を無敵と称するのは如何にも皮肉であるが、後裔のダロ大佐はせめても表題に本当ならば無敵であったはずとの慨嘆と哀悼の意を込めたのかもしれない。

エリザベスの政治的天才

エリザベスは最後まで海軍を増勢しなかったから、アルマダ以後はドレイクらの活動も尻つぼみとなる。だが、十七年間の戦時に展開された政策と戦略には見るべきものが多く、そのほとんどが後世に継承されて、この国の伝統的戦略となった。

その第一は、バルト海航路帯の確保である。当時、造船資材の檣桁《しょうこう》円材と帆布や索類はバルト地方でしか産出されなかったから、バルト航路帯の確保は各国の重要な戦略課題であった。エリザベスもノースランド会社に特許状を下賜し、航海条令を改正してバルト貿易をバックアップした。

第二は、封鎖戦略である。ドレイクはスペイン沿岸とイギリス海峡に戦隊を配備し、敵の主力艦隊を封じ込め、同時に敵国のバルト海からの造船資材の搬入並びに私掠活動を阻止しようとした。この戦略はエリザベスの死去で沙汰止みとなるが、後の対仏戦争では、イングランド艦隊が終始ブレストやツーロンを封鎖したのである。

第三は、戦時禁制品《コントラバンド》制度である。英西戦争中、中立国による交戦国への戦略物資の搬入という、現代でもお馴染みの問題が派生した。一五八九年、エリザベスは戦時禁制品リストを公布し、翌年、ドーバー海峡における中立国船舶の臨検に踏み切った。

第四は、地中海の戦略的意義への着目である。フェリペのイングランド侵攻計画に対して、エリザベスはトルコ艦隊を地中海に進出させようとしたが、これがイングランドが地中海に着目した最初である。

第五は、現代なお主要な海軍戦略目標の一つである航路帯の防衛《スロック・プロテクション》である。[八五] 一六〇三年二月、死去する数週間前の彼女は、枢密院に次のような書簡を送った。

> 従来、王室艦を通商活動に従事させてきたが、これは断じて王室艦隊の本来の任務に非ず。従って、王室艦のある程度を割いて商船運航の保護に当たらせる要ありと思量してきた。また、貿易活動の場は千変万化であるから、防護に当たる艦を然るべく配置してきたところでもある。[八六]

右のような諸々の戦略構想は、エリザベスの果断で斬新な人材登用に負うところが大である。彼女は能力のあるジェントリー階層を枢要な配置に登用した。アルマダ迎撃の主力艦隊と海峡艦隊の司令長官には貴族のハワードとセイモアーを任命したが、それぞれのヴァイス・アドミラルとリア・アドミラルには老練なジェントリー船乗りを配した。その代表格がホーキンズとドレイクである。ホーキンズは海軍々政の中枢部において海軍管理体制の整備に当たり、さらにガレオン船を改善して戦列艦の原型を生み出した。後者は海軍々令の中軸として、対スペイン戦略の策定と実行を一手に引き受けた。イングランドの軍艦が艦載砲の出現で「艦長中心のウェポン・キャリア」に変遷したが、これを具体的に推進したのはドレイクである。しかも、ロード・アドミラルのハワード卿は、彼ら二人の建策をすべて取り上げた。このため、国内でも彼は「ドレイクやホーキンズの尻馬に乗っていただけの司令長官」とまで酷評された。だが、イングランド海軍史の権威ロートン教授[八七]によれば、これは全くの誤解で、ハワード卿は貴族ながら経験豊富な船乗りで、公正なバランス感覚と冷静な判断力に恵まれた人物であった。[八八]

こうした彼女の能力主義的な人材登用は、海軍に限られたわけではない。女王の側近には、大陸情報網を構築したサー・フランシス・ウォルシンガム、哲学者フランシス・ベーコンの実父サー・ニコラス・ベーコン、「グレイシャムの法則」のサー・トマス・グレイシャムがいたが、いずれもジェントリー出身だった。苦労人のエリザベスは公正な人事に徹し、これが結果的にイングランドを根底で支えていた。

エリザベスの透徹した判断力は、特にアルマダ以後における施策に顕著に示された。巷間、多くの歴史書が「アルマダの戦い」を「イングランドの制海権の初め」と位置づけるが、これを鵜呑みにすると、彼女とその後のイングランドを見誤る。この戦いは、イングランドが世界最強の海洋国スペインに放った最初の一矢に過ぎなかった。アルマダ以降の彼女は、この戦いで獲得したかに見えた制海権を拡大はおろか維持しようともせず、極力スペイン主力艦隊との対決を避けて、敵の通商航路に対する散発的な攻撃に終始した。さらに数年後、海軍予算の三、四割方が削減された。ドレイクやフロビッシャーによる私掠活動はしばしば女王から制約され、その都度、海の猟犬の面々は切歯扼腕していた。

逆に、アルマダの敗北でスペインの海上権が衰退したわけでもない。フェリペはアルマダを以前よりはるかに強力な勢力に仕立て上げた。一五九一年の「アゾレス諸島沖の海戦」では、グレンヴィルがわずか六隻でスペイン艦隊五十三隻に絶望的な戦いを挑み、今日なお勇猛果敢なジョン・ブル魂の発露として語り継がれている。だが、この海戦はアルマダ以後のスペインのシーパワーが、大西洋の真ん中に進出するほどまでに増強されたことを意味する。

最終的にスペインはシーパワーを衰退させるが、その原因は次の二つにある。この国は世界最初の海洋国家であるが、本質的には陸軍国である。海運と貿易を卑しい事業と見下した。海員を養成せず、植民地貿易を育成せず、海外で略奪した金銀塊を財宝船で搬入するだけに終始した。その結果、国家経済が疲弊して、シーパワーを維持、造成できなかった。

以上のとおり、エリザベスは国の独立と繁栄の基礎を築くが、同時代のドレイクらばかりか後世の多くの歴史家から優柔不断とか小心との烙印を押されてもいた。リッチモンドは、消極的な通商破壊戦に終始したアルマダ以後のエリザベスを、シーパワーを遂に理解できなかった君主と断じている。[八九]だが、彼女を批判する人々は、華麗な繁栄の陰に隠れた事実を見落としている。彼女にはわずか三十四隻の常備海軍しかなく、増強するにも財源がなかった。アルマダを迎え撃った艦隊の八十パーセント強が商船だった。アルマダ以降もスペイン艦隊と戦い続けたら、やがて国家の経済は破綻を来し、国全体が自滅するしかない。当時のイングランドは人口も少なく、経済力もなく、緒についた植民地開拓も思うに任せなかった。言うなれば、この国は西仏両大国の谷間にひっそりと咲く一輪の百合の花に過ぎなかったのである。

彼女はこの状況を知り抜いていて、アルマダの勝利を国家の緊急避難としか見なかったし、その後も近代の狂信的なマハン教徒のようにシーパワーを盲信しなかった。一方、国力を蓄えるため、挙国的な合資会社に存分に活動させたが、ドレイクらが行き過ぎると、小心とも吝嗇《りんしょく》とも見える慎重さで手綱《たづな》を絞った。

チューダー朝開祖ヘンリー七世は、イングランドを海洋に目覚めさせた。息子ヘンリー八世は強力な近世海軍を構築した。その海軍で、孫娘エリザベス一世が植民地と貿易を開拓し、祖父の夢の実現への第一歩をそっと、だがしっかりと踏み出した。後世がエリザベスを再評価したのは、皮肉にも、大英帝国が落日を迎えた二十世紀である。評論家福田恆存は「エリザベスはイングランドが生んだ最高の政治的天才で、造物主によって作られた『国王』の名作」とまで評した[九〇]。このような彼女の聡明さのお陰で、イングランドは以後二百年有余にわたり絢爛たるシーパワー発展史を展開できたと言えよう。

第二章　挫折

第一節　ジェイムズ一世時代

ジェイムズの平和主義

一六〇三年、エリザベス一世が没すると、スコットランド国王ジェイムズ六世がジェイムズ一世[九一]としてイングランド王位を継承するが、これは彼女の遺志であった。スチュアート家のジェイムズはチューダー朝開祖ヘンリー七世の孫の孫に当たり、チューダー家の血筋を引いていた。また、エリザベスが処刑したメアリの息子という因縁もあった。

とかくイングランドとスコットランドとの間に確執と紛争が絶えなかったから、エリザベスが最後に残した宥和政策であったかもしれない。イングランド王として即位したジェイムズ一世は、依然スコットランド王ジェイムズ六世でもある。このように一人の君主がイングランドとスコットランドの国王を兼ねたので、これを君主連合《パーソナル・ユニオン》という。以後、一七〇七年に両王国が合併するまで、イングランドの歴代君主と空位時代の護国卿クロムウェルとがスコットランドをも統治した。

イングランドの人々はエリザベスの治世を満喫しながら、この聡明な女王の亡き後に不安感を抱いていたというが、その危惧は現実のものとなる。ロンドンっ子たちがエディンバラの田舎者ジェイムズを胡散臭げに迎えれば、当代一流の教養人ジェイムズは彼らを小馬鹿にしきっていた。この思惑のすれ違いが不幸の始まりであるが、真の不幸の種はこの田舎者が確固として抱く信念にあり、その信念とは次の三つであった。

先ず、ジェイムズは王権神授説の信奉者であった。王権神授説とは「国家君主は神の代理人であり、その権限は法律に制約されない至上のもの」とする考え方で、一五七六年にフランスの政治哲学者ジャン・ボダンが理論づけした。[九二] グレート・ブリテン島の中でも、スコットランドの法体系は多分にフランスの影響を受けていた。ジェイムズはそこで三十七歳までを過ごしたから、自然にボダン流の法理論や政治理論に傾倒したのであろう。イングランドにおいては、王権といえども慣習法《コモン・ロー》に基づく法秩序に従わねばならず、「議会の権利即ち国民一般の権利」を侵すことは許されなかった。トレヴェリアンによれば、「イングランドはチューダー朝の歴代君主を自らの精神と政策の具現者と見なした」が、スチュアート朝君主ジェイムズは「慣習法より高い権威から授けられた権力をもって、イングランド社会の願望に反する内外政策を採用した」のである。[九三] これがスチュアート朝初代と二代目の君主が議会と対立する根本原因で、イングランド海軍に大きく影響を及ぼす要因となった。

ジェイムズ1世

　次いで、ジェイムズは極端な理想主義的平和主義者でもあった。彼にとって、国際的に合法な私掠活動も「国家や個人のむき出しの欲望を、経済的繁栄と愛国心の美名の下に正当化する悪行」でしかなく、[九四] まして戦争は悪魔の所業である。即位の直後、彼は先ず自国の私掠活動を禁止し、次いでスペインに和睦を申し入れた。この国は長らくイングランド私掠船に苦しめられ、ここ二十年来はスペイン領ネーデルラントの独立運動にも悩まされていたから、ジェイムズの和睦の申し入れは天から降ってきたような話である。だが、スペイン王フェリペ三世はすぐには応じずに様々な注文をつけた。ジェイムズは戦争を止めたい一心だから、交渉はフェリペの一方的なペースで終始した。翌年七月、一五八五年以来十八年間にわたる英西戦争に終止符が打たれた。かつてイングランドが血と汗で獲得した通商権は、無条件でスペインに譲渡された。

そして、ジェイムズは赤貧に喘《あえ》いでいた。チューダー朝のヘンリー二人とエリザベスは財政能力を発揮して蓄財し、これを政治権力の裏付けとしたが、そうした才覚は教養人ジェイムズに望むべくもない。彼は七人の子持ちで、おまけに「から馬鹿アン《エンプティ・ヘッディド》」と綽名される王妃には桁外れな浪費癖があって、宮廷費と借財はうなぎ上りとなった。エリザベスは合資株で儲けながらも宮廷費を三十万ポンドに抑えたが、ジェイムズはこれを十四万四千ポンド増額した。彼の借財はロンドンに来た時点で四十万ポンドあり、五年後に百万ポンドに跳ね上がった。王室財政は毎年七万ポンドの赤字を出していた。[九五]

　これらは国王個人の問題だが、絶対君主の不幸はそのまま国の不幸となる。先ず、国王の平和主義が国の経済を直撃した。当時の海外植民地や経済活動は、列国のシーパワーが物理的に激突する場でもある。だが、自国の君主に私掠活動を禁じられたイングランドは競争相手の「むき出しの欲望」のなすがままにされ、その貿易と海運は壊滅的な打撃を受けた。一六一二年末から翌年末にかけては黒字三十万ポンド余の貿易収支が十年後に三十万ポンドの赤字に転落する。[九六]次に、国王の平和愛好趣味は、この国の原動力である海軍を蝕んだ。トレヴェリアンによると、彼は「海上権の重要性について何の考えも持ち合わせず、海軍を全く無視したただ一人のスチュアート朝イングランド王」という。[九七]ジェイムズの相続した艦隊四十隻前後は、やがて見捨てられる運命にあった。[九八]それを如実に物語るのが王室海軍関係費の激減である。エリザベス時代の平均年額五万五千ポンドが、ジェイムズ時代に三万四千ポンドに削減された。艦隊の大部分がブイに繋がれて朽ち、百戦錬磨の士官や水兵は雲散霧消してしまった。一六一六年頃、もはやイングランド海軍は存在しないに等しかった。[九九]

ところが、海軍を蛇蝎《だかつ》の如く嫌ったはずのジェイムズが、約二万六千ポンドもかけてイングランド最初の三層艦〈ロイヤル・プリンス〉を建造した。一六一〇年に完成した同艦は、二十七年後にチャールズ一世が〈ソヴリン・オブ・ザ・シーズ〉を建造するまで、ヨーロッパ最高のガレオン艦であった。ある歴史家によれば、ジェイムズが豪華な軍艦を王権の象徴と考えたからというが、[一〇〇]それにしても理解に苦しむところである。こうした新国王の矛盾した身勝手さは、当時の議会や国民の疑問と反感を招く一因であったかもしれない。

ナロー・シーズの秩序とアルジェ遠征作戦

「海軍を無視した唯一のスチュアート朝君主」ジェイムズは、その文字どおりに海軍を無視したわけではない。彼の信奉する王権神授説は「王笏とペンは剣より強し」と説くが、現実にその王笏の威令を海上に及ぼすには王室艦隊を用いるしかなかった。そこで、一六〇三年、ウィリアム・モンスン[一〇一]をアドミラル・オブ・ザ・ナロー・シーズに任命して、周辺海域の秩序維持に当たらせた。

ナロー・シー（ズ）とは、イングランド人独特の伝統的な呼称であるが、きちんとした定義があるわけではない。彼らはブリテン諸島の周辺海域をしばしばブリティッシュ・シーと称する。同様に、グレート・ブリテン島周辺海域の北側を除く部分をナロー・シー（ズ）と呼ぶが、これはグレート・ブリテン島周辺海域の中でもヨーロッパ大陸やアイルランド島に挟まれた狭い海域のことで、北海、ドーバー海峡、イギリス海峡、セント・ジョージ海峡、ブリストル海峡、アイリッシュ海及びノース海峡をひっくるめて総称するのである。ただし、右はいわば広義の概念であって、単にナロー・シーと言えば、左図に示すとおり、イギリス海峡、ドーバー海峡及び北海の南部を指すようである。この海域はヨーロッパ大陸からの脅威がイングランドに波及する一衣帯水の最短経路であり、フランスやオランダにしてみれば、大西洋を往返する近接航路帯でもある。また、こうした地勢に対するイングランド人の思惑や警戒心がナロー・シーという概念や呼称を生んだのであろうか。

古くから歴代イングランド国王がイングランド周辺海域における王権を主張してきたが、ジェイムズも国内の港湾や避泊地での敵対行為を公式に禁止し、彼の海事審判所が二十六の海面を「王室海域《キングズ・チェンバー》」と定めた海図を発行して、当該海域内における外国船の武力行使を禁止した。当時、このナロー・シーズの秩序を乱すものが二つあった。一つは国旗に対する礼譲の不励行である。イングランド領海を通航する外国船は、上帆《トップスル》を降ろすか国旗を半揚することを要求されていたが、これを特にオランダ船が全く無視した。また、外国軍艦が王室海域に侵入して、王室郵便を運ぶドーバー便船までも襲った。

もう一つはナロー・シーズでの海賊の横行である。ダンケルク海賊やバルバロイ海賊《コルセア》[一〇二]がブリストル周辺に出没して千人単位の船舶と乗員を連れ去り、ペンザンスからは数百人もの女子供を奪った。アフリカではイングランド人女性が高値で取引されたし、子供は成長してからガレー船の漕ぎ手として売られたのである。一六一七年には、遂にテムズ河下流までバルバロイ・コルセアが出現した。おまけに、海軍や海運界を食い詰めた連中が海賊となって、大胆にもブリストル水道の島を本拠地とする始末である。イングランドの王室艦隊は年毎に弱体化するし、ナローとはいえ沿岸線の

狭義のナロー・シー

長さは襟裳岬から東京湾口に匹敵するから、当時を代表する提督のモンスンでも如何ともなし難かった。

事ここに至って、さすがのジェイムズも王室海軍の再建を思い立つ。だが、私掠活動を禁じた国王の財政は貧困を極めていたから、彼は議会に海軍予算の援助を要請した。すると、議会は王室海軍の再建は国王の私的な問題として、にべもなく拒否した。議員の多くは貿易や海運に出資していたから、私掠船や海賊船による被害は他人事ではないはずだが、これがイングランド王制の伝統的特質かもしれない。元来、イングランド王は豪族や貴族の仲間内で一番力のある者が国王にされたのである。従って、国の安寧は国王の責務であり、しかも自力でやり遂げてこそ国王であった。そもそも国王の諮問機関として設けられたイングランド議会は、次第に国王のチェック機関となってきたので、歴代チューダー朝君主は議会との関係に細心の注意を払ってきたのである。初期スチュアート朝二代の君主たちは他所者《よそ》であるがゆえに、あるいは他所者でありながら、議会に何の配慮もしなかったから、これとソリが合うはずがなかった。

一六二〇年、遂にジェイムズはロバート・マンセルを司令長官とする艦隊十八隻をバルバロイ海賊の巣窟アルジェに派遣する。この遠征艦隊は王室艦六隻と傭入商船十二隻で編成され、遠征費用は四万八千五百ポンドである。先に述べたとおり、王室の台所は火の車である。しかも、議会からは予算援助を拒絶されたジェイムズは、仕方なくシティからの借金で戦費を調達した。

十月二十二日、マンセル艦隊がプリマスを出港し、十二月七日、アルジェに投錨した。相手のアルジェ太守はしたたかであった。マンセルに対して終始丁重で、補給品を快く提供するのだが、これまでに拉致され

アルジェ付近

た人々の解放に関しては言を左右にして応じなかった。マンセルはしびれを切らせ、遂に実力行使を決意する。翌年一月から六月にかけて、アルジェ港内外で作戦行動に出るが、やることなすことドジばかりであった。一度などは、九隻の海賊船が艦隊の真ん中に迷い込んだが、一隻も捕獲できなかった。さらに艦隊の目前で海賊船が生贄を仕留めても、これを救うこともできなかった。最後は、港内に焼き討ちをかけ、ボート一隻を捕獲しただけである。結局、マンセル艦隊は散々醜態を曝け出した挙句にむなしく帰投した。

結局、ナロー・シーズ哨戒もアルジェ遠征も極めて不徹底に終ると、イングランドは海運や海軍という物理力と愛国心という求心力を失い、凋落の一途をたどるしかなかった。いずれも理想主義者で平和主義者のジェイムズが然らしめた結果であって、先に君主の不幸は国の不幸とした所以である。

東洋への進出

前章第四節で述べたとおり、十七世紀までのヨーロッパにおける東洋の概念は「喜望峰以東の地域」というだけで漠然としていた。当時、彼らが称する東インド《イースト・インディーズ》とは単に東洋全域のことである。ところが、十七世紀に入ると、ポルトガル、イングランド及びオランダの勢力争いが繰り広げられて、この東インドという概念が二つの地域に絞られてきた。つまり、香料諸島（モルッカ諸島）とインド半島である。

東インドへの一番乗りがポルトガル人であったのは、当然と言えば当然である。十五世紀末の教皇分界線協定とトリデシャリス条約によって、この国はスペインと世界の海を二分し、その東側を占有していたからである。一四九三年、ヴァスコ・ダ・ガマがインド航路を開拓し、インド半島南西岸のカリカットに到着する。以後、ポルトガル人はインド西岸のゴアを基地として東進し、一五四三年には種子島まで到達する。その途中の一五二二年、セレベス島とニューギニア島に挟まれたモルッカ諸島で、彼らは貴重なものを見付けた。それは丁子《ちょうじ》やペッパーなどの香料《スパイス》で、これらは当時のヨーロッパ料理や医療で珍重されていた。そこで、二年後、彼らは香料の独占買取りを開始するのである。

二番手はイングランド人である。一五七七年から八〇年にかけての世界周航の途次、ドレイクは太平洋からモルッカ諸島経由でインド洋を航海しているが、イングランドがこの方面で貿易を始めたのは、一五九一年にロンドンの出資家たちが船団を派遣してからである。次いで一六〇〇年末、東インド会社が設立され、翌年二月に最初の東インド会社船団が派遣される。この船団の狙いもやはり香料であった。

三番手はオランダ人である。一六〇二年、オランダが東インド会社を設立した。当時、ポルトガルは香料の原産地を他国には厳重に秘匿していたが、彼らに雇われていた一人のオランダ人[一〇三]が秘密海図を盗み出してから、オランダも香料諸島に進出し始めた。彼らの場合は最初から香料一本槍で、大編成の武装船団を次々に派遣したのである。一六〇五年に香料諸島のアンボイナ（アンボン）を奪った。

香料諸島

最後にやって来たのが、一六〇四年に東インド会社を設立したフランス人である。歴史的に見れば、これで東インドを舞台とする役者が全部出揃ったわけであるが、これから勢力争いが始まることになる。最初は香料諸島をめぐるイングランドとオランダとの争いであるが、前者は後者に追い払われてインド半島に撤退した。しかし、やがてイングランド東インド会社が独自の武装船《インディアメン》を建造し、一六一一年から二二年までインド洋からペルシア湾にかけて、ポルトガル人との武力闘争に明け暮れた。その結果、ポルトガル勢が衰え、イングランドのインディアメン戦隊が一六一三年から再び香料諸島に進出した。当然、英蘭両国の東インド会社が正面衝突するが、イングランド勢は今度もオランダ勢の敵ではなかった。一六二三年二月二十七日、オランダ人たちが香料諸島アンボイナ島のイングランド交易所を襲撃し、十人を虐殺した。この史上有名な「アンボイナ虐殺事件」以降、イングランド勢は香料諸島から撤退して、インド半島に専念するようになる。一方、オランダ勢はボルネオ、ジャワ、スマトラ及びマレイ半島に至る地域を支配下に収め、遂に香料貿易を独占するに至った。

かくして、ポルトガル人が消えて、オランダ人とイングランド人はそれぞれ香料諸島とインド半島で棲み分けることになる。最後に来たフランス人は、やがてインド支配圏をめぐってイングランド人と血みどろの抗争を展開するが、これはまだまだ先の話である。

第二節　チャールズ一世時代

チャールズの不運

ジェイムズの治下、イングランドの海上権は見る影もなく凋落し、ナロー・シーズは他国の海賊や私掠船に蹂躙されていた。アンボイナ事件に際し、イングランド国民はこぞって激怒し、賠償金を要求すべしとの声が高まるが、時の国王は相手国オランダに抗議すらしなかった。一六二五年、ジェイムズの次男がチャールズ一世[一〇四]として即位すると、国中は今度こそイングランドが蘇えるものと期待した。彼は父王と正反対で、海軍大好き人間だからである。しかし、後に彼が構築した強力な船舶税艦隊はナロー・シーズに安寧をもたらさなかったし、むしろ国王刎頸の悲劇を招く原因となる。

次男のチャールズが即位したのは、兄王子にして皇太子《プリンス・オブ・ウェールズ》のヘンリーが夭折したからであるが、君主の資質においては兄に比べるべくもなかった。

兄ヘンリーは聡明で、国民の嘱望を一身に集めていた。父王にフランス王女との縁組を勧められても、彼は「私の寝台に二つの宗教が一緒に横たわるべきではありません」と拒絶した。これをトレヴェリアンが王者に相応しい態度と絶賛する。[一〇五]

弟チャールズは寵臣バッキンガム公にそそのかされ、カトリックのスペイン王女を妃に迎えようとする。これは破談になったが、即位の年、再びバッキンガム公の口車に乗り、やはりカトリックのフランス王女へ

チャールズ1世

ンリエッタ・マリアと結婚する。当時、イングランド国教会はピューリタンの台頭で大揺れしていたから、新国王と国民との溝を深める一因になった。確かに、チャールズも勇気のある紳士であったし、後に刑場で示した沈着冷静で潔い態度は、改めて王者に対する人々の敬愛の念を高らしめた。[一〇六]だが、致命的なのは、生真面目に過ぎて万事に優柔不断であったことで、これが後々まで彼の命運を左右する。

チャールズの統治に影響した内的要因が自身の資質とすれば、これを助長した外的要因が三十年戦争と寵臣バッキンガム公爵ジョージ・ヴィラーズである。[一〇七]一六一三年、宮廷で権勢を争う一派が、国王ジェイムズのもとへコメディ作家ヴィラーズを送り込んだ。国王の男色趣味は公然の秘密であったし、ましてこの若いコメディ作家は類稀な美貌の持ち主であった。だから、たちまち国王を籠絡したバッキンガムは、一七年にバッキンガム伯爵、翌年は侯爵に叙せられる。一九年にはロード・ハイ・アドミラルに任命され、名誉に権力と富を加え、二三年には遂に公爵へと位人臣を極めた。[一〇八]晩年のジェイムズは何事によらずヴィラーズの言いなりであった。彼に政治的、軍事的手腕など皆無だが、国王の溺愛を背景に次々と政敵を葬り続けた[一〇九]。ジェイムズの没後、彼は如何なる手練手管を弄したか、チャールズ一世の寵愛をも一身に集める。チャールズ自身は父王の悪趣味とは無縁であったが、ヴィラーズへの寵愛はなぜか常軌を逸していた。このため、ヴィラーズの専横はいや増すばかりであった。

チャールズと三十年戦争

チャールズが即位したとき、ヨーロッパは三十年戦争の真っ最中である。この戦争は神聖ローマ帝国を二分して戦われた最後の宗教戦争で、ヨーロッパ中を巻き込んで三十年間も継続された。イングランドは最後まで蚊帳の外にいたが、国王チャールズだけは戦争に引きずられて数次の遠征作戦を試み、最後には船舶税という失政まで犯した。そこで、その三十年戦争をごく大雑把に復習しておく。

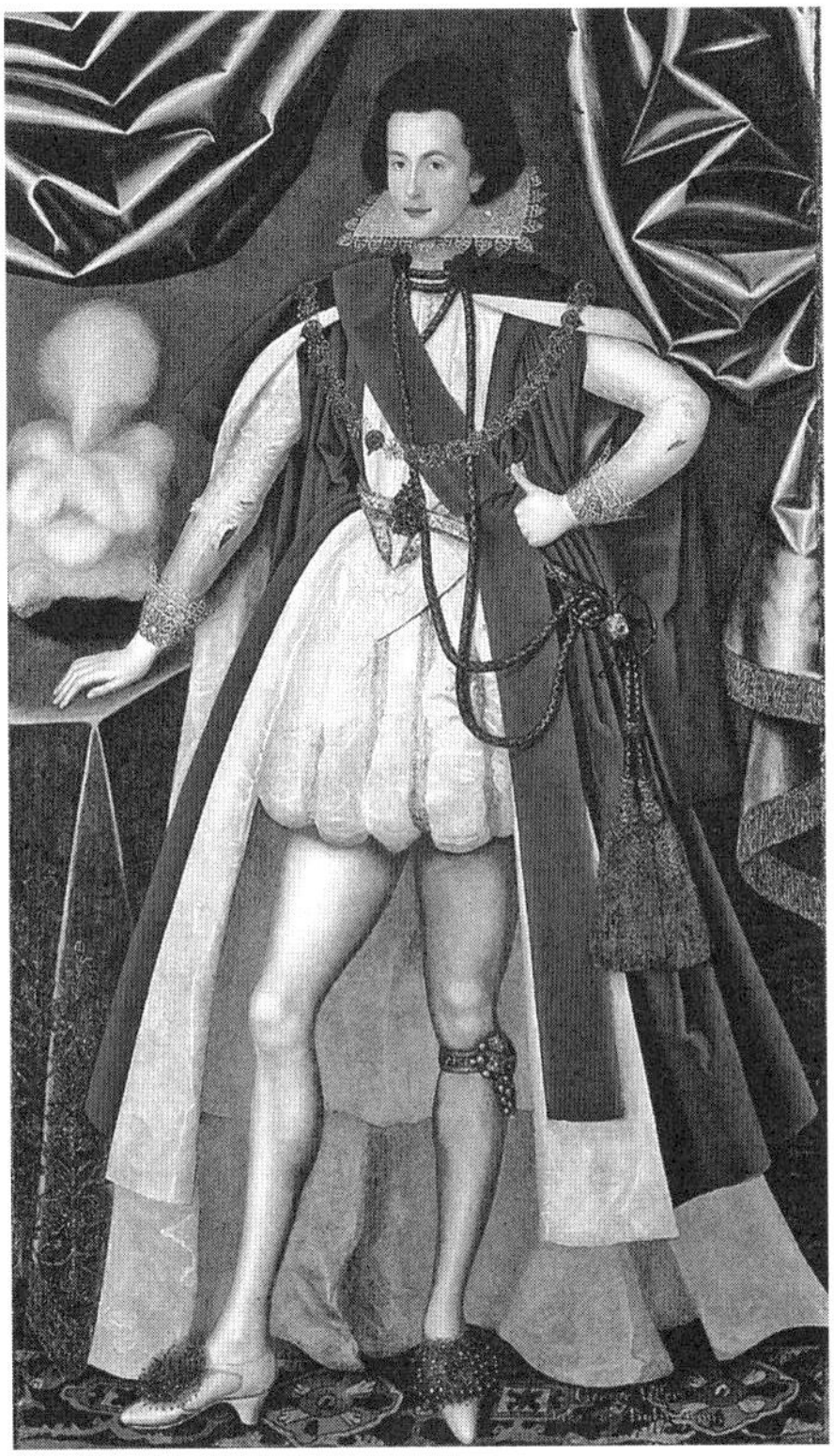

ジョージ・ヴィラーズ

先ずは、神聖ローマ帝国とは何かである。四世紀、バルト海沿岸一帯を原住地とするゲルマン民族が大移動して、五世紀末、フランク王国が成立する。九世紀半ば、これが東・西フランク王国に分裂し、前者が現在のドイツ、後者がフランスの起源となる。十世紀初頭、東フランク王国が消滅すると、ドイツ王国ともいうべき部族連合が形成され、貴族が国王を選出する。九六二年、三代目国王オットー一世がローマ教皇から戴冠されてオットー大帝と呼ばれるが、これが神聖ローマ帝国の起源とされる。[一〇] オットーの帝位を歴代国王が継承し、一二四五年に神聖ローマ帝国となる。十四世紀、神聖ローマ皇帝が選挙で選ばれるようになり、選挙権を持つ七人の領主を選帝侯と称した。十五世紀半ばから「ドイツ人の神聖ローマ帝国」が公式名称となる。

帝国と自称するが、元来この国は個別の領主が治める領邦国家の集合体である。何しろ皇帝自身が自分の領邦国家の君主なのであって、その政治的実権もその範疇を越えなかった。言うなれば、帝国という実体があるわけではなく、観念として存在していたに過ぎない。その危うさをオットー以降の歴代皇帝はローマ教皇のお墨付きで補強してきたが、それでは足りなくなって、わざわざ「ドイツ人の」を付け加えてゲルマン民族の絆を強調したのであろう。事実、「ゲルマン民族の領域」を意味する古いドイツ語であるディウッチュ・ラントが、この頃からドイッチュラントという単語に変わっていったし、現代のドイツはいまだに「世界至上国家ドイツ《ドイッチュラント・ユーバー・アレス》」と大時代的なフレーズを唄い続けている。

三十年戦争は四つに区分される。一六一八年から二五年の「ベーメン・プファルツ戦争」、二五年から二九年の「デンマーク戦争」、三〇年から三五年の「スウェーデン戦争」及び三五年から四八年の「フランス戦争」である。戦争の発端は、プファルツ選帝侯フリードリヒ五世を旗頭とするプロテスタント諸侯同盟《ユニオン》並びに神聖ローマ皇帝フェルディナント二世とバイエルン公マクシミリアン二世に代表されるカトリック諸侯連盟《リガ》との争いである。一六二〇年十一月二十日、連盟軍がプラハで大勝利を収める。翌年五月、フリードリヒが選帝侯の地位をバイエルン公に譲渡し、自らはオランダに亡命した。ちなみに、プファルツは東側と西側の二つに分かれ、後者が本領である。プファルツをイングランド人はパラティネト[一一]と呼んでいる。

神聖ローマ帝国

　このプファルツの領域にはスペインもからんでいた。時のスペイン王フェリペ三世はドイツ・ハプスブルク家出身のフェリペ二世の子息だから、当然ながら神聖ローマ皇帝を支援したし、かねてより神聖ローマ帝国領内のスペイン領ネーデルラントからフランシュ・コンテを経て自領のミラノまでの連絡路を確立しようとしていた。だが、その経路を塞ぐ位置にプファルツ選帝侯の領地があった。つまり、この辺りの戦争から、周辺諸国の領土的な思惑、なかんずくハプスブルク家対ブルボン家の勢力争いがない交ぜになってくる。チャールズの即位の頃、局面はデンマーク戦争に移行していて、列強の領土拡張の野望がむき出しになった。デンマークは北部ドイツ新教徒の援助を口実としたが、本心は領土の保全である。

次のスウェーデン戦争では、フランスが参戦する。この国の同盟国スウェーデンが参戦すると、辣腕宰相リシュリュー[一二]は直ちにスペイン領ネーデルラントに軍隊を送り込み、スペインに宣戦布告する。ところが、軍隊が現実に侵攻した神聖ローマ帝国に対する宣戦布告は三年の後であった。それはリシュリューの本能寺がスペインだからである。次頁の図を見れば一目瞭然であるが、ブルボン・フランスは東西をハプスブルク勢力に挟まれていた。そこで、リシュリューは同盟国の支援を口実にして、後々の禍根を断とうとしたのである。

　一六四八年十月二十八日、ウェストファリア条約の締結によって、長年の戦争がようやく終結した。この条約で、プファルツ選帝侯がその地位と領土を回復し、ハプスブルク家は大打撃を受けて、神聖ローマ帝国が事実上解体される。

さて、チャールズはこの戦争のどこに引きずられたのか。客観的に見れば、その理由が四つある。第一は、彼の妹がプファルツ選帝侯家に嫁いでいたこと。その義弟夫妻の窮地を救うため、彼はスペインやフランスに遠征部隊を派遣した。第二が、古来イギリス海峡をめぐるイングランド、スペイン及びオランダの三角関係である。スペインは自領ネーデルラントと本国を結ぶイギリス海峡を経由して戦争に介入したが、その海峡では、オランダが宗主国スペインの船舶を目の仇と追い回していた。第三は、デンマーク王の武力介入で、デンマーク王家出身のアンを生母とするチャールズに新たな因縁が生じたこと。最後に、スウェーデンやフランスが介入すると、彼らとスペインの海上勢力が北海とイギリス海峡の制海権を争うようになったことである。本来これもチャールズには関係ないが、交戦国の艦隊が自分の庭先のナロー・シーズや北海で乱暴狼藉を働けば、彼としても黙ってはいられなかった。結局、チャールズはこれらの因縁の狭間で数々の愚策を重ねて自滅するが、これを彼の不運とすれば、歴代これほど不運な君主はいなかった。

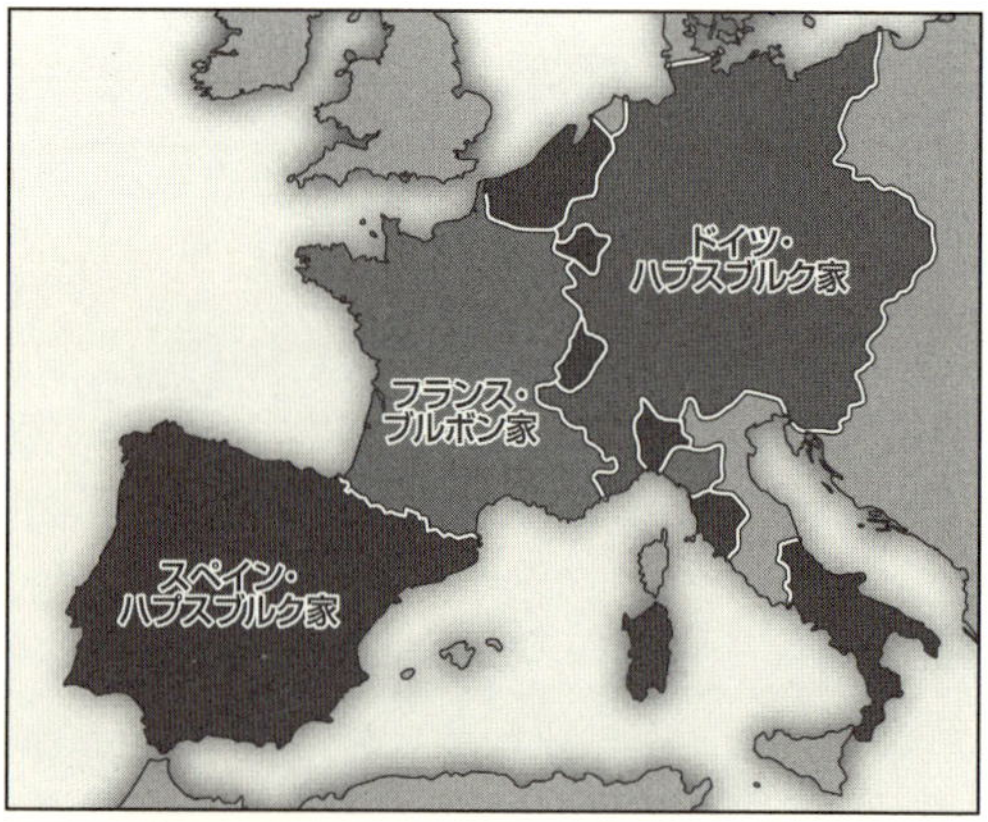

ハプスブルク対ブルボンの勢力

カディス遠征作戦

チャールズの三十年戦争への介入は、一六二五年のカディス遠征に始まる。彼が遠征艦隊司令長官に付与した八月二十六日付の命令書によれば、本作戦の意図するところは、朕の親愛なる義弟及び妹―パラティネト選帝侯及び同妃―を保護し、その失地を奪回するにあり。朕の親愛なる義弟及び妹がスペイン王から脅迫と圧制を受けつつあるは明白にして、朕がスペインに遠征部隊を差し向ける所以である。卿らは次により敵の海上戦力及び貿易海運力を減殺せしめるものとする。

一、敵の艦船、ガレー、フリゲート[一一三]を捕獲又は撃破すること。
一、敵の物資集積地及び港湾都市における倉庫類を破壊すること。
一、敵の水兵、船員及び砲手を捕獲すること。
一、敵のあらゆる活動源を根絶せしめること。
一、敵の艦隊の出入を阻止すること。
一、我が後続艦隊の支援を得て、可能な限りのスペイン領域を占拠すること。[一一四]

これを一読して先ず浮かぶ疑問は、パラティネト選帝侯、即ちプファルツ選帝侯を救うのに、なぜスペイン本国を攻撃するかである。これはバッキンガム公の猿智恵に違いない。チャールズはフランス王女と婚約したばかりで、フランス王はスペインがヴェネツィアやサヴォイで領土を拡大するのに対抗していた。そこで、バッキンガム公が主人の未来の岳父に恩を売ろうとしたのであろう。

チャールズは議会から戦費の捻出を拒絶され、仕方なく方々から借金をした。それで編成した遠征艦隊は王室艦九隻と武装商船八十隻である。この艦隊の編成は、ある意味でイングランド海軍史上空前絶後であった。遠征艦隊司令長官ウィンブルドン子爵エドワード・セシル[一一五]は、実戦経験のない陸軍々人である。ヴァイス・アドミラルのエセックス伯爵ロバート・デヴァルー[一一六]及びリア・アドミラルのデンビー伯爵ウィリアム・

一一七
フィールディングも右に同じである。主要幹部で船乗りは、デヴァルーの旗艦々長サー・サミュエル・アーガルだけであった。しかも、これら山船頭を統べるロード・ハイ・アドミラルのバッキンガム公は、つい十二年前まで一介のコメディ作家に過ぎなかった。

一六二五年十月五日、セシル艦隊はプリマスを出撃するが、強風で大部分が港内に戻った。三日後、どうにか全艦船が洋上に出るが、そこで初めて司令長官セシルは各艦船が弾薬類や糧食を満足に搭載していないことを知る。問題はもう一つあった。命令書の示す六つの行動方針は、いずれもあまりに抽象的に過ぎた。例えば、スペイン領域を占拠せよと言うだけで、具体的な地域が明示されていない。だから、セシルら艦隊指揮官たちは洋上の作戦会議でようやくカディスを選択する。本項の冒頭で、国王がカディスを指示したかのように書いたが、結果的にそうなっただけである。

十月二十二日、セシル艦隊はカディス港外に到着したが、海上から市街を砲撃できないことが判明した。そこで、部隊を揚陸したが、強固な反撃で損害は増えるばかりであった。

十一月、セシルは方針を転換し、セント・ヴィンセント岬沖で銀塊船団を捕捉することにした。だが、相手がそうそうは現れず、そのうち疾病の蔓延で艦隊の軍紀は千々に乱れた。その上、荒天の季節となり、洋上の漂泊も困難になった。同月二十日、遂にセシルは帰国を決意する。十二月五日、デヴァルーの旗艦がファルマスにたどり着くが、動ける乗員はわずか四十名足らずであった。十一日、セシルの旗艦がアイルランドのキンセールに帰投した。同艦では死者百三十名に上り、百六十名が病んでいた。残余の艦船はイングランド南西部のプリマス、ダートマス及びセント・アイヴィスに着くが、いずれも右の二隻と同様の状態であった。

翌年、セシルを糾弾する訴状が次々に舞い込んできたが、すべてバッキンガム公が握り潰した。その彼を庶民院が弾劾すると、チャールズは中心的な議員二人をロンドン塔に監禁して、議会を解散してしまう。チャールズとバッキンガム公の主従は、自らの失敗を必死にごまかそうとしたのである。

レー島遠征作戦

セシル艦隊が尾羽打ち枯らして帰投したので、イングランドの海上防衛は丸裸となった。スペインは逆にイングランド侵攻を準備し、これにフランスの枢機卿リシュリュー[一一八]も一枚噛みそうな気配であった。カディス遠征の翌年早々、チャールズは艦隊の再編成を命じたが、深刻な問題が三つあった。戦費の工面、人員の補充及び商船の徴用である。

一六二七年初頭、チャールズは王室艦隊にフランス船の抑留を命じたのでフランスとも戦争状態に入ることになった。三月、仏西両国が対英同盟の秘密条約を締結した。この条約によって、イングランドは仏蘭両国の私掠活動を受けて、海運界の損失が激増した。こうなると、イングランド国内では海軍増強策に対する表立った不平や抗議が一時的に消滅した。それに、元来、イングランド国民は弾圧されているフランスの新教徒《ユグノー》に同情的であったから、議会が王室船十五隻と傭入船百隻分の予算を承認した。五月十四日、チャールズはラ・ロッシェル解放作戦を決意し、バッキンガム公を「パラティネト選帝侯にして朕が義弟の財産の奪回を目指す王室艦隊のアドミラル、キャプテン・ジェネラル兼総督」即ち遠征部隊総指揮官に任命する。[一一九] 遠征艦隊八十四隻は四個戦隊に分かれて編成された。[一二〇] 指揮官は司令長官バッキンガム公、ヴァイス・アドミラルのリンジー伯爵、リア・アドミラルのハーヴェイ及びデンビー伯爵

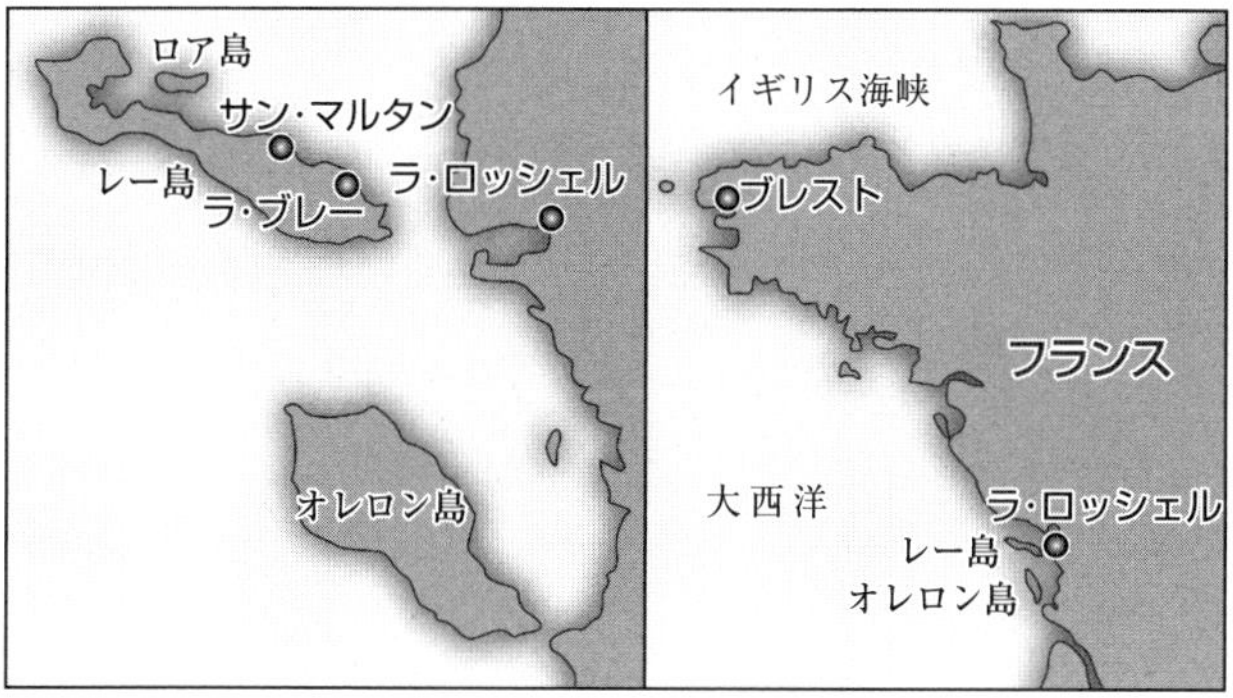

レー島付近

である。この艦隊には地上軍一万余が乗り込んでいた。

六月二十七日、遠征艦隊がレー島を目指してポーツマスを出撃する。当初からバッキンガム公はレー島をラ・ロッシェル解放作戦の前進基地とするつもりであったが、この目標選定がすでに誤りであった。同島にはフランス守備隊二千がいたから、ユグノーの連絡将校は無防備のオレロン島を進言するが、これをバッキンガムがなぜか却下した。七月十日、遠征艦隊はラ・ロッシェル沖に到着する。そこにフランス艦十五、六隻が錨泊していたが、全艦が港内に逃げ込んだ。十二日、バッキンガム公が地上軍二千をレー島に揚陸し、サン・マルタン守備隊との間で大激戦となった。彼は兵力を小出しにし、戦闘後の三日間を無駄な軍議に費やした。その間、フランス守備隊は砦を固めて、以後、戦いは膠着状態となる。

しかし、籠城側の降伏は時間の問題で、リシュリューの救援作戦も思うに任せない。七月十八日、レー島総督がルイ十三世に書簡を送り、十月八日までに本格的な救援がなければ降伏も止むなしと報告した。ところが、十月五日、フランス側に起死回生の機会が訪れる。先に港内へ避退した戦隊が援軍をラ・プレー海岸に揚陸させた。二十八日、フランスがさらに増援を送ると、たちまちにして形勢が逆転した。二十九日、バッキンガムは敗残軍を収容し、実に三ヶ月と十六日間にわたる作戦に終止符が打たれた。遠征艦隊は十一月七日にレー島沖を離れ、十二日にポーツマスに帰還する。

国王は敗軍の将バッキンガム公を一言も責めなかった。しかし、彼は先のカディス遠征で補給に関して痛恨の戦訓を得ていたにもかかわらず、今度も同じ過ちを重ね、さらに、新教徒団の連絡将校や隷下各指揮官の進言をことごとく却下した。しかも、あれだけの大艦隊が狭い現地海域に停泊していながら警戒を怠り、敵の起死回生の逆上陸を許した。これらがバッキンガム公の責任でないなら、一体ほかの誰に帰すべきか。

二度の遠征は散々の結果で終ったが、チャールズとバッキンガム公の二人は全く懲りずに、君主はラ・ロッシェル解放にこだわり、臣下は先の屈辱を晴らそうとした。一六二八年初頭、二人は遠征艦隊の編成にとりかかり、王室艦わずか十二隻と傭入商船五十二隻を掻き集めて、これに地上軍二千を乗せた。遠征軍総指揮官は前回の四席指揮官デンビー伯爵ウィリアム・フィールディングである。四月一日、フィールディング艦隊はラ・ロッシェル港外沖に投錨するが、陸上砲台からの砲撃にほうほうの体で射程外に逃れた。八日、デンビー伯は作戦中止を決断した。前回の遠征指揮官をかばったチャールズは、今度は指揮官に直ちにラ・ロッシェルへ引き返せと激しく叱責した。フィールディングこそいい面の皮である。前回は大艦隊九十隻と地上軍一万で小さな島を攻めあぐんだのに、わずか二千の兵力でフランス本土のラ・ロッシェルを解放できるわけがない。

チャールズとバッキンガム公は現状認識能力を全く欠落させているのか底抜けに楽天的なのか、いずれにせよ不思議なコンビである。君主は四度目の遠征を命じ、寵臣は再びポーツマスまで出張《でば》った。資金と人手の不足は変わるはずもなく、艦隊の準備は捗らなかった。しかも、フランス王はプロテスタントを容認し、イングランドとも和睦する気になっていた。だから、ラ・ロッシェル解放の意義は消滅していたのに、チャールズもバッキンガムもなぜか矛を収める気は微塵もなかった。その八月二十三日、バッキンガム公がポーツマスで暗殺される。下手人のジョン・フェルトンはレー島遠征に参加したレフテナントで、遠征の悲惨な結末の責任者バッキンガム公に天誅を加えたと言い張ったという。

チャールズは寵臣を失いながらも遠征の続行を命じた。九月七日、司令長官リンジー伯爵ロバート・リンジーの第二次ラ・ロッシェル遠征艦隊九十隻がポーツマスを出撃し、その二日後、洋上でさらに五十隻が合同した。九月十八日、艦隊がレー島のサン・マルタン沖に投錨し、以後数日間は何もしなかった。チャールズにも存外に喰えないところがあって、ラ・ロッシェル解放は表向きの口実で、今次遠征の真の目的はフランスとの講和交渉で有利な条件を引出すことにあったからである。だから、リンジーは申し訳程度に三回ほどの火船攻撃を仕掛けたに過ぎない。十八日、ラ・ロッシェルのユグノーたちが降伏したので、イングランドの遠征軍には戦う理由がなくなった。十一月十二日、リンジー艦隊がポーツマスに帰投する。以後の二、三年はチャールズがどうにも戦費を調達できなかった。そこで、彼は一六二九年四月にフランスと、翌年十二月にはスペインと和睦した。

チャールズのルビコン川

ジェイムズとチャールズによる都合五度の遠征作戦は、幾多の生命と資源を無駄にしたが、国際的にも国内的にもそれだけでは済まなかった。国際的には、マンセル艦隊やセシル艦隊の遠征がヨーロッパ中の笑いものとなり、イングランドの威信を失墜させた。両三度にわたるレー島やラ・ロッシェルへの遠征も同様だが、歴史的に見れば、この方はより重大な結果を招来していた。さすが慧眼のリシュリューはイングランド艦隊の拙劣な作戦行動に惑わされず、この作戦でイングランド艦隊が果たそうとした戦略的役割の重要性を見抜いていた。

三十年戦争に介入した一六三五年、彼はオランダと相互防衛協定を結ぶが、真の目的はオランダの艦隊を味方につけることにあった。さらに、彼は自国艦隊の増強政策をとり、これが後にコルベールに継承され、やがてフランス艦隊がイングランド艦隊の最終にして最強の宿敵として登場する。

国内的には、イングランド国王の権威が低下した。あまつさえ、チャールズは根が生真面目で、父王譲りの王権神授説の信奉者だから、政治的妥協や駆け引きができなかった。その結果、国王と庶民院が激しく対立するが、その根源には王室財政の慢性的な困窮がある。度重なる遠征作戦でシティからの借金が天文学的数値に達するが、一六二八年、議会は「権利の請願」を可決して、議会が承認しない課税を非合法とした。

翌年初頭、貴族院までがチャールズの戦費支出を拒否し、怒り狂ったチャールズは議会を解散して以後十一年間一度も召集しなかった。

一六三四年十月二十日、チャールズは船舶税《シップ・マネー》賦課令を公布した。これは海運、漁業あるいは貿易などの海事に携わる地域を対象とし、個人所有船舶の供出を命じた。地域毎に提供船舶の大きさと隻数を定め、船具と武装を完備し、定員どおりの乗組員が乗り、貯糧品六ヶ月分を搭載するとされた。所定の船舶を供出できない地区には王室艦船を「有償」で貸与した。これは、住民たちが現金を提供して、王室艦隊の編成及び運用に関わる経費を負担する仕組みである。現実にはこちらの方が本筋になっていたから、当時からシップ・マネーと呼ばれたのであろう。翌三十五年五月、王室艦十五隻とその他の船舶五隻で最初の船舶税艦隊が編成されるが、そのうち十九隻分の経費が船舶税で賄われた。

巷間、わが国の歴史教科書や啓蒙書では、史上初めてチャールズが船舶税を施行したと思わせるような記述がなされているが、船舶税の徴収は古くから慣習的な王権の一つで、特定の海事関連事態の場合に認められていた。だから、十五、六世紀にはしばしば徴収されたし、エリザベスまた然りである。アルマダの危機に際して、彼女は艦隊の編成資金を募り、一五九六年に本土侵攻の危機が再浮上したとき、内陸部からも募金した。さらには、前章で触れたとおり、航路帯防衛の小艦隊を編成しようとした。これに基づいて、枢密院は沿岸部や内陸部の地方長官に「陛下の親愛なる臣民の篤志を要請する」よう通達した。[二二]彼女は内陸部への船舶税賦課でもチャールズに先んじていた。また、彼の父王ジェイムズでさえ船舶税を徴収して、一六二〇年のアルジェ遠征艦隊を編成したのである。ところが、一六三五年以降、チャールズは船舶税を毎年恒常的に徴収しようとしたのである。だが、これだけは歴代イングランド王の誰しもが試みたことがなかった。言うならば、彼は遂にルビコンを渡ってしまったのである。

ハムデン事件

チャールズの船舶税は国中の反対運動を引き起こし、これがピューリタン革命へエスカレートする。ただし、民衆が船舶税に反抗したのはチャールズ時代が最初ではない。大エリザベス時代の栄光の陰に隠れて語られないが、地方の港町がアルマダ対抗艦隊編成のための船舶税に激しく抗議し、これに同調する地方行政官が幾人もいたくらいである。

ルビコンを渡るに際して、チャールズはひどく気を遣った。ギブ・アンド・テイクのシンク・ポーツ制度と違い、船舶税は強制的なだけに、誰しもが納得のいく説明が必要であった。一六三四年の公布令では、船舶税の目的を「海上の簒奪者、海賊、またキリスト教徒の不倶戴天の敵トルコ人どもが衆を頼み、わが臣民のみならず友好国の人民の船舶、物資、商品を奪い（……）拉致した船員を悲惨な目に遭わせて（……）而して、いまやわれわれは戦時同様の危機に曝されている」と説明し、「船舶税が本当に艦隊編成に当てられ、国王も応分の経費を分担する」ことを国民に周知徹底しようとした。翌三五年、「船舶提供の一切は、別途示達する国王命令又は枢密院勅令に基づいて処理され、海軍当局の業務とは厳重に区分する」とした。[一二二] その一方、国王と側近の廷臣は、密かに国家安全保障政策の恒常的な財源に充てることを目論んでいた。[一二三]

船舶税徴収の実績はどうかと言えば、初年度の一六三四年、賦課された八万ポンドのほぼ全額が徴収された。翌年以降三八年まで、毎年二十万ポンドと算定しながら、実際にはわずか年七万ポンドを割り当てて、その三分の一以上が徴収できなかった。三九年、算定どおり二十万ポンドを課税し、四千三百ポンドしか集まらなかった。[一二四] 結局、民衆は最初から「緊急事態と国民の安全」という説明を信じていなかったのである。チャールズは義弟夫妻の救援という私的な理由で再三にわたる遠征作戦を実施したから、今さら国民の安全と言われても、それは聞こえませんというわけである。船舶税反対の急先鋒は、バッキンガム地方の裕福なジェントリーのジョン・ハムデン[一二五]である。一六三七年、彼は自分の土地に課せられた船舶税二十シリングの支払いを拒否して、告発されることになった。

この有名なハムデン事件の裁判は何ヶ月も続いた。被告側の弁護士オリヴァー・セント・ジョンが展開した弁論の要旨は「船舶税の徴収は慣習的な王権の一つだが、その施行には議会の承認を要する」である。次いで「現下の私掠船や密漁船の横行は憂うべき事態だが、議会の承認を得る暇《いとま》がないほど緊急事態ではないから、船舶税徴収は違法」である。[126] これに王室法律顧問は即答できなかった。事態の緊急性を強調すれば、「慣習法《コモン・ロー》によれば、かかる事態に際して、国王が何よりも優先すべきは議会の召集である」と反論されるであろう。そして、議会の招集こそチャールズが最も忌み嫌うことであった。しかし、事態の緊急性に言及しなければ、「我が国は平穏安泰であるから、船舶税の必要性がない」ことになる。[127] つまり、チャールズ側は論理的に八方ふさがりになっていた。それでも、一六三八年六月、財務裁判所の判事十二名のうち七名が国王を支持し、ハムデンが敗訴した。

ここで、重要なのはハムデン事件の本質である。直接的な要因は、ハムデンと彼の支持者をはじめとするジェントリー階層が「シップ・マネーが議会の承認を受けずにすむ恒常的な税制となる」のを恐れたことである。[128] もう一つはより根源的な問題で、イングランド海軍の在り方である。それは国民全般の税金による艦隊はもはや国王の私有物ではなく、国民全体の財産という考え方である。ならば、これを運用する際、少なくとも議会の承認を要することになる。しかし、その議会をチャールズは召集しようとしない。

一六四〇年十二月七日、ようやく召集された議会の庶民院が国王の船舶税徴収を違法と議決した。翌四一年一月二十日に貴族院が庶民院の議決を追認し、これを王室が八月七日に承諾した。

以上のとおり、チャールズはイングランド史上初めて船舶税を徴収した国王ではなく、これが発端で自らの首を失った最初で最後の国王となり、この国が遂に船舶税に終止符を打つ動機を提供したのである。

船舶税艦隊の歴史的意義

チャールズの船舶税は、イングランド史における重要な歴史的事案である。ところが、イングランドの一般史も海軍史も彼の動機を詳らかにしかねているところが、面白くもあり不思議でもある。[一二九]最初の公布令では、私掠船や海賊船の横行が強調された。しかし、翌年の船舶税艦隊に対する命令書は、私掠船や海賊船について一言半句も言及せずに、仏西両艦隊の「無礼極まる振る舞い」を長々と綴っていた。

このように、チャールズは船舶税に関してダブル・スタンダードを使い分けた。また、三十年戦争との関連もある。彼が心を痛めたプファルツ選帝侯夫妻の境遇は、夫妻がオランダに亡命するに及んで一件落着したかに見えた。だが、チャールズと廷臣たちは三十年戦争の余波がイングランドに押し寄せてくることを恐れて、スペインとの同盟を秘密裏に交渉していた。彼の取引材料は、イギリス海峡におけるスペイン艦隊の行動の自由である。だから、当初の同盟条約案には、イングランドがスペインの助成金で艦隊を編成し、イギリス海峡でのスペイン艦隊の行動を保障するとの条項があった。しかし、これは沙汰止みとなった。

それでは、チャールズが船舶税に託した望みは何であったか。これに関しては、イギリスのハル大学歴史学教授アンドリューズの説が最も判りやすい。[一三〇]同教授によれば、目的はナロー・シーズにおけるイングランド王権の確立にあった。確かに、前述の海賊船や私掠船の横行、外国軍艦の無礼、並びに右のスペイン艦隊への寄与は、いずれもナロー・シーズにおける王権の確立に関わる問題である。前節で触れたとおり、父王ジェイムズでさえナロー・シーズにおける自らの威令には大いに関心を寄せていたし、チャールズもまた然りと考えられよう。

チャールズの場合、一六三一年にロンドン塔資料編纂長サー・ジョン・ボローズに海上権の法的根拠を研究させて、その成果を『ブリティッシュ海における支配権《ソヴレニティ・オブ・ブリティッシュ・シーズ》』として発表させ、さらにジェイムズ時代のジョン・セルデンの『領海論《マレ・クルスム》』の復刻も命じている。翌年、検事総長と海事審判判事がナロー・シーズ法を起案した。これはすべての国の一般船舶による王室海域での暴力行為を禁じ、補給、修理又は荒天避泊の場合を除いて外国軍艦が王室海域に進入することも拒否していた。また、同案にはグレート・ブリテン島周辺海域におけるイングランド王の支配権が盛り込まれ、この条項が漁業許可制の法的根拠となっていた。

しかし、右の理論や法令もシーパワーの実力が伴わなければ、所詮は画餅に過ぎない。そこで、チャールズは強力な艦隊を構築しようとしたのであろう。ただ、彼には首尾一貫しないところがあって、これが国民の疑惑を生む原因になっていた。例えば、彼は船舶税の徴収に慎重の上にも慎重を期しながら、その船舶税の四万ポンド以上を百二門艦〈ソヴリン・オブ・ザ・シーズ〉の建造費に注ぎ込んでいた。しかも、同艦は世界最初の三層艦でヨーロッパ最高の豪華さを誇るガレオン艦でありながら、焦眉の急である私掠、海賊、密猟の取締りには全く役に立たなかった。結局、彼は父王の〈プリンス・ロイヤル〉建造をはるかに上回る愚行をやってのけただけである。

果たして、船舶税艦隊は所期の効果を発揮したのであろうか。後世の歴史家トレヴェリアン並びに海軍史家コルベット、リッチモンド、ルイス教授、ペン教授及びアンドリューズ教授は、かなり疑問視している。大型艦船で編成された船舶税艦隊が不審船掃討作戦に向くはずがなく、その種の船は停泊中か航行不能のものしか捕獲できなかったからである。その一方、著名な歴史家ヒュームは、早くも一六三六年には船舶税の効果が現れたとしている。ノーザンバーランド伯爵が船舶税艦隊六十隻を率いてオランダ鰊漁船群を蹴散らし、かの国に漁業ライセンス料三万ポンドを支払わせたからである。[一三一]ただ、アンドリューズ教授によれば、ノーザンバーランド伯が北海行動で挙げた成果は、わずか五百ポンドに過ぎなかったという。また、たった一隻の商船で、オランダ軍艦二十三隻に護衛された漁船群に漁業ライセンスを売り付けようとし、けんもほろろに追い返されて、かえってチャールズの権威を失墜させる結果となったこともある。[一三二]

しかし、船舶税艦隊が強力なのは紛れもない事実で、ヘンリー八世時代以来かつてない強力な王室艦隊となった。だから、三十年戦争の後半に北海やナロー・シーズにおける列国シーパワーの衝突が激化すると、各国は船舶税艦隊がいずれの側に立って行動するかに注目せざるを得なくなった。一六三九年からの十年間、チャールズはいずれの側にも加担するチャンスがないまま、国内の破局までずるずる引きずられてしまったから、船舶税に託された真の目的が歴史の霧の中へと消えていった。だが、歴史的に見れば、この艦隊にはそれなりの意義があったのだが、これは次節の最後に述べることとする。

第三節　海軍の凋落

腐敗の兆候

イングランド海軍史上、この海軍が凋落した時期が幾度かあるが、初期スチュアート朝海軍が最悪であった。これは初代君主ジェイムズ、二代目チャールズ及び君主二代の寵臣バッキンガム公が然らしめた結果であることは明らかであるが、海軍が大きくなって国家行政組織的な性格を帯びてくると、やがて内部腐敗が不可避的に派生するのもまた事実である。

そうした側面はすでにヘンリー八世時代から出現していた。彼は相続した十隻の王室艦隊を九十隻の大艦隊に拡大し、これを管理するためにネービー・ボードを創設した。ところが、この組織が機能し始めると、ここが腐敗と汚職の温床となった。一五五七年、ネービー・ボード長官が大蔵卿の下に置かれたのも、海軍当局者の怠慢と腐敗を改革するためである。

この時代の高級官僚の腐敗ぶりは生易しいものではなかったから、ヘンリーの九十隻の大艦隊が、彼の死から十一年後にエリザベスが相続したとき、わずか三十五隻に激減していた。その彼女の最晩年に、やはり海軍の腐敗と凋落の要因が幾つか現れる。[二三] 先ずは、指導的人材の消滅である。一五九五年にホーキンズが死んで、エリザベス艦隊は誠実で有能な管理監督者を失った。一五九六年、ドレイクが戦死すると、エリザベタン・シー・ドッグズは皆無となった。唯一存命のロード・アドミラルのノッティンガム伯爵チャールズ・

ハワードは、すでに齢七十で往年の面影を失っていた。当時の彼を後世のイングランド海軍史は単なる「役立たず《サイファー》」[一三四]で、ホーキンズ以来の伝統を蝕む「病原菌」[一三五]になり下がったと手厳しく評価している。

時あたかも、海軍が祖国をアルマダの危機から守り抜いたばかりだから、当時の社交界では何らかの形で海軍に関わることが一種のステイタス・シンボルとなった[一三六]。即ち、海軍のファッション化である。その社交界を差配するエセックス伯爵の推奨でブルーク男爵ファーク・グレヴィル[一三七]がネービー・ボード長官に納まるが、これから海軍の腐敗が始まる。彼は女王お気に入りの宮廷詩人という以外に何の取り柄もなかったが、ネービー・ボードは三つのドックヤード[一三八]に三百二十人の船大工を抱え、この国最大の企業規模に膨れ上がっていたから[一三九]、そこへ怠慢と汚職がはびこるのにさほど時間を要しなかった。コルベットによれば、ネービー・ボードでは金が右から左へ消え、艦隊の整備状況は悪化の一途をたどり、戦時の倍に膨れ上がった役人が金で昇進するのを何とも思わなくなっていたという[一四〇]。

一六〇四年、ハワードがグレヴィルを更迭して、後釜にロバート・マンセル[一四一]を据えた。だが、そのマンセル自身が腐敗を促進させたのである。彼の汚職は桁外れであった。彼は監督官サー・ジョン・トレヴァーと共謀して、王立ドックヤードにおいて王室の経費で建造された〈レジスタンス〉を自分の所有船として登録した。しかも、あろうことか逆に王室に賃貸し、以後、この船は王室の物品を満載して王宮の輸送船団とともに出港し、途中で離脱して別の港に向かった。そこで積荷を売却し別の貨物を積んで帰投し、国内で捌いて大儲けしたのである[一四二]。これに比べれば、どこかの国会議員が秘書の俸給をピンハネする類が何ともいじましく見える。

改善の努力

初期スチュアート朝時代に入り、海軍の凋落と腐敗が最高潮に達し、世論の不満が高まりつつあった。その世論とは貿易商人やそのパトロンの貴族、ジェントリー階層の話だが、彼らが海軍の凋落で最も大きな損失を強いられたからである。

一六〇八年、枢密院が調査と改善のための査問委員会を設置した。[一四三]だが、この委員会は結論を出せなかった。問題を摘出すれば、ロード・アドミラルのハワードとその一党を糾弾することになる。ネービー・ボードの怠慢と汚職は、海軍の最高責任者であるロード・アドミラルの責任でもあるが、そのハワードはただ一人生存するアルマダの英雄である。彼を正面切って非難するのは、さすがに憚られた。国王ジェイムズのエキセントリックな性格もある。彼にすれば、海軍などどうでもよかった。そこで、バッキンガム公がしゃしゃり出る。前述のとおり、彼自身が海軍凋落の張本人で、権勢欲と金銭欲にまみれた人物である。その男が海軍を改革するのだから、この国の歴史は本当に面白い。

一六一八年夏、枢密院が再び海軍調査・改善の査問委員会を設置する。今度は一六〇八年の査問委員会の場合とは事情が異なっていた。先ず、反ハワード派が口角泡を飛ばして、国王に海軍改革の緊急性を説得した。その黒幕がバッキンガム公だとは想像に難くない。国王はバッキンガム公の言いなりだから、今度ばかりは君主の無関心はもはや関係なかった。また、ロード・アドミラルへの遠慮どころか、その職自体が標的にされたのである。すでに権力を掌中にしたバッキンガム公の究極のターゲットは、ロード・アドミラルの享有する莫大な役得収入であったからである。

バッキンガム公の思惑は別として、この委員会は豊富な経験と卓越した見識を持つ海軍専門家たちで構成されていた。その調査結果報告は腐敗した現状の指摘に止まらず、将来あるべき海軍力の規模と政策を提言するものであった。その指摘は次の三点である。

先ず、海軍兵力の半分が民間船の徴用に依存していること。次に、王室艦隊在籍艦表の五十三隻は、その半数が帳簿上の数字に過ぎないこと。最後に、国家安全保障という重大事がもっぱら他国との同盟に委ねられて、艦隊整備が等閑視されていること。また、海軍再建の提言は次のとおりである。第一に、三十隻の戦闘艦隊を編成すること。第二に、庸入船や武装商船を「哨戒艦《クルーザー》」[一四四]に仕立てて、通商保護に当たらせること。第三に、海軍艦艇を体系的に建造すること。[一四五]もっともイングランドのことだから、右の各項目が一朝一夕にして実現されたわけではないが、将来の艦隊再建に向けての指標になったのは事実であった。第三番目などは次のチャールズ一世時代における軍艦の六等級区分につながり、この考え方が帆走時代の最後まで継承された。

海軍が内包する欠陥をここまで明確に指摘されては、ハワード派の面目は丸潰れである。翌一九年一月二十八日、彼はロード・アドミラルを辞任した。いうまでもなく、後任はバッキンガム公で、従来ロード・アドミラルとかハイ・アドミラルと呼ばれていたのが、ロード・ハイ・アドミラルと改称された。そして、これが中世アドミラルと近世のそれの分岐点となった。ハワードは洋上で艦隊を指揮した稀有なロード・アドミラルだが、中世的なアドミラルの典型でもあった。バッキンガム公には潮気が全く欠けていたが、形の上では、これこそロード・アドミラル職の創設者ヘンリー八世が描いていた姿、つまり国家最上位に独立した存在ではなく、国王に従属する艦隊指揮官である。バッキンガム公は国王の寵臣だから、国王とロード・ハイ・アドミラルの主従関係が遺憾なく維持されたからである。

ここで考えておきたいのは、バッキンガム公が公爵やロード・ハイ・アドミラルへと位人臣を極めはしたが、単に最高位の貴族であり、海軍大臣兼連合艦隊司令長官に過ぎないのである。それがなぜ並ぶ者なき権勢を獲得したかである。イングランド一般史も海軍史も、これに関して「ヴィラーズが国王の寵愛を受けた」からと片付けるが、それだけではイングランド事情に疎い者には釈然としない。ロード・ハイ・アドミラルのバッキンガム公が五度の遠征作戦を計画して実行したが、戦争の遂行は宰相の仕事だから、彼は宰相として振る舞ったことになる。

ならば、当時の宮廷には宰相《プライム・ミニスター》がいなかったかと言われれば、いたともいなかったとも言える。古来、イングランド宮廷にはプライム・ミニスターという配置がなかったが、それと同じ権力や影響力を持った人物はいつの時代も存在していた。例えば、ヘンリー七世時代のジョン・モートン[一四六]、ヘンリー八世時代のトマス・ウルジー[一四七]、トーマス・クロムウェル[一四八]及びトマス・モア[一四九]並びにエリザベス一世時代のウィリアム・セシル[一五〇]らは、宰相として権勢を振るったが、当時の配置は大法官、財務卿あるいは国務卿であった。強力な王権に支えられた君主親政の時代には、とりたてて宰相をおく必要がないのであって、国王に最も近しい人物が宰相の役を演じたから、国王二代の寵愛を独占したバッキンガムが権勢を誇ったのも当然ではある。

要するに、国の政治体制がきちんと確立されていない時代にあっては、実力であろうと国王の寵愛であろうと、最強の発言権を持つ者が政の中心に立ったのである。つまり、政治的権力は爵位や職とは関係がなかったと言えよう。ちなみに、一七二一年四月三日、ロバート・ウォルポール[一五一]が内閣総理大臣兼大蔵大臣に任命されるが、これがこの国の責任内閣制の始まりで、以後、イングランドの立憲君主制が確立されることとなる。

アドミラルティ・ボードの誕生

一六二八年のバッキンガム公暗殺事件が、ヘンリー八世の描いたアドミラルティの構図をほぼ完成することになる。寵臣バッキンガム公の喪失は、チャールズに二つの心痛の種をもたらした。先ず、寵臣に全幅委任していた海軍指揮監督体制に大穴が開いてしまったこと。そのショックがあまりにも大きかったのか、チャールズは以後十年間もロード・ハイ・アドミラルを空席のままとした。次に、バッキンガムが稀代の博打好きなために、若い未亡人が莫大な負債を負ったことである。根が真面目なチャールズは、自分の息子で後のチャールズ二世のような色事師ではなく、王妃ヘンリエッタ・マリアを熱愛していた。だから、彼は誠心誠意バッキンガム公未亡人の窮状を心配したのである。

チャールズのこの二つの悩みを一挙に解決する悪魔の知恵を絞り出したのが、バッキンガム公のアドミラルティ担当私設秘書エドワード・ニコラスである。彼の案では、新たに委員会を設置し、これに純粋に海軍関係の業務を所掌させる。次がこの案のミソだが、この際にロード・ハイ・アドミラルの海事管轄権を王権に組み入れてしまう。そして、その役得収入を未亡人の負債返済に回せば、一石二鳥となる。チャールズには一も二もなかった。一六二八年九月二十日、大蔵卿リチャード・ウェストンを筆頭コミッショナーとするアドミラルティ・ボードが創設された。以後、このボードが初めてイングランド海軍全般を取り仕切るようになり、さらに幾度かの改編を経て後世のアドミラルティへと発展する。アドミラルティは借金返済策として誕生したわけで、春秋の筆法をもってすれば、バッキンガム公は「死してアドミラルティを残した」と言えよう。

初期スチュアート朝海軍の歴史的意義

初代君主の理想主義的平和主義と二代目君主の気紛れのため、この国の海軍はヨーロッパ諸国の嘲笑を買い、周辺海域の秩序は麻の如く乱れた。だが、海軍最高責任者ハワードやバッキンガム公はじめ当局の腐敗と無能も糾弾されるべきだし、国王に対し反逆的なまでに楯突いた議会の頑迷も問題なしとしない。この時代の国王、議会及び国民はなべて国家意識を欠如して私利私欲に執着した。その狭間に海軍が放置されたのである。

歴史的に見れば、もっと根本的なところに時代の流れがあった。この国は事ある度にシンク・ポーツ制や船舶税制を発動してきた。これで編成された艦隊は、王室の軍艦と民間の商船との二本立てである。たまさかの戦争での軍事海上輸送やアルマダの戦いのような国家存亡の緊急時はともかくとして、エリザベス時代の晩年のイングランドが世界に海上権を主張するようになると、この国の伝統的な艦隊編成の二重構造に限界が露呈されてきた。その証拠に、一五八八年以降の西インド諸島やカディスへの遠征作戦がすべて失敗に終っている。結局、この国のシーパワー構造が時代に適応しなくなっていたということである。あるいは、前チューダー朝時代から六百年有余にわたり蓄積されていたマグマが、無能な君主が二代も続いた初期スチュアート朝時代に噴出したとも言える。十七世紀に入ると、戦争の様相の変遷に伴い軍艦の大型化と艦隊の増勢が進んだし、その一方では経済活動圏が拡大されて、通商海運のニーズが膨張する。そして、イングランドも他の国々もシーパワーの構築競争を始める。この競争に勝ち抜くには、その場しのぎの寄せ集め艦隊では間に合わなくなっていた。

このような観点から眺め直せば、チャールズの船舶税艦隊には、むしろ夜明けの光明を感知できる。この艦隊は商船の混在を大幅に減じていたから、それだけ均質的かつ専門的な誇りと自信に満ちていて、実は本格的な作戦艦隊として真のイングランド・シーパワーを復活させていたのである。当時、イングランドは平時だから目立たなかったが、チャールズ艦隊はあらゆる事態に即応できる形態を整えていたし、前述のとおり、列国の注目の的にもなっていた。

確かに、チャールズの船舶税艦隊には大きな問題が二つあった。一つは、彼の動機と運用が曖昧に過ぎたこと。もう一つは、彼が国民の金で王室艦隊を構築しようとしたことである。この二つが国民の疑惑と反発を招いたのである。しかし、歴史的に見れば、次のようにも言えよう。前者の問題はチャールズが愚闇の君主であったからとしても、後者の問題について彼ばかりを責めることはできない。天才的な為政者ヘンリー八世やエリザベス一世でも、自分の政策をコペルニクス的に転換することは、口で言うほど容易なことではない。なぜならば、誰しもが大なり小なり時代を引きずっているからである。

あえて言えば、チャールズの船舶税は、イングランドに国家的常備海軍への第一歩を踏み出させた。次の共和制時代、イングランド艦隊が常備艦隊へと脱皮し始めるが、そのクロムウェル海軍は無から出発したわけではなく、とりもなおさずチャールズの船舶税艦隊をその骨幹としていた。言ってみれば、初期スチュアート朝海軍の惨めさは近代的海軍を生み出す陣痛であったし、国王チャールズはその痛みを一身に引き受けて断頭台の露と消えたのである。

第三章　復興

第一節　共和制時代

大内乱におけるイングランド艦隊

わが国で言うピューリタン革命を、本家のイギリスはザ・シヴィル・ウォーと称する。これは伝統的な政治体制を一挙に転覆させた正真正銘の革命ではあるが、事の本質は国王の専制的な政策とジェントリー階層[一五二]の自由主義との軋轢《あつれき》であって、オリヴァー・クロムウェル[一五三]らの革命指導理念が宗教的な色彩を帯びていたわけでは決してなかった。ただ、その頃の庶民院議員にはピューリタンが多かったこともあって、問題の焦点が議員のピューリタニズムと国王の国教会主義との角逐へ様変わりしたと見えなくもない。

一六四二年一月四日、国王チャールズ一世は庶民院で反国王派の首謀者の拘束に失敗し、十日、ロンドンを脱出する。以後、イングランド中が議会派と国王派に二分されて、双方がのっぴきならない情勢に突入した。最初の武力衝突は九月二十三日の「ポウィック・ブリッジの戦い」である。国王派軍を率いるのはチャールズの甥ルパート王子[一五四]で、これに立ちはだかったのがクロムウェルの鉄騎兵隊《アイアンサイズ》である。

王党派と議会派とが一触即発の状況となったとき、いずれの側にとっても艦隊の去就が重要なポイントとなっていた。内陸が表舞台となる武力抗争において、その成否の鍵を艦隊が握るとは、随分おかしな話に思えるかもしれない。だが、事実そのとおりであった。

先ず、王党派と議会派の武力衝突はグレート・ブリテン島全域に広がることが予想された。そこで、柔軟かつ迅速な部隊機動と補給輸送が必要となるが、これを具現する唯一の手段が艦隊の海上機動力であった。

次に、王党派と議会派は互いに反目しつつも、ともにアイルランドとフランスにも目を配らねばならなかった。前年、アイルランドでカトリック教徒が反乱を起こしていたし[155]、これにカトリック国のフランスが軍隊を送って干渉してくる恐れがあった。王党派にとっても、議会派にとっても、アイルランドの反乱の鎮圧並びにフランス勢侵入の阻止には、艦隊が絶対不可欠の要件であったのである。

以上のような文字どおり呉越同舟の事情があったが、艦隊の必要性を切実に認識していたのは、現に艦隊を持たない議会派のほうである。

オリヴァー・クロムウェル

その議会派はチャールズのはしなくも見せた隙を衝いて、一日か数時間の差で艦隊の大部分を手に入れることになる。この頃、チャールズは日頃からソリの合わないロード・ハイ・アドミラルのノーザンバーランド伯爵アルジャーノン・パーシー[156]を更迭したがっていた。だが、彼は重大な決断を迫られると常に逡巡する癖があったから、この時もようやく六月二十八日、新旧ロード・ハイ・アドミラルの罷免状と任命状に署名した。これがダウンズ泊地のパーシーに届くのが三十日である。一方、議会両院は国王がロード・アドミラルを罷免するのを知り、間髪を入れずワーリック伯爵ロバート・リッチ[一五七]を艦隊司令長官に任命した。任命状は七月二日に艦隊のリッチに届いた。彼は直ちに艦隊の指揮権の行使を宣言し、これを主要な各指揮官が承認した。そこへ、勅任状を携えた新ロード・ハイ・アドミラルのサー・ジョン・ペニングトンが駆けつけるが、時すでに遅しであった。

翌四三年七月二十八日、クロムウェルは「ゲインズバラの戦い」で初めて勝利を収め、四四年七月二日の「マーストン・ムーアの戦い」並びに四五年六月十四日の「ネスビーの戦い」で議会派軍が勝利を重ねると、王党派軍の敗勢が決定的になった。四六年六月二十四日、王党派の最後の砦オックスフォードが陥落した。四九年一月三十日、議会は国王を刎頸の刑に処し、三月十七日をもって王室を廃止し、五月二十九日に共和制を宣言した。

王党派軍総司令官ルパート王子は戦隊を率いてオランダに脱出し、不退転の反抗姿勢を示した。その後、ルパート戦隊は地中海から西インド諸島まで転々とする。無論、共和制政府はブレイク[一五八]、ポッファム、ディーン[一五九]、アスキュー[一六〇]やペン[一六一]らの戦隊にルパート王子を追跡させた。結局、一六五四年、ルパート戦隊はフランス南西部ロア河下流のナントで拿捕され、彼自身はオランダに亡命した。これでようやく大内乱が完全に終結する。

ちなみに、王政復古後、ルパート王子はイングランド艦隊に復帰し、亡命していたオランダの艦隊と戦って、最後は海軍卿《ファースト・ロード》にまで上り詰める。この数奇な成り行きには様々な要因があったのであろうが、一つに、後述するとおり、共和制政府には艦隊指揮官級の人材が払底していたことがあろう。それに、何よりもルパート王子が卓越した軍事能力を備えていたからでもあろう。この点において類似するのが明治期の海軍卿榎本武揚《たけあき》である。周知のとおり、元来が彼は幕臣であって、江戸開城後も幕府艦隊を率いてはるか蝦夷の地で官軍と戦ったのである。

常備国家海軍の誕生

大内乱時代の議会派が王室艦隊を奪って共和制イングランド艦隊としたから、以後、議会が艦隊を管理し、運用したのは自然の成り行きである。しかし、現実には議会も海軍の管理には随分と戸惑ったようで、特にその中枢のアドミラルティに関しては、第一部第三節で触れたとおり、様々な試行錯誤を繰り返した。しかし、当時のイングランドには改革の気運がみなぎっていたから、クロムウェルを筆頭とする共和制政府の海軍政策に三つの重要な進展を見ることができる。

第一に、共和制海軍がスチュアート朝海軍よりはるかに拡充されたことである。スチュアート朝国王ジェイムズとチャールズの親子は議会に海軍予算の増額を拒否され、自らが借金まみれとなって遠征艦隊を編成した。これが精一杯で、艦隊に十分な補給を施す余裕がなかった。だが、共和制海軍のスポンサーは予算の決定権を握る議会だから、思う存分に増勢されたわけである。

第二に、海軍を統括して管理監督するアドミラルティの基本原理を確立したことである。共和制イングランドは何事によらず議会における合議制を重視したから、アドミラルティの組織も会議《ボード》や委員会《コミッティー》という形態が採られた。すでに触れたとおり、これらは時に複雑に過ぎ、あるいは緊急事態に即応できない面があったが、ロード・ハイ・アドミラルという個人の統制より、合議あるいは職域分担の形式のほうがより優れているという考えが次第に浸透して、これが後世のアドミラルティの基本原理となる[一六二]。さらには、ボードやコミッティーを構成するコミッショナーは当然ながら庶民院議員から任命されるから、海軍の監理運営の分野においても、政治の統制《シビリアン・コントロール》の原則が確立されることにもなった。

第三は、前の二つが相俟って、海軍のオーナーが国王から議会へと代わったことである。初期スチュアート朝時代においては、周辺海域の治安が乱れ、国民が人的、物的に甚大な損害を被りながら、議会は国王の海軍増強予算を断固として拒否した。これは一見矛盾しているが、議会はそれなりに筋を通していたと言える。即ち、国王が「議会が金を出し、国王が運用する海軍」を要求したが、議会は「それは国王による海軍の私物化であり、国王の私有財産に国家の金を出す筋合いはない」と拒絶したのである。

ここに両者の諍《いさか》いの根源があったが、議会中心の改革が推進された結果、いまや議会が国家予算で艦隊を整備し、かつ運用する体制が確立された。換言すれば、国王が恣意的に戦争することが極めて難しくなったのである。つまり、国王の艦隊が議会、即ち国家の海軍へと変貌を遂げ、ここにこの国最初の常備国家海軍が誕生したということになる。その海軍はザ・コモンウェルズ・ネービーと呼称されたが、実質的には現代のザ・ロイヤル・ネービーそのものである。ただ、念のために付言すれば、何しろイングランドという国家は何事も何度も行きつ戻りつする癖があるから、これで海軍の統括システムが一気呵成に決着したのではない。王政復古の際、議会はチャールズ二世に軍事大権を認めたし、彼はイングランド史上初めて海軍を王室海軍《ロイヤル・ネービー》と称した。だが、そのチャールズといえども、議会の承認なしには艦隊を動かせなくなっていたのである。

なお、右の第一に関連して若干補足する。内乱が治まると、クロムウェルは艦隊の増強にとりかかり、内乱直後のイングランド艦隊三十九隻が、王政復古の頃には二百二十九隻に膨れ上がっていた。この間に十七隻を喪失したから、彼は十年で差し引き二百七隻を増勢したことになる。彼がかくも短期間に膨大な数の艦艇を整備し得たのは、議会が金に糸目をつけなかったばかりではなく、商船を軍艦に転用したからである。当時、商船も自衛用の大砲を装備していたから、そのまま軍艦として使用できたのである。これに関してはオランダも同じであって、以後の英蘭戦争の海戦に見るとおり、彼我の艦隊は数十隻から百隻の軍艦と傭入商船で編成された。ただし、三十門以上を装備する大型商船は稀であったから、開戦当初のイングランド艦隊では一―三等級の大型艦が二十隻を超えなかった。[一六三] つまり、艦隊は所要の打撃力を隻数で補ったわけだが、小型船なら安く大量に購入又は徴用できたし、新造するより時間を節約できたのである。

とはいえ、革命直後の財源が無尽蔵ではなく、このためにクロムウェルはしばしば増税したから、それが国民の大いなる不満の種であった。それでも、彼がチャールズの轍《てつ》を踏まずに済んだのは、彼の艦隊増勢策にはチャールズのような私利私欲が微塵も見えなかったからだ。また、初期スチュアート朝時代から、イングランドの貿易業界がオランダ勢によって壊滅状態に追い込まれていたので、イングランド国民の間に強烈な反オランダ感情が醸成されていた。そこで、クロムウェルが共和制艦隊という鉄槌をオランダの頭上に振り下ろそうとしたのである。

艦隊将兵の処遇改善

艦隊の増勢が順調な反面、共和制政府は難問に直面していた。艦隊の運用に不可欠な人的資源の確保である。初期スチュアート朝海軍の凋落で、乗組士官や水兵たちが海軍を離れて、多くは田舎で糊口をしのぎ、あるいは対岸国オランダの海運界に職を求めた。彼らが海軍を去った最大の原因は、低い給与とその遅配並びに劣悪な食料である。そこで、新政府は艦隊将兵の処遇改善に取り組むことになる。

一六四九年と五三年の二度にわたって、海軍士官の給与を上げた。一等級艦のキャプテンの場合、月額十四ポンドに七ポンドが上積みされた。水兵の場合は、五三年に改正されたが、例えば、上級水兵の十九シリングが二十四シリングとなった。当時としては途轍もない大盤振る舞いであった証左に、このレートは以後百四十五年間も据え置かれたままである。

翌々年、傷病水兵の恩給制度の検討にも着手した。また、五三年とその翌年、傷病委員会と糧食委員会をそれぞれ設立し、この二つは後に復活するネービー・ボードの付属機関として長らく存続する。

次いで、如何にもイングランドらしい独特な制度が導入された。第一部第三節で述べたとおり、古来イングランドでは、「王室の特権」と「アドミラルティの特権」の一部を捕獲や揚収に携わった乗組員に分与する慣習があって、これを捕獲賞金《プライズ》と称した。それがさらに、一五八九年、捕獲又は没収した船舶及びその積荷や戦時禁制品もプライズと称し、それらの売却価格と捕獲に当たった乗組員に付与される賞金を、ハイ・コート・オブ・アドミラルティ又は地方のヴァイス・アドミラルティ・コートが裁定することになった。これに革命議会が着目して、処遇改善の財源としたのである。

実は共和制以前にも、プライズ・マネーを制度化する考えがあった。一六二六年、チャールズ一世が枢密院勅令でプライズ・マネー制度を成文化したが、結果的には空手形に終った。内乱当初の一六四二年十月、庶民院が次の要旨の法律を議決した[一六四]。

① 捕獲した軍艦の裁定額の二分の一を乗組将兵に付与して、後の二分の一を傷病水兵、戦死者の未亡人と遺児の援護基金とする。

② 撃沈又は焼却した軍艦の装備砲一門当たり十二―二十ポンドを政府から乗組将兵に支払う。

③ 捕獲した商船の裁定額の三分の一ずつを乗組将兵と傷病水兵基金に付与し、残り三分の一を国庫に納める。

④ 庸入商船が商船を捕獲した場合、裁定額の六分の二ずつを乗組員と傷病水兵基金、六分の一ずつを船主と国庫にそれぞれ分配する。

⑤ 右の各分配金額の十分の一を戦闘顕彰メダルの製作資金として徴集する。

この法律によって、初めてプライズ・マネーが具体的かつ明確な形で制度化されたわけである。議会は艦隊の人員を確保するため、かつての「王室の特権」をすべて捕獲賞金という形のインセンティヴとして活用したのであろう。一六五三年、次のプライズ・マネーがボーナスとして制定された。

①　敵艦船の捕獲に関係した乗組将兵に対し、当該艦船のトン当たり十シリング及び装備砲一門当たり六ポンド十三シリングを付与する。

②　右のプライズ・マネーの十分の一を徴集し、傷病水兵及び戦死者未亡人の援護基金に加える。

その後、一六六〇年の王政復古により、王位とロード・ハイ・アドミラルが復帰したから、当然、それら「王室の特権」も復活された。その証拠に、一六九二年、時の王室が「海軍の人気を高揚するために王室の特権の一部を放棄し、別に公布する割合で捕獲に携わった乗組将兵に分配する」と宣言している。また、一七〇七年の「護衛艦艇・船団条令《クルーザーズ・コンヴォイ・アクト》」において、アン女王は王室の特権をすべて放棄すると宣言し、右の条例に次のプライズ・マネー制度を盛り込んだ。

①　当該捕捉艦船の裁定額を八等分し、艦長三、司令官一、勅任士官一、特務士官一、乗員二の割合で分配する。

②　金の該当者がいない場合、全額をグリニッジ海軍病院に寄付する。

爾来、戦争の都度、プライズ法が制定されることになっていたが、現実にはアン女王が決めた制度がそのまま継承された。この制度は何と第二次世界大戦でも制定されたが、さすがに以後は制定しないとの条項が折り込まれた。

これもまたブリティッシュな余談である。ルイス教授に言わせれば、当時の庶民院が水兵たちのギャンブル好きに付け込んで、インセンティヴとしてプライズ・マネーに着目したのは、端倪すべからざる慧眼であったという[一六五]。だが、イングランド海軍のギャンブル癖は下甲板《ロア・デッキ》に限らない。エリザベス時代、アルマダの戦いや私掠活動で活躍したカンバーランド伯が海軍に身を投じたのは、そもそもギャンブルで家屋敷を無くしたためである。初期スチュアート朝時代には、バッキンガム公がギャンブルで莫大な借金を残し、これがアドミラルティ・ボードの設立につながった。「セイント諸島の海戦」の勝者たるロドニー提督がアメリカで戦ったのは、半分以上がギャンブルの借金の取り立てをかわすためである。その彼がセント・ユースティシャス島で莫大な戦利品を獲得すると、作戦を次席指揮官フッドに任せきりにし、自分は同島から三ヶ月も離れなかった。これは借財清算のためのプライズ・マネーを守るためである。また、当時の海軍卿サンドウィッチ伯はカード・ギャンブルに熱中するあまり、サンドウィッチを発明したという作り話が流布されたくらいである。

ジェネラル・アット・シーの登場

議会派艦隊が直面した人的資源の難問がもう一つある。内乱が治まると、貴族や保守的なジェントリー階層の多くが海軍を去り、残った者も新体制への忠誠度に疑問を残した。そこで、いわば叩き上げの提督《ターポリン・アドミラル》までを出現させたが、これも帯に短しであった。アドミラルには、生来人の上に立つこと《ハビット・オブ・コマンド》に慣れた資質が要求されるからである。そこで、一六四九年二月、議会は陸軍大佐ロバート・ブレイク、リチャード・ディーン及びエドワード・ポッファムにジェネラル・アット・シーという称号を付与して、艦隊を指揮させた。とはいえ、本職のアドミラルと違って、彼ら三人が一緒に同じ艦に乗り込むという三頭制による指揮権である。この制度は大成功であった。前述のとおり、彼ら三人の初仕事はルパート王子の追跡であったが、追われたルパートも王政復古後にはジェネラル・アット・シーに復帰して次の第二次及び第三次英蘭戦争で大活躍する。さらに、ブレイクの死後、やはり陸軍大佐ジョージ・モンク[一六六]がイングランド艦隊司令長官を継承する。

ジェネラル・アット・シーは共和制から王政復古を通じて二十年足らず続いただけだが、イングランド海軍史上、ブレイクやモンクはネルソンに勝るとも劣らない評価を得ている。しかし、ジェネラル・アット・シーは単に便宜的な称号であって、決して階級ではない。彼らの正式な階級はあくまでも陸軍大佐《カーネル》である。

こうした奇想天外な制度は窮余の一策ではあったが、同時にイングランド独特の実利主義、現実主義あるいは目的主義とも理解できる。ちなみに、明治海軍でも、陸軍将官の樺山資紀《すけのり》や西郷従道《つぐみち》が海軍軍令部長や海軍大臣になったが、この二人はただの一度も洋上で艦隊を指揮したことがなかった。

ロバート・ブレイク

第二節　第一次英蘭戦争

オランダとネーデルラント

中世のネーデルラントは、ホラント州をはじめ大小の封建州邦が分立する地域で、隣接する神聖ローマ帝国に支配されていた。一五五五年、皇帝カール五世が子息フェリペ二世にこの地域の統治権を譲渡する。翌年、フェリペはスペイン王位を縦承すると、自動的にネーデルラントがスペイン領となった。

一五七九年一月、宗教改革の嵐の最中、プロテスタントの北部ネーデルラント七州[一六七]はユトレヒト同盟を結成し、カトリックのスペインからの独立を決意した[一六八]。そして、一五八一年、全国会議がフェリペの廃位と独立を宣言し、八八年にネーデルラント連邦共和国が成立する。次いで、一六四八年のウェストファリア条約によって、列強がこの共和国を承認するが、今度はフランスのルイ十四世の影が忍び寄ってきた。特にホラントとゼーラントはヨーロッパ最大の市場であるから、侵略主義者ルイが食指を伸ばさないわけがない。

一六六七年以降、フランスのオランダ侵攻が始まる。この頃、ネーデルラント連邦共和国はホラント共和国と改称していたが、一七九五年、フランスの傘下に収められて、バタヴィア共和国と改称させられた。一八〇六年、ナポレオンの弟ルイ・ボナパルトを国王とするホラント王国となり、一八一〇年、これがフランス帝国に併合される。だが、一八一四年、ウィーン会議が南部地域も含めたネーデルラント王国を成立させた。一八三〇年、南部ネーデルラントがベルギー王国として独立する。

ユトレヒト同盟

ネーデルラントでは、ホラント州が政治的、経済的及び文化的な中心であったから、ホラントが全ネーデルラントの総称として使われた。元来、ネーデルラントとは低地地方の意味で、ヨーロッパ西北部の最も低い地帯だからである。と言っても、ネーデルラントは広大な範囲にわたり、北部が現在のオランダで、南部が現在のベルギーである。なお、正式な国名は右のように様々に変わるが、煩雑さを避けるために、以降はオランダで通すこととする。

クロムウェルの対オランダ政策

内乱後、クロムウェルは一転してオランダとの戦争を決意する。国外に敵を作って国内の動揺と混乱を鎮めるのは古今東西、政治の常套手段だが、この戦争には別に立派な大義があったから、彼は自分の選択が国民から支持されることを確信していた。

かつてオランダはハプスブルク家の脅威におびえつつ、イングランドの経済支援で辛うじて存続していた。しかし、アルマダ以降のスペインが昔日の面影を失い、初期スチュアート朝イングランドも海外貿易から撤退する間に、オランダ商人たちは巨大なシーパワーを構築していた。海外では、設立早々のオランダ東インド会社がイングランド人をモルッカ諸島から駆逐した。イングランド周辺海域では、オランダ艦船がイギリス海峡での通峡儀礼《チャンネル・サリュート》を拒否し、漁船群が傍若無人に漁場を荒らし回った。

先のクロムウェルの確信を裏付ける要因の一つは、対オランダ戦費のスポンサーとなるべき金融街シティがオランダの最大の犠牲者であったことで、もう一つは革命で再燃した国内のナショナリズムである。零落したとはいえ、イングランドはかつてオランダを擁護していたから、一般国民までがアンボイナ事件に象徴されるオランダ人の忘恩を意地でも容認できなかった。イギリスの地理学者クレメンツ・マーカム[一六九]は「イングランドとオランダの間に憎悪の念が生じたことが、ジェイムズ一世とチャールズ一世の治世における最も重要な特徴の一つ」としている[一七〇]。

一六五一年九月二十九日、遂にクロムウェルが航海条令という伝家の宝刀を抜いて、外国船がイングランドに搬入できる貨物を当該船舶が所属する国の産物に限定した。当時、オランダはヨーロッパの海運を独占し、ヨーロッパの貿易船の八十パーセントがオランダ国旗を掲げていた。そのオランダ海運に彼はリターン・マッチの挑戦状を突きつけたのである。だが、ヨーロッパでの下馬評はオランダの楽勝と決まっていた。チャレンジャーはかつての隆盛が見る影もなく落ちぶれた島国で、チャンピオンはヨーロッパ随一の繁栄ぶりを示していたからだ。しかし、リングサイドの誰しもがチャンピオンの致命的な弱点を見落としていた。オランダの繁栄はひとえに海外貿易と海運に依存していた。それなら、イングランドも同じで、だからこそクロムウェルは戦争目的をオランダ海運の壊滅に限定したに違いない。

しかし、クロムウェル自身も彼我の海運事情が一つだけ大きく違っているのに気付かないでいた。その違いとは、地図を思い浮かべれば素人にも判ることである。海外からオランダへの近接航路は、イギリス海峡を経由するかグレート・ブリテン島の北側を迂回するかの二通りである。だが、後者は年間を通じておおむね悪天候で、帆船時代にはほとんど使われなかった。事実、オランダの膨大な船舶のすべてがイギリス海峡近接航路を出入していた。つまり、オランダの繁栄はイギリス海峡という蜘蛛の糸で吊るされていた。だから、イングランドがこの糸を断ち切れば、それで目的を達する。しかも、この海域に戦いが集中しても、イングランドにはアイリッシュ海という裏庭があるから、オランダよりはるかに影響が少なくてすむ。

それにしても不思議なことに、戦いを仕掛けたイングランドは相手のアキレス腱に初めは気付かなかったし、その相手も窮鼠に嚙まれて初めて覚ったのである。当初、イングランドは大西洋や地中海まで網を広げるが、いずれもうまくいかないので、仕方なく手近なイギリス海峡に絞ったのである。また、この戦争では、双方とも相手の本土を攻略する気がなかった。だから、徹頭徹尾、海上の戦いに終始して、彼我の艦隊がイギリス海峡の制海権をめぐって、二年間に六回もの海戦を演じた。

ドーバーの海戦

英蘭両国は通峡儀礼をめぐるトラブルを引き金として、宣戦布告前に武力行使に至った。一六五二年五月十二日、プリマス付近のスタート岬沖で小競り合いが起きる。哨戒中のイングランド艦三隻が、オランダ船団十二隻と護衛艦三隻を発見した。イングランドの先任艦長ボーンがオランダ艦に対して通峡儀礼を求めると、一艦はアドミラル旗を降下したが、他の二艦は無視した。そこで、イングランド艦が片舷斉射を見舞うと、ようやく両艦も旗を降ろした。

次は、小競り合いでは済まなかった。同月十八日、ブレイク艦隊から分派された九隻がドーバーのダウンズ泊地に停泊していた。そこへ、オランダ艦隊の四十二隻が現れ、司令長官のマーティン・トロンプ[一七]から荒天避泊をすると断ってきた。ボーンが「即刻退去されたい」と返答したが、トロンプは構わずドー

マーティン・トロンプ

バー沖で投錨した。すると、ドーバー城が艦旗降下を促して空砲を発射したが、これも彼は無視した。そこで、ボーンはライ湾に停泊中のブレイクへ急使を送り、十九日、ブレイク艦隊十二隻が駆けつける。

トロンプ艦隊はすでに揚錨していたが、ブレイクを視認して反転した。一六〇〇時、両方の艦隊が激烈な砲戦を開始すると、隻数で優るトロンプ艦隊が、ブレイク艦隊の前衛隊を包囲しにかかった。以後、敵味方入り乱れて戦闘が暗くなるまで継続された。翌二十日、トロンプはフランス沿岸に向かい、ブレイクはドーバーに入港する。

この「ドーバーの海戦」で劣勢のイングランド艦隊は一隻も喪失せず、逆にオランダ艦一隻を捕獲した。十日後の六月三十日、イングランドがオランダに宣戦を布告した。

なお、本節以降の英蘭戦争中、単に「軍艦」とか隻数のみを表記する場合は、戦列艦かフリゲート艦のいずれか又は両方を意味する。特に「戦列艦」という艦種が使われ始めるのは、第二次英蘭戦争以後である。

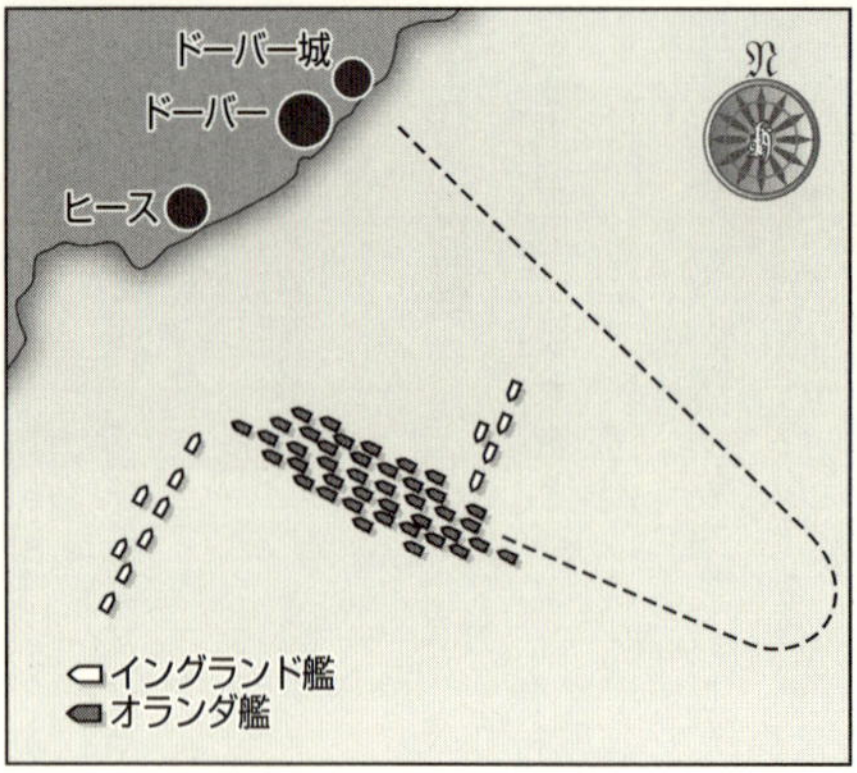

ドーバーの海戦

ケンティシュ・ノックの海戦

イングランド艦隊の作戦目標は、敵の船団と護衛艦船並びに鰊《にしん》漁船群であったから、艦隊を大西洋、地中海及び北海に展開するが、いずれも悪天候その他で成果が上がらなかった。そこで、イングランドは戦略を変更して、イギリス海峡で敵の艦隊を攻撃することになるが、ここで初めてイギリス海峡の戦略的意義に気が付くのである。そして、「ケンティシュ・ノックの海戦」が生起した。

一六五二年九月、デ・ロイテル[一七二]艦隊が護衛する船団を出迎えるため、オランダ主力艦隊四十四隻がナロー・シーへ向かった。トロンプは先の海戦における不手際で謹慎させられたので、デ・ヴィット[一七三]が艦隊司令長官に任命された。オランダ艦隊の出動を知り、ブレイク艦隊が迎撃に出た。九月二十二日、デ・ヴィット艦隊とデ・ロイテル艦隊がカレー沖で合同し、オランダ艦隊は六十二隻となった。[一七四]ブレイク艦隊は六十八隻と数で勝り、装備ではさらに優勢である。イングランド艦隊には百門艦〈ソヴレン〉[一七五]及びブレイクの旗艦八十八門艦〈レゾリューション〉はじめ五十門以上の大型艦七隻がいた。オランダの大型艦は六十二門一隻だけである。

九月二十八日正午頃、イングランド艦隊がドーバー海峡北口のフォアランド岬十五マイルで敵を視認した。オランダ艦隊はケンティシュ・ノック砂州の風下で、有利な対勢を維持していた。敵が風上側に出ようとすれば、砂州が航行の障害となる。ところが、デ・ヴィットは全艦を南に変針させたため砂州から離隔してしまい、最初の有利な対勢を失った。これを見たブレイクはすかさず反転して、敵の前衛隊に襲いかかる。戦闘は夕刻まで続き、オランダ艦隊が散々な目に遭わされた。

翌朝、オランダ艦二十隻ほどが東方に離隔していたが、ほとんどは負傷者と艦体の損害で航行不能であった。正午頃、北寄りの風を利してオランダ艦隊が退却した。イングランド艦隊は追跡したが、夜になって中止した。オランダ沿岸の浅瀬に接近し、糧食が底をついてきたからである。

結局、イングランド側の損害は極めて軽微だが、オランダ側は三十門

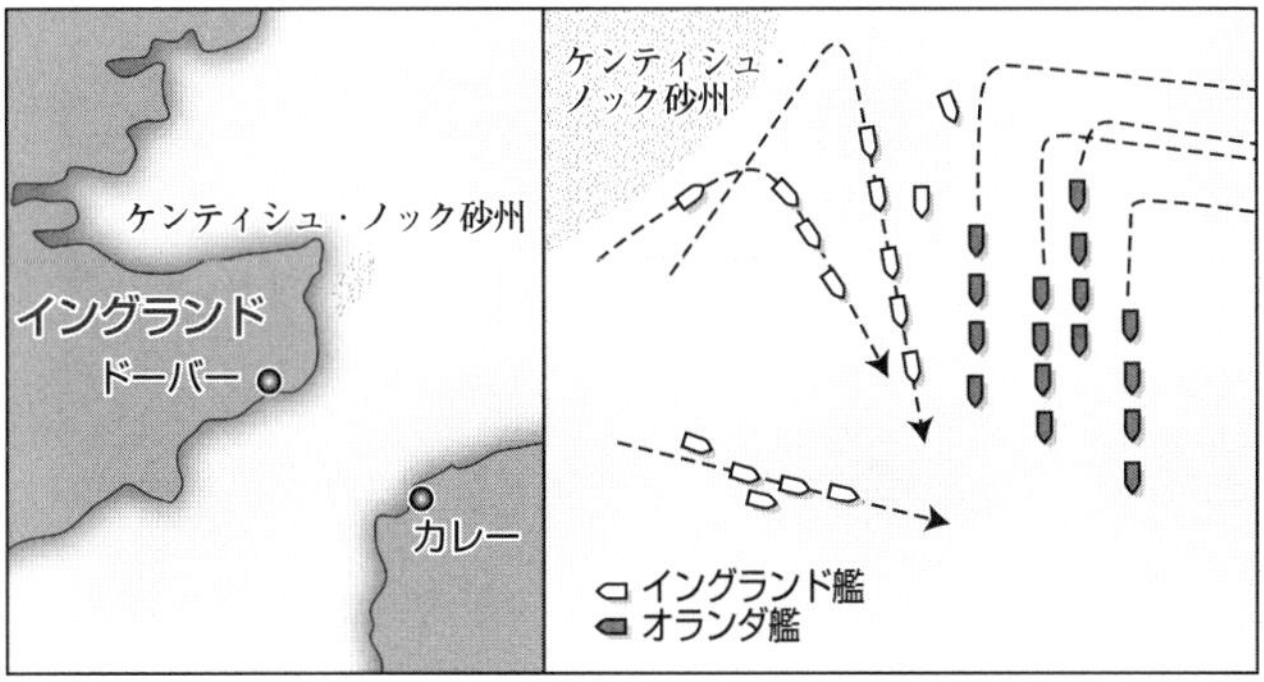

ケンティシュ・ノックの海戦

艦二隻を捕獲され、人員及び艦船に甚大な損害を被った。

歴史的に見れば、この海戦でオランダの弱点がもう一つ露呈された。オランダは七州の寄合世帯で、艦隊も各州からの艦船を寄せ集めたに過ぎない。従って、オランダという国家もその艦隊も一枚岩になりきっていなかった。トロンプが先に謹慎させられたのも、各州間の政治的軋轢のスケープ・ゴートにされたからである。そこで、デ・ヴィットの出番となったが、トロンプの旗艦〈ブレデローデ〉の乗員たちは、新司令長官の乗艦を拒否した。さらに帰国後のデ・ヴィットは戦闘を拒否した艦長たちを譴責しようとしたが、政治的圧力を受けて軍法会議が開けなかった。デ・ロイテルは主力艦隊に合同して次席指揮官になったが、指揮艦旗をメインマストに掲げて、独立の指揮権を主張したのである。

ダンジェネスの海戦

十月下旬、オランダは三百隻の大船団を準備した。謹慎の解けたトロンプの下に編成された艦隊は軍艦七十三隻と小舟艇数隻である。無論、これをイングランドは知っていた。十一月に入ると、ブレイクは三十七隻を率いてダウンズで待機した。二十九日、トロンプは船団を先行させて、ブレイク艦隊を求めてグッドウィン砂州沖に現れた。直ちにブレイク艦隊は抜錨したが、今度は彼のほうがミスを犯した。そのまま南下して敵と並航したが、倍の勢力の相手とまともに渡り合って勝負になるはずがない。このブレイクらしからぬ戦術判断の理由は謎とされているが、イングランド海軍史のロートン教授は「当日の濃霧のため、敵の勢力を見誤ったとしか思えない」としている[176]。この日、両艦隊はわずか二マイル離れてドーバー沖に投錨した。翌朝、彼我の艦隊がともに抜錨し、沿岸に沿って南下した。一三〇〇時に始まった戦闘は日没まで続いた。イングランド側は二隻を捕獲され、二隻が沈没させられた。オランダ側は事故で一隻を失った。

海戦後、船団との会合点へ向かったとき、トロンプが旗艦のメインマストに箒を掲げて、イギリス海峡から敵を一掃したことを誇示したと伝えられる。だが、この有名な逸話は、恐らく作り話であろう。彼は勇猛果敢であり、厳格かつ謙虚な性格というから、はるかに劣勢な敵艦隊の四隻を葬った程度で浮かれた真似をするわけがない。だが、いずれにせよ、トロンプは「ダンジェネスの海戦」を制して、ドーバーの雪辱を果たしたといえる。

一方、敗将ブレイクは洋上から国家枢密院に書簡を送って辞意を表明したが、それでなくとも提督級の人材不足に悩む枢密院が認めるはずがなかった。また、それが大正解でもあった。後述するとおり、このブレイクは様々な改革と武勲で、後世のネルソンに優るとも劣らぬ令名を馳せることになる。

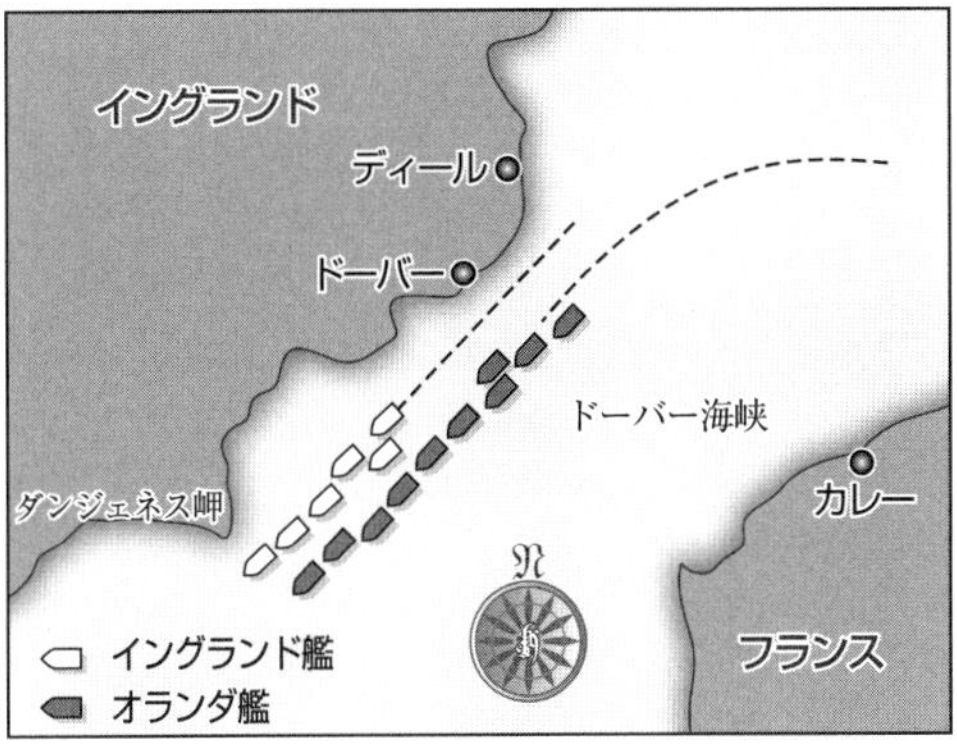

ダンジェネスの海戦

先の書簡において、ブレイクは極めて重要なことを二つ提唱した。その第一は、傭入商船を艦隊の編成から除くことである。軍艦と商船を混用して艦隊を編成することの問題点は、商船々長の戦闘行動にあった。この頃からイングランド艦隊は単縦列陣形で戦闘するようになるが、商船々長がしばしば戦列を離脱して味方を危険に曝した。かつてウィリアム・ペン提督もクロムウェルに「戦闘中の傭入船船長は、とかく自船を危険から回避させる傾向が顕著に見受けられます。今後、この種の船の指揮官には海軍軍人を当てるべし、と思料する次第です」と進言している。[一七七] この「傾向」は船長たちが臆病であったということでは必ずしもない。彼らは船の安全確保の責任を一義的には船主に対して負っているのに、本船が戦闘で損害を被っても、海軍や国家が補償してくれるわけではなかったからである。

第二の指摘は、現場最高指揮官の艦隊司令長官に戦列離脱という恥ずべき行為に対する懲罰権がないことである。イングランド艦隊の軍紀に関する法令は、十一世紀から存在していた。初めはオルレアン法で、後のブラック・ブック・オブ・アドミラルティであるが、これは海軍独自のものではなく、一般海員に適用される船員法のようなものである。一六四九年四月、革命政府が「戦時服務規程《アーティクルズ・オブ・ウォー》」を制定したが、件の書簡の二十四日後、規定を改正して、艦隊司令長官が軍法会議を招集できるようにした。

ここで、帆走艦隊時代の海戦における特異な事情に触れておく。当時は、敵の艦隊を視認してから、あるいは海戦の途中ですら作戦会議が開かれる。現代からすれば如何にも悠長に過ぎるが、当時は通信手段がないに等しいから、戦術意図を調整するためには仕方のないことだし、また、それでも別段支障はなかった。なぜなら、帆走艦の接敵・戦闘速力は舵効速度ギリギリの二―四ノットで、仮に相手を十マイル先に見た場合、砲戦距離に入るのは二―四時間後だから、各指揮官がボートで旗艦に集合する余裕は十分にあった。そして、速力をそこまで落とすには、またそれなりの理由があった。戦闘時、狭隘なガン・デッキでグレート・ガンを滑車や金テコで操作するから、高速だと照準も次発装塡もできない。また、最下部《コース》の横帆が邪魔になるため、すべてを戦闘準備で畳み込むからである。

ポートランド岬の海戦

先の海戦から数週間の間、オランダ艦船がイギリス海峡を我が物顔に往来した。だが、この頃、再編成されたイングランド艦隊八十隻が、西インド諸島から帰還するトロンプを待ち受けていた。トロンプ艦隊七十隻は船団二百隻を護衛して、イングランド南西部の沖をイギリス海峡目指して東航していた。

一六五三年二月十八日朝、ポートランド岬沖で双方の艦隊が遭遇する。トロンプは直ちに船団を離れてイングランド艦隊に襲いかかり、彼我の前衛戦隊が入り乱れての激戦となる。一六〇〇時頃、イングランド後衛戦隊が風上側から戦闘に加わると、トロンプは敵が船団を襲うのを恐れて戦闘を中止した。イングランド側は一隻が沈没し、後衛戦隊の旗艦ほか二隻が航行不能となり、ポーツマスへ回航された。ブレイクも腿に深手を負った。オランダの記録では、三隻が沈没し、一隻が爆発し、数隻が焼き払われた。

十九日朝、トロンプ艦隊はイギリス海峡を北上したが、午後にはイングランド艦隊に追いつかれる。オランダ艦隊はどうにかイングランド艦隊の攻撃を交わすが、軍艦二隻と商船十―十二隻を失い、多くの商船は勝手な方向に遁走《とんそう》した。三日目の二十日朝から夕刻まで、イングランド艦隊がオランダ艦隊を追跡する。オランダ艦隊はフランスのブローニュへ向かった。同夜、イングランド艦隊はグリ・ネスの北北東三マイルに、オランダ側は風下にそれぞれ投錨したが、翌朝、後者の影が消滅していた。

当時のイングランドは、オランダが軍艦十七隻か十八隻を喪失したはずと推定しているが、オランダ側の記録によれば、四隻を捕獲されただけである[一七八]。さらに、捕獲された商船は三十隻とも五十隻とも言われるが、公式な記録はない。これを要するに、イングランド艦隊の勝勢には違いないが、海戦そのものは不徹底な結果に終ったというべきである。なお、この海戦は「三日海戦」とも呼ばれている。

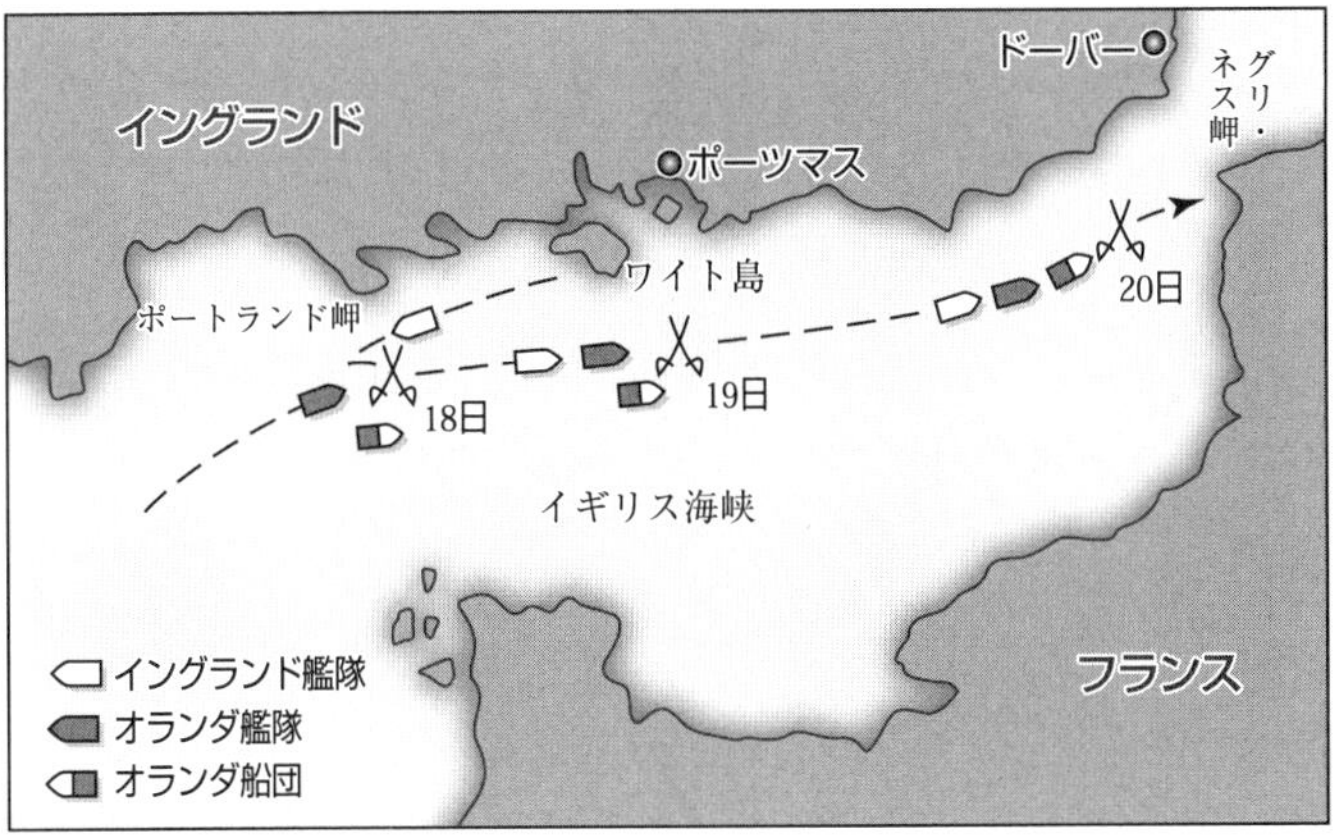

ポートランド岬の海戦

ガバード・バンクの海戦

数ヶ月後、再びトロンプが艦隊を率いて、大船団を護衛しつつ南に向けて出航した。迎え撃つイングランド艦隊では、先の海戦で重傷を負ったブレイクに代わってモンクが司令長官となった。一六五三年六月二日払暁、トロンプ艦隊とモンク艦隊が、オーフォード・ネス北西約五リーグのガバード砂州《バンク》付近で遭遇する。オランダ艦隊は軍艦九十八隻が五個戦隊に分けられ、それぞれトロンプ、デ・ロイテル、デ・ヴィット、ヤン・エヴァーツェン、フローリンズに率いられた。イングランド艦隊の百隻は赤、白、青の三個戦隊に分かれ、それぞれジェネラル・モンク、アドミラル・ペン、アドミラル・ローソンが指揮した。デ・ロイテル戦隊がイングランド艦隊左翼の青色戦隊の風上側から突っかけてきて、これにトロンプ戦隊も加わった。モンクの赤色戦隊が青色戦隊の援護に駆けつける。一五〇〇時頃から、オランダ艦隊が混乱状態となる。オランダ艦隊がなぜ風上側の有利を生かせなかったか。これをロートン教授は、イングランドの砲術が優れていたからと推定[179]する。

やがて風が変わり、イングランド側が攻勢に転じ、戦闘はすべて縦列で行われた。一八〇〇時、オランダ艦隊が風下側に撤退した。この頃、オランダ艦隊では弾薬が底をついてきた。そこで、トロンプが南へ撤退し、これをイングランド艦隊が追撃する。二三〇〇時、イングランド艦隊がオランダ艦隊を捕捉すると、戦闘から離脱す

ジョージ・モンク

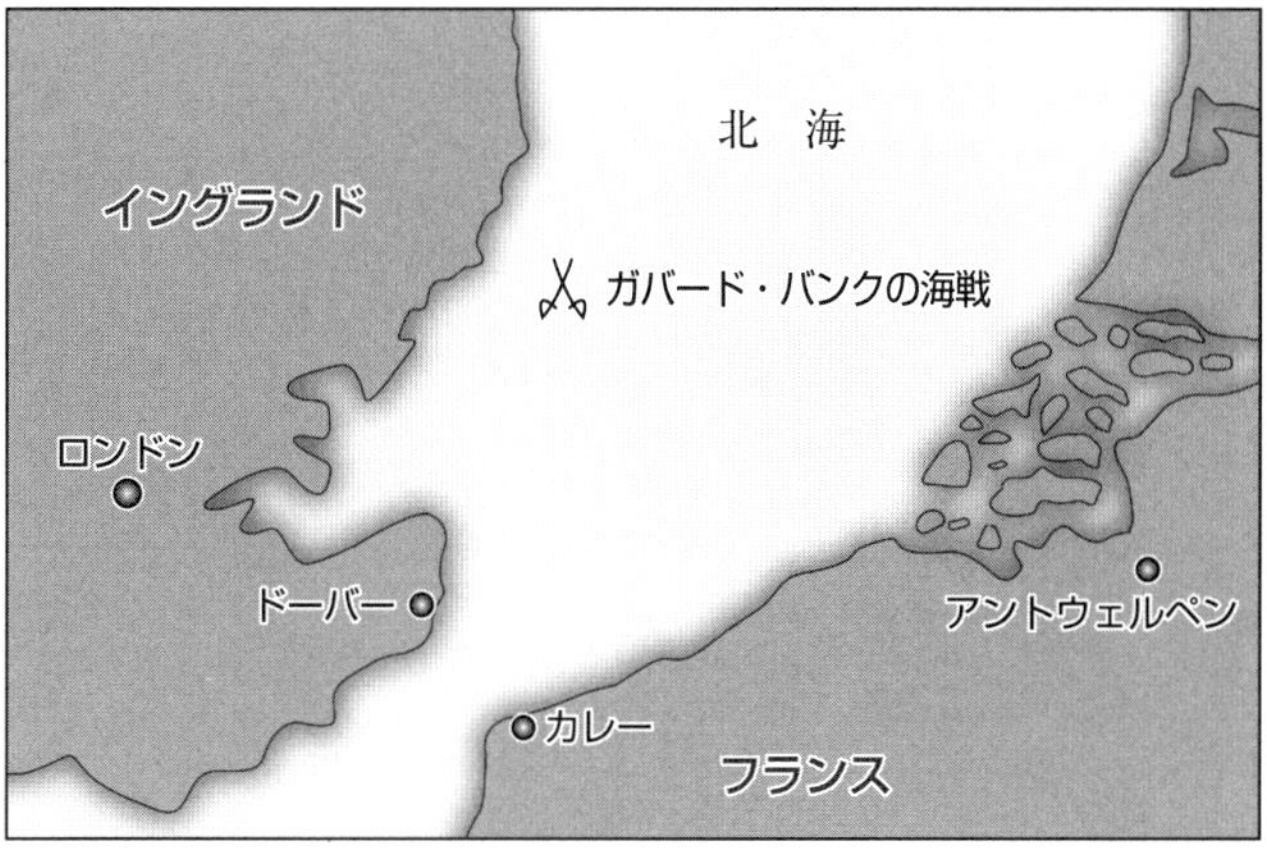

ガバード・バンクの海戦

るオランダ艦が続出した。これらに対してトロンプが砲撃して脅すが、何の効果もなかった。イングランド艦隊は敗走のオランダ艦隊を対岸の砂州付近まで追い詰めるが、これ以上の航行は危険なので戦闘を中止した。

この「ガバード・バンクの海戦」におけるイングランド側の戦果は、捕獲艦十一隻、撃沈六隻、その他二隻を焼却処分又は爆破処分に付した。捕虜は艦長六名を含む千三百五十人だが、死傷者については記録がない。イングランド側の喪失艦は皆無だが、人的損害は甚大であった。次席指揮官ディーンと艦長二名を含む死者百二十六人と傷者三十六人を数えた。一方、オランダ艦隊は徹底的な敗北を喫し、トロンプはロッテルダム郊外のマース河口で、デ・ヴィットはテキセル島でそれぞれ艦隊の復旧に当たった。この勝利の結果、イングランド艦隊はオランダ沿岸の各港を封鎖し、通商航路帯を厳重に遮断した。

スカーヴェニンゲンの海戦

面白いことに、英蘭両国は血みどろの戦争を継続しながら、その一方で同盟を結ぼうとさえした。先の海戦の後、クロムウェルは公式に講和と同盟の予備交渉を始めた。彼の同盟構想は、両国が単一政府の下に統治されるというもので、これは同盟というより合併である。そうなると、イングランドが主導権を握り、オランダが消滅するのは目に見えている。その交渉がすったもんだしている最中に「スカーヴェニンゲンの海

スカーヴェニンゲンの海戦

戦」が生起した。

一六五三年七月二十三日、先ず、トロンプ艦隊がマース河口から出航し、二十六日、デ・ヴィット艦隊がトロンプに続いて出航した。イングランドのモンク艦隊は北方のテキセル沖に停泊していたが、先ず主力のトロンプ艦隊に立ち向かって、これがデ・ヴィット艦隊との合同を阻止することにした。

二十八日朝、モンク艦隊が抜錨し、翌二十九日の午前、トロンプ艦隊と遭遇した。トロンプは自ら囮《おとり》となって反転すると、これをモンクが猛追する。一七〇〇時頃、イングランド前衛隊がオランダ後衛隊に取り付き、暗くなるまで戦闘が続いた。三十日、スカーヴェニンゲン沖において、デ・ヴィット艦隊がトロンプに合同し、オランダ艦隊はイングランド艦隊と同じ勢力の約百二十隻となる。

三十一日朝、スカーヴェニンゲン沖において、イングランド艦隊は風上一マイル半からオランダ艦隊に接近した。〇七〇〇時に初弾が発砲され、その数分後に両艦隊が全面的な交戦状態に突入した。オランダ艦隊はトロンプの旗艦〈ブレデローデ〉を先頭にして、イングランド艦隊の列線を突破した。同艦はしばらく孤軍奮闘を余儀なくされ、やがて指揮官参集の信号が掲げられた。参集した提督たちが対面したのは司令長官の遺体であった。とりあえずヤン・エヴァーツェンが艦隊の指揮権を継承するが、トロンプの指揮官旗は降ろさなかった。勇猛果敢な名将の戦死が知れ渡ると、味方の士気が喪失し、敵はますます奮い立つに違いないからである。モンクが敵将の死を知るのは戦後のことで、海戦の勝敗の如何では、「死せるトロンプ、モンクを走らす」ことになりかねなかった。

一三〇〇時、イングランド艦隊は風向の変化を利して一気に勝勢に転じると、オランダの艦長たちが戦列を離脱し始めた。二〇〇〇時頃、オランダ艦隊の各戦隊が撤退したので、イングランド艦隊は陸岸に近接するまで追跡して投錨した。八月一日、イングランド艦隊は帰国の途に就く。

「スカーヴェニンゲンの海戦」は、この第一次英蘭戦争の最後で最も凄惨な戦いとなった。イングランドは軍艦二隻と火船一隻を失い、死者二百五十人、傷者七百人を数えた。オランダ側の損害は正確には判っていない。デ・ヴィットによれば喪失艦十五隻というが、イングランド側は二十から三十隻を撃沈したと主張する。人員の損失も不詳で、一説では千三百人がイングランドに連れ去られたという。

ウェストミンスター条約とクロムウェルの政策

一六五四年四月五日、ウェストミンスター条約が調印され、第一次英蘭戦争に終止符が打たれた。オランダはイングランドの航海条令、イングランド艦への敬礼、スチュアート朝時代のアンボイナ事件に対する謝罪と賠償金、九万ポンドの戦争賠償金並びにオラニエ公の公職追放及びイングランド王族の入国拒否等をすべて認めた。

戦いが終ると、ヨーロッパ諸国のイングランドに対する姿勢が一変する。フランスの執政マザランはクロムウェルとの摩擦を恐れて、一六五五年十月と十一月にイングランドと修好条約を締結する。当時、チャールズ一世の息子で後のチャールズ二世がパリに亡命していたが、この条約に基づきケルンに移され、さらにオランダに流れついた。翌五六年六月、イングランドはかつてルパートを助けたポルトガルとも和解した。

戦後、クロムウェルが国民から嫌われ始めた。彼があまりに独裁的で軍国主義的になってきたし、何よりも度重なる増税によって国民の我慢が限界に達していた。そこで、彼は再び外国との戦争で国民の目を逸らそうと考え、スペインに目を付ける。彼が掲げた大義はスペインの宗教的圧政とされたが、本音は西インド諸島植民地の豊富な資源である。クロムウェルは、二方面の艦隊行動を企てた。

一六五四年九月下旬から翌年十月上旬にかけて、ブレイクが艦隊二十隻を率いて地中海を行動する。この間、ブレイクは戦争中にイングランド船を追放したトスカーナ大公から補償金を取り、アフリカ北東部チュニスの北四十キロに位置するバルバロイ海賊の根拠地ポルト・ファリナを攻略した。ここで、彼は陸上要塞を艦砲射撃で壊滅した。帆走時代においては、艦隊が陸上砲台と戦うのは危険極まりないと敬遠され、かのネルソンもこれを否定しなかった。これをブレイクが初めて成功してみせたのである。

一六五五年のクリスマス、ペン提督が艦隊十七隻と輸送船団二十隻を率いて、スピットヘッドから西インド諸島に向かった。このとき、クロムウェルは「この方面のスペイン領で上陸作戦を実施せよ」と命じ、具体的な目標は何も示さなかった。彼はアメリカでのスペインの蛮行に対する復仇という名目で、実は無理やり戦争を仕掛けたのである。翌年一月二十九日、ペン艦隊はバルバドスに到着し、アンティグア、モントセラート、ネヴィス及びセント・キッツと手当たり次第に蹂躙して回った。最後に、五月十七日、ジャマイカ島を占領した。一世紀半《一八〇》後、イングランドは西インド諸島に植民地帝国を築き上げるが、その第一歩がペンのジャマイカ占領である。

翌年二月二十四日、スペインはイングランドに宣戦を布告する。ブレイク艦隊が再び出動してカディスを封鎖し、四月二十日、カナリヤ諸島のテネリフェ島サンタ・クルス沖に来た。スペイン財宝船団を奪うためである。この港は頑強な砲台に守られ、複雑な潮汐と風向のために難攻不落の要塞となっていた。ブレイクは艦隊を二手に分け、上げ潮に乗って港内に進入した。そこで、彼は城塞と艦艇を同時に攻撃して、ガレオン艦六隻を拿捕した。そして、引き潮に乗って撤退した。スペイン側が銀塊を陸上に移していたので、彼は目的を果たせなかったが、艦隊による港湾襲撃の鮮やかな手並みを再び披露したわけである。この百四十一年後、ネルソンがここで全く同じ作戦を企て、生涯唯一の苦杯をなめることになる。前回のポルト・ファリナといい今回のサンタ・クルスといい、先にブレイクがネルソンに優るとも劣らないとした所以である。

コペンハーゲンに沿った狭い海峡は、各国が造船資材を輸入するバルト貿易の航路であるが、その通過通航権をめぐって沿岸国のデンマークとスウェーデンの間でトラブルが絶えなかった。一六五八年春、遂に両国が戦争を始めた。オランダが艦隊を派遣してデンマークを支援すると、イングランドも艦隊を派遣して両国を和睦させた。一六五九年、イングランドは再び艦隊をこの海域に派遣した。司令長官はジェネラル・アット・シーのエドワード・モンタギュー[一八一]である。だが、同年末、イングランドは国内に重要な政治情勢を招来したため、彼は次席指揮官に艦隊を任せて帰国した。

共和制海軍の歴史的意義

共和制政府は、海軍の管理運営組織、兵力整備及び人事制度を様々に改善した。アドミラルティの改革は必ずしも成功しなかったが、とにかく議会主導型の合議制を定着させた。これらを通じて、名実ともにイングランド海軍は王室海軍から国家海軍へと変貌を遂げた。さらには、歴史的に見れば、戦術・戦略を確立して後世の制海権樹立への基盤を築き上げた時期といえる。

戦術分野では艦隊戦術準則《ファイティング・インストラクション》の制定である。第一部で触れたが、一六五三年三月二十九日、共和制政府は帆走海軍史上最も重大な意義を持つ艦隊戦術準則を制定した。ブレイクは「ポートランド岬の海戦」で決定的な勝利を逃したが、原因は各戦隊の緊密な連携を欠いたからである。そこで、彼は艦隊戦術の改善を模索するが、これを助けたのがペンとモンクの二人である。前者は生粋の海軍士官で、経験豊富な提督である。後者は陸軍出身だが、かつて船に乗っていたこともあり、一種天才的な軍事センスの持ち主であった。

二人は艦隊が単縦列陣形のまま交戦する画期的な戦術を考え出した。面白いことに、彼らの戦術思考の根底には敵将トロンプの戦術があった。

一六三九年頃から、トロンプは戦隊を戦術単位としていた。従来のイングランドも艦隊を戦隊に分けていたが、戦闘はあくまでも個艦単位であった。それとは別に、古来イングランド艦隊はしばしば縦列で航行したし、当時、風を横から受ける詰め開きの縦列を理想の戦闘陣形とする考え方があった。ペンとモンクは、トロンプ流の戦隊戦法とイングランド流の縦陣形を融合させたのである。その結果、イングランド艦隊旗艦付牧師によれば、ガバード・バンクの海戦では「艦隊はこれまでになく整然と縦列陣形を保ち、各艦が次々と先頭艦に従いつつ砲撃」して、敵を混乱状態に陥らせた[一八二]。また、オランダ側の報告書によれば、「イングランド艦隊の新戦術がオランダ側を恐怖と混乱に陥れ、トロンプは敵に絶賛を惜しまなかった」[一八三]。次のスカーヴェニンゲンの海戦では、トロンプも敵の新戦術を採用した。この海戦が、敵味方の艦隊が互いに単縦列陣形で戦った最初の海戦となり、やがて世界中の艦隊が単縦列を基本戦闘陣形とするようになる。

次は戦略の指導理念の確立である。この意味では、ルパート王子が自らは夢想だにしないまま祖国に歴史的な契機をもたらしたことになる。前述のとおり、大内乱が終結した後、彼は戦隊を率いて国外に脱出するが、その間にツーロンに入った。ここで、彼は追手を欺瞞するため、地中海のエーゲ海方面に向かうと言い触らした。それに引きずられて、イングランド側はブレイク、ペン、アスキューらの戦隊を地中海に進出させるが、実は、これが地中海におけるイングランド艦隊のプレゼンスの嚆矢《こうし》となるのである。

英蘭戦争の当初、イングランドは戦隊を地中海へ派遣して、オランダの貿易航路帯を襲撃させ、また戦隊同士が戦いもした。だがその後、イングランドは艦隊をイギリス海峡付近に集中し始め、地中海を放棄してしまった。これが大失敗であった。居残ったオランダ戦隊に押されて、イングランド貿易船はレヴァント貿易の仕出港レグホーンからも追放された。そこで、前項で述べたとおり、戦後、ブレイクらが再び地中海に進入して、先の損害の一部を取り返したわけである。この経験から、イングランドは四つの教訓を得た。

第一は、イングランド経済における地中海の重要性であるが、後にフランスと戦うとき、これに軍事的な重要性が加味される。第二は、艦隊の任務として貿易保護、即ち航路帯防衛《スロック》が加わる。第三に、貿易保護のためには、制海権の確立が必要であること。ここで初めてイングランドに「制海権《コマンド・オブ・ザ・シーズ》」の概念が登場する。第四に、制海権を獲得するには、敵艦隊の勢力を減殺しなければならないことである。これが‘Seek out the enemy fleet and destroy it!（敵艦隊を虱《しらみ》潰しに撃滅せよ）という「見敵必戦」の艦隊決戦思想となり、イングランド艦隊の伝統的指導原理となる。

ロートン教授が言うとおり、ブレイクらの地中海進出はイングランドの新時代を切り開き、この国はその後長年にわたり地中海を放棄することがなかった。[一八四] ルイス教授に言わせれば、それは偶然ではなかった。

> いまやイングランドは税金で艦隊を整備し、これを議会が運用する。換言すれば、国家と国民が艦隊のオーナーとなった。かつての王室艦隊が臣民の貿易を防護するとは考えられないことであった。だが、国民が自分たちの艦隊に自分たちの貿易の保護を要求するのは当然であろう。笛吹きを雇った者が曲目を決めるのは当り前である。[一八五]

そもそも地中海への進出、制海権の概念及びスロック防衛は、すべてかつてエリザベスやドレイクが夢に描いたことである。即ち、共和制海軍の歴史的な意義は強力な国家海軍を作り上げ、チューダー朝海軍が夢見た周辺海域の制海権を確立させたことである。さらに一世紀半後までの歴史を視野に入れるならば、この海軍が右のどちらを欠いても、あれほどの栄光には浴せなかったに違いない。当時はまだ様々な紆余曲折を残してはいたが、共和制海軍こそが世界的な制海権への基盤を構築したと言ってよい。

第三節　第二次英蘭戦争

王政復古

一体イングランド人という民族はそれほどまでに旧体制への愛着が強いのか、それとも存外にオッチョコチョイなのか、いずれにせよ、君主弑逆《しぎゃく》の蛮行を冒してまで体制を改革しておきながら、わずか十一年後に「やはり王政がいい」とは全くおかしな話である。共和制の指導者クロムウェルは護国卿と呼ばれるまでになるが、やがて国民から嫌われた。トレヴェリアンによれば、イングランドでは、カエサルやナポレオン流の統治が人気を博したことがない。そして、古来のコモン・ローに基づく議会の権利を人々が再び享受するには、君主制を復活させるしかなかった。[一八六] 一六五八年、クロムウェルが死去すると、国中が再び共和派と王党派に分かれて無政府状態になる。その最中の一六六〇年、仮議会《コンヴェンション》が王政復古を議決した。この議会を王政復古へ導いたのが、先の英蘭戦争における英雄で、当時はスコットランド総督のジョージ・モンクである。彼はケルンからさらにオランダに亡命していたチャールズと接触し、デンマーク沖から急遽呼び寄せたモンタギューに国王を出迎えさせる。[一八七]

五月十二日、モンタギュー艦隊三十二隻が出航し、十四日、ハーグの外港スカーヴェニンゲンに到着した。十六日、チャールズは実弟ヨーク公ジェイムズをロード・ハイ・アドミラルに任命する。二十二日、新ロード・ハイ・アドミラルが艦隊に着任し、翌日、チャールズが艦隊に乗り込む。二十五日、艦隊がドーバーに到着すると、これをモンクが出迎えた。二十九日、民衆の歓呼に迎えられ、国王一行がロンドンに入る。翌年四月二十三日、晴れてチャールズ二世[一八八]の戴冠式が挙行され、モンクはアルベマール公爵に、モンタギューはサンドウィッチ伯爵に、次席指揮官ローソンはナイトに叙せられた。

一六六一年春、いわゆる長期議会が召集され、君主の軍事大権の保障並びに王政の擁護で一致した。国王もことごとく議会に妥協し、宰相クラレンドン伯爵エドワード・ハイド[一八九]は、慎重な姿勢で政治を取り仕切った。その一方で、先の治世の未解決事案が再浮上して、後々までくすぶることになる。

その一つは宗教問題である。チャールズは亡命先で公布したブレダ宣言で、カトリック教徒に対する寛容政策を打ち出すが、これは当時の仮議会が認めなかったし、長期議会の国王派議員が反カトリックの姿勢を崩さなかった。そして、この事態がやがて議会と国王とを対立させることになる。

もう一つは財政である。王政復古を決議した仮議会は新航海条令を成立させ、国王の関税収入を確保したが、国王の封建的な課税権や徴発権は認めなかった。換言すれば、国王は自分の都合で艦隊を維持、増勢することを完全に否定され、艦隊の運用も議会の承認を必要とするようになり、国王の軍事権も制約されるようになった。かくして、王政が復古したが、すでに艦隊は国王の私有財産ではなく、議会即ち国民の

チャールズ2世

共有財産となり、国家海軍へと様変わりしていくのである。

ザ・ロイヤル・ネービーの誕生

　現代のイギリス海軍の正式名称はザ・ロイヤル・ネービー・オブ・ブリタニカであるが、この海軍に「ロイヤル」という接頭辞《エピゼット》を付与したのは、チャールズ二世である。[190] ただ、イングランド海軍史を漁ってもなぜかその正確な年月日は判らないが、あえて憶測すれば一六六〇年五月二十三日であろう。この日、チャールズが艦隊に乗り込み、その晩餐の席上、チャールズが数隻の艦名を改称させた。例えば艦隊旗艦〈ネスビー〉が〈チャールズ〉となるが、旧名はかつて王党軍の敗勢を決定づけた「ネスビーの戦い」における屈辱を思い出させるからである。この時、彼が「艦隊が朕の下に帰属したからには、以後はザ・ロイヤル・ネービーと称するがよい」と口走った可能性は大いにあり得る。例によってこの国のことだから、この日以降、諸々の関連勅令がザ・ロイヤル・ネービーという呼称を慣習的に使い始め、それがいつの間にか正式名称になったのであろう。

　この憶測が正しければだが、当夜のチャールズの気持はよく判る。先の大内乱中、イングランド艦隊が国王派と議会派の二つに引き裂かれたが、王政復古では、艦隊全体が一丸となって表舞台で主役を演じた。ケンブリッジ大歴史学教授A・W・テッダーによれば、クロムウェル死後のイングランドでは、政党、陸軍及び国民が共和派と王政派に二分された。だが、海軍は唯一の例外として、王政一本で結束していた。[191] 一六六〇年五月三日、モンクが隷下艦隊に対して「只今から、国王をお迎えに向かう」と宣言すると、全将兵が期せずして「チャールズ国王万歳《ゴッド・ブレス・キング・チャールズ》」と唱えた。[192] テッダー教授は、こうした艦隊の存在と姿勢が議会や国民を一気に王政復古へと傾斜させたと説明する。

　チャールズは右のような艦隊の姿勢について報告を受けていたであろうし、そうでなくとも彼は父王一世以上の海軍大好き人間である。その艦隊が王位に復帰する自分を迎えにきたのだから、この時ほど海軍をザ・ロイヤル・ネービーと呼ぶに相応しい機会はなかったに違いない。

ただ、何とも皮肉なのは、海軍を初めて王室《ロイヤル》と呼んだチャールズが、王室海軍《ロイヤル・ネービー》を持たない最初の国王となったことである。また、議会も議会である。日頃、艦隊は国王の私物に非ずと主張しながら、その艦隊をロイヤル・ネービーと呼んで恬として憚《はば》からない。これもブリティッシュないい加減さと言えようが、そこにこの国独特の心情が底流しているとも思える。

王政復古時代の海軍再建政策

王位に復帰したチャールズが最初に手がけた海軍政策は、序章第三節で述べたとおり、ロード・ハイ・アドミラルとネービー・ボードの復活である。そして、これで脚光を浴びることになるのが、ロード・ハイ・アドミラルのヨーク公とネービー・ボード長官ピープスの二人であった。

ジェイムズとピープスのコンビが直面した海軍再建上の最大の問題は、第一に共和制政府とクロムウェルの遺産である政策決定システムである。この頃から、通商経済界が要求し、これを議会がバックアップしなければ、艦隊の整備は推進されなくなった。名目上は国家元首のチャールズが軍事大権を握り、ロード・ハイ・アドミラルのヨーク公が海軍統括者であるが、二人とも議会の承認がなければ何もできない。ここに、海軍のシビリアン・コントロールが確固として抜き難い原則となっていたのである。

第二の問題は、これもクロムウェルの遺産であるが、海軍が抱える莫大な負債である。ピープスの有名な日記によれば、海軍の負債は誠に悲しむべき状況で、十一月十二日、庶民院に提示された額は百三十万八百十九ポンド八シリングである。このための予算を何としても確保しなければならない[一九三]、これも慢性的に不足していた。その原因は、直接的には第一次英蘭戦争後の国家財政の衰退だが、庶民院の商人議員たちが貿易保護のための艦隊を要求しながら、その艦隊の維持に莫大な経費が必要なことを理解できなかったからでもある[194]。そこで、ヨーク公とピープスは艦艇を予備役に編入して編制規模を縮小し、さらに重箱の隅をほじくり返すような倹約策を次々に打ち出した。

例えば、礼砲の発射数に関しては、慣例で奇数（弔砲は偶数）とするほか何も制約がなかったから、司令官や艦長の気分次第で際限なく発射された。そこで、一六七五年、ピープスが火薬の消費量を削減するために、次のようにして発射の上限を二十一発に抑えた。先ず、最下級将官のリア・アドミラル・オブ・ザ・ブルーに対して三発とし、先任序列が一階級上がる毎に二発を加えた。当時イングランドのアドミラルは九段階だから、最上級のアドミラル・オブ・ザ・レッドに対しては十九発になる。彼の上に位する指揮官は国王しかいないから、さらに二発を加えて二十一発となる。なお、この規定は現代の国際標準とされている。

ヨーク公ジェイムズ

およそ右のような制約を受けながらも、ヨーク公とピープスは海軍の近代化を着々と推進していった。ヨーク公自身が練達の船乗りで、卓越した識見と処理能力に恵まれていた。すでに第一部で触れたとおり、彼は画期的な戦術を開発し、第二次英蘭戦争で赫々たる武勲に輝いた。さらに海軍々政面で次々に改善策を打ち出し、これをピープスが実施に移していく。その最も重要な政策が第一次英蘭戦争後における半給制度の導入である。第一部第五節で詳述したとおり、この制度がやがて海軍士官という職業を安定した専門職に定着させ、さらには階級の概念を植えつけ、イングランド海軍の士気と軍紀の確立に重大な効果をもたらすのである。

しかし、ヨーク公はカトリック教徒であり、しかもこれを隠さなかった。そこで、一六七三年三月二十九日、議会がカトリック教徒を公職から排除する審査律《テスト・アクト》（又は誓約律）を成立させると、彼は心ならずも海軍を辞職することになる。ヨーク公が去った後、ピープスが今度はアドミラルティ書記官長として一人で海軍を取り仕切った。そして、ヨーク公がジェイムズ三世として政治と海軍の舞台に復帰して、二人のコンビは復活する。ただし、それも長続きはしなくて、一六八八年の名誉革命によって二人とも歴史から消え去る運命にあった。

第一次英蘭戦争後における両国の関係

第二次英蘭戦争は第一次英蘭戦争の続きと見るべきであろう。先の戦争は双方の植民地市場と海運活動を賭けて戦われた。しかし、壮絶な海戦を六回も繰り広げた割には、講和条約であるウェストミンスター条約が如何にも抽象的に過ぎたから、依然として憤懣の火種が残された。両国とも喰うか喰われるかで海外植民地帝国を建設中であるから、中途半端な条件で折り合えるはずはないのである。

結局、第一次英蘭戦争はオランダの敗勢で終ったが、この国の貿易と海運は前にも増して繁栄した。文化面でもレンブラントはじめオランダ派絵画が最盛期を迎えるなど、あたかも大エリザベス時代のイングランドの観がある。一六五四年の講和の際、オランダ艦隊には四十─六十門級軍艦六十四隻と沿岸護衛用艦艇が八十─九十隻あった。その六年前に三十年戦争が終結すると、この国は経済振興策の一環として艦隊を解体して艦艇を売却してしまったが、そのツケを第一次英蘭戦争で払わされた。

オランダ国務長官ヨハン・デ・ヴィットはその教訓を肝に銘じて、艦隊をさらに増勢しようとした。彼の次の問題は、偉大な提督トロンプ亡き後の艦隊指揮官である。デ・ヴィットは初めデ・ロイテルに白羽の矢を立てたが固辞されたので、陸軍々人オプダム伯爵ファン・ヴァッセナールを艦隊司令長官に任命した。つまり、イングランドのジェネラル・アット・シーを見習ったのである。

一六五六年、スウェーデン王がオランダのダンツィヒを脅かしたとき、オプダム伯が艦隊を率いてバルト海に進出した。その二年後、前節で触れたスウェーデンとデンマークとの戦争が生起し、スウェーデンがコペンハーゲンを占領した。そこで、デンマークを支援するため、オプダム艦隊三十五隻と軍隊四千がバルト海に引き返し、コペンハーゲン沖の砂州で優勢なスウェーデン艦隊を撃破した。翌年、イングランドがモンタギュー艦隊をバルト海に派遣して、スウェーデンを支援する構えを示した。だから、ここで英蘭関係が再び険悪になったが、モンタギューは王政復古の情勢で帰国し、またスウェーデン王カール十世が死去したので、バルト海方面の緊張は消滅した。

チャールズ二世の王政復古で、オランダ反体制のオラニエ（オレンジ）党は欣喜雀躍したに違いない。チャールズがウェストミンスター条約の排斥条項を廃棄して、オランダ国家総督たる甥のオラニエ公を後押しすると期待したからだ。体制側のデ・ヴィットら共和派は痛し痒しだった。オラニエ党の思惑どおりになれば、せっかく落ち着いた共和制に亀裂が生じかねない。そうでなくとも、共和派内にはオラニエ家のシンパが多かった。

共和派でもアムステルダムの貿易商は、チャールズがクロムウェルの航海条令を緩和してくれるかもしれないし、オランダにとって少なくとも良好な対英関係は維持できると期待した。そこで、総督からチャールズへ高価な進物を運び込み、親オランダ政策への転換を要請した。ところが、チャールズは大喜びで進物を受け取ったが、実際はクロムウェルよりもさらに厳しい航海条令を制定したのである。

これでイングランドの王政復古に対するオランダの淡い期待が雲散霧消して、両国の関係は急激に悪化する。イングランド側に言わせれば、オランダはウェストミンスター条約の規定を平気で踏みにじり、さらにオランダ東インド会社の強欲さ、西アフリカ、西インド諸島及び北アメリカの植民地におけるオランダ人の傍若無人さは目に余るものがあった。しかし、第三者から見れば、どっちもどっちである。オランダは伝統的に自由貿易主義と自由海運主義を主張し、イングランドは航海条令による独占貿易主義と保護貿易主義を伝統的な建前としていた。両者の主義主張に見る共通項は、それぞれの国益追求という欲求だけであった。

状況がここまで悪化すれば武力に訴えるしかなく、先手を打ったのはイングランドであった。一六六五年初頭、カリブ海に戦隊を派遣して、オランダ領を攻撃した。さらに北アメリカのオランダ領ニュー・アムステルダムを占領し、これをヨーク公に因んでニューヨークと改称した。そこで同年一月十四日、オランダがイングランドに宣戦布告をし、二月十三日、イングランドがオランダに宣戦を布告する。

こうして第二次英蘭戦争が始まるが、何から何まで前回と同じであった。双方とも貿易航路帯の争奪を戦略目標として、これを達成する究極の手段は敵艦隊の殲滅以外にないと明確に認識していた。従って、再び北海とイギリス海峡において、双方の艦隊が制海権を賭けての殴り合いを展開することになる。

ロウェストフトの海戦

第一回戦は一六六五年六月三日の「ロウェストフトの海戦」である。英蘭関係の緊張に鑑み、両陣営とも大車輪で艦隊の編成にとりかかった。イングランド艦隊は傭入船を含む軍艦百九隻、火船及び小舟艇二十八隻で、人員は二万千六人である。司令長官はロード・ハイ・アドミラルのヨーク公で、参謀長ウィリアム・ペンと八十門艦〈ロイヤル・チャールズ〉に座乗した。司令長官直率の赤色戦隊以外では、白色戦隊司令官がアドミラル（白色）のルパート王子で、青色戦隊司令官はアドミラル（青色）のサンドウィッチ伯爵である。一方のオランダ艦隊は軍艦百三隻、火船十一隻その他の艦艇に、将兵二万千五百五十六人が七個戦隊に分かれ、各戦隊が三個分隊で編成されていた。指揮官は次の先任順である。司令長官オプダム伯爵が旗艦七十六門〈エントラハト〉に座乗し、レフテナント・アドミラルやヴァイス・アドミラル等が連なった。イングランド艦隊が将官九人に対して、オランダ艦隊には二十一人もいた。

先に準備を完了させたのはイングランドである。一六六五年四月から五月にかけて、ジェイムズ艦隊とオプダム艦隊が相前後して相手の船団を襲撃した。

六月一日早朝、ジェイムズ艦隊が再び出動し、ロウェストフト南方のサウスウォルト湾に進出し、その日の昼にオプダム艦隊を視認した。ヨーク公が直ちに向首したが、ヴァッセナールは回避した。翌日、両艦隊が三マイル以下に近接したが、それ以上近寄らなかった。

三日〇二三〇時、両艦隊はロウェストフト北北東十四マイルにいて、イングランド艦隊が風上側であった。イングランド艦隊では、ルパート戦隊が前衛、ヨーク公直率戦隊が中央、モンタギュー戦隊が後衛に占位した。〇三三〇時、戦闘が開始され、両艦隊はそれぞれ単縦列で互いに反対開きで反航した。通過すると、双方が反転して再び反航対勢となった。それが当時すでに定着した戦闘のやり方だが、今回のジェイムズ艦隊はオプダム艦隊が目をみはるような運動を展開した。

オランダ側は前衛、中央及び後衛の順に戦隊が逐次回頭し、イングランド側は各艦が一斉にタックして回頭した。従って、オランダ艦隊がまだ数隻しか新針路に向いていないとき、イングランド艦隊はすでに全艦が反転していた。こ

ロウェストフト付近

れで、ヴァッセナールの風上側へ出ようという望みはあえなく潰《つい》えてしまった。

以後、大混戦が展開されたが、その最中にヴァッセナールの〈エントラハト〉とヨーク公の〈ロイヤル・チャールズ〉が接近し、彼我の司令長官があたかも川中島における謙信と信玄のように激烈な一騎打ちを展開した。ヴァッセナールが乗り込み《ボーディング》の一太刀を振りかざし、さらに二の太刀三の太刀を繰り出せば、ヨーク公は軍配で交わしながらも沈没か降伏かの瀬戸際まで追い詰められた。だが、突然〈エントラハト〉が爆沈してしまった。同艦乗員四〇九名のうち、助かったのは五人だけである。

艦隊旗艦の爆沈で司令長官が戦死し、次席指揮官ヤン・エヴァーツェンが指揮権を継承した。だが、五席指揮官コーネリス・トロンプはヴァッセナールの戦死を知りつつも、次席指揮官の指揮を無視した。この辺りも各州寄合所帯のしこりが残されていた証拠であろう。一九〇〇時頃、オランダ艦隊は総崩れとなった。ヤン・エヴァーツェンと彼の残存戦隊は、ロッテルダム郊外のマース河口に逃げ込んだ。コーネリス・トロンプの戦隊はテキセル湾を目指した。

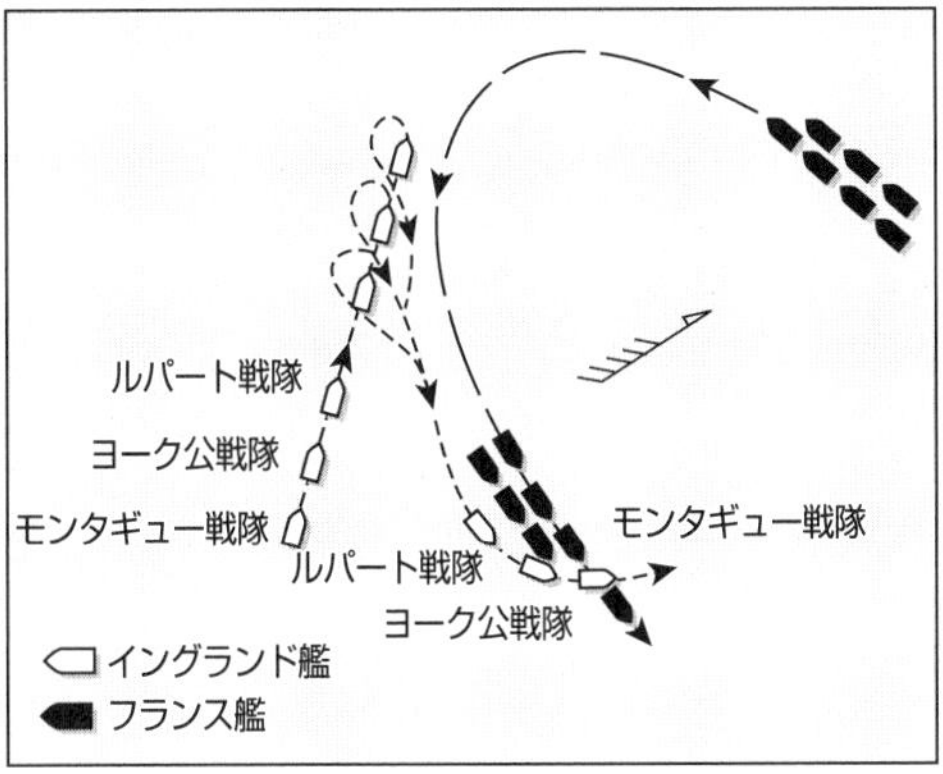

ロウェストフトの海戦

双方に正確な記録はないが、この海戦での損害は次のとおりと推定される。オランダ側は捕獲艦十四隻、捕獲後に処分された艦四隻及び撃沈された艦十四隻の計三十二隻で、死者約四千人と捕虜約二千人である。イングランド側は軽微で、捕獲艦百十三隻、死者約三百四十人、捕虜二百人であった。

四日海戦

先の海戦の後、オランダでは名将マーティン・トロンプの弟コーネリス・トロンプが、今度こそは自分が艦隊司令長官と信じていた。ところが、政府はデ・ロイテルを任命した。そこで後々まで、この提督二人の間に亀裂が生じることになる。イングランド艦隊では共同指揮制が採られた。艦隊指揮官はルパート王子、アルベマール公ジョージ・モンク及びサンドウィッチ伯爵の三人である。だが、急遽サンドウィッチ伯爵がスペイン大使に転じ[195]、前二者が艦隊を二分して指揮することになった。

一六六六年一月、フランスがオランダ側に立って、イングランドに宣戦布告した。五月二十九日、モンクのイングランド艦隊がダウンズ泊地に進出した。勢力は三十門艦以下の艦艇を除いて八十隻で、人員二万千八十五人である。オランダ艦隊は八十五隻、人員二万千九百九人で、指揮官はデ・ロイテル、コーネリス・エヴァーツェン及びコーネリス・トロンプである。

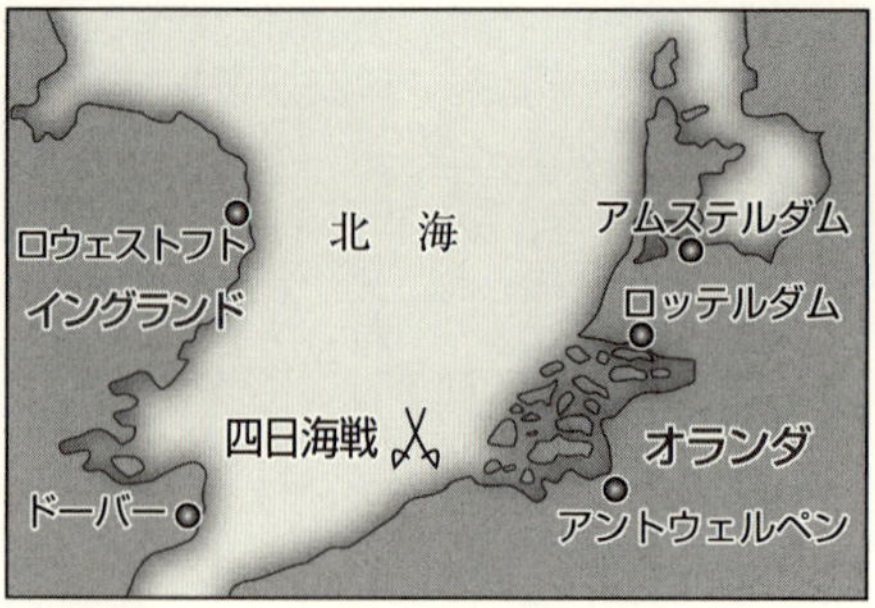

四日海戦

その頃、フランスのビューフォール公爵の艦隊三十六隻が地中海から進出し、イギリス海峡でオランダ艦隊と合同するという情報があった。後に誤報と判明するが、国王チャールズはすぐにルパート王子に対応させ、ルパート艦隊がポーツマス沖でフランス艦隊を待ち受けた。これを評して、マハンは「多くの指揮官はチャールズのように二正面対処の衝動に駆られるが、圧倒的な勢力を持たないかぎり、兵力の分散は誤り」としている[196]。イングランド艦隊はルパート戦隊の二十六隻を割かれて五十六隻となり、一・五倍の敵に対することになる。かくして、チャールズの命令は次の海戦に禍根を残すことになる。

五月末、デ・ロイテル艦隊が出動し、六月一日朝、ダウンズ泊地付近に投錨した。〇九〇〇時、両艦隊がほとんど同時に相手を視認する。モンク艦隊は間髪を入れず抜錨して、単縦列で真っ直ぐ敵艦隊に接近していった。オランダ側でも、トロンプ戦隊が錨泊ケーブルを切断して出港し、イングランド艦隊と激しく渡り合った。オランダの中央戦隊と後衛戦隊が交戦に参加したのは正午頃である。二二〇〇時、戦闘が終息し、イングランド艦隊は西方へ離脱した。

六月二日朝、イングランド艦隊が戻ってきた。この時の勢力はイングランドが四十四隻、オランダは約八十隻である。両方の艦隊は反航対勢で接近したが、オランダ艦隊の戦列が団子状態となっていた。オランダ後衛戦隊のトロンプは、自分の戦隊だけでも敵の風上側に出ようと独自の運動を試みた。これを見た前衛の将官二人も戦列を離脱して独自に行動した。司令長官デ・ロイテルは、まさにこの勝手な行動を恐れていた。彼はトロンプ戦隊の援護に戻るが、その支援がなければ、トロンプ戦隊はイングランドの猛烈な集中砲火を浴びて壊滅するところであった。モンクは再度反航対勢に入るが、今度はあまりにも劣勢なので、そのまま離脱した。オランダ艦隊では司令長官の旗艦が航行不能となったので、追跡を断念した。

三日、モンク艦隊は退却し続けながらも、オランダ艦隊に追いつかれて、かなりの損害を出した。その時、西方にルパート艦隊が姿を現す。夕闇迫る頃、二つのイングランド艦隊が合同して、これで双方の戦闘可能隻数はイングランド六十隻対オランダ七十隻となる。

四日朝、双方が縦列で併航しつつ、二時間ほど猛烈に撃ち合い、いつの間にかオランダ艦隊が幾つかに分断されて大混乱と

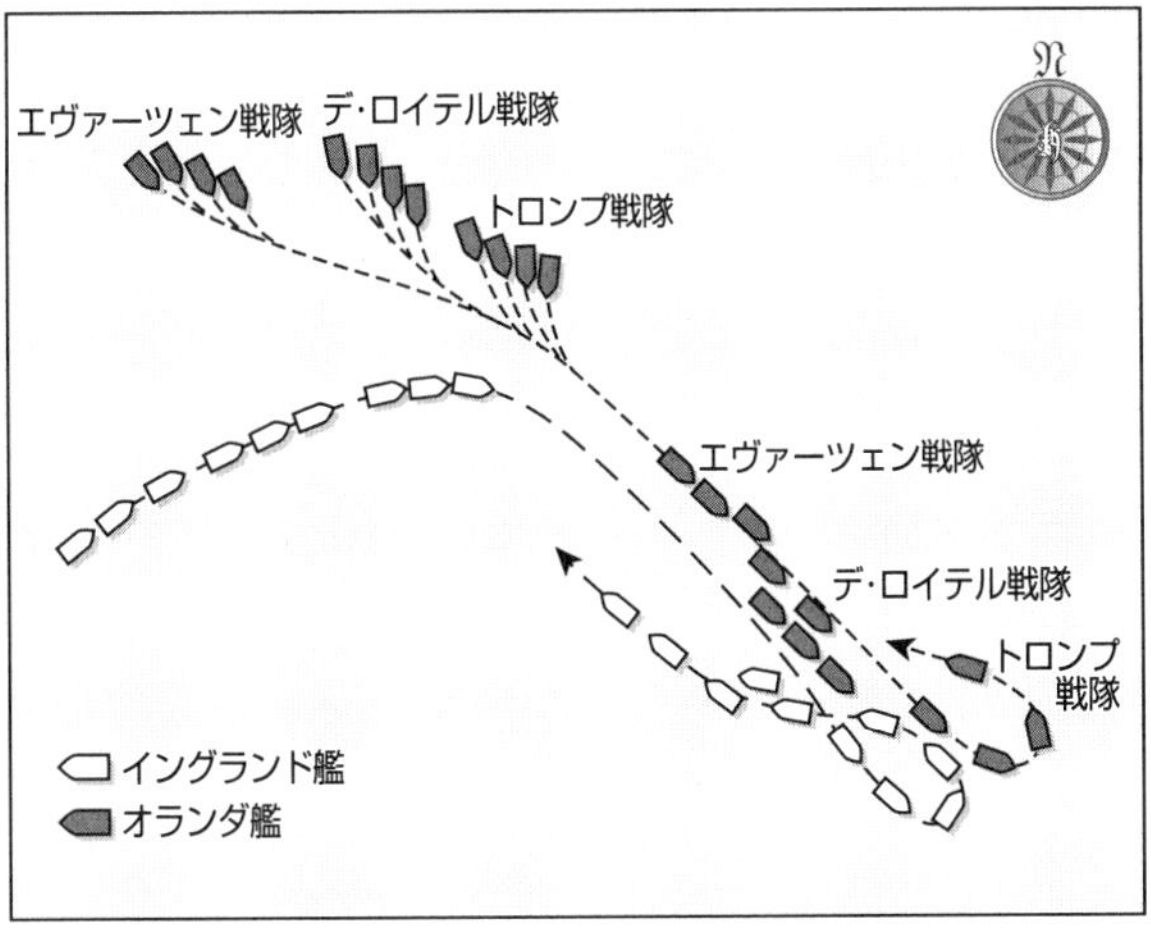

四日海戦初日の接敵運動

なった。マハンの推定によれば、イングランドの各艦のほうが風に対する切れ上がりに優れていたからである。[一九七]その後、敵味方の戦隊は前後左右に入り乱れ、個艦同士が組んず解《ほぐ》れつの大混戦を展開し、やがて双方が消耗した。

　この「四日海戦」における彼我の損害は、オランダ側が六、七隻を喪失し、死傷者二千人を数えた。イングランド側の損害はさらに大きく、沈没又は焼失した艦十一―十四隻、拿捕された艦九隻、及び死傷者約五千人と捕虜三千人であった。だが、イングランド側は意気消沈の気色を全く見せなかった。それもそのはずで、戦闘秩序とシーマンシップで敵の艦隊を凌駕していたのは、誰の目にも明らかだったからである。問題を残したのはオランダ側のほうで、依然として寄合所帯の欠陥が払拭できず、このために圧倒的な優勢ながら決定的勝利を獲得できなかった。

聖ジェイムズ日の海戦

　一六六六年七月二十二日、オランダ艦隊がテムズ河口に投錨した。同日夕刻、イングランド艦隊はオランダ艦隊の南南西十八マイルからガンフリート泊地に投錨した。艦隊の指揮は、前回と同様、モンクとルパートが共同で執っていた。艦隊は赤色、白色及び青色の三個戦隊で編成され、戦列艦及びフリゲート艦併せて八十一隻並びに火船十八隻である。オランダ側の最高指揮官はデ・ロイテルで、戦列艦及びフリゲート艦八十八隻、ヨット類十隻及び火船二十隻であった。

　二十五日〇二〇〇時、イングランド艦隊が抜錨し、両艦隊が次第に接近するが、オランダ艦隊の陣形はかなり混乱していた。反面、イングランド艦隊は長さ五、六マイルの単縦列戦闘序列を整然と成形し、これにはオランダ側からも感嘆の声が上がったという。先にも触れたが、確かにイングランド艦隊のほうがシーマンシップでは数段と優れていた。

一〇〇〇時頃、双方の前衛隊同士と中央隊同士がそれぞれ交戦状態に突入した。また、イングランド後衛隊がオランダ後衛隊に追いつくと、後者は前者の前面を通過して風上に出た。この運動のため、オランダ後衛隊は完全に主隊から離隔した。この戦隊司令官トロンプは勇猛果敢だが、ともすれば上司の命令や指示を無視する傾向があった。それにしても、この日の彼の行動はあまりにも自分勝手であった。

一二〇〇時頃、両方の前衛と中央隊は片舷斉射を交わしつつ東航する。前衛隊同士では、最初からイングランド側が相手を圧倒し、オランダは三人の将官を失った。中央隊同士の戦闘も激戦となった。イングランドの旗艦〈ロイヤル・チャールズ〉が戦闘から脱落し、司令長官モンクは指揮官旗を他艦に移揚した。オランダの旗艦〈ゼーヴェン・プロヴィンシェン〉はマストを全部失った。

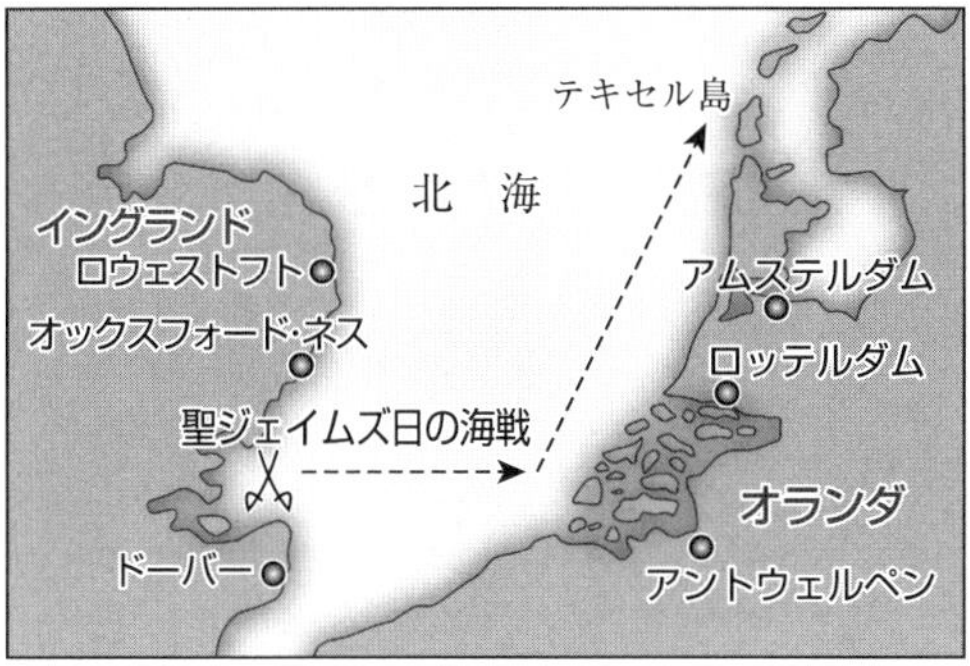

聖ジェイムズ日の海戦

一六〇〇時頃には両戦隊とも惨憺たる状況で、ともに戦闘を止めて南へ流されるままとなった。夜になると、イングランド艦隊が戦闘を再興したが、デ・ロイテルは退却し始めた。戦闘はその夜を徹して継続され、二十六日朝からは一層激烈になった。

一方、双方の後衛隊は激戦を続けながら、西へ西へと移動した。当初、トロンプはかなり善戦し、六十四門艦〈レゾリューション〉を焼き払い、夜を徹して追撃戦を継続した。二十六日朝、イングランド後衛隊指揮官スミスが風上に立つと、一転してトロンプを追撃した。この頃、オランダ艦隊が全般的に敗勢になり、一部がテキセル島の東側に逃げ込んだ。二十六日一一〇〇時、イングランドの前衛隊と中央隊がオランダ沿岸に投錨した。翌朝、スミス戦隊が戻り、敵はテキセル島の東側に撤退したことを報告した。

以上の海戦は、戦闘当日の七月二十五日が聖ジェイムズの祝日だから「聖ジェイムズ日の海戦」と呼ばれる。今度はイングランドが徹底的な勝利を収めた。オランダは約二十隻を喪失し、将官四人及び艦長多数を含む死者四千人と傷者三千人を出した。一方、イングランドは〈レゾリューション〉と二、三隻の火船を失っただけで、死傷者はわずか三百人である。

この海戦の後、オランダはトロンプを解任し、後釜に海兵隊大佐ウィレム・ヨゼフ・ファン・ゲントを充て、士官数人を懲罰に付した。ただし、デ・ロイテルはその勇気と能力を認められて、指揮権を維持した。ルイ十四世は彼にダイヤモンドと金のサン・ミッシェル勲章を授与した。

サー・ロバートの焚き火

この海戦の勝利で、イングランドが海上権を完全に掌握した。モンク艦隊はしばらくオランダの沿岸で錨泊し、次第に北へ移動しつつ、手当たり次第に攻撃を仕掛けた。ある日、捕虜のオランダ艦長が漏らした情報によれば、ヴィーラントとテルシェリングの両島には重要な弾火薬庫と倉庫群があり、泊地には貨物を満載した船団がいるとのことであった。しかも、護衛する軍艦はわずか二隻だけであるという。モンクは直ちにリア・アドミラルのロバート・ホームズに攻撃命令を下した。

八月八日〇七〇〇時、ホームズ戦隊の軍艦九隻、火船五隻及び小船《ケッチ》七隻、さらに全艦隊から選抜された陸上戦闘員三百人が出撃して、ヴィーラント島とテルシェリング島の間のヴィリー海峡を通峡する。ホームズは大型艦二隻に海峡入口を封鎖させておいてから、泊地のオランダの護衛艦二隻を焼き払った。その他の火船は商船の一隻に取り付いた。

この頃、オランダ側は大混乱に陥り、これに乗じて、ホームズはありったけの舟艇で船舶を襲撃させた。各襲撃隊指揮官は敵船を略奪せずに、破壊に専念するよう命じられていたから、短時間のうちに百七十隻の商船が火炎に包まれた。翌日、陸上攻撃隊が無抵抗のテルシェリング島に上陸して、多くの倉庫に火を放った。オランダの被害総額は、陸上と海上を併せて八十五万ポンドに上がった。イングランド側の損害は死傷者十二人で、火船四、五隻を使っただけである。その後数年間、イングランドではこの襲撃を「サー・ロバートの焚き火《ボン・ファイヤー》」と呼んではやし立てることになる。

メドウェイの襲撃戦とブレダ条約の締結

年が変わった一六六七年、開戦三年目となると早くも交戦国の双方が戦いに疲れて、オランダのブレダで和平の予備交渉が始まる。その最中、オランダ艦隊がロンドンの膝元のテムズ河口を襲撃して、停泊中のイングランド艦隊主力を殴り放題に痛めつけた。これは九ヶ月前の「サー・ロバートの焚き火」の敵討ちというより、むしろ二百七十四年後の「真珠湾攻撃」のような作戦であった。

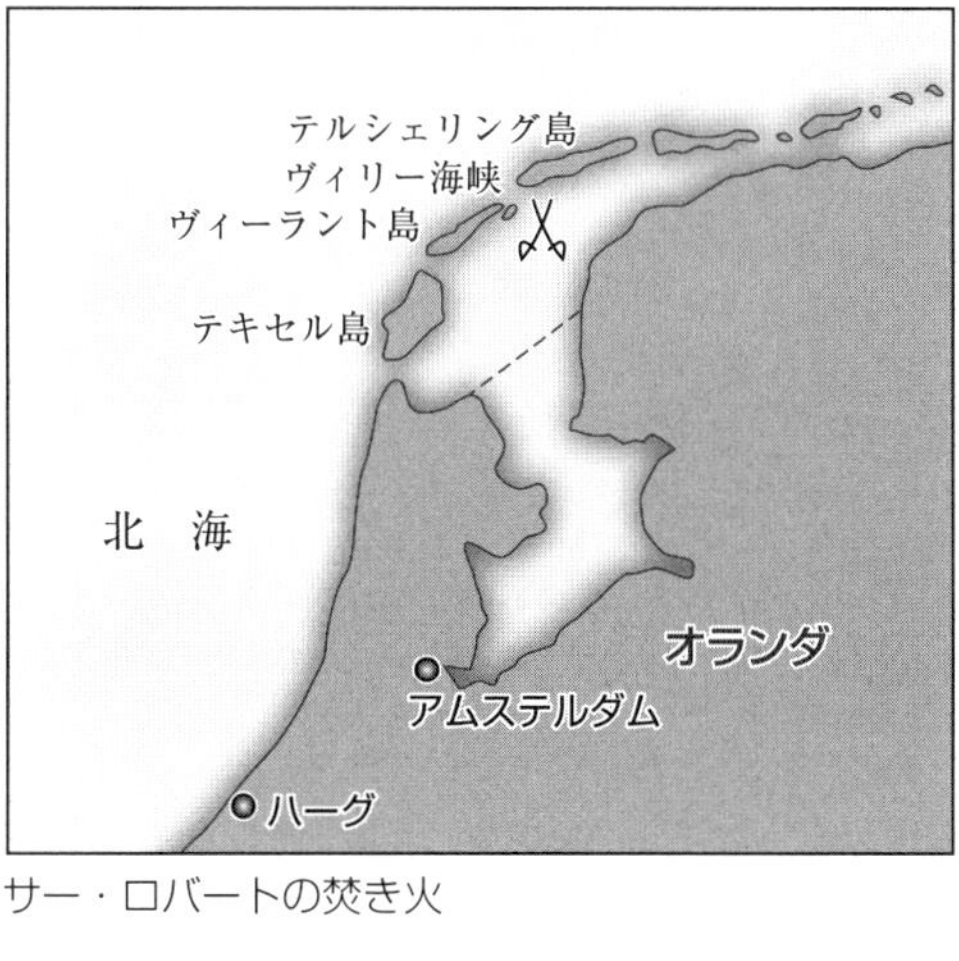

サー・ロバートの焚き火

この「メドウェイの襲撃戦」は、和平交渉に際して英蘭両交戦国の元首がまるで反対の姿勢を示したことから生起したが、そのいずれの振る舞いも双方の元首に関わる全く個人的な事情に起因していた。

先ず、和平交渉が成立しないうちに、チャールズがさっさと艦隊の臨戦態勢を解除した。財政難で戦費の捻出が困難を極めたからだが、もう一つには母ヘンリエッタ・マリアの差し出口があった。彼女によれば、国王自らが自国の内政に没頭すれば、相手国は当方が真に平和を望んでいると思うから軍備などは不要という[一九八]。面白いのは、この手の論理が現代もどこかの国でよく見聞されることである。ところが、一方のデ・ヴイットは和平を嫌った。彼は先の戦争中に権力を得たが、その後十年も続いた平和で政権の座が脅かされていた。また、何より怖れたのは、平和が戻ると、彼の不倶戴天の政敵オラニエ公へと人心が傾くことである。そこで、チャールズが見せた隙を突いて、テムズ河口の奇襲という乾坤一擲の作戦を計画したのである。

一六六七年五月一日、ファン・ゲントの戦隊がエディンバラ沖で在泊船舶を焼き討ちにした。デ・ヴィットがこれを私掠船討伐と偽りつつ、敵の反応を窺っていたが、イングランドはまるで対応しなかった。というより、イングランド艦隊は就役状態を解除されていて、何もできなかったのである。そこで、してやったりとばかり、デ・ヴィットが作戦計画を発動することになる。

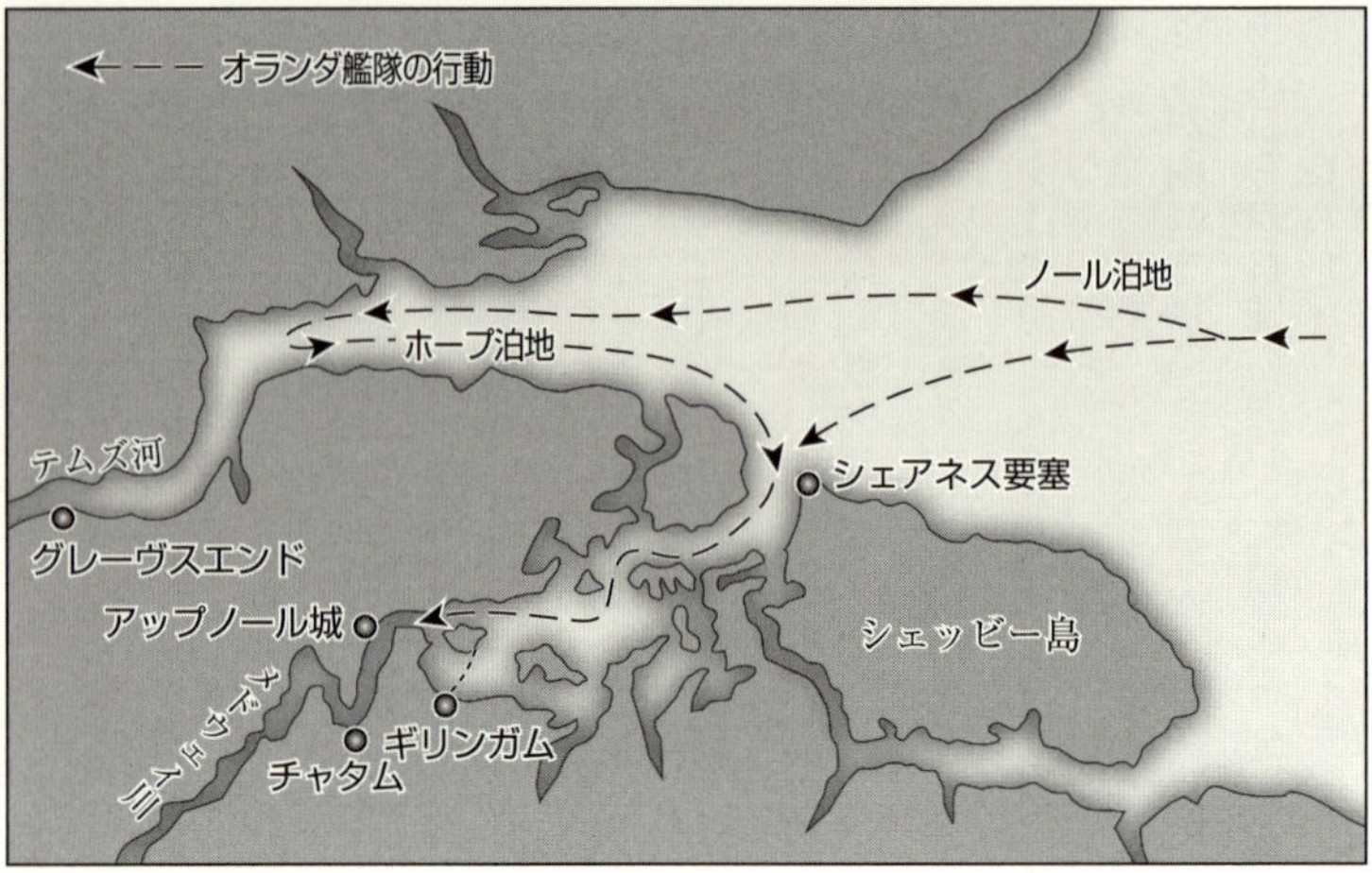

メドウェイの襲撃

六月四日、デ・ロイテル艦隊がスケルト河口のスクーネヴェルト泊地を出撃し、同夜、テムズ河口に投錨した。六日、増強部隊が加わって、艦隊は軍艦六十四隻、武装ヨット七隻、火船十五隻及び橈漕艇十三隻並びに将兵一万七千四百十六人となる。九日早朝、ファン・ゲント戦隊がメドウェイ川のシェアネス要塞を砲撃した。無論、ロンドンは上を下への大騒ぎである。モンクがわずかな手勢を率いてチャタムに急行して陸上に砲台を築き、ギリンガム付近に船を何隻か沈めて、その上流に強力なチェーンを渡した。そこには戦列艦十五隻が係留されていたが、ほとんどが大砲を陸揚げしていて役に立たなかった。

十二日から十三日にかけて、オランダ艦隊がギリンガムからアップノール城にかけて動き回り、モンクらが設置した防護チェーンを爆破したり、戦列艦数隻を焼き払ったりした。この頃、デ・ロイテルがイングランド艦隊旗艦の百門艦〈ロイヤル・チャールズ〉を捕獲し、これを後ろ向きに曳航してオランダまで運ばせた。現在、同艦の艦尾の飾りがアムステルダム海事博物館に展示されている。ファン・ゲントはイングランド艦〈アガタ〉にネーデルラント同盟旗を揚げて、以後は自分の旗艦とした。

〈ロイヤル・チャールズ〉の背板

この頃、オランダ艦隊は八十四隻に膨れ上がり、メドウェイ地区を含むテムズ河口海域を完全に支配した。そこで、デ・ロイテルの艦隊主力が河口水域に陣取り、ファン・ゲント戦隊が帰国中のイングランド船団を迎撃に向かい、もう一つの戦隊はテムズ河口外域を哨戒した。この間、テムズの水上交通は完全に遮断されて、ロンドンの石炭価格は十倍に暴騰した。

七月二日、デ・ロイテルは艦隊を二つに分け、一つは自分で直率し、もう一つをレフテナント・アドミラルのファン・ネスに指揮させた。デ・ロイテルはポーツマスなどの港を攻撃したが、さほどの収穫はなかった。ファン・ネスのほうはテムズ河口に残り、十三日から作戦を継続した。二十四日から二十六日にかけて、イングランドがようやく反撃態勢を整えると、二十八日、ファン・ネス戦隊はテムズ河口を退去し、イングランドにとって悪夢のようなメドウェイの襲撃戦が終結する。

イングランド側は戦列艦二隻を捕獲され、戦列艦六隻を焼却され、戦列艦一隻と舟艇九隻を沈められた。オランダ側は戦列艦一隻と火船十隻を失った[一九九]。死傷者の記録は双方とも残されていない。

ロンドンの喉元のテムズ河口に痛打を浴びせたことで、デ・ヴィットの面子も立ったわけである。そこで、一六六七年七月三十一日、ブレダ条約が締結され、第二次英蘭戦争が終結する。この議定書により、セント・クリストファー、アンティグア及びモンサラットがイングランドに、アカディア（現在のノヴァ・スコシア）がフランスにそれぞれ返還された。ニューヨークとニュー・ジャージーはイングランドが、南アメリカ北東部のスリナムをオランダがそれぞれ保持することになった。また、航海条令をオランダ向けに緩和修正し、オランダ船による中欧地方からイングランドへの商品輸送を許したが、ブリティシュ海における国旗礼譲は依然として励行されることとされた。

第四節　第三次英蘭戦争

ドーバーの密約

　第三次英蘭戦争は幾つかの点で先の二つの戦争とは違っていた。その第一は戦争の大義である。これまでは、双方の交戦国に戦う大義があった。その大義とは、オランダの海運と植民地貿易をめぐる攻防で、モンクに言わせれば、「貿易の世界は二国が取り仕切るには狭過ぎるから、一方に消えてもらうしかない」のである[二〇〇]。ところが、今度は両国民に戦う理由が全くなかった。むしろ、二次にわたる戦争で壮絶な海戦を繰り返すうちに、互いに敬意と共感を抱き始めていた。それにもかかわらず、なぜ戦争になったのか。

　第二次英蘭戦争が終ると、一六六八年一月二十八日、イングランド、オランダ及びスウェーデンが対仏三国同盟を結んだ。一六六一年、フランスの執政ジュール・マザランが死去すると、ルイ十四世の親政が始まり、以後、ルイは侵略的な北方膨張政策を推進する。これに対仏同盟の三国が危機感を募らせた。一方、イングランド王室財政は相変わらず貧困を極めていて、そこへルイが目を付けた。彼はチャールズに密使を送り、イングランド王室への経済援助を餌に、対オランダ戦争への協力を打診したのである。赤字続きの財政を抱え、議会に制約されない財源を求めていたチャールズにとって、ルイが提示する年額二十二万五千ポンドの支援は願ってもない福音である。さらにルイが提唱したのは、チャールズがオランダに戦争を仕掛ければ、フランス艦隊をイングランド艦隊の指揮下に置き、ホラント州の領有を認めるということであった。

一六七〇年五月二十二日、イングランドとフランスはドーバー秘密条約を締結し、対蘭共同攻略同盟を結ぶ。その条約の秘密条項とは、将来チャールズがカトリックに改宗すれば、ルイは先の援助額に年額十五万ポンドを追加し、要すればフランス軍をイングランドに派遣するとの規約であった。

英仏のドーバー条約は、やがてオランダの知るところとなった。オランダにしてみれば、頼りにしていたイングランドとルイとの同盟は寝耳に水で、当然、英蘭両国の関係が緊張する。チャールズはここぞとばかりオランダを刺激した。戦争で疲弊したオランダは何とか平和を継続させようと隠忍自重したが、度重なるチャールズの挑発に警戒心を一層強めていた。一六七二年二月、オランダが戦列艦七十五隻と多くの小型艦艇を就役させた。これこそ、チャールズが求める口実である。三月十二日、チャールズはロバート・ホームズに命じて、オランダのスミルナ船団とリスボン船団を待ち伏せて攻撃させた。

三月十九日、チャールズはオランダに宣戦布告し、二十七日、ルイが続いた。

ソールベイの海戦

第三次英蘭戦争が先の二つと相違する第二の点は、海上戦に加えて陸上戦も展開されたことである。ルイ十四世の軍隊が国境を越えて、オランダを蹂躙しにかかった。英仏連合艦隊の戦略目標はジーラント沿岸に水陸両用作戦を仕掛けて、フランス地上軍を支援することである。

イングランドに派遣されるフランス艦隊は、戦列艦及びフリゲート艦三十三隻、火船四隻及び輸送船四隻で編成され、司令長官はジャン・デステレーである。彼は肩書きこそヴァイス・アドミラルだが、元々はレフテナント・ジェネラルで、しかも指揮官としてもまるで無能な人物であった。いずれにせよ、英仏連合国艦隊は戦列艦及びフリゲート艦九十八隻、火船三十隻及び多数の小舟艇で編成され、人員三万四千四百九十六人である。司令長官としてロード・ハイ・アドミラルのヨーク公自身が〈プリンス〉に座乗していた。いつものように、艦隊は前衛隊、中央隊及び後衛隊の三つの戦隊で編成された。中央隊はヨーク公直率で、後衛隊はスペインから帰国したサンドウィッチ伯爵モンタギューが指揮した。なお、前衛隊はデステレーのフランス派遣戦隊である（合戦図においては、当時の敵味方の対勢から、イングランド各戦隊の航行順序が逆転しているように見える）。

オランダ艦隊は、名将デ・ロイテルが率いる戦列艦及びフリゲート艦七十五隻、火船三十六隻、ヨット及び小舟艇二十二隻で、将兵二万七百三十八人である。このオランダ艦隊は連合国艦隊に比して劣勢だが、かつてないほど一致団結し士気が高かった。

五月十九日、連合国艦隊とオランダ艦隊はテムズ河口のガンフリート泊地の東南東十二マイルで互いを視認する。だが、濃い霧が出たので、連合国艦隊はソールベイに投錨した。二十七日、指揮官会議において、モンタギューが敵の奇襲攻撃の可能性を警告したが、ヨーク公は受け入れなかった。

数時間後、モンタギューの危惧が現実となる。一五〇〇時、二列横隊のオランダ艦隊が錨泊中の連合国艦隊に接近してきた。連合国艦隊では、ヨーク公とモンタギューの戦隊が北上し、デステレーは逆に南下したから、フランス戦隊とイングランド戦隊の間が著しく開いた。

デ・ロイテルは先の同盟でフランス艦隊の能力を熟知していたから、隻数の少ない左翼のバンカート隊にフランス隊を攻撃させ、自らは中央隊と右翼の

デ・ロイテル

ファン・ゲント隊を率いて、イングランドのモンタギュー隊とヨーク隊に向首した。モンタギュー隊がオランダの右翼と激突し、ヨーク公の中央隊もデ・ロイテルの主隊と激戦を展開した。

モンタギューは獅子奮迅の戦いを続け、彼の旗艦六十門艦〈ロイヤル・ジェイムズ〉は乗員三百人中死傷者二百人を出しながら、相手の百門艦を圧倒した。だが、正午頃、一隻の火船が〈ロイヤル・ジェイムズ〉を炎上させる。彼はボートで別の艦に向かうが、このボートが転覆して溺死した。オランダのファン・ゲント隊はモンタギュー隊の反撃で指揮官を失い、戦闘海域から撤退した。司令官を失ったイングランドの後衛隊は中央隊に合流し、デ・ロイテル隊に襲いかかり甚大な被害を負わせた。二〇〇〇時、戦闘が終結した。その頃、オランダ後衛隊が主隊に合流したが、これをフランス戦隊は阻止しようとしなかった。結局、デステレーは終始戦闘の埒外にいた。

この海戦で、オランダ側は四十八門艦と六十門艦各一隻を捕獲、撃沈されたが、戦死した指揮官はファン・ゲントのみである。イングランド側は戦隊司令官モンタギューと数人の艦長が戦死した。戦後、双方が勝利を主張したが、実際は引き分けである。奇襲された連合国側は一歩も退かなかったし、捕獲艦も獲得した。また、この海戦によって、連合艦隊がフランスのオランダ作戦を支援できなくなったから、オランダも作戦目標を達成したわけである。圧倒的に劣勢な艦隊を率いて目的を達成したデ・ロイテルは、その名を国内外に高らしめた。

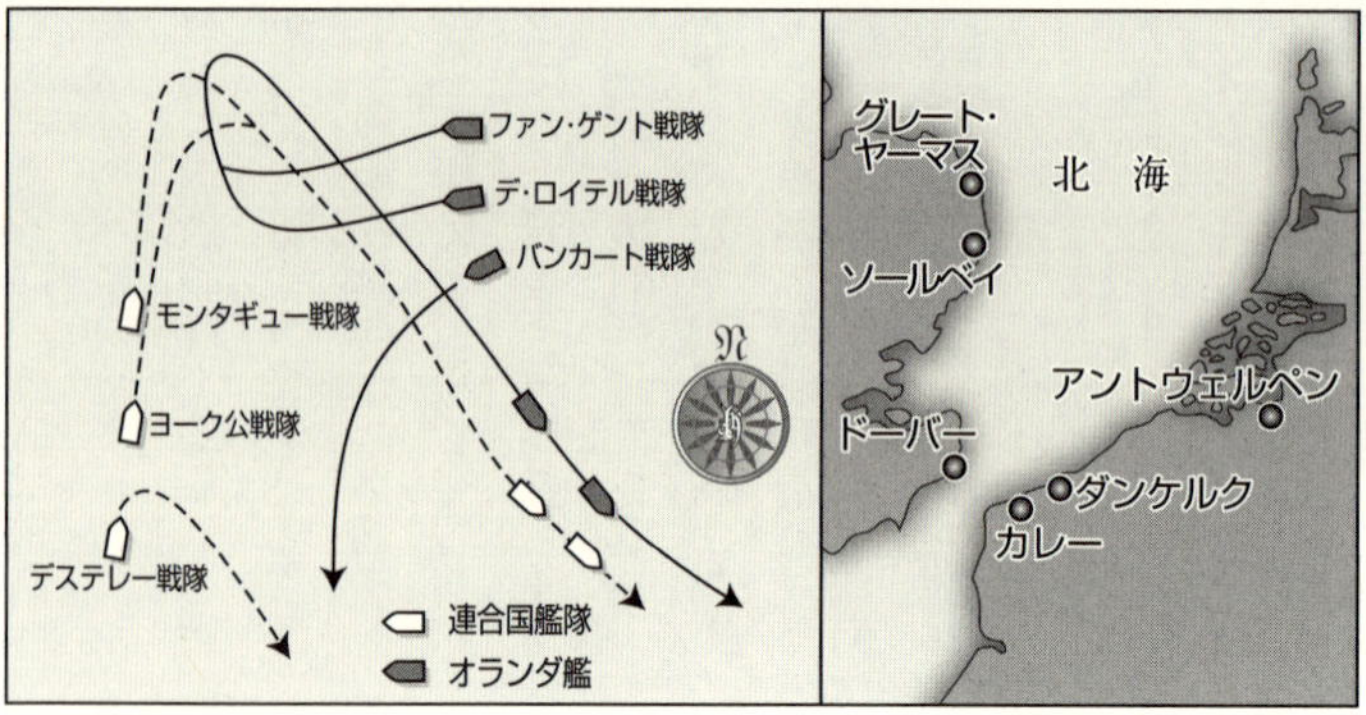

ソールベイの海戦

スクーネヴェルトの海戦

一六七二年を通じて、ソールベイの海戦のほかに動きはなく、オランダもイングランドも東西インドの植民地活動に励んでいた。翌七三年四月、イングランド艦隊司令長官ルパート王子は、オランダが再びテムズ河口の封鎖を計画しているのを知り、これを阻止しようとした。

イングランド艦隊は戦列艦五十四隻、フリゲート艦八隻及び火船二十四隻で編成され、次席指揮官はエドワード・スプレイジである。デステレーのフランス派遣艦隊は戦列艦二十七隻、フリゲート艦二隻及び火船十八隻である。これで、英仏連合国艦隊は戦列艦八十一隻、フリゲート艦十隻及び火船四十二隻となった。オランダ艦隊は戦列艦五十二隻、フリゲート艦十二隻及び火船二十五隻に小舟艇である。司令長官はデ・ロイテル、前衛隊司令官が解任から復帰したコーネリス・トロンプ、後衛隊司令官がアドリアン・バンカーズである。

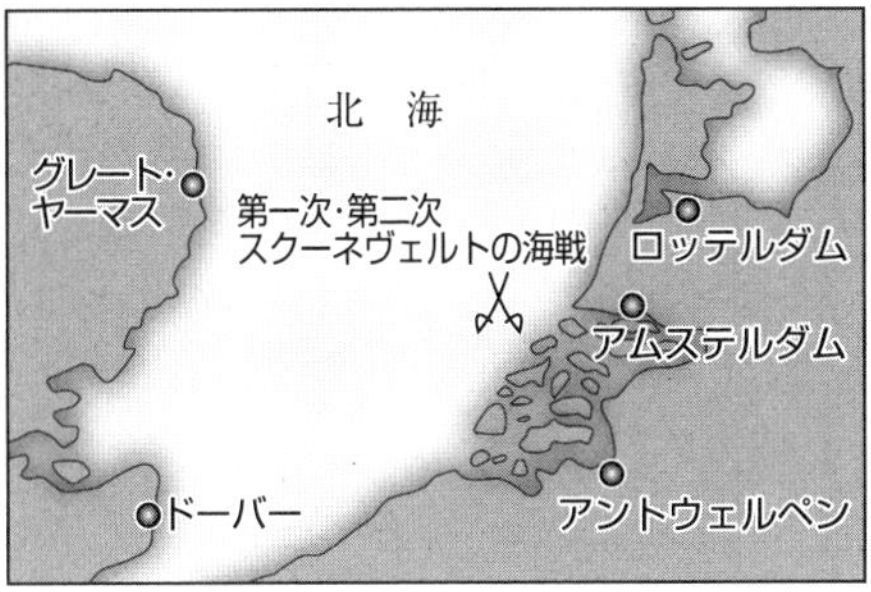

スクーネヴェルトの海戦

五月二十日、連合国艦隊が対岸のオランダに向けて出撃したが、前回のデステレーの戦闘回避に鑑み、ルパート王子はフランス戦隊を解体し、フランス艦をイングランド艦の中に混在させていた。二十五日、スクーネヴェルト泊地に停泊中のオランダ艦隊が視認され、二十八日、ようやく戦闘が始まった。敵を錨地から誘い出すために、ルパート王子は喫水の浅い戦隊三十五隻と火船十三隻を先行させた。この部隊も英仏混合編成であるが、なぜか指揮官が指定されなかった。だから、デ・ロイテルが迎撃に出ると、たちまち連合国混合部隊は混乱を来してわれ先に退却した。しかも、各艦は主力艦隊に向かったから、これに妨げられて、ルパート戦隊はデ・ロイテル戦隊を砲撃できなかった。結局、戦いの決着は付かず、同夜、デ・ロイテルは再び砂州の内側に投錨し、その北西二マイルの外側に連合国側が停泊した。

この衝突は「第一次スクーネヴェルトの海戦」と呼称されるが、英蘭双方に捕獲艦はなく、火船以上の艦で消失又は沈没した艦もなかった。だが、フランス側では七十門艦一隻を捕獲され、戦列艦二隻と火船六隻が沈没した。死傷者の数は連合国側の方が多かった。オランダは将官及び艦長二名ずつを失い、フランスとイングランドはそれぞれ艦長三名を失った。

六月三日夕刻、ルパート王子は夜通し敵襲に備えていた。四日一一〇〇時、デ・ロイテルが抜錨して、「第二次スクーネヴェルトの海戦」が始まる。戦闘の初期はもっぱら遠距離からの砲撃に終始するが、一七〇〇時頃、全面的な交戦状態に入った。二二〇〇時頃、オランダ艦隊は南東へ向かうが、これはデ・ロイテルが暗夜に紛れて連合国艦隊を振り切ろうとしたのである。これを連合国艦隊が追跡した。この追跡戦は五日〇六〇〇時頃まで継続したが、何となく物別れに終った。

この海戦において、オランダ艦隊は甚大な被害を被ったが、喪失艦はなく、死者は二百十六、傷者二百八十五人を数えた。連合国側も火船以外に喪失艦はなく、死傷者もオランダ側とほぼ同程度であった。

テキセル島の海戦

七月十七日、英仏連合国艦隊が出撃した。勢力は戦列艦及びフリゲート艦九十二隻(イングランド六十二隻、フランス三十隻)及び火船二十八隻で、これに大勢の地上部隊が乗り込んでいた。同じ頃、オランダ艦隊戦列艦及びフリゲート艦七十五隻及び火船十八隻も出撃した。なお、指揮官は双方とも先の海戦と同じである。

七月二十日夕刻、イングランド東部のガンフリート泊地において、双方の艦隊が相手を視認したが、互いに有利な対勢を争って戦闘にならなかった。やがて、オランダ艦隊の司令長官デ・ロイテルは風向が変わるのを恐れ、ホームグランドであるスクーネヴェルト沖へ引き返した。連合国艦隊もマース河口沖からシェヴニンゲン沖、さらにスカーヴェニンゲン沖へと次第に北上した。オランダは国内全土に警報を鳴らして防備態勢を固めて、その先頭にオラニエ公ウィレムが立った。

八月十日一〇〇〇時、テキセル島沖において、両艦隊が遭遇するが、前回と同様に対勢を争っただけで終る。夜に風が変わり、オランダ艦隊が有利になった。十一日払暁、デ・ロイテル艦隊が連合国艦隊に襲いかかる。連合国艦隊では、前衛隊がデステレーの率いるフランス艦だけで編成され、ルパート王子の中央隊、及びスプレイジ提督の後衛隊と続いた。オランダ艦隊も前衛のバンカーズ戦隊、中央のデ・ロイテル戦隊及び後衛のトロンプ戦隊である。

デ・ロイテルはデステレー戦隊にバンカーズ戦隊を当て、残る六十五隻で敵の六十二隻を攻撃することにした。フランス戦隊の最先頭の数隻が前方に進出して、オランダ前衛隊の風上側に出ようとしたが、バンカーズは直ちに上手回しでフランス戦隊二十隻の戦列を突っ切った。これこそフランス戦隊の度肝を抜く離れ業であった。バンカーズはそのままルパート王子と激戦中のデ・ロイテル戦隊へ向かうが、例によってデステレーは阻止する気がなく、バンカーズは難なくデ・ロイテルに合流した。

ルパート王子はデ・ロイテルと交戦しながら戦闘海域から離隔した。これはオランダ艦隊を沿岸から沖合へ誘い出すためである。それをデ・ロイテルが追跡したから、双方の中央隊が味方の前衛隊とかなり離隔することになった。これがデステレーにとって司令長官に協力できなかっ

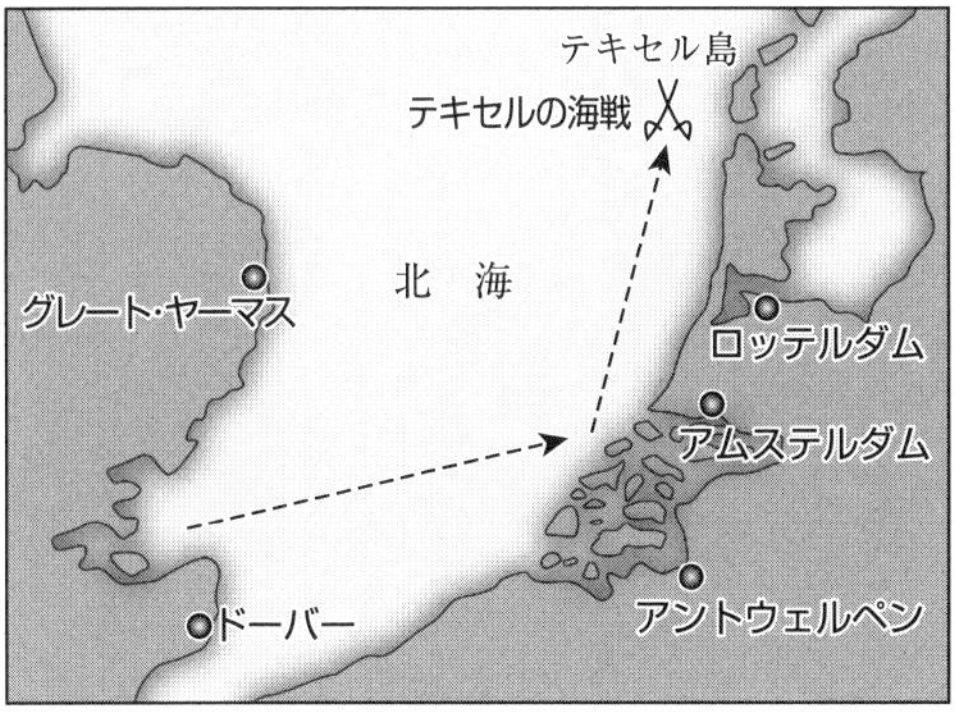

両艦隊のテキセル島への移動

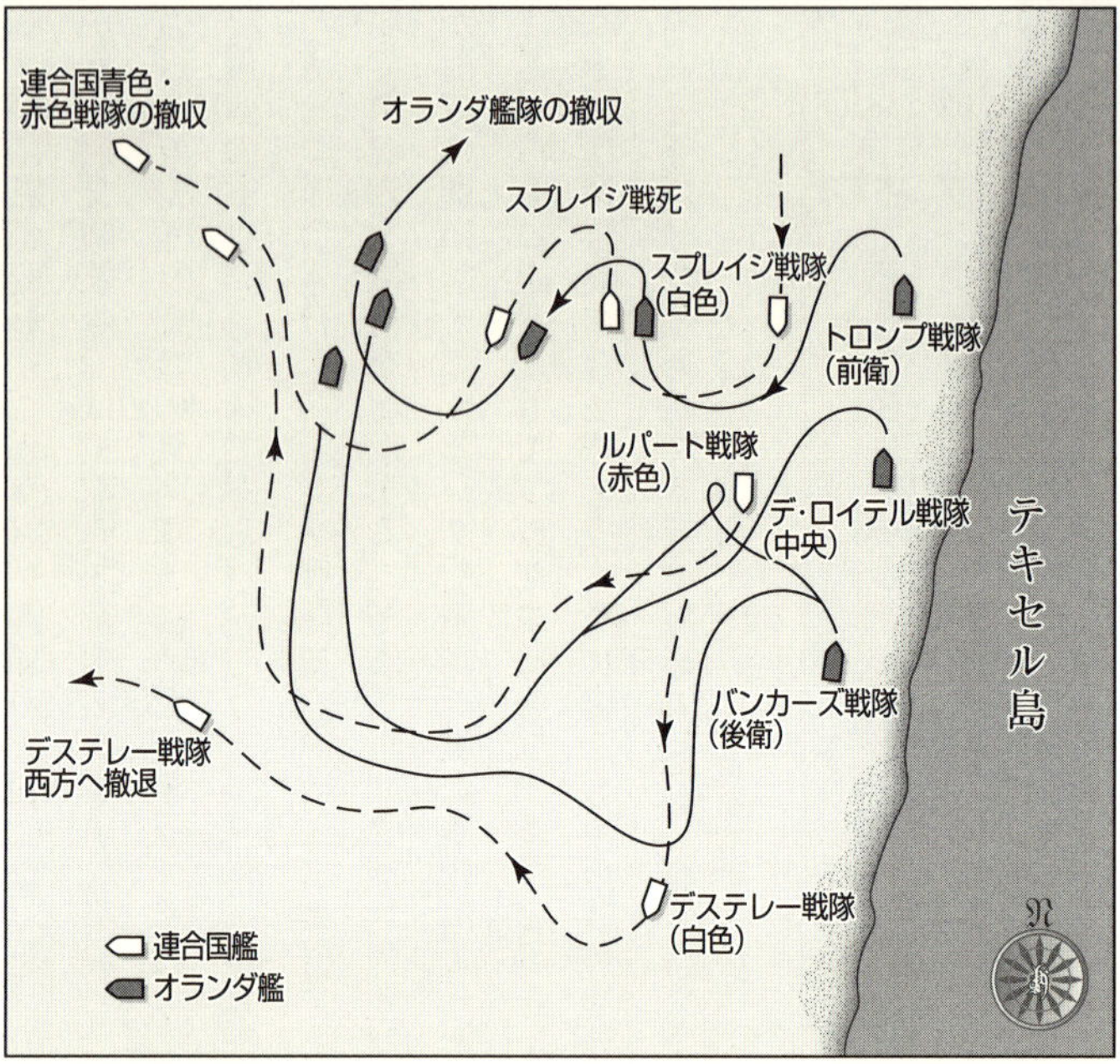

テキセル島の海戦

た格好の口実となったが、同じ状況のバンカーズは敢然として司令長官の支援に向かった。

連合国艦隊後衛隊のスプレイジは、オランダ後衛隊のトロンプと交戦した。トロンプとスプレイジは互いに似通った気質の人物で、勇敢、向こう見ず、独断的で、単独行動を好む傾向があった。スプレイジの旗艦〈ロイヤル・プリンス〉はすぐに行動不能となったので、彼は〈セント・ジョージ〉に移乗した。四時間後、同艦もほとんど破滅状態になった。トロンプのほうは〈グーデン・リュー〉から〈コメートスタール〉に移乗した。スプレイジは三番目の旗艦〈ロイヤル・チャールズ〉へ移乗中に戦死した。

一方、ルパート王子は、バンカーズの支援で優勢となったデ・ロイテル戦隊に押しまくられた。このとき、デ・ロイテル戦隊は四十二隻となっていて、ルパート戦隊には三十二隻しかいなかった。デ・ロイテルは八—十隻で敵の中央隊の後部を分断させ、残る三十二隻でイングランド中央隊の二十二隻を包囲した。彼の卓越した戦術手腕が、海戦当初七十五対九十二と圧倒的に劣勢であった艦隊に局部的な優勢をもたらしたわけである。これでもイングランド赤色戦隊が壊滅しなかったのは、ひとえにルパート隷下将兵の奮闘の賜物であった。激戦は一九〇〇時まで継続されたが、やがて双方が弾薬を消耗して、デ・ロイテルが戦闘海域から撤収した。

双方とも主力艦の喪失はなかった。イングランド艦隊はヨット一隻が沈没し、火船数隻を消耗した。だが、双方の死傷者は莫大な数に上がった。イングランドはスプレイジ提督をはじめ艦長五名が戦死し、オランダでは提督二名と艦長四名が戦死した。フランス戦隊指揮官デステレーは、前回と同様に終始戦闘を回避した。

後日、フランス戦隊の次席指揮官デ・マーテル公爵がコルベール宛に書簡を送り、卑怯者デステレーは国家の恥辱であると非難したが、そのためかえって自分自身がバスティーユ監獄に二年間も繋がれることになる[二〇]。恐らく、デステレーには強力なコネがあったのであろう。そのデステレーを除いて、英蘭両艦隊の各級指揮官はみな勇敢に戦ったが、この海戦のヒーローは疑いもなくデ・ロイテルとバンカーズの二人である。ただ、海戦そのものは不徹底な結果で終り、特に連合国艦隊にとっては、どう見ても芳しいものではなかった。

一方、オランダ艦隊も完全な勝利を収めたわけではなかったが、これで十分満足できたに違いない。なぜなら、この海戦でオランダの各港が封鎖されずに済んだし、連合国軍がオランダ本土に上陸侵攻できなくなったからだ。

ウェストミンスター条約の締結

一六七三年十月、国王チャールズは議会で演説して、翌年も戦争を継続するための予算を要求した。彼に言わせれば、「朕は平和を望むが、イングランド大使たちが侮辱的な扱いを受けた。もし予算が承認されなければ、取り返しのつかない事態になる」という。宰相格の大蔵卿シャフツベリー卿も海軍予算増加の必要を訴え「国王陛下は海上権確保のための海軍を維持し、東インド方面の通商を保護すべきである。この方面におけるオランダのやり口は目に余るものがあり、もし放置すれば、わが東インド会社は彼らのなすがままとなる」と熱弁を振るった[二〇二]。

だが、もはや議会は戦争には乗り気ではなかった。そもそも最初から、国家の安全が脅かされているとは思えなかった。また、フランス艦隊指揮官デステレーの行動を伝聞するかぎり、その国王ルイのために火中の栗を拾う気にもなれなかった。

そのルイも手詰まりになっていた。彼が虎視眈々と狙うオランダに崩壊の兆候はなく、むしろ他国の支援を得ていた。テキセルの海戦の後、スペイン、神聖ローマ帝国及びラインラント諸国がオランダを支援し、これと同盟を結ぶようになった。これに力を得たオランダがルイの和睦条件を断固として拒絶したし、神聖ローマ帝国は従来からフランスに対抗する姿勢を示し続けていたからである。こうなると、ルイはオランダから撤兵して、ドーバー秘密条約で意図した計画を破棄せざるを得なくなった。

かくして、一六七四年二月九日、イングランドとオランダはウェストミンスター条約を締結した。イングランドは国旗に対する礼譲の条項を破棄したのに対して、オランダはイングランドに賠償金八十万パタルーンを支払い、東インド貿易に関するイングランドの要求をかなり容認した。

第五節　英蘭戦争の意義

艦隊決戦に終始した理由

一連の英蘭戦争を通じての留意事項が三つある。その第一が、イングランドが艦隊決戦に終始したことである。共和制イングランド海軍は第一次英蘭戦争で地中海を空にして、レヴァント貿易が手痛い損害を被った。その後、イングランドはこれを教訓として、ルイス教授が指摘するとおり、見敵必戦の思想に目覚め、これを指導理念としていった。[二〇三] だが、海軍史家リッチモンドは戦争の大戦略において植民地が全く重視されなかったと指摘しているが、そのとおりである。[二〇四] そもそも英蘭戦争の火種は植民地貿易や海運のシェア争いにあったはずなのに、植民地に飛び火しないまま終った理由をいまだイギリス海軍史家の誰もが明確に説明していない。次章で述べるとおり、七回に及ぶ英仏抗争がすべて植民地に波及したことを思えば、このような歴史家たちの沈黙が不可思議で仕方がない。

国際法とシーパワーの相克

留意事項の第二は、交戦国と中立国の権利が競合する「戦時禁制品《コントラバンド・オブ・ウォー》」という戦時国際法における永遠のテーマが提議され、これが後に中立国の政＝戦略的な政策に発展することである。なぜ永遠のテーマなのかと言えば、この問題は、第一章第四節で述べたとおり、すでに十六世紀後段のエリザベス時代に浮上していたし、十九世紀末の日清戦争においては高陞《こうしょう》号撃沈事件が生起したが、いまだに一八五七年の「パリ宣言」と一九〇九年の「ロンドン宣言」というやや中途半端な形でしかケリがついていないからである。

ちなみに、高陞号撃沈事件とは、帝国海軍の〈浪速〉艦長東郷平八郎大佐が商船〈高陞〉を撃沈して、これが国内外で大問題となった事案である。彼が砲撃を決断したのは、この船がイギリスの船会社に所属してはいたが、清国の政府に雇われて清国陸軍部隊を輸送していたからである。言うなれば、中立国船舶が戦時禁制品を運んでいたわけだから、この史実を下敷きにすれば、以下がよく理解できよう。

さて、英蘭戦争における問題とは、およそ次のような様相を呈していた。従来、イングランドは、中立国と交戦国の貿易自体が交戦国の戦争継続を助けていると見なしていた。この貿易によって、交戦国は軍事力を増大するための資金や物資を獲得できるし、交戦国は自ら貿易活動をせずに済み、その人的・物的資源を海軍に振り向けられるからである。当然、オランダはこの見解に異を唱えて、色々な方法で中立国から物資を輸入していた。一つには、自国の貿易をイングランドの船団襲撃や私掠活動から守るため、この国は貨物輸送を中立国の海運に依存したのである。

これを摘発するイングランドが直面したのは、貨物の所有権の問題である。イングランド艦艇が中立国船を臨検しても、オランダ向けの貨物が様々な方法で偽装されていたから、通常の船舶書類では本当の所有者を判定できなかった。

さらに、この問題をより複雑で困難にしたのは、イングランドに定住してイングランド人となった元外国人商人である。この獅子身中の虫がイングランド国籍の船とイングランド人の船員を雇って、世界中で商売をしていた。だから、船長たちは「船主がイングランド人である以上、自分たちが何をしようと自由だ」と主張した。これでは、さしもの航海条令も効果がなかった。

一方、国際的に見れば、一六四八年のウェストファリア条約以降、中立国が交戦国との貿易を継続する傾向が顕著になる。そこで、イングランドは北欧諸国との条約において「フリー・シップス、フリー・グッズ」という自由貿易の原理を明記し、個別の条約で戦時禁制品目を定めた。さらには、前節で触れたとおり、第二次英蘭戦争のブレダ条約において、イングランドが航海条令を緩和修正し、第三次英蘭戦争においては、押収した物資の対価支払いという一種の宥和策もとった。

このように、イングランドは相応の譲歩を示したが、戦時禁制品制度を撤回しようとはしなかったから、その施行に当たっては常に悩まされてきた。おまけに、これらの政策が後々の自国海軍戦略にとって重い足枷となる。[二〇五]それが、次章で触れる、一七八〇年と一八〇〇年におけるロシアを中心とする武装中立同盟である。

また、このような問題はリッチモンドが言う「政策としての海軍戦略」の限界に関わる問題を提議していると思われる。[二〇六]つまり、海軍が彼の言う政策の道具たり得るには、これが敵国の戦略物資を奪えるか否かにかかっていた。英蘭戦争においては、その究極の手段が敵の艦隊を撃破することであった。次の百年間の英仏戦争では、敵の植民地攻撃という間接的な手段がとられた。だが、中立国による戦時禁制品の貿易を完全に駆除しないかぎり、いずれも顕著な効果を収めたとはいえない。即ち、国際法との相克という面からも、シーパワーには自ずと限界があったのである。

英蘭戦争とオランダの衰退

留意事項の第三は、かつてヨーロッパ随一の繁栄を誇った貿易国オランダが、一六七〇年代から次第に衰退するが、[二〇七]それは英蘭戦争が直接原因では決してないことである。スペインのシーパワーが、アルマダの戦いを最後とするイングランドとの戦いで衰退したわけでないのと同様である。事実、オランダは、イングランドとの戦争やルイ十四世の侵略で国力を消耗させた。だが、前者の場合、すべて不徹底な戦果で終り、むしろオランダが勝勢だったこともある。後者の場合、一時は水門の解放という非常手段もとられたが、フランス軍の脅威は第三次英蘭戦争の終了と同時に消滅した。この国の衰退は、実は純然たる経済的な原因によるものである。

先ず、ヨーロッパ海運と貿易の構造が大きく変化したことが一番の原因である。ヨーロッパ諸国が次第に発展して、貿易も植民地貿易も原産地と消費地が直接取引するようになった。従って、中継市場アムステルダムの地位が凋落したのである。これに似た現象がわが国でも見られる。即ち、かつて貿易業界に君臨していた財閥系総合商社が勢いを失ったのは、生産会社が外国市場と直接取引するようになったからである。

次に、元来、オランダの産業は輸入原料を加工するものだから、オランダの仲介貿易の衰退がこの国の産業をも直撃した。最後に、オランダの商工業が衰退すると、国内の資本家が繁栄期に蓄積された資本をより高い利潤を求めて外国に投資したので、これで外国の競争者を育成強化するという皮肉な結果を招いた。これを要するに、オランダ共和国が終始商業優先政策をとり、その主役である狡猾なオランダ商人が欲の皮を突っ張らせて、その結果、国を衰退させたのでもある。

付言すれば、マハンのシーパワー史論は右のような考察を全く欠落させていて、これが後世のブルー・ウォーター派と呼ばれる極端な海軍至上主義者をはじめとするマハン信奉者たちを誤解させる元となったが、その罪は決して軽くない。

第四章　覇権

第一節　アウグスブルク戦争とウィリアム王戦争

名誉革命

一六八五年二月六日、チャールズ二世が死去すると、四月二十三日、実弟ヨーク公ジェイムズがジェイムズ二世[二〇八]として即位する。彼はカトリック教徒を公職から排除する審査律で、ロード・ハイ・アドミラルを辞職したのに、兄王に嗣子がいなかったため、国王として返り咲いたわけである。そこがこの国の面白いところで、彼を海軍から放逐したのもジェントリー階層のトーリー党なら、その彼を国王にしたのもトーリー党である。彼らは国教会の保持を基本原則としていたが、王座が空席になるのに耐えられず、渋々ながらカトリック教徒の国王を受け入れた。

こうした情勢の狭間にありながら、ジェイムズはジェイムズでカトリック寄りの政策を強引に推し進めたために、トーリー党を中心とする議会は再び現国王の排斥を画策し、後釜にオランダのオラニエ公ウィレムに嫁したメアリを据えようとした。彼女はジェイムズの長女であるが、自身はプロテスタントであるからである。簡単に言えば、以上が一六八八年の名誉革命の背景要因である。

ジェイムズの露骨な宗教政策は、ヨーク公時代に彼自身が育てた海軍も蝕んだ。多くのカトリック牧師を艦隊に送り込んだばかりでなく、無能なロジャー・ストリックランドをカトリックというだけの理由で艦隊司令長官に任命した。ところが、プロテスタントの盟主、オラニエ公がイングランド侵攻の準備をしているとの情報が入ると、彼は艦隊司令長官をダートマス男爵ジョージ・レグに代え、ストリックランドを次席指揮官に格下げした。さらに数日後、ストリックランドをジョン・ベリーに代え、三席指揮官へと再度の格下げをした。こうした気紛れな一連の人事で、艦隊中に不満と不信感が蔓延し、士官の半数が国王への忠節心を失っていくのである。[二〇九]

その海軍において、オラニエ公に最も尽くした人物は、アーサー・ハーバート[二一〇]とエドワード・ラッセル[二一一]である。ハーバートは先の審査律の制定に反対し、海軍のみならず一般の公職からも追放されたが、ウィレムの座乗するオランダ艦隊をトーベイまで導いた。それまでの間、ラッセルが国内の改革派との連絡に当たった。これらの功績により、後に両名とも新国王ウィリアムからそれぞれトリントン伯爵とオーフォード伯爵に叙せられる。

オラニエ公のオランダ艦隊は、戦列艦五十隻、フリゲート艦二十五隻、火船二十五隻並びに軍馬四千九十二頭と兵士一万千九十人を乗せた輸送船四百隻で編成された。一六八八年十一月一日、オラニエ公が乗り込んだ艦隊がハーバートの指揮でオランダを出立した。四日、ダートマス男爵ジョージ・レグの率いるイングランド艦隊がオランダ公の艦隊をポートランド沖まで追跡するが、これは形だけで、艦隊の将兵にはオランダ艦隊と戦う気はまるでなく、スピットヘッドに戻ってしまう。五日、オラニエ公がトーベイに上陸したが、これを迎え撃つジェイムズは全く無力であった。

イングランド海軍では、艦隊司令長官レッグがオラニエ公に恭順の意を表明して、カトリック教徒の指揮官をすべて解任した。また、国王軍の大部分はプロテスタントで、これもオラニエ公と戦う意志がなかった。十一月、ジェイムズは密かにロンドンを脱出しようと試みるが失敗する。十八日、彼は再びロンドンのホワイトホール宮殿を抜け出して、ドーバー海峡を南下し、フランス西岸のアンブレトーに上陸する。ジェイムズがロンドンを脱出した日、オラニエ公ウィレムはセント・ジェイムズ宮殿に入った。

当初、ウィレムの立場はひどく曖昧であった。一六八九年一月二十二日、仮議会が召集されたが、その議会が直面した問題は、メアリの夫君でもあるウィレムの処遇である。当のウィレムとしては、何とも不愉快かつ心外であった。彼は自らがチャールズ一世の孫に当たる血筋という自負もあるし、議会の招きでドーバー海峡を渡った当初から、自分がこの国の元首になるものと思い込んでいたから、議会の意中にあるのは妻のほうで、自分は蚊帳の外と知って怒るのも無理はない。そこで、彼は即刻オランダへ帰るとほのめかした。二月十二日、仮議会がようやくウィレムとメアリの共同王位を認め、翌日、二人はウィリアム三世とメアリ二世として即位した。十二月、議会が権利章典《デクラレーション・オブ・ライツ》を議決するが、これは軍事権を王権として認めるが、その執行は議会の承認を要するとした。さらに重要なのは、この章典が議会に伝統的なコモン・ローに基づく自由と権利を保障したばかりか、議会が王位継承順序を定めるとしたことである。つまり、このことによって、王権に対する議会の優位が確定されて、この国が立憲君主制国家として明確な第一歩を踏み出したことになる。言い方を換えれば、ピューリタン革命を貫く理念が名誉革命によって確立されたわけである

ウィリアム3世

から、この二つの革命を併せて「イングランド革命」とする見方が成立するのである。

英仏抗争の幕開け

時間を少し引き戻して眼をヨーロッパ大陸に転ずれば、一六六一年、フランスでは執政マザランが死去すると、太陽王ルイ十四世の親政が始まり、ヨーロッパ大陸中で強引な勢力拡大が図られる。彼は第二次英蘭戦争ではオランダを支援しながら、この戦争が終結すると、チャールズ二世をたぶらかして第三次英蘭戦争を仕掛けるのである。このとき、ルイの軍隊がライン川を渡ってホラント州に迫るが、オランダはこの国の生命線である堤防を決壊させて抵抗した。

この戦争が終ると、ルイは一六七四年にオーストリアのフランシュ・コンテを、翌年にはスペイン領ネーデルラントを侵略して、その後も彼の権勢欲は留まるところを知らなかった。一六八六年、オランダ諸州とオーストリアが太陽王に対抗して、アウグスブルク同盟を結んだ。かくして、一六八八年から一七一五年にかけて、ヨーロッパ大陸にアウグスブルク（同盟）戦争の嵐が吹きすさんだ。

このルイを宿敵とするウィリアムを国王に迎えたことで、イングランドは自動的にヨーロッパ情勢に巻き込まれるが、言い換えれば、名誉革命がイングランドにフランスとの抗争の火種を持ち込んだわけである。一六八九年五月十二日、ウィリアムがオーストリアやオランダと対仏同盟を結成し、同時にフランスとの戦争状態に突入した。これがウィリアム王戦争だが、イングランド継承戦争とも呼ばれるのは、ルイがウィリアムのイングランド王位継承を認めなかったからである。

イングランド史上、時の君主の名を冠した戦争が、ウィリアム王戦争、アン女王戦争及びジョージ王戦争と三つある。それぞれがアウグスブルク戦争、スペイン継承戦争、オーストリア継承戦争とほぼ同じ戦争だが、特にイングランドが関わった部分に時の君主の名前をつけて呼んでいると考えれば判りやすい。ただし、後の七年戦争でのフレンチ・インディアン戦争と同様、アン女王戦争とジョージ王戦争の二つは植民地での戦いを指す場合が多い。

いずれにせよ、一六八九年から一八一五年にかけて、ウィリアム王戦争（アウグスブルク戦争）、アン女王戦争（スペイン継承戦争）、ジョージ王戦争（オーストリア継承戦争）、七年戦争（フレンチ・インディアン戦争）、アメリカ独立戦争、フランス革命戦争及びナポレオン戦争と、百二十六年間に都合七回の英仏抗争が展開される。しかも、アメリカ独立戦争を除いてはいずれもヨーロッパ大陸が主戦場であったが、必ず非ヨーロッパの植民地に飛び火した。

ちなみに、十九世紀末の碩学シーリー卿がこの百二十六年間をひっくるめて「第二次百年戦争」と名付けているが、確かにそのとおりに違いない。[二二二]

バントリー・ベイの海戦

以前から、フランスの宰相コルベール[二二三]がしきりに海軍を増勢していた。その目的は海外植民地の拡大にあった。これに対して、イングランドとその同盟国オランダは何の準備もしていなかった。その結果、一六九八年における戦列艦の数はフランス八十九隻に対し、同盟側百三十五隻（イングランド八十三隻、オランダ五十二隻）となる。[二二四]同盟側が五十二パーセントの優勢だが、これは紙の上の数字に過ぎない。ジェイムズ二世時代のイングランドでは、多くの艦艇が放置され、乗員も不足していたから、任務可動艦はフランスのほうがはるかに優勢であった。

一六八九年三月十二日、フランスのブレスト艦隊が、亡命中のジェイムズ二世が率いる軍をアイルランドのキンセールに上陸させた。十二日後、ジェイムズは首都ダブリンを制して、反イングランド・反革命・反オレンジ公のアイルランド議会を開く。イングランドはアドミラルのアーサー・ハーバートの戦隊をアイル

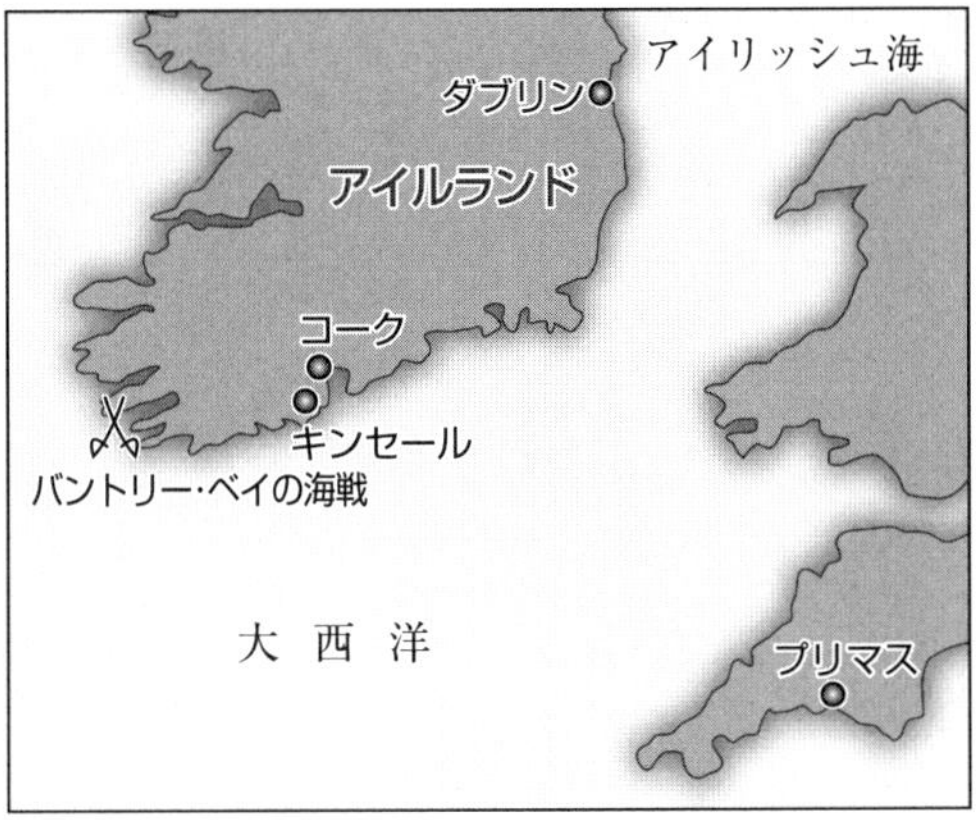

バントリー・ベイの海戦

ランドへ急行させた。

四月三十日朝、同戦隊戦列艦十二隻、フリゲート艦六隻及び火船三隻がバントリー湾内に進入した。フランス艦隊は、戦列艦二十四隻、フリゲート艦二隻及び火船十隻である。一〇三〇時頃、戦闘が開始され、一七〇〇時まで継続された。その間、フランス艦一隻が弾薬の暴発で甚大な損害を被ったが、イングランド艦隊は終始敗勢で、被害は死者九十四人と傷者約三百二人を数えた。しかし、イングランド艦隊は半分の勢力で、むしろ勇猛果敢に戦ったと言えるから、後にハーバートはトリントン伯爵を授与される。フランス艦隊は地上軍の揚陸を終えて、五月八日ブレストに帰投した。

五月十二日、英蘭両国が対仏宣戦布告をしたので、この海戦が百二十六年間にわたる英仏抗争のキック・オフを告げるホイッスルとなったわけである。なお、翌九〇年六月二十四日、ウィリアムが自ら軍を率いてアイルランドに上陸し、七月一日、ボイン川の戦いでジェイムズ軍を打ち破る。二十日、ジェイムズは祖国イングランドの土を踏めずにフランスに戻った。

ビーチィ・ヘッドの海戦

戦争に突入した当初から、国王ウィリアム自身がアイルランドの戦場に飛び込む。だが、その胸中にはルイへの怨念と敵愾心《てきがいしん》が渦巻くばかりで、肝腎の大戦略、つまり国家レベルの軍事戦略がないから、艦隊は場当たり的な行動に終始した。一六八九年末、政府は艦隊から戦隊を分派して、同盟国スペイン王妃の海上護

ビーチィ・ヘッド岬付近

衛に当たらせた。このため、そうでなくとも手薄なトリントンの主力艦隊《グランド・フリート》とコーネリス・エヴァーツエン[二二五]のオランダ艦隊との英蘭連合国艦隊は戦列艦五十六隻に削減されていた。しかも、フランス軍のイングランド侵攻が予期されながら、ブレスト港は全く監視されず、ポーツマス以西にイングランド艦艇が一隻も配備されなかった。

一六九〇年六月十三日、フランス海軍のエースと目されるツールヴィル[二二六]艦隊戦列艦六十八隻がブレストを出撃した。二十日、同艦隊はリザード岬沖に到達する。二十三日、ハーバートはワイト島西端十五マイルのセント・アルバンズ岬沖にいて、敵の出撃を知らなかった。二十五日一〇三〇時、フリゲート艦一隻が敵発見を信号してきたので、ハーバートは艦隊に揚錨を命じた。そして、すぐにフランス艦隊を視認したが、彼は戦闘を命じなかった。出動前の作戦会議において、フランス艦隊が優勢なのは確実であるから、これとはあえて交戦しないと決定していたのである。そして、事の次第を報告する急使が女王メアリの下へ派遣された。この頃、国王ウィリアムはアイルランドに遠征中で、女王が最高指揮官としてすべてを取り仕切っていた。

ハーバートが交戦を避けて東航すると、これをフランス艦隊が十二マイルの後方から追従する。二十九日夕刻、女王からフランス艦隊との交戦を命じる命令書が届いて、彼はやむなく交戦を決意する。翌朝、ビーチィ・ヘッドの南方十一―十二マイルにおいて、イングランド艦隊が戦闘陣形を成形し、風上からフランス艦隊に接近した。〇九〇〇時、双方の前衛隊が互いに猛烈な砲撃を開始した。〇九三〇時、デラヴァルが指揮する後衛戦隊が圧倒的に優勢なフランス戦隊と交戦を始めた。

これまでフランスの戦列の中央部は整然と維持されていたが、やや風下側へ湾曲していた。これを見たハーバートは敵の後尾部を分断しようとするが、フランス後衛戦隊に阻止された。オランダ戦隊はフランス前衛と戦ったが、圧倒的な劣勢を如何ともし難く、たまたまの凪で辛うじて殲滅を逃れた。一七〇〇時頃、引き潮に転じたので、連合国艦隊が素早く投錨した。フランス艦隊は南西への引き潮に流され、ようやく投錨したときは連合国艦隊から三マイル離れていた。

同日二一〇〇時、潮流の方向が変わり、連合国艦隊は行動不能となった艦を曳航して東方へ向かう。

翌七月一日、ハーバートは作戦会議を召集して、損害の激しい三艦を処分することにした。これをツールヴィルが戦列を形成したまま追跡したが、なぜか総追撃戦を命じなかった。もしそうしていたら、さらに戦果を拡大できたはずである。九日、連合国艦隊はテムズ河口のノール泊地に投錨し、これでビーチィ・ヘッドの海戦が終結する。

この海戦において、フランスは一隻も失わず、人的損害も連合国側よりかなり少なかった。フランス側によれば、少なくとも十四隻の連合国艦艇が撃沈又は破壊されたとする。これを裏付ける連合国側の記録はないが、七十門艦をはじめ八、九隻の戦列艦が失われたのは確実で、各艦とも損害は甚大であった。

七月八日、ツールヴィルはドーバー沖で追跡を中止して反転し、二十七日、トーベイ沖に停泊中の船舶の数隻を焼き払った。さらに

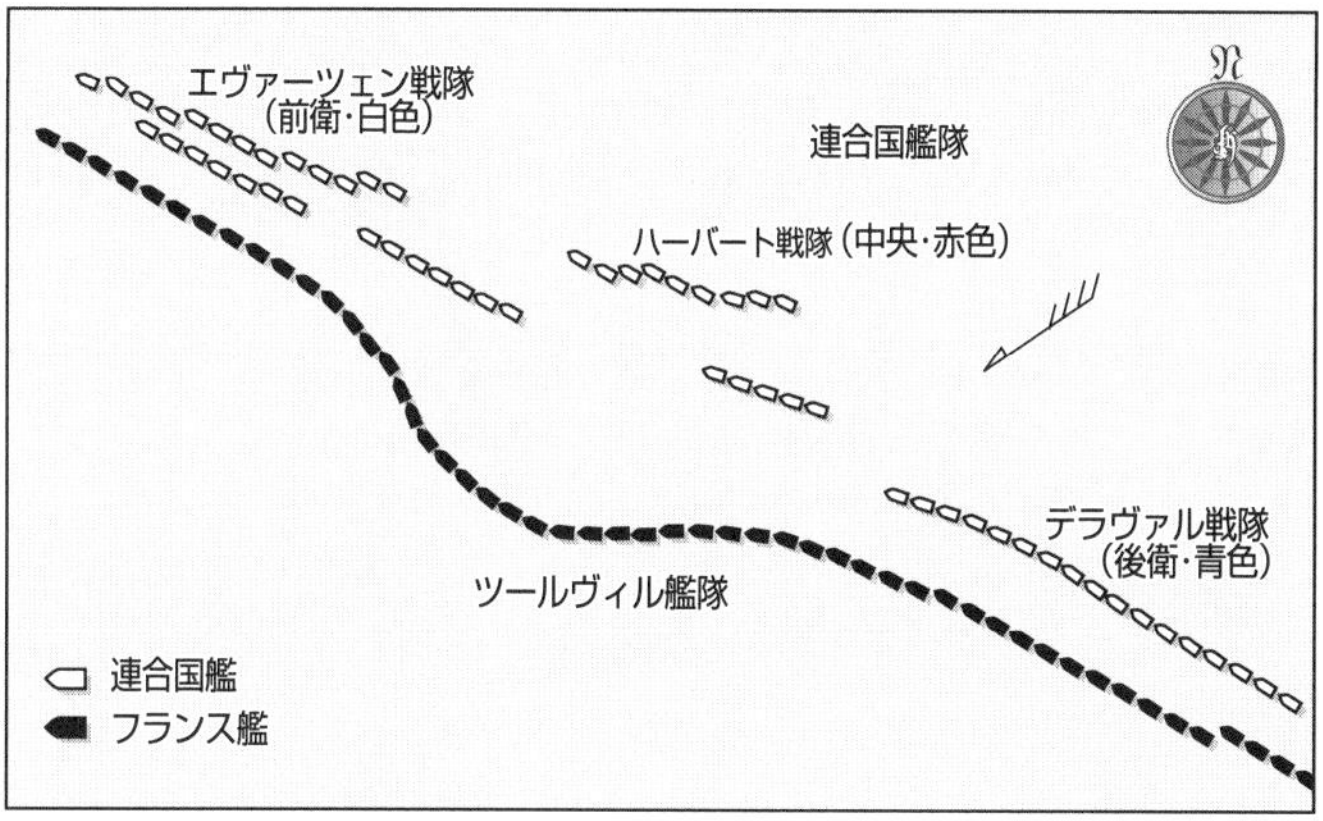

ビーチィ・ヘッドの海戦

七月二十九日から八月五日にかけてプリマス沖を行動した後、ツールヴィル艦隊はようやくブレストへ向かった。

ハーバートの現存艦隊論

ビーチィ・ヘッドの海戦における消極的な姿勢と敗退で、当然ながら司令長官ハーバートに轟々たる非難が集中した。テムズ川に入った彼は直ちにロンドン塔に収監され、十二月、テムズ河口のシェアネス要塞で軍法会議にかけられた。ここで、敵艦隊との交戦の回避に関して、彼は次のように弁明した。

もし小職が他の戦い方をしていたら、劣勢なわが艦隊は壊滅し、わが王国はフランスに侵攻の道を開くことになったでありましょう（……）従来、わが国はフランス軍の侵攻を恐れておりましたが、われわれが艦隊を維持しているかぎり、フランスは侵攻を試みるはずがないのであります。[二七]

裁判の判決は全員一致で無罪放免とされた。裁判官たちが後に「現存艦隊理論」と呼ばれるハーバートの考え方に賛同したかどうかは別として、全員が彼の配下であったからであろう。判決後、彼はバージに将官旗を掲げてロンドンに戻ってきたが、その後二度と現役に復帰することはなかった。

ちなみに、元防衛大学校教授佐藤徳太郎元陸将補は自著『近代西欧戦史』において、ハーバートの現存艦隊理論が「後にイギリス海軍戦略の基調となった」としているが、これは全くの誤りである。現存艦隊理論とは、できるだけ艦隊決戦を回避しつつ勢力を温存して、相手に脅威を及ぼすという消極的な戦略構想である。すでに述べたように、英蘭戦争以降、イングランド海軍の戦略は、仏西の二正面に同時に対処可能な艦隊勢力を保持して、積極的な「見敵必戦」に徹することを基本方針とした。現存艦隊戦略に傾倒したのはむしろフランス艦隊であって、その戦略思想を初めて説いたのがイングランドの提督であるのは皮肉なことである。

後世のイングランド海軍史はハーバートが怯懦《きょうだ》なるがゆえに戦闘を回避したのではないとしつつも、やはりこの提督は間違っていたと断罪している。[二八] 彼は自らが言う「現存艦隊」の効果を過大評価していた。艦隊は単に「現存する」だけでは、何の脅威も及ぼさない。これが「潜在的な能力」を保持してこそ、「現存」に意味がある。

アーサー・ハーバート

もし突如フランス艦隊が上陸作戦を敢行したら、最初から戦う意図を持たない連合国艦隊は防ぎ得なかったに違いない。当時、名誉革命に対するイングランド国内の不満に乗じて、敵はあえて冒険を試みる可能性があった。それに、フランス艦隊には、イングランド船団を襲撃したり、アイルランドへ向かったりするチャンスもあった。はるか彼方の陸上から戦術的な指示をするのは適切な処置と言えないが、女王と側近がこうした局面を杞憂したからだとすれば、交戦を命じたのはむしろ正しかったのである。

さらに言えば、ハーバートと政府のいずれが正しかったかは別として、より重要なことは、彼が女王の命令を受領した時点で何を成すべきであったかである。

当時、彼には三つの行動方針が考えられた。第一は、彼があえて命令を無視すること。第二は、命令に従って、優勢な敵に対して敢然として戦いを挑むこと。例えばネルソンなら自己の判断と信念に基づいて、第一か第二を選択したに違いない。だが、ハーバートが採った第三の方針は、命令に服従しつつ、その目的を無視することであった。彼は艦隊勢力の「現存」に拘泥して、艦隊の全力を敵に向けなかった。もし彼がそうしていれば、フランスによる本土侵攻の脅威も消滅し、イギリス海峡におけるフランスの制海権もなかった。無論、あくまでも可能性の問題ではあるが、彼自身が祖国をフランスの侵攻から救った提督の一人に数えられたかもしれない。

バルフリュール岬の海戦とラ・オーグ湾の襲撃戦

ビーチィ・ヘッドの後、イングランド海峡艦隊とオランダ戦隊とによる連合国艦隊の指揮は、リチャード・ハドック、ヘンリー・キリングリュー及びジョン・アッシュバイが同一旗艦に座乗する合議制とされていたが、十二月、エドワード・ラッセルがイングランド艦隊司令長官《アドミラル・オブ・ザ・フリート》に任命されて、この艦隊を指揮することになった。

一六九一年は大規模な海戦もなく経過した。イングランド艦隊はオランダ戦隊を合同して、総勢約百隻となっていた。六月以後の夏季の全期間、ツールヴィル艦隊七十隻がイギリス海峡でイングランド船を襲撃して回ったが、連合国艦隊は何ら対抗策を講じなかった。マハンによれば、イングランド海運の損害は大したことがないが、フランスの通商破壊戦が英蘭両国に及ぼした影響は小さくなかった。[二一九]

一六九二年当初、国王ウィリアムはオランダでの地上戦にのめり込んでいた。三月、前国王ジェイムズがラ・オーグ岬へ赴くが、ここには多数の輸送船が集結し、大規模な部隊がイングランド侵攻作戦の発動に備えていた。五月九日、ラッセルの連合国艦隊がポーツマス沖のセント・ヘレンズ泊地に進出する。

五月十七日、ツールヴィル艦隊がイギリス海峡に姿を現す。その翌日、ラッセル艦隊も洋上に出た。十九日早朝、バルフリュール岬沖の北東十二マイルにおいて両艦隊が遭遇する。英蘭連合国艦隊は戦列艦九十九隻、フリゲート艦及び火船三十八隻である。前衛戦隊はオランダ艦三十六隻、中央戦隊はアドミラルのラッセル、ヴァイス・アドミラルのデラヴァルとリア・アドミラルのショヴェルの戦列艦三十一隻、後衛戦隊がアドミラルのアッシュバイ、ヴァイス・アドミラルのルック及びリア・アドミラルのカーターの戦列艦三十二隻である。フランス艦隊は戦列艦四十四隻、フリゲート艦及び火船十三隻である。今度は連合国艦隊が圧倒的に優勢だが、ツールヴィルは敵の勢力を精々が四、五十隻と見誤っていた。そこで、彼は直ちに全艦隊を敵に向首させた。両艦隊の戦列は北北東から南南西へ向かって伸びていた。〇八〇〇時頃、連合国側の戦列成形が完成し、ツールヴィルの戦列も千々に乱れながらも敵艦隊に向首した。

一〇三〇時、フランス艦隊中央戦隊が連合国中央戦隊に対して砲撃を開始した。戦闘は熾烈を極め、やがて損傷を受けたツールヴィルの旗艦〈ソレイユ・ロワイアル〉がボート

エドワード・ラッセル

で曳航された。これを連合国側が激しく攻め立てるが、同艦は濃霧の中に姿を消した。一七〇〇時頃、視界がわずかに回復すると、ラッセルが追跡戦を下令した。これで海戦が部分的に再興されて、二〇〇〇時まで続行される。だが、闇夜に包まれてきたために、敵味方の両艦隊が投錨した。

二十日〇八〇〇時、連合国艦隊が総追跡戦を開始して、これが二十一日も継続される。その日の一一〇〇時、損傷の激しい旗艦百六門〈ソレイユ・ロワイアル〉がシェルブール付近で座礁したが、その前にツールヴィルは九十二門艦〈アンバチュークス〉に移乗していた。二十二日、デラヴァル戦隊が〈ソレイユ・ロワイアル〉、十門艦及び七十四門艦の三艦を撃破した。残余のフランス艦隊は後に「アルダーニー島沖の追撃戦」と呼ばれる連合国艦隊の猛追を受けつつ、ラ・オーグ湾、ル・ハーヴル、ブレストあるいはセント・マロに逃げ込んだ。

二十三日、ルックがラ・オーグ湾のフランス艦六隻を焼き、翌朝、残る戦列艦六隻と数隻の輸送船や補給船のすべてに火を掛けた。その頃、前イングランド王ジェイムズは、この「ラ・オーグ湾の襲撃戦」を陸岸から見守っていた。かつて手塩にかけて鍛え上げたイングランド艦隊が、自らの王座復帰の望みを打ち砕くのを目の当たりにして、如何とも為す術がないのである。皮肉と言えばあまりにも皮肉、悲運と言えばあまりにも悲運なめぐり合わせに、ジェイムズの胸中いかばかりであったであろうか。

スミルナ船団の惨劇

一六九三年夏、イングランド、オランダ、デンマーク及びスウェーデン船で大規模な船団が編成され、スミルナ船団と呼称された。総勢四百隻の大部分がトルコのスミルナを仕向地とするからである。船団の護衛には、三人の共同指揮官が率いるイングランドの海峡艦隊《グランド・フリート》（本国艦隊ともいう）が当たった。フランスはこの船団の情報を得て、これを捕捉しにかかった。ツールヴィルがブレスト艦隊戦列艦約七十隻を、ヴィクター・マリー・デステレーがツーロン艦隊戦列艦二十隻をそれぞれ率いてラゴス湾で合同して船団を待ち受けた。

六月六日、ウーシャント島沖において、海峡艦隊の主力が反転し、後はルックの戦隊が護衛を続行した。ルック戦隊は戦列艦十一隻、五十門艦三隻、フリゲート艦九隻及び小舟艇八隻で、最寄りの港湾に向かう船を逐次解列しつつ、ジブラルタル海峡へ向かった。十六日、艦隊の前方にいた艦がフランス艦二隻を発見し、さらにセント・ヴィンセント岬の付近にも何隻か視認された。これが悪夢の始まりである。十七日払暁から正午にかけて、フランス戦列艦八十隻が現れた。戦闘の回避はすでに遅きに失し、夕刻にフランス艦が追いついてオランダ艦二隻を捕獲した。十八日、ルックは残余の船団を護衛してマデイラへ向かった。

結局、オランダ戦列艦二隻と商船九十二隻が捕獲、焼却又は撃沈され、

スミルナ船団の惨劇

被害総額は百五十万ポンドに上がった。この惨劇の責任を負うべきは現場指揮官ルックでも、先にグランド・フリートの共同指揮に当たった三人の指揮官でもなく、むしろ政府と海軍当局が負うべきである。イングランドには敵の動静を把握する情報機関がなく、戦時に迅速で適切な処置を指示する組織もなかった。なお、フランス艦隊司令長官ツールヴィルは、今回も戦果の拡大に消極的な姿勢を曝け出したので、以後は二度と艦隊指揮官に任命されることがなかった。

フランスの宿命的な海軍戦略思考

ビーチィ・ヘッドの海戦では英蘭連合側が苦杯を喫し、ラ・オーグ湾の襲撃戦は逆にフランス側が完敗し

た。ところが、トレヴェリアンによれば、後者の海戦はトラファルガーと同じように決定的な戦いになったという[二〇]。イングランド艦隊はビーチィ・ヘッドのショックからすぐに立ち直ったのに、フランスがラ・オーグの深手から回復できず、制海権の争奪を断念したからである。無論、フランスもただ一回の海戦でそうなったのではない。

こうしてフランス艦隊が戦略転換することとなるが、その背景にはルイ十四世の大陸指向政策があった。コルベールの海軍増強策によって、開戦当初はフランス艦隊がイングランドやオランダの艦隊よりも優勢であった。さらに、フランス艦隊はビーチィ・ヘッドの海戦でイギリス海峡の制海権を握った。ルイは制海権をさらに拡大強化できたし、その気になれば、ウィリアム軍がアイルランドやヨーロッパ大陸に渡るのを阻止できたはずであるが、なぜかそうしなかった。

再びトレヴェリアンを引用すれば、潮の干満で水位が刻々と変化するテムズ河を眺めているイングランドの為政者と違って、パリのヴェルサイユ宮殿からは海上権行使のチャンスを感知できなかったのである[二一]。まして、コルベールがラ・オーグ戦の前に没した後、時の海軍大臣はルイの大陸指向に盲従し、海軍総監ヴォーバンに至っては主力艦隊不要論を唱える始末である。元来フランスは自給自足の農耕型国家だから、ルイやその追従者たちの考え方のほうがむしろ自然で、コルベールが特異な存在であったのかもしれない。

もう一つ重要な要因がある。十六世紀初頭のヨーロッパに宗教改革の嵐が吹いてから、カトリック国家フランスは一貫して新教徒《ユグノー》を抑圧してきた。十六世紀末、アンリ四世がナントの勅令を公布して信教の自由を保障したかに見えたが、一六八五年、ルイ十四世がこの勅令を廃止する。ユグノーは再び弾圧されて、多くは国外に亡命した。彼らには専門職や自由職に就く者が多く、これが産業経済界において指導的な立場を占めていたから、彼らに対する弾圧はこの国の産業と経済を抑制することでもあった。イングランド艦隊と違い、フランス艦隊は産業と経済を基盤にして構築されていたわけではない。だから、フランス艦隊には、ビーチィ・ヘッドの敗退を跳ね返すイングランド艦隊の弾力性や抗堪性は望むべくもなかった。そして、ルイがヨーロッパ大陸に向き直ったとき、フランス海軍の没落が運命づけられたのである。

ともあれ、フランス海軍はブレスト艦隊を戦隊又は単艦単位で運用し、これにダンケルクの私掠船群を合わせて通商破壊戦《ゲール・ド・コース》を始め、その一方、ツーロン艦隊を港内に温存してイングランド艦隊を牽制した。皮肉にも、ハーバートの現存艦隊構想を実行に移したわけである。しかし、ラ・オーグ以降、英蘭連合国艦隊が無敵のプレゼンスを示したにもかかわらず、英蘭両国の海運の被害は激増した。

当時のイングランド海軍公報編集者によれば、海運の被害は「ビーチィ・ヘッド以降にフランス艦隊が制海権を掌握した時期より、現在のほうが大きくなった」という。こうした事情を、マハンが次のように説明している。

> 第一に、優勢なフランス艦隊に痛めつけられたビーチィ・ヘッド並びに逆に優勢な艦隊で決定的な勝利を得たラ・オーグが相俟って、英蘭連合国は海戦現場海域での優勢を重視するようになった。すると、連合国艦艇は常に艦隊規模で行動するようになり、当然ながら、連合国艦艇のプレゼンスの時と場が限定される。これがフランス艦艇と私掠船の自由な行動を助長した。（……）第二に、フランスは艦隊の出動を控え、余った乗員が私企業の船舶に乗ることを許した。この二つがフランスの私掠活動を拡大させ、イングランド海運界が悲鳴を上げるに至った。[二三]

イングランドの海洋戦略

イングランドは、この戦争で初めてヨーロッパに同盟国を持ったわけである。当然の成り行きとして、ヨーロッパ大陸での敵地上軍への直接攻撃という新たな戦略目標が浮上した。だが、このような大陸戦略は、エリザベス時代以来の海洋戦略とは全く相容れない考え方である。そこで、戦略選択の問題をめぐって、国中の「大陸派」と「海洋派」とが甲論乙駁の論争を繰り広げた。国王ウィリアムを旗頭とする大陸派の主張は、超大国フランスと直接対決するべく、ルイが狙うオランダに地上軍を投入することである。海洋派のスポークスマンはジョナサン・スウィフトとダニエル・デフォーである。わが国では、二人ともそれぞれ『ガリヴァー旅行記』と『ロビンソン・クルーソー』の著者として知られるが、イングランドでは舌鋒鋭く迫る政治評論で令名を馳せていた。海洋派の戦略構想は、艦隊作戦で敵の海外資源の搬入を遮断すれば、敵国の国内経済が破滅して、継戦能力を維持できなくなるというのである。とは言うものの、大陸派が海軍を無視し、海洋派が陸軍を軽視していたわけでは決してない。結局、両者の相違点はヨーロッパ最強のフランス陸軍を減殺する方法で、陸上での直接作戦《ダイレクト・アプローチ》か海上からの間接作戦《インダイレクト・アプローチ》かである。

国王ウィリアムは海洋派から「国王は偉大な将軍だが、提督の器に非ず」と陰口されたが、戦略的洞察力をまるで欠如していたわけではない。一六九一年、彼は三つの戦略転換を図り、いずれも竜頭蛇尾に終ったが、以後の英仏戦争における基本戦略となる。

第一は、この国最初の陸海軍統合運用である。すべての陸海作戦をフランドル戦線の膠着状態打開という単一目標に指向した。艦隊もフランドル戦線を牽制するために処々で支援作戦を遂行していたが、その最中に先のバルフリュールの海戦とラ・オーグの襲撃戦が生起したのである。ただ惜しむらくは、ウィリアムが政府首脳と艦隊司令長官ラッセルの進言に耳を傾けず、敗残のフランス艦が逃げ込んだセント・マロに両用戦を仕掛けなかった。もしそうしていたら、ツールヴィル艦隊はほぼ完全に殲滅したであろうから、以後のフランスの通商破壊戦もよほど違っていたに違いない。

第二は、対仏経済封鎖である。海軍の主任務を敵の通商航路帯の遮断とする一方で、同盟国はもとより中立国にも対仏ボイコットを提唱した。だが、イングランド商人ですら密かにフランスと取引したし、オランダ商人は平気で商売していた。だから、中立国が聞く耳を持つはずがない。

　ウィリアムの第三の戦略転換は、地中海への艦隊派遣である。すでに述べたとおり、イングランドはエリザベス時代に地中海の戦略的意義に着目し、これをクロムウェル時代に再確認していた。そして、一六九四年、この国が本格的に地中海戦略に取り組み始め、以後の英仏抗争を通じて、地中海の制海権が戦争の趨勢を握る鍵となる。

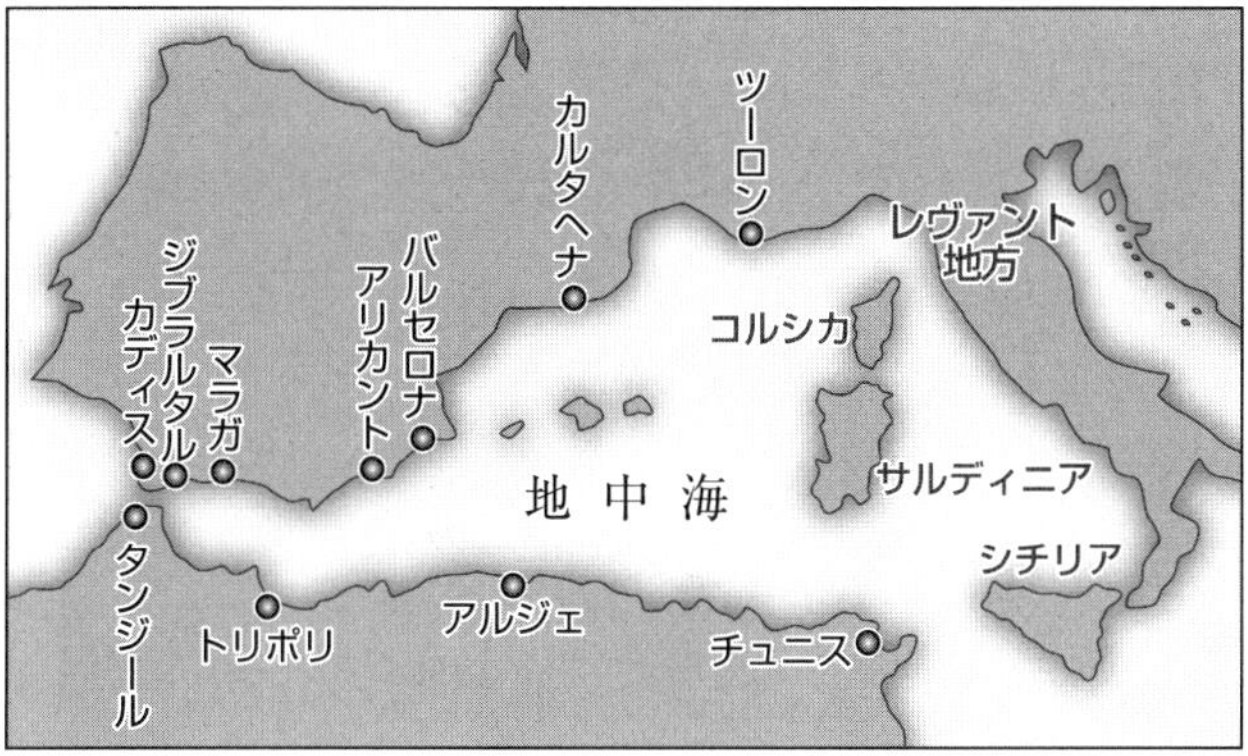

地中海概念図

　一六九一年一月、イングランドは戦隊を地中海に進出させ、この戦隊がレヴァント船団の護衛に従事しつつ、各地でスペイン艦隊と共同作戦を実施した。六月、イングランド艦隊司令長官ラッセル自身がオランダ戦隊とスペイン戦隊を合同させて地中海に入る。七月十三日、連合国艦隊はカルタヘナに到着し、その後は各方面でプレゼンスを示した。ただし、ラッセルは恒常的な基地のない地中海での越冬は問題外と考え、バルセロナで反転してイングランドに帰投するつもりでいた。ところが、彼はアドミラルティの命令でカディスに越冬司令部を設置することになる。

　このイングランド政府の判断は戦略的に賢明であった。翌年春、ラッセル艦隊はカディスから再び地中海に入って行動するが、これをフランスは静観するしかなく、イングランドは地中海支配国家としての基盤を初めて確立することになった。九月、彼は艦隊の一部を連れて帰国し、十月十六日、アドミラルに昇進したジョージ・ルックがカディスで司令長官を引き継ぎ、一六九六年一月に帰国した。

当時、イングランドの地中海での戦略目標は、スペイン領及びオーストリア領の防衛並びに自国のレヴァント貿易の保護である。だが、イングランドの艦隊策源地はカディスしかなかったから、実質的にはあまり成果がなかった。しかし、やがて地中海の艦隊プレゼンスが新たな可能性を生み出すことを再認識すると、この方面に恒久的な基地の設置を模索し始めることになる。

イングランドの政治経済情勢

この戦争における戦費が年間五百万ポンドを上回る巨額に達すると、イングランドといえども、国家財政の破綻は目に見えていた。そこで、一六九三年、銀行家ウィリアム・パターソン[二二三]と大蔵卿チャールズ・モンタギュー[二二四]の二人がヨーロッパに先駆けて国債制度を編み出し、翌年、イングランド銀行を設立した。従来、国王への貸付金は、税収が入ると直ちに返済された。ところが、国債を買うという形式で国家に金を貸した投資家たちは、イングランド銀行が保障する長期高率の利子のほうが有利であるから、短期日で元金を取り戻そうとしなくなる。この新制度の導入は後に「財政革命」と称せられたが、政府の安定的財政維持を可能とし、国内の金融を活性化させて通商産業の発展に大きく貢献した。

無論、良いことばかりではない。戦争のシステムや規模の拡大に伴い、陸海軍を含めた国家行政組織が一挙に膨張し、政府の権限も拡大されてきた。おまけに、国王ウィリアムはかつてヨーロッパで国際関係の魑魅魍魎を掻い潜ってきた自信から、軍政両面にわたり強烈なリーダーシップを発揮し始めた。彼にはイングランド議会の政治家たちが国際政治の素人としか見えなかったが、議会は議会で国政の最高決定機関としてウィリアムを「国王と承認した」という自負があったから、国王と議会との間で様々な摩擦が起きないはずはなかった。

そのイングランド議会も戦争の影響で微妙に揺れ動いていた。一六八〇年前後に溯れば、議会がヨーク公ジェイムズを王位継承者から排除する法案をめぐり二分され、これを是とする一派が非とする側を「トーリー野郎」と呼べば、他方は「ホイッグ奴」とやり返す。ちなみに、「トーリー」は「お尋ね者」や「山賊」を意味するアイルランド語 toraidhe に由来し、「ホイッグ」はチャールズ二世に反対したスコットランド人グループのリーダーの名前 Whiggamore を縮めたのである。二つとも相手に対する蔑称であり、これをそのまま自ら党派の呼称とするあたりが如何にもブリティッシュである。

名誉革命以降、議会がより明確にホイッグとトーリーに二分された。歴史的に見れば、やがて前者は自由党に、後者は保守党へとつながるのだが、当時は自由や保守の旗幟をそれほど鮮明にしてはいなかった。強いて区別すれば、ホイッグが王権を制約する議会の役割と宗教的寛容を強調すれば、トーリーは国王と国教会の下における伝統的秩序を重視した。

この二派はことごとく意見を対立させて、激しい政争に明け暮れた。例えば、ホイッグ党が大陸派を支持すれば、トーリー党は海洋派を援護した。先の財政改革を断行したのは大蔵卿モンタギューらホイッグ党中堅グループだから、党全体が保守的な政府与党の性格を帯び始める。だが、中央集権の味を知った一部の指導者層に反感を覚える地方分権的な一派がいて党内が分裂する。一方、蚊帳の外に置かれた形のトーリー党は、逆に反戦・反政府的で攻撃的な姿勢を示す。かくして、イングランドでは朝野にわたり百家争鳴して、一六九四年以降に五回の総選挙を経ても、政局は一向に安定する様子を見せなかった。

ライスワイクの和議

一六九七年九月二十日、ライスワイク（現在のハーグ郊外）において、アウグスブルク戦争の平和条約がフランス、イングランド、スペイン及びオランダの間で締結され、同時にウィリアム戦争も終結する。この条約で、ルイ十四世はこれまでの占領地を返還し、ウィリアム三世をイングランド国王として承認した。オランダはスペイン領ネーデルラントの防備を任され、フランスにインドのポンディシェリーを返還した。なお、十月三十日、フランスとオーストリアとの間に平和条約が締結されるが、フランスはアルザス、ストラスブールを領有し、フライスブルク、ブライザハ及びロレーヌを返還した。

かくして、アウグスブルク戦争に一応の決着が付いたが、ルイとウィリアムにとっては不満足な結果となった。ルイは大陸の地上戦に気を取られていて、自分の艦隊勢力が頂点に立った一六八九年と九〇年においてイングランド艦隊を叩きのめす千載一遇の機会を逃した。その結果、英蘭両国は九一年に劣勢を盛り返した[二二五]ので、イングランド本土侵攻もその通商破壊も実現できなかった。ウィリアムもフランスの地上軍と艦隊を撃滅できなかった。だが、同盟側がどうにかルイの侵略を頓挫させたことは事実である。しかし、客観的に見れば、イングランド海軍はフランスと九年間も戦いながら、クロムウェルやチャールズ二世の時代の海軍に比べて何も進歩していなかった。しかも、この戦争以後、この国のシーパワーは厄介な戦略情勢に直面することになる。

先ずは、敵の海洋依存度である。スペインが命の綱と頼む金銀塊の財宝は海上交通路で搬入されていた。当時、この国はオランダ南部を領有していて、ここへの軍隊の派遣も海上輸送に依存した。一方、オランダ国民の生活を支えたのは、海外貿易と漁業である。かくして、両国の生存と繁栄は、海上交通路の確保如何に懸かっていた。他面、フランスは海洋をさほどに重視しなかった。無論、この国も貿易をしたし、植民地を領有していたが、元来が自給自足の国であったからである。

次は、敵の海上交通路の抗堪性である。スペインの主要港湾はイングランドから遠く離れていて安全であったが、このメリットもアゾレス諸島を奪われて消滅した。オランダの貿易航路帯はイギリス海峡を制圧されるとひと溜まりもない。一方、フランス西海岸の港湾はイングランドに近いが、当時の軍艦の貧弱な耐洋性ではブレストやビスケー湾の連続的封鎖は困難であった。まして、フランスがレヴァントやイタリアと交易する地中海では、英蘭同盟国はともに基地を持たなかった。

最後は、イングランド自身の脆弱性、即ち本土侵攻と領水内の通商妨害の恐れが生じた。ヨーロッパ最強の陸軍がイギリスの対岸に満を持していて、ブレストには強力な艦隊がいて、ダンケルクは私掠船群の基地であった。さらに、フランスはカリブやカナダの植民地からイングランド植民地や貿易船を攻撃できた。

第二節　スペイン継承戦争とアン女王戦争

戦争の新たな火種

先の戦争が終結したのは交戦国同士が戦いに疲れたからであって、講和条件は争いの原因を何一つ解消していなかった。従って、次のスペイン継承戦争やアン女王戦争は新たな戦争ではなく、先の戦争が新たな火種で再燃したものと考えるべきである。

スペイン国王カルロス二世は嗣子に恵まれなかったから、彼の後継はフランス・ブルボン家かドイツ・ハプスブルク家から選ばれることになる。そこで、かねてフランスのルイ十四世が孫のアンジュー公フィリップを推奨し、オーストリア皇帝レオポルト一世は息子のオーストリア公カールを擁立した。イングランド王ウィリアム三世は、スペイン王位継承問題に潜在する危険を鋭敏に察知していた。その危険とは、フィリップかカールのいずれかが「一人がスペインの全領土を相続する」ことである。スペインに昔日の勢いはなかったが、依然として陽の沈むことなき大支配圏を領有していた。ヨーロッパでは、スペイン領ネーデルラント、ナポリ王国、南部イタリア、ミラノ、シチリア島、サルディニア島、イビサ島、並びにマヨルカ島とミノルカ島のあるバレアレス諸島、西半球では、大陸の大部分がスペイン領アメリカ諸州である。それに、アジアの群島地域がある。これらのスペイン領がすべてフランスかオーストリアのいずれか一方に帰属すれば、たちまちヨーロッパの勢力均衡が一変する。だから、ウィリアムはレオポルトとルイにスペイン領土の分割統治を持ちかけ、一六九八年と九九年、スペイン分割条約を締結する。彼は他家の財産分けに嘴を挟んだわけだが、レオポルトもルイも、すでに堂々たる大国イングランドの意向を無碍《むげ》にはできなかった。

一七〇〇年十一月一日、カルロス二世が死去するが、遺言でアンジュー公フィリップを王位継承者に指定し、ウィリアムの危惧したとおり、スペイン全領土の一括相続を指示していた。これで、アンジュー公フィリップがスペイン国王フェリペ五世となるが、オーストリア公カールも我こそはスペイン王カルロス三世と譲らず、先のスペイン分割条約はたちまち消滅してしまった。この情勢で、ウィリアムは一転してオーストリア皇帝を支援し、再度フランスとの対決を決意した。一七〇一年三月、彼は後のマールバラ公ジョン・チャーチル[二二六]を遠征軍総司令官に任命し、同年八月二十七日、英・蘭・墺の対仏同盟を結成する。一方、ルイは九月に客死した前イングランド王ジェイムズ二世の息子をイングランド王ジェイムズ三世として擁立し、イングランドとの国交を断絶する。

ウィリアム三世の戦略目標とアン女王の即位

対仏戦争の危機が迫ると、イングランドでは海洋派と大陸派の戦略論争が再燃した。海洋派によれば、フランスは戦費をスペインの銀塊に依存せざるを得ないから、新世界とヨーロッパを結ぶ海上交通路がアキレス腱となる。従って、ここにイングランドのシーパワーを集中すべきであった。だが、これには容易ならない問題があった[二二七]。先ずは国家経済の問題で、敵の海外資源依存度の実態である。海外資源を遮断されたフランスの継戦能力がいつ頃までに衰退するかが判らない。次は軍事戦略の問題で、果たして仏西両国の海上交通路を完全に遮断できるか確証がなかった。このためには、相手の艦隊を撃滅しなければならない。イングランド艦隊はフランス艦隊より数の上では優勢だが、一七〇一年の時点では、戦列艦百三十隻の半分が出動準備を完了していたに過ぎない[二二八]。おまけに、先の戦争において、フランスが通商破壊戦に転換したとき、そのカウンター・プレゼンスにイングランド艦隊は勢力分散を強いられた。

結論を言えば、今回は大陸派の考え方が優先された。国王ウィリアムも政界をリードしたホイッグ党もともに大陸派寄りであった。議会の貴族院は「スペイン王位の簒奪者に事の道理を弁えさせるまで、わが国に安全の訪れなし」と宣言し、庶民院が大陸派遣軍五万、海軍定員三万五千並びにオーストリア及びデンマークへの助成金を承認した。

だが、ウィリアムの胸中は貴族院の認識ほど単純ではなかった。今にして思うに、海洋派にせよ大陸派にせよ、一体何人がウィリアムの戦争目的を正しく理解していたであろうか。私見ではあるが、彼にしてみれば、誰がスペイン王位を継承しても構わなかった。事実、ルイにスペイン分割を持ちかけた際、彼はフェリペのスペイン王位継承を容認すると約束していた。[二二九] ところが、カルロス五世の遺言がウィリアムの危惧した全領域の一括相続であったから、対仏同盟を盾にルイと対峙することになる。

リッチモンドによれば、

> ウィリアムの対仏大同盟構想における第一の目標は、フランスとオランダの間に防壁を築くため、スペイン領ネーデルラントを制すること。第二は、オーストリア領の安全を図るため、ミラノとナポリを制すること。第三が、イングランドとオランダの通商海運を確保するため、西インド諸島のスペインを制することである。[二三〇]

ウィリアムの本能寺はあくまでも第一目標で、第二はオーストリア皇帝への配慮である。ルイのヨーロッパ制覇を阻止するには、オーストリアとの共同作戦が必須要件であった。その皇帝はナポリ奪回の一念に燃えて、イングランド艦隊の地中海進出を要請していた。第三は国内の小姑的存在の海洋派や戦費のスポンサーとなるシティとの妥協である。いずれにせよ、第二と第三の目標を達成するには、地中海での制海権が必須条件と考えていた。政治家としての彼は、祖国オランダに入れ込みすぎて海洋派の非難を浴びるが、戦略家としては、シーパワーの効力を十分に理解していたのである。

だが、一七〇二年三月八日、ウィリアムが急逝すると、四月二十三日、ジェイムズ二世の次女アン[二三二]が即位した。五月四日、イングランドがフランスとスペインに対して宣戦布告し、これにオランダとオーストリアが続いて、スペイン継承戦争、つまりアン女王戦争が始まる。

父王が艦隊指揮官としての令名と国王としての不運を併せ持つように、アンの生涯にも奇妙な二面性が認められる。彼女はデンマーク王子ゲオルクと結婚し、子供を十四人も生むが、一人も成人しなかった。その悲しみを夜毎のブランデーで紛らわせ、国民から「飲んだくれ《ブランディー》のアン」と綽名されたが、歴史的に見れば、幸運な国家君主ではあった。

アン女王

彼女には「愚かなアン《シリー・アン》」という別の綽名もあって、国家君主の資質や政治的関心は微塵もなかった。言われるまま宣戦布告に署名はしたが、戦争など他人事でしかなかった。しかし、側近に名将マールバラ公と敏腕大蔵卿ゴドルフィン[二三三]という人を得た。前者が軍事と外交を切り回し、後者が国内行政と財政に専念して、後述するとおり、イングランド史上に一時代を画すことになるから、君主の無為無策がむしろ国家建設に大いなる貢献をしたとも言える。

ヨーロッパ大陸における戦争の経緯

ウィリアムの戦略構想はヨーロッパ遠征軍総司令官マールバラ公に継承され、そのマールバラ公がアンに重用されたから、イングランドの大戦略はウィリアム構想そのものである。また、先にリッチモンドの言うとおり、戦争の主目的はフランドルにおけるフランス軍の撃破である。

一七〇二年六月、マールバラ公が英蘭連合軍五万を率いてフランドルに進出すれば、オーストリア皇帝はオイゲン王子[二三]の軍を北部イタリアに派遣する。

一七〇三年夏、フランス・バイエルン連合軍が行動を開始し、翌年六月にドナウ河畔のブレンハイムまで進んだ。八月二日、マールバラ公とオイゲン王子の連合軍五万二千がフランス・バイエルン連合軍六万と激突して大勝利を納めた。この「ブレンハイムの会戦」は、この戦争における最も重要で歴史的な戦いとなった。この敗退でバイエルンを失ったフランスが戦線を四百キロも後退させ、彼我の勢力分布図を一変させたばかりか、その構図のとおりに後のユトレヒト体制が決定されたからである。

一七〇六年五月十二日、ミューズ河畔の「ラミリ

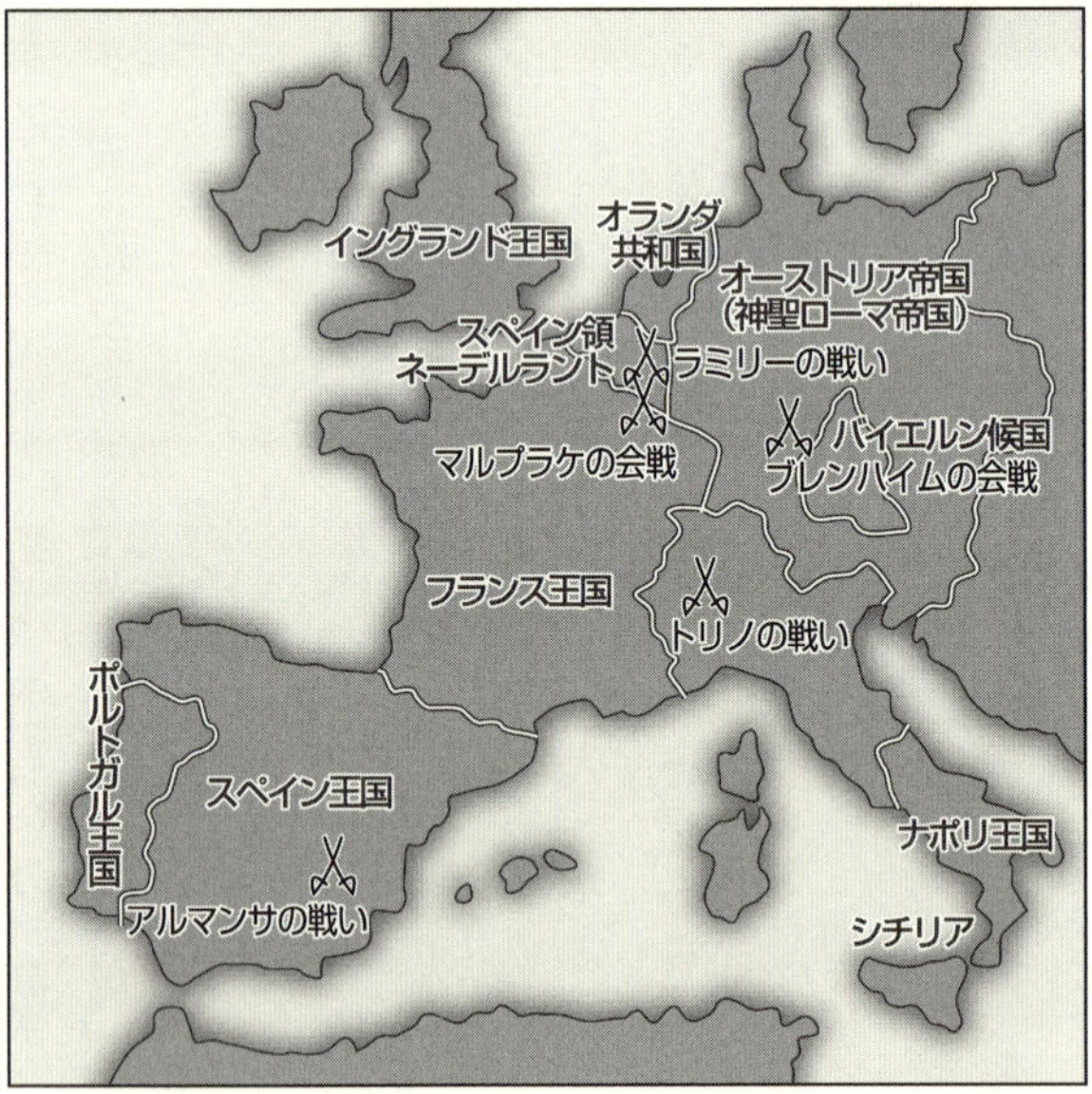

スペイン継承戦争の交戦国

ーの戦い」で、英蘭同盟軍六万がフランス軍六万を撃破する。この結果、マールバラ公は亡きウィリアムの戦略目標の一つスペイン領ネーデルラントを制覇して、英蘭同盟の安全を確保する。オイゲン王子もイタリア戦線に戻り、九月七日の「トリノの戦い」でフランス軍六万を撃破した。これでオーストリアはイタリア半島の主導権を確保した。

しかし、やがてヨーロッパ戦線が膠着する。一七〇七年、マールバラ軍はオイゲン軍と呼応してツーロンを攻略したが失敗に終った。ポルトガル軍の増援を得たイングランド軍がリスボンからスペイン東岸に機動したが、四月十四日の「アルマンサの戦い」で惨敗を喫した。そこで、マールバラ公はフランドルから直接パリを目指す。

一七〇九年八月三十一日、ベルギーとフランスの国境付近の「マルプラケの会戦」で、英蘭墺連合軍九万がフランス軍九万と衝突する。この戦争最後の激戦において、マールバラ・オイゲン軍は敵に倍加する死傷者二万を出し、マールバラ公の進撃が頓挫する。一七一〇年、彼はヨーロッパ遠征軍総司令官の職を解かれて帰国した。

カディス遠征作戦

ウィリアムの第二と第三の目標を達成するには、地中海の制海権が必須要件であるから、艦隊作戦の策源地としてカディスが選択された。ここを占拠すれば、英蘭連合国艦隊が仏西連合国艦隊の地中海進出を制約できるし、スペイン財宝船団の捕獲にも好都合で、しかも自分たちが越冬できる。それに、フランスの支配下にあったポルトガルを牽制できた。つまり、カディスの占拠は、ツーロンの占領、地中海の制海権の樹立並びにフランス南岸への大規模侵攻作戦の準備段階と位置づけられる。

この頃、アン女王は夫君のデンマーク公をロード・ハイ・アドミラルに、アドミラルに昇進したジョージ・

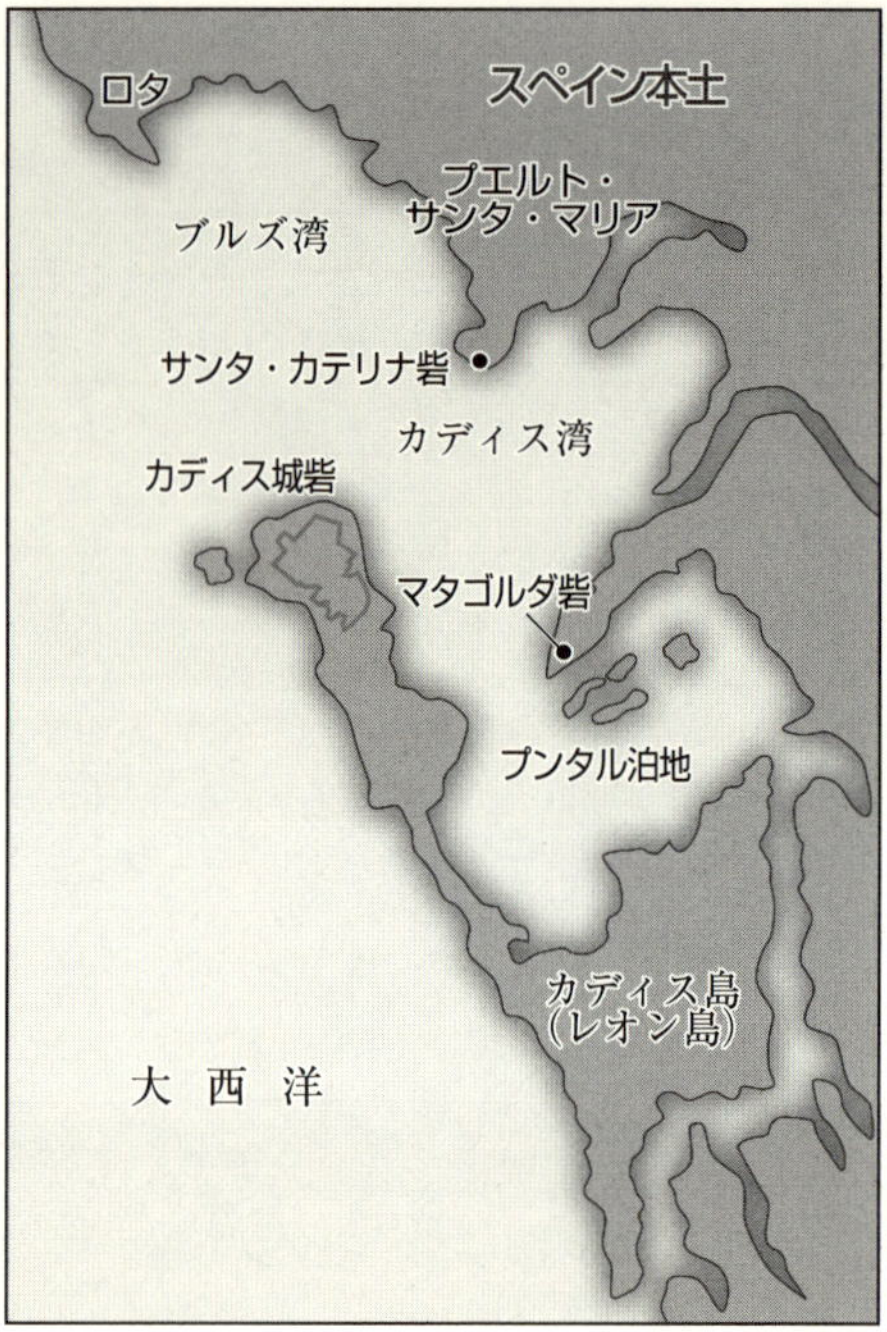

カディス湾

ルック[二三四]を艦隊司令長官にそれぞれ任命した。ルックの連合国艦隊は戦列艦がイングランド艦五十隻とオランダ艦二十隻、高速軽快艦、臼砲艇、火船、補給艦、病院船その他百六十隻である。これに陸軍大将アルモンデ公爵を総司令官とするイングランド軍九千六百六十三及びオランダ軍約四千が乗っていた。

一七〇二年七月二十二日、ルックの英蘭連合国艦隊がイギリス海峡を通峡し、八月十二日、カディスから約六マイルのブルズ湾に投錨する。イギリス海峡通峡の後、彼は数回の作戦会議を開いたが、いまだ作戦計画を策定できないでいた。彼はイングランドの提督にしては珍しく積極性に欠け、事ある毎に作戦会議を招集した。ブルズ湾に投錨後、カディス島[二三五]の偵察が終ってからも作戦会議が招集されたが、確たる行動方針が定まらなかった。結局、ルックは町に降伏を勧告するが、相手は断固として拒絶した。そこで、また作戦会議が開かれ、遂にカディス島北方のロタに上陸することが決定された。八月十五日、連合国軍が上陸して、十六日、ロタが降伏する。

二十日、上陸部隊がプエルト・サンタ・マリアの町に入った。ここで兵士たちは略奪と暴行の限りを尽くすが、これを総司令官アルモンデ公が放置した。それでも、二十二日、サンタ・カテリナ砦が陥落したが、オランダ軍によるプンタル泊地入口のマタゴルダ砦への攻撃が失敗に終る。この間、スペイン側は港湾入口に防材を構築し、プエルト・サンタ・マリアやロタの補給庫を破壊した。結局、九月十五日、上陸軍が艦隊に戻り、十九日、艦隊はカディスから撤収する。

この遠征は失敗に終り、しかも、後世に拭いきれない不面目を残すことになる。十九世紀末のイングランド海軍史家クロウズ提督は「この話は思うだに嘆かわしいが、忘却すべからざる教訓に満ちている。その責めは政府・海軍当局や現場指揮官に帰すべきである。この種の遠征作戦には、現地に関する情報が不可欠であるが、そのための組織が欠落していた。おまけに指揮官の優柔不断、部下将兵の不服従、蛮行及び泥酔などを曝け出したことは、国家の恥辱以外の何ものでもない」と述べている[二三六]。

ヴィゴ湾の海戦

英蘭連合国艦隊司令長官ルックも地上部隊総司令官アルモンデ公も、後味の悪い思いでカディスを後にしたであろうが、ほんの偶然から連合国艦隊と地上軍が目覚しい戦果を上げて、両指揮官の不面目が幾らか帳消しにされる。

九月二十一日、連合国艦隊の数隻がセント・ヴィンセント岬付近で真水を補給したが、その一艦〈ペンブローク〉の艦付牧師が現地のフランス領事との世間話で、ヴィゴ湾にブレスト艦隊が停泊していると知った。牧師は急いで帰艦し、同艦々長は直ちに揚錨した。十月六日、同艦長が艦隊に合流して事の次第を報告すると、司令長官はお定まりの作戦会議を開いて、ヴィゴ湾の襲撃を決めた。十日、ルック艦隊がヴィゴ湾外に到着し、翌日、湾内に進入して

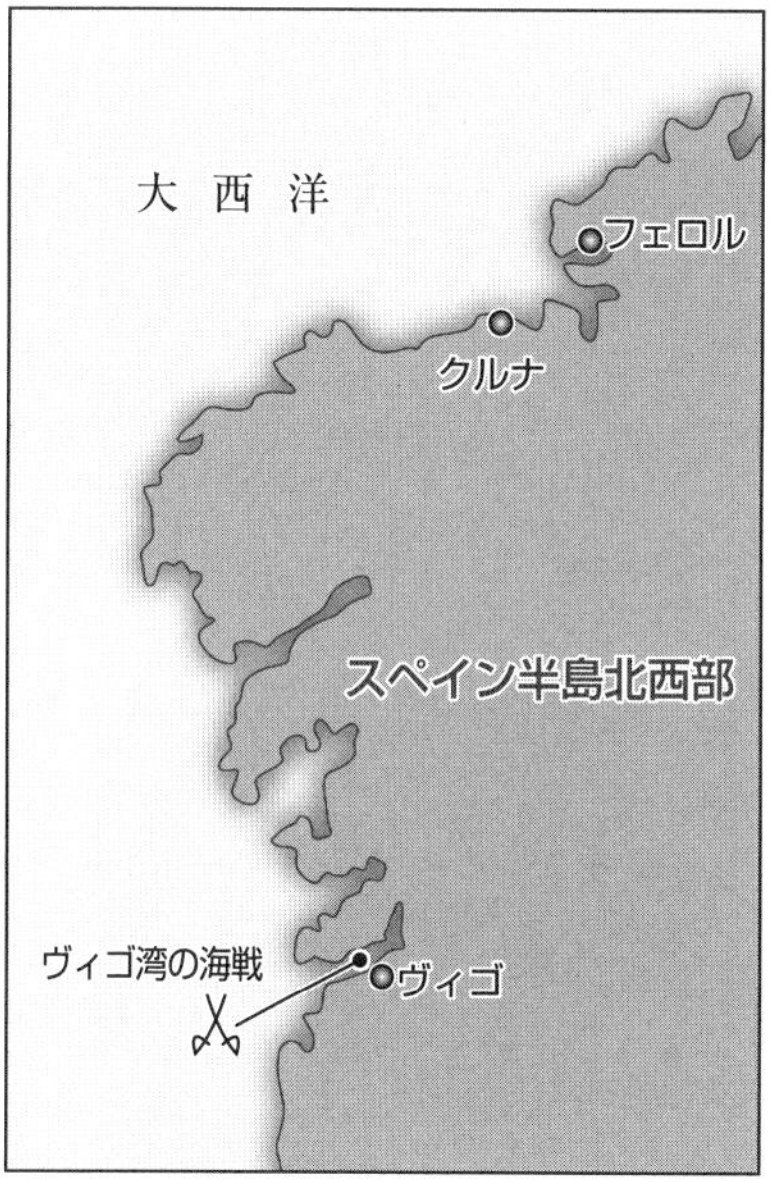

ヴィゴ湾の海戦

投錨した。連合国艦隊は戦列艦二十八隻及び火船九隻で、フランス艦隊は戦列艦十五隻、フリゲート艦六隻、ガンボート三隻及びガレオン船十七隻である。

十二日早朝、アルモンデ隊三千が上陸し、連合国艦隊は単縦列で進入した。先陣はヴァイス・アドミラルのホプスンの旗艦八十門〈トーベイ〉で、猛烈な砲火をものともせずに血路を切り開いた。一時間半の後、陸上ではアルモンデ隊が構築物を占拠し、海上では連合国各艦が雪崩の如く押し寄せた。戦いは英蘭連合国艦隊の完勝で終った。港内のフランス艦船はすべて捕獲又は撃破され、フランス提督一名と艦長二名並びにスペイン提督一名を含む約四百人が捕虜となる。連合国艦隊では、〈トーベイ〉が甚大な損害を被ったが、その他の死傷者は十二人足らずである。捕獲した財宝や積荷は、莫大な価格に達した。十月十九日、ルック艦隊が現地から帰国の途につく。

帰国後、カディスでの不始末を糊塗するため、アルモンデ公は口を極めてルックを非難するが、アイルランド総督に任命されると機嫌を直してしまった。ルックも貴族院の特別委員会から厳しく批判されるが、公式には何ら譴責されずに枢密院議員となる。

ジブラルタルの占領

一七〇三年、イングランド海峡艦隊や英蘭連合艦隊がイギリス海峡、ビスケー湾及び地中海を行動したが、ブレスト艦隊もツーロン艦隊も出撃しなかった。十二月十六日、メスエン条約が締結されて、イングランド艦隊がリスボンを使えるようになった。同月二十六日、ルック戦隊がオーストリア大公カール即ちスペイン国王カルロス三世をポーツマスに連れてきた。翌年二月二十五日、ルック艦隊がカルロスをリスボンに送り込むが、以後の行動が歴史的な幸運をもたらす。

四月末、ルック艦隊がリスボンから地中海を目指した。勢力はイングランド戦列艦十七隻、四等級艦四隻、五等級艦一隻、六等級艦一隻及び火船四隻で、これにオランダ戦列艦十四隻とヘッセンのダルムシュタット公爵の軍隊が随行した。主任務はバルセロナとニースにおける陸上作戦の拠点を構築することである。五月十九日と二十日、ルック艦隊はバルセロナを激しく砲撃したが、住民の反感を恐れて中止した[二三七]。次の目的地はニースである。その途次の二十七日朝、ルック艦隊がツーロンへ向かうトゥーローズ公爵のブレスト艦隊を発見した。ルックは例のとおりに作戦会議を招集するが、その間に敵が遁走し、二十九日の日没頃には視界のはるか外に消えた。だが、敵艦隊の出現で慎重になった彼はニースを断念して、ジブラルタル海峡へ引き返した。

六月十四日、ルックはジブラルタルを通峡して、十六日、セント・ヴィンセント岬の東北東十五マイルのラゴス沖に到着した。そこへ、リスボンのポルトガル国王とスペイン国王からスペイン情勢打開の要請が届いた。ルックにしても、当初の目的を何一つ達成することなく帰国はできない。彼は作戦会議を開いて、防備態勢が最も手薄なジブラルタルを急襲することにした。その行動方針は、ヘッセン公の海兵隊が町の北側に上陸して本土との連絡を遮断する一方、艦隊次席指揮官ビングの戦隊が艦砲射撃で要塞を攻撃することであった。この戦隊の編成はオランダ戦列艦六隻とイングランド戦列艦十六隻及びオランダの臼砲艇三隻である。

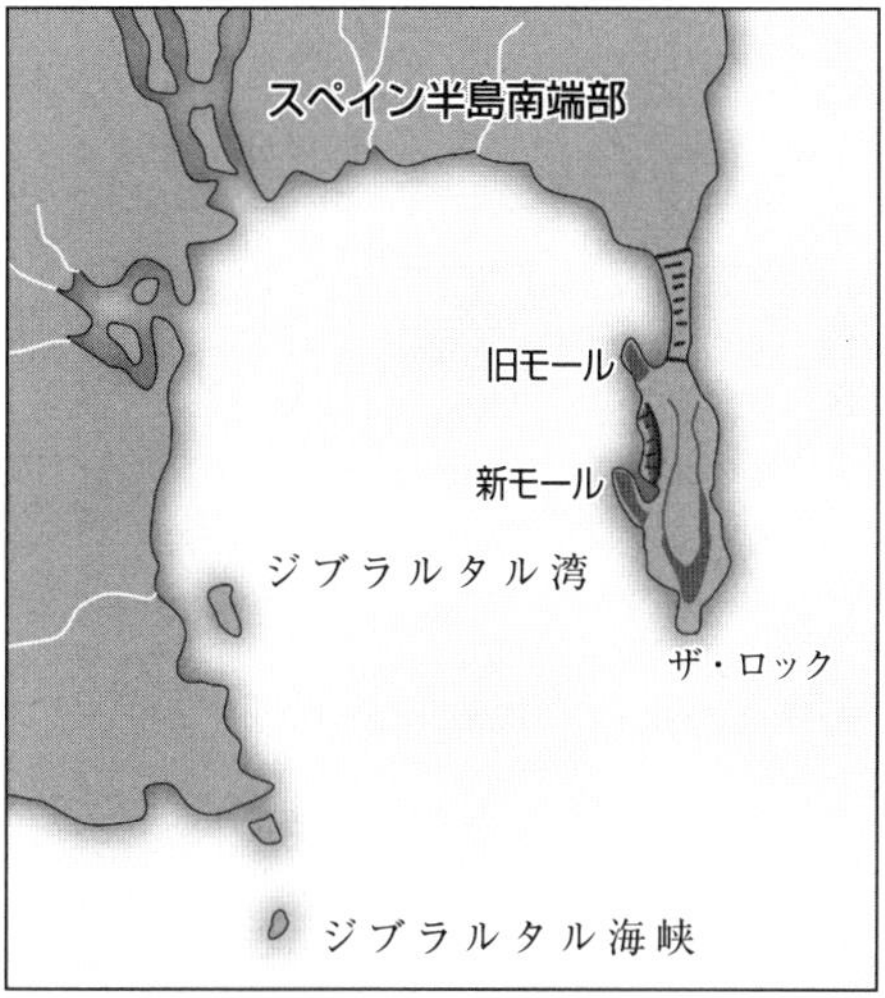

ジブラルタル湾

七月二十一日朝、ビング戦隊が湾内に進入し、午後、艦隊主力が湾口に進入して、約一万八千の海兵隊が上陸する。ビング戦隊は砲撃位置へ移動しようとするが、無風のため

ザ・ロックの眺望

に二十二日一杯までかかった。その夜、ルックは武装ボートで旧モールを攻撃し、ビングは臼砲艇に射撃を実施させた。翌日〇五〇〇時から、要塞の守備隊と連合国側の間で本格的な攻防が展開される。正午、攻撃側のボート隊がイングランド国旗を新モールと町の中間に立てた。そこで、ビングは自ら上陸して要塞に降伏を勧告した。同じ頃、ヘッセン公も要塞の北側から降伏を勧告した。

七月二十四日、ジブラルタル総督が「スペイン国王カルロス三世」を代表するヘッセン公に降伏したが、これもやむを得なかった。要塞には百門の砲が装備されていたが、八十人足らずの守備隊ではその三分の一しか操作できなかったのである。むしろ絶望的な劣勢をもって、大いに善戦したと言うべきであろう。連合国側は死者六十一人と傷者約二百六十人を出したからである。

ジブラルタルを海上から望むと、あたかも地中海の門柱のように見えるから、the Rock と呼ばれる。ロックの占領はまさに歴史的快挙であって、この瞬間から、イングランドのシーパワーが地中海における恒久的な作戦基地を獲得したのである。それだけに、その経緯には玄妙な歴史の綾が見え隠れする。ジブラルタルは降伏した時点でも、依然としてスペイン領であった。ジブラルタル総督が降伏した相手は、スペイン国王カルロス三世の臣下であるヘッセン公だからである。

後にユトレヒト条約でジブラルタルがイングランドに割譲されたのは、この国がアンジュー公のスペイン王位継承を承認する代償の意味があった。もしこの条約がカルロス三世を選択していたら、イングランドにはジブラルタルの割譲を要求する理由はなかったはずである。

マラガ岬の海戦

占領した砦にヘッセン公の海兵隊が残留し、英蘭連合国艦隊はアフリカ北西岸のバーバリー沿岸へ向かった。一方、スペイン王フェリペ五世は祖父のフランス王ルイ十四世に艦隊の派遣を要請し、ルイが息子トゥーローズの率いる艦隊を派遣した。そこで、フェリペはトゥーローズに自分の艦隊を預け、ジブラルタル奪回を期する。

八月十三日の朝、ルック艦隊とトゥーローズ艦隊がマラガ沖で遭遇する。双方とも戦列艦五十一隻で、前者にフリゲート艦数隻が、後者にはガレー船二十四隻が随伴していた。一〇〇〇時、ルックが信号で交戦を下令した。フランスの前衛戦隊が増帆してイングランド艦隊の風上側に出ようとするが、これを遮ろうとイングランドの前衛戦隊司令官ショヴェルが猛烈な砲火を浴びせた。このため、イングランドの前衛と中央との距離が開いて、ルック直率の中央

マガラ岬の海戦

戦隊が敵に取り囲まれそうになる。そこへショヴェル戦隊が引き返し中央戦隊の窮地を救い、以後三時間にわたり、双方が単縦列で併航して撃ち合う戦闘が継続された。やがてフランスの前衛戦隊と後衛戦隊が押されはじめたが、連合国側でも数隻が戦列を離脱した。一九〇〇時、トゥーローズ側が風下側へ避退して、結局、このまま戦闘が収束した。

この「マラガ岬の海戦」において、英蘭連合側は一隻も失わなかったが、海戦直後の事故でオランダの六十四門艦一隻が爆沈した。将兵の損害は甚大で、死者七百八十二人及び傷者一万四千四百四人に上がった。仏西連合側は死者約千五百人で、傷者の数はさらに大きかった。フランス艦隊は五十四門艦一隻とガレー船二隻を戦闘で失い、海戦後に戦闘中の損害が原因で沈んだのが六十門艦、五十八門艦、五十四門艦及び二十八門艦各一隻の計四隻ある。これで双方が自らの勝利を主張したが、ルック艦隊の勝勢は否定できない。

マラガ岬の海戦の意義

マハンはこの海戦を「ジブラルタル争奪という歴史的意義を除けば、つまらない戦い」と決めつけてはいるが[二三八]、これを鵜呑みにすると、この海戦に関わる重要な事実を見逃すことになる。フランスはこの海戦でジブラルタル奪回の目的を果たせず、以後は先の戦争と同様に通商破壊戦に転換する。イングランド側では、この海戦が二つの問題を惹起していた。

先に、戦闘中の数隻が戦列を離脱したと述べたが、海戦後、これら艦長たちが軍法会議にかけられ、判決はいずれも無罪とされた。なぜ艦長たちが裁かれたかと言えば、当時の艦隊戦術準則が戦闘中の戦列離脱を重大な命令違反としていたからだ。それがなぜ無罪になったかと言えば、件の艦はいずれも弾薬を撃ち尽くして、戦列を離脱するほかに方法がなかったからである。

ルック艦隊は先のジブラルタル攻撃で弾薬を消耗したが、その後に補給する暇がなかった。と言うより、リスボンに戻らなければ補給できない。ルックがマラガ岬の海戦で決定的な戦果を逸したのは、一つに各艦の弾薬が不足していたこと、さらには自らが単縦列戦列に拘泥したからである。つまり、地中海には、艦隊に対する後方支援システムが全く欠落していた。これをイングランド海軍は百も承知していたから、この海域に恒久的な基地を求め、その結果がジブラルタルの占領をもたらしたのである。もう一つの問題は単縦列主義という艦隊戦術システムに潜在する欠陥で、マハンは次のように痛烈に批判している。

> イングランド艦隊はこの世紀を通じて不条理な攻撃法を継続するが、これが初めて展開された（……）この海戦の以後、同じ原則と教義で戦った海戦は、見事なまでに同じ結果を提示した（……）マラガの海戦で展示された戦いぶりは戦術と呼べる代物ではなく、単に艦を動かしただけである。[二三九]

右の「不条理な攻撃法」及び「同じ原則と教義」とは、英蘭戦争以来の単縦列主義を指している。実は、この戦術問題のほうが後方支援問題よりはるかに深刻であったが、イングランド海軍は「この世紀を通じて」気がつかずにいたか、あるいは知らぬふりを続けていた。詳細については、この問題が顕在化する次のオーストリア継承戦争の節で述べる。

この海戦の後、英蘭連合国艦隊でルック直率のイングランド戦列艦三十四隻その他がイングランドへ向かい、ヴァイス・アドミラルのサー・ジョン・リーク[二四〇]がイングランド艦十六隻とオランダ艦十一隻を率いてリスボンに入り、そのまま越冬した。

一方、スペインのフェリペ五世はジブラルタル奪回作戦を再興し、これにド・ポアンタス男爵[二四一]のブレスト艦隊が協力することになる。

リークは直ちにジブラルタルに向かい、海兵隊四百を揚陸した。十月二十九日、彼はジブラルタル湾を奇襲し、フランスのフリゲート艦二隻、ブリガンティン十四隻、火船十六隻、小型帆船を破壊し、湾外でフリゲート艦と小型帆船各一隻を拿捕した。十二月初旬、二つの船団が兵士二千と大量の物資をジブラルタルに陸揚げした。一七〇五年二月十四日、ド・ポアンタス艦隊がジブラルタル沖に現れた。三月五日、リーク艦隊のイングランド艦二十三隻、オランダ艦四隻及びポルトガル艦八隻がリスボンを出撃する。十日払暁、リーク艦隊がジブラルタルに到着し、湾内からフランス艦五隻が逃走した。リークはこれらを追跡して、捕獲したり座礁させたりした。三十一日までに、この海域におけるフランス艦艇はすべて一掃された。

地中海作戦の継続

ジブラルタル占領の後、英蘭連合国艦隊はリスボンを策源地として、一七〇五年から翌々年にかけて地中海作戦を継続する。ただし、この一連の作戦はむしろ政治的なものであった。すでに述べたとおり、スペイン継承戦争の大義は、それぞれの陣営が擁立する元アンジュー公のフェリペ五世と元オーストリア公のカルロス三世によるスペイン王位の争奪であった。そこで、オーストリアと組むイングランド側が、直接スペイン人にカルロスを国王と認めさせる工作を企てたわけである。と言っても、それはこの国での作戦を円滑に運ぶための局地的で一時的な便法であった。

一七〇五年初頭、アドミラルのクローディスレイ・ショヴェル[二四二]がルックの後任として艦隊司令長官に任命され、リスボンで着任した。また、ピーターバラ伯爵チャールズ・モードウントもカルロス三世を伴って、この地にやって来た。このとき、イングランド政府はショヴェルとピーターバラ伯爵に共同で作戦指揮をさせることとした。共同指揮制《ジョイント・コマンド》はスミルナの惨劇で懲りているはずなのに、政府がこの艦隊に前述のようなスペイン本土での政治的な任務を付与したので、あえて再び同じ方式をとったのであろう。ただ、幸いにも、ピーターバラ伯爵が地上作戦と解放地域の軍政に専念し、海上作戦をショヴェルに一任したから、前回のような齟齬は来さなかった。

一七〇五年七月二十二日、ショヴェル艦隊が地中海を目指し、ジブラルタルに立ち寄って、地域の住民にカルロス三世を正式なスペイン国王と認定させた。八月十一日、艦隊はバルセロナ沖に到着する。町は親フェリペ派が押さえていたが、ピーターバラ軍が上陸して攻撃すると、九月二十八日に降伏した。

一七〇六年春、フランス戦隊と親フェリペ派がまたバルセロナを包囲すると、今度はリークが地中海へ進出して、ピーターバラ伯爵とともにバルセロナを確保した。次いで六月一日、艦隊はカルタヘナを降伏させ、八月二十四日、アリカンテを落す。

一七〇七年一月、ショヴェルの英蘭連合国艦隊が再び地中海に入り、ゴールウェイ伯爵の軍七千をアリカンテに揚陸したが、そのゴールウェイ軍が「アルマンサの戦い」で惨敗した。この影響が先に確保したバルセロナ、カルタヘナ及びアリカンテをはじめとするスペイン東岸の解放地域に及ぶと、この方面に滞在するカルロス三世も危うくなる。そこで、七月と八月、ショヴェル艦隊は先のマールバラ公とオイゲン王子のツーロン攻略に協力することにした。そもそもツーロン攻略の目的は、フランスのスペイン作戦の策源地を叩くことにあったからである。だが、フランス側が防備態勢を固めたので、攻撃側は包囲を解くよりほか仕方がなかった。かくして、イングランドのスペインでの工作と作戦は直接的にも間接的にも失敗に終ったわけである。

付言すれば、この失敗は、この時点では特段に致命的ではないように見える。だが、今にして思えば、後のユトレヒト条約におけるブル

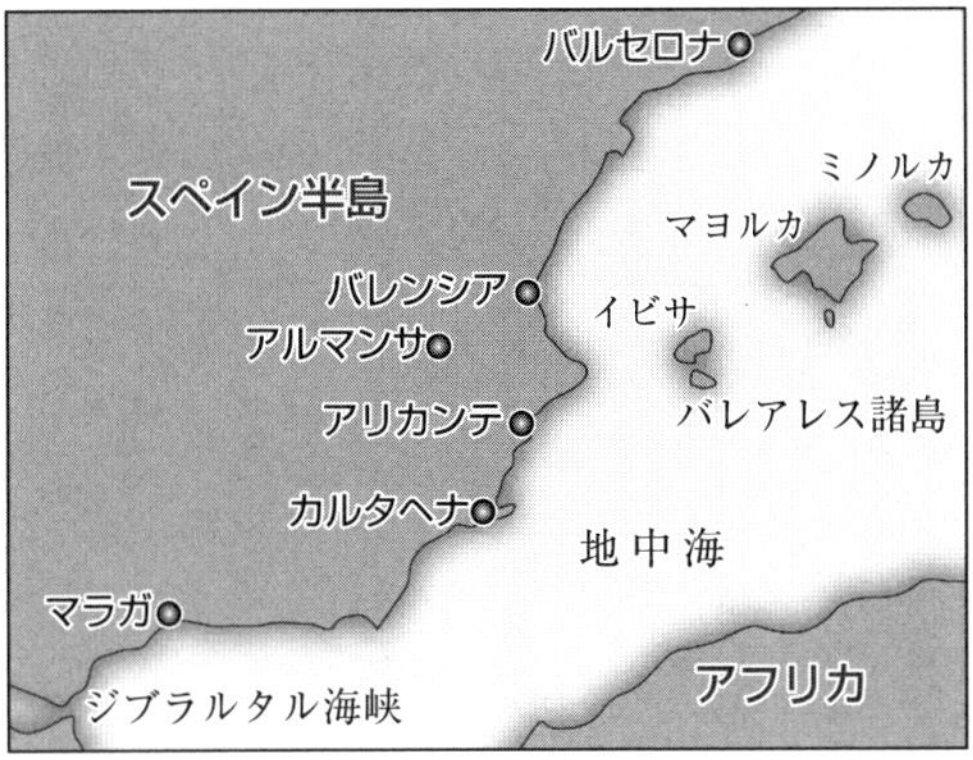

スペイン半島東岸

ボン家のスペイン王位継承に相当の影響を及ぼしたかもしれない。ともあれ、ショヴェルはジブラルタルに越冬戦隊を残し、戦列艦十二隻と小艦艇数隻を連れて帰国する。十月二十二日夜、艦隊はシリー諸島沖で荒天に遭遇し、旗艦ほか数隻が遭難し、ショヴェルも殉職してしまった。

ミノルカ島の占領と地中海の支配

ショヴェルの遭難に伴い、ジョン・リークがヴァイス・アドミラルのまま艦隊司令長官となる。一七〇八年四月から八月にかけて、リーク艦隊はイングランド艦十三隻、オランダ艦十二隻及び輸送船と小舟艇を率いて地中海西部海域を行動した。八月二十五日、艦隊はミノルカ島ポート・マホン沖に投錨して、同島解放の準備にかかる。ミノルカ島では親フェリペ派が中心地シュタデラなどに拠点を置き、ポート・マホンの入口に三つの要塞を築いていた。

九月三日、艦隊が部隊二千六百を上陸させるが、すでに荒天期に入っていた。そこで、九月八日、司令長官以下イングランド艦七隻とオランダ艦八隻が現地を離れた。翌日、越冬部隊として残留したエドワード・ウィッタカーの戦隊が作戦を継続し、この日のうちにフォルネルが降伏する。十一日、シュタデラが屈服し、十九日、ポート・マホンも陥落する。

ミノルカ島の占領によって、イングランドは地中海においてジブラルタルに続く二つ目の基地を獲得したわけである。この島はツーロン艦隊を監視、封鎖するのに絶好の位置にあり、後のイングランドの国益にとっても重要な拠点となった。

ミノルカ島

一七〇七年から終戦の一七一三年にかけて、イングランドは地中海に艦隊をプレゼンスさせ続けた。この艦隊を指揮したのはウィッタカー、ジョージ・ビング、ジョン・ベーカー、ジョン・ノリス及びジョン・ジェニングスであるが、彼らは通商防護並びに数ヶ所の守備部隊の護衛に終始し、以後の地中海作戦全般は派手な戦いを欠いた。フランスが本気で海上権を争うのを諦めたからである。[二四三]それが真実か否かは別として、フランスが海軍戦略を変えて、小戦隊や単艦単位の通商破壊戦に転じたのは事実である。

植民地の戦い

ウィリアム戦略の第三目標は、スペイン領西インド諸島の制覇にあった。一七〇一年十一月三日、ヴァイス・アドミラルのジョージ・ベンボウが率いる戦隊十隻が西インド諸島のバルバドスに到着した。やがて戦争になるのは目に見えていたから、彼はイングランド領の島々を回って敵の来襲に備えたが、彼の最終目的地はスペインの南米貿易の物資集積地カルタヘナであった。

一七〇二年八月十九日の朝、コロンビアのサンタ・マルタ沖において、ベンボウ戦隊とフランス戦隊が遭遇する。後者はドュ・カス伯爵の戦隊で、ブレストからカルタヘナを目指していた。ベンボウ側は七隻で、ドュ・カス側は六隻と小舟艇数隻である。以後の三日間、両戦隊が激戦を繰り返す。

二十四日〇三〇〇時、敵弾がベンボウの右脚を打ち砕いた。彼は一旦キャビンに降ろされるが、寝台

ジョージ・ベンボウ

ベンボウ対ドュ・カスの交戦

ごと後部甲板に運ばせて、払暁まで戦闘を指揮した。イングランド戦隊では、司令官がこれほどまで奮闘しているのに、不可思議にも、積極的に交戦したのは旗艦〈ブレダ〉と〈ルビー〉の二隻だけであった。他の五隻は交戦開始から最後まで戦列から遠く離隔し、時たまおざなりの射撃を試みるに過ぎなかった。同日朝、ドュ・カス戦隊が交戦海域を離脱した。これを見たベンボウは各艦長を招集して追撃戦を促したが、逆に〈デファイアンス〉艦長が戦闘中止を強要し、これをほとんどの艦長が支持した。ベンボウはやむを得ず戦闘続行を断念して、ジャマイカに向かった。

　ジャマイカにおいて、ベンボウは〈ルビー〉艦長及びすでに死亡していた〈ペンデニス〉艦長を除く全艦長を、怯懦、命令不服従及び任務放棄で軍法会議にかけるが、判決は二名が銃殺刑、一名が禁固刑、二名が停職処分であった。そして、ベンボウ自身は遂に右脚を切断し、翌年十一月四日に死去する。

　この一連の出来事は、イングランド海軍史に空前絶後の汚点を残すこととなった。ルイス教授によれば、主犯格の〈デファイアンス〉艦長カービーが怯懦でないのは、その前歴によって明らかという。ただ彼は野心家で気難しく、弱者につらく当たる癖があった。ベンボウは勇敢で有能な提督だが、実はターポリン出身である。貧しい皮なめし職人の家庭に生まれた彼は、刻苦勉励して水兵から叩き上げた頑固一徹の人物であった。ルイス教授は、原因が二人の性格と社会的地位の相違にあったとするが、それにしても、なぜこのような悲痛な事件が起こったのかは依然として謎である。[二四四]

一七〇八年四月十四日、コモドーのチャールズ・ウェイガーが四隻を連れて、ジャマイカのポート・ロイヤル（現在のキングストン）を出撃した。ちなみに、彼は前年十一月十九日付でリア・アドミラルに昇任していたが、彼自身はまだ知らずにいて、代将旗を掲げていた。五月二十八日の正午、カルタヘナ沖合において、彼は目指す銀塊船団の船影十七個を視認した。ウェイガー戦隊は四隻で、スペイン護衛戦隊は八隻である。戦闘は日没直前から開始された。一時間半後、ウェイガーはスペイン戦隊の旗艦を爆沈させ、真夜中にもう一隻を航行不能に陥れて、これを翌朝に捕獲した。この頃、彼は大型船三隻を視認して、この追跡を隷下の二隻に命じた。両艦は追跡したが、午後になって追跡を取り止めた。ウェイガーは再度の追跡を命じたが、三十一日、両艦が戻ってきて、敵の船が六十四門艦に守られてカルタヘナに入港したと報告した。そこで、ウェイガーは別の三隻に逃走するガレオン船一隻の追跡を命じた。このガレオン船は自ら海岸に乗り上げ、乗員の手で放火された。

　この海戦はスペインの心胆を寒からしめたが、イングランドには後味の悪いことになった。七月二十七日、ポート・ロイヤルにおいて、ウェイガーは追跡命令を完遂しなかった艦長二名を職務怠慢で軍法会議にかけた。二名は艦長を罷免され、以後二度と現役に復帰することはなかった。

　その後、西インド諸島方面で大きな戦いはなかったが、ひょんなことから北アメリカ大陸のニュー・イングランド植民地にスポット・ライトが当てられることになった。

　一七一〇年、インディアン酋長の一行がロンドンを訪問した。その際、彼らの話に政府が関心を寄せた結

セント・ローレンス湾周辺

果、五十門艦三隻、三十六門艦と三十二門艦各一隻及び臼砲艇一隻からなる遠征部隊がポーツマスを出立した。目的地は北アメリカ大陸北東部アカディアのファンディ湾に面したポート・ロワイヤルで、フランスの交易所が設置されていた。九月二十四日、遠征戦隊がポート・ロワイヤル港の沖に投錨し、翌日、兵士二個分隊を揚陸した。十月二日、この地区のフランス総督が降伏し、同港はアナポリス・ロイヤルと改称される。

翌年、先の成功に気を良くしたイングランド政府は、さらなる北アメリカ遠征作戦を計画した。遠征部隊はリア・アドミラルのホヴェンデン・ウォーカーの七十門艦三隻、六十門艦五隻、五十門艦一隻、フリゲート艦四隻その他及びヒル将軍の部隊五千三百である。七月三十日、遠征戦隊がスピットヘッドを出て、八月十八日にセント・ローレンス河口に到着する。同月二十日、ウォーカー戦隊は川を遡行するが、途中で濃霧と強い流れのため輸送船八隻が難破して、八百八十四人が溺死した。結局、この遠征は失敗に終わり、十月九日、遠征戦隊がセント・ヘレンズ泊地に帰還した。

そもそも、この遠征はインディアンの話からの思い付きであったから、政府は国民の不興を買うのを恐れて拙速に事を進めた。このため、遠征部隊は詳細な実施計画も策定せず、多くの準備物件を残したまま出発した。それが現場において、ことごとく裏目に出たのである。だが、この二度の遠征でセント・ローレンス湾沿岸付近にイングランド人が住み着くようになり、これが後のカナダ全土の獲得につながるのである。

フランスの通商破壊戦とイングランドの護衛艦艇・船団条令

七回の英仏抗争を通じて、フランスの対英通商破壊戦が二度の最盛期を迎える。初めは一六九四年から一七一三年にかけて、つまりウィリアム王戦争における「ラ・オーグの襲撃戦」からアン女王戦争の終結までの間である。次は一七九三年から一八一五年まで、即ちフランス革命戦争とナポレオン戦争の全期間ということになる。かくもフランスがイングランド海上交通路攻撃戦略に依存した理由には、消極と積極の二面が考えられる。消極的には、前述のとおり、フランス海軍が「ラ・オーグの襲撃戦」や「マラガの海戦」で艦隊決戦を断念したからに過ぎない。むしろ重要なのは積極的な理由で、フランスが海上交通路こそがイングランドの生命線であると認識していたことである。広大で肥沃なフランスと違って、島国イングランドは資源を海外に求めなければならないから、まさしく海上交通路こそがイングランドのアキレス腱なのである。

当時、海外貿易の相手は既存の外国と新世界の植民地の二つであった。イングランドの場合、造船資材のバルト貿易、ペルシア、トルコ、ギリシア、エジプト産の高級織物のレヴァント貿易、香料の東インド貿易、砂糖とタバコの西インド諸島貿易並びに奴隷を運ぶ西アフリカ貿易などである。

イギリス海峡のフランス私掠基地

十七世紀半ば、イングランドがバルバドスやジャマイカなどで砂糖キビ栽培を始めると、その労働力の供給源として奴隷貿易が本格化する。一六七二年にこの国はロイヤル・アフリカ会社を設立し、一六八〇年から八八年にかけて、この会社と密輸業者とで三十四万人の奴隷を新世界の市場に搬入し、その販売総額は三百万ポンドを超えた。これが歴史に悪名高い「三角貿易」の底辺で、西アフリカと西インド諸島をつなぐルートである。もっとも、十八世紀初頭の奴隷貿易市場でのイングランドのシェアは十パーセント足らずで、残りはスペイン、ポルトガル、オランダ及びフランス船が輸送した[二四五]。

この豊富な獲物に襲いかかったのがフランス私掠船群である。彼らの基地はダンケルクやセント・マロをはじめとするフランス沿岸各地に散在していて、イングランド艦隊でも対処しきれなかった。特に、ダンケルクは要塞のように防備を固めていたし、セント・マロは入り組んだ地形と強い潮流に守られていた。この期間、最も活躍したダンケルク私掠船群は九百五十九隻を捕獲した。[二四六] 次のセント・マロ私掠船群の捕獲数は六百八十三隻である。[二四七]

フランス私掠活動による被害があまりにも大きくなり、遂にイングランド海運界が悲鳴を上げ始め、一七〇七年三月九日、議会が「護衛艦艇・船団条令」を制定した。この条令の意義は議会がアドミラルティの艦隊運用に介入しただけではなく、さらなる艦艇建造の強力な裏付けになったことである。これまでアドミラルティは、各方面での様々な任務に艦隊勢力の分散を強いられていたが、こうした努力で状況は次第に改善されていった。

ちなみに、この法令の正式名称はAn Act for the better securing the Trade of this Kingdom by Cruisers and Convoys であるが、ここでいうクルーザーとは「就役状態にある艦艇」または「海上を任務行動中の艦艇」を意味している。

ユトレヒト条約の締結

一七一三年四月十一日、オーストリアを除く対仏同盟国が仏西両ブルボン国とユトレヒト条約を締結し、アン女王戦争が終結した。翌年三月七日、オーストリアとフランスが和平を結び、スペイン継承戦争が完全に幕を閉じる。

ユトレヒト条約は次のように要約される。第一に、仏西両ブルボン家の恒久的な分離を条件に、ブルボン家のスペイン王位継承が承認された。また、ジェイムズ二世の息子で、フランスに亡命中のイングランド王位僭称者ジェイムズ三世が放逐された。第二に、スペインは西インド諸島とアメリカ大陸の植民地を維持したが、自領ネーデルラント、ミラノ、ナポリをオーストリアへ、シチリアをサヴォイへ、ジブラルタルとミノルカをイングランドへそれぞれ譲渡した。第三に、フランスハノーヴァー・スコシアとニューファンドランドをイングランドに譲渡し、私掠活動基地ダンケルクの破壊と閉鎖を約束する。詰まるところ、ユトレヒト条約の基本理念は、ヨーロッパのスペイン領をオーストリアに譲る代わりに、スペイン領アメリカを正式にフェリペ五世のものとすることである。歴史的に見れば、ユトレヒト体制は当初ウィリアム三世が描いたとおりの図柄になり、十八世紀のヨーロッパ地図を確定した。

　イングランドは北アメリカ大陸や西インド諸島のスペイン植民地を制覇できなかったが、この方面における奴隷搬入の独占的通商権を確保した。この権利は、スペイン語の契約を意味するアシエントと称される。しかも、北アメリカ大陸北部のフランス植民地という付録付きである。

　この輝かしい功績は、次の三人に帰せられるべきであろう。先ずはマールバラ公とゴドルフィン伯爵である。英蘭連合軍総司令官マールバラ公は、ヨーロッパ大陸においてウィリアムの大戦略を忠実かつ効果的に追求した。大蔵卿ゴドルフィン伯爵は、時に戦費が年間八百万ポンドにも達する困難な財政問題を乗り切った[二四八]。そして最後の仕上げが国務卿ボリングブルック[二四九]子爵で、ユトレヒト講和会議では才気煥発ぶりを遺憾なく発揮して、歴史的な条約の締結に貢献した。

戦争の殊勲者と政争の犠牲者

　以下は歴史の付録としての余談である。この頃、イングランドの政界はトーリー・ホイッグ両党の政争で明け暮れて、ゴドルフィン伯爵を失脚させた。さらには、ジョージ・ルック提督とマールバラ公までも葬り去った。

　試みに、今のイギリス人に「イングランド海軍史上最も有名な海戦を挙げよ」と問えば、十人中九人までが一五八八年のアルマダの戦いと一八〇五年のトラファルガーの海戦と答えるであろう。だが、私見によれば、この二つの戦いは単に時代を象徴しているだけであって、一七〇四年のジブラルタル湾の襲撃戦とマラガの海戦のほうがはるかに重要な歴史である。イングランドはジブラルタルの襲撃戦で地中海における制海権獲得・維持の策源地を獲得し、この拠点をマラガの海戦で守りきったのである。つまり、ザ・ロックは大英帝国への道程を示す道祖神であった。なればこそ、一七〇四年から現代に至るまで、イギリスはジブラルタルを手放そうとしないのである。

ジョージ・ルックはジブラルタルの襲撃戦とマラガの海戦における最高指揮官であるが、ドレイクやネルソンに比べれば、ほとんど無名に等しい。一六五〇年頃、彼はジェントリーの名家の次男として生まれた。一六六九年、彼は海軍に入り、メドウェイの襲撃戦で令名を馳せたスプレイジの知遇を得、名誉革命後はダートマス伯に重用されて順調に出世階段を登る。同じ出自のネルソンが二十一歳で艦長、三十九歳で将官になったが、ルックは二十三歳で艦長、四十歳で将官に昇任するから、ネルソンと比べて少しも遜色がない。

だが、彼がさほど有能な艦隊指揮官であったとは思えない。すでに述べたとおり、彼は事ある毎に作戦会議を招集する。イングランド海軍は重要な行動方針を作戦会議で決すべしと規定していたから、これを開催すること自体が直ちに指揮官の力量を表明しない。現に、ネルソンもアブキール、コペンハーゲン及びトラファルガーの前に幾度も作戦会議を招集した。最後のケースでは五度も召集している。だが、両者の作戦会議はまるで違うものであった。ネルソンは作戦会議で彼自身の戦術を隷下指揮官に周知徹底させた。ルックは作戦会議を隠れ蓑にして、自らの優柔不断、無策、無定見をごまかした。

ただ、どういうものか、彼は肝腎なとき三度も強運に恵まれる。彼はカディスでの無様《ぶざま》なていたらくをヴィゴ湾の完勝で覆い隠し、地中海行動の不始末をジブラルタルとマラガで帳消しにした。だが、ヴィゴで真の武勲に輝いたのはホプスン、ジブラルタルで主役を演じたのはビング、マラガの危機を救ったのはショヴェルである。

マハンによれば、ネルソンは幸運の女神を追い続け、幾多の栄光をものにしたが、ルックはこの女神を探そうともしなかった。それでもルックはたまたまジブラルタルを母国に贈呈して歴史に名を留めたのは、何やらこの時代の君主「愚かなアン」が期せずして一時代を画すのに酷似している。

しかし、遂に彼も幸運に見放される時がやってきた。先のウィリアム治世に議会を牛耳ったのはホイッグ党であるが、アンの治世になると、トーリー党が巻き返した。前述のとおり、貴族院の特別委員会がカディスでのルックの不始末を厳しく批判しながら、結局は黙認したのは、彼が海洋派を擁護するトーリー党員であったからだ。今度はそのトーリー党が彼を辞任に追い込む形になる。トーリー党が「ジブラルタルの占領はブレンハイムの勝利に優る戦果で、彼の功績はマールバラ公のそれをはるかに上回る」と担ぎ上げると、これにホイッグ党が激怒した。そこで、一七〇五年一月八日、ルックは両党の角逐の狭間でロード・ハイ・アドミラルを辞す羽目になった。

ジョージ・ルック

マールバラ公はブレンハイムとラミリーで旭日の勢いであったが、戦線が膠着状態になると、トーリー党から攻撃の的にされだした。トーリー党は経費のかさむ地上軍のヨーロッパ派遣に反対なのである。トレヴェリアンに言わせると、自身がホイッグ党員であるマールバラ公は「トーリーだのホイッグだの反吐《へど》の出そうな輩」を頭から見下していた。だから、トーリー党から集中攻撃を受ける彼をホイッグ党はあまり熱を入れて援護しなかった。一七〇七年、トーリー党が政権を握ると、彼は遂に英蘭連合軍総司令官辞任に追い込まれる。

トレヴェリアンはなぜかマールバラ公が大のお気に入りらしく、次のように賛美している。

イングランド史上、戦略・戦術家また戦時外交家として、マールバラの右に出る人物はいない。魂魄の大演説で国民の精神を喚起するチャタムの能力は彼に望むべくもないが、その点を除けば、彼は七年戦争におけるイングランド宰相チャタムと東インド会社総裁クライヴを合わせた力を持っていた。一大軍事大国フランスを打倒するため、彼はいわばナポレオン戦争におけるカースルレー首相とウェリントン将軍とを合わせた役を演じたのである。もしホイッグ党が彼に全幅の信頼を置いていたら、彼は一七〇九年にはヨーロッパに平和をもたらしたであろう。そして、その平和は一七一三年のユトレヒト条約で首相ボリングブルックが、あるいは一八一五年のウィーン会議で首相カースルレーが達成したような見事なものであったはずである[二五一]。

イギリス歴史学界きっての碩学がここまで言うのだから、マールバラ公は本当に偉かったのであろう。事実、自身が優れた戦略家であるウィリアム三世がその彼に厚い信任を寄せていた。しかし、アン女王の彼に対する愛顧は常軌を逸脱していた。それもかつてジェイムズ一世のバッキンガム公に対するように隠微な香りは微塵もなく、一重《ひとえ》に彼の妻セアラがアンお気に入りの女官であったからである。

ブレンハイムの功績によって、彼は女王から初代マールバラ公爵に叙せられたばかりか、ブレナム（ブレンハイムの英語読み）宮殿を送られる。

オックスフォードからシェイクスピアの故郷ストラトフォードに至る道を十分も走るとウッドストックの

村に出るが、その道路沿いにブレナム宮殿がある。というより、宮殿の敷地の片隅に数十軒の集落が固まっているように見える。何しろ、この敷地は周囲二十キロもあるという。ちなみに、初代の血筋は第二代目で断絶し、故ダイアナ元皇太子妃の実家のスペンサー家から養子が来て第三代目を継承した。

世紀の大宰相ウィンストン・スペンサー・チャーチルは第七代マールバラ公の長男としてこの宮殿で生まれたが、少年時代に遊んだ鉛の兵隊が今も陳列されている。やんちゃ坊主のウィンストンは、すぐ近くの名門イートンにもオックスフォードにも行けず、長男でありながらもマールバラ公を相続しなかった。後に政界を引退した際、ロンドン公爵の授爵を打診されるが、これを丁重に断っている。このように大貴族の出自ながら、あくまでも一介のサー・ウィストン・チャーチルで通したあたりは、最後まで富と名声に恬淡たる「落ちこぼれウィニー」の面目躍如であった。

初代マールバラ公爵

第三節　オーストリア継承戦争とジョージ王戦争

ハノーヴァー家のイングランド王位継承

一七一四年八月一日、アン女王が没すると、ジェイムズ一世の曾孫に当たるハノーヴァー選帝侯ゲオルクがイングランド王ジョージ一世[二五二]として即位した。その前年にアン女王戦争が終ると、次項に述べるとおり、この国は一人勝ちをして、押しも押されもせぬ大国への道を歩み始めるのである。

しかし、国内事情は必ずしも平穏ではなかった。ジョージは五十七歳で初めてドイツのハノーヴァー選帝侯国からイングランドにやってきたが、最後まで英語を喋ろうともせず[二五三]、自分の王国に馴染もうとする姿勢を示さなかった。第一、彼はロンドンのセント・ジェイムズ宮殿より故郷ハノーヴァーの館で過ごすほうが多かった。生来の我儘な性格もあったし、前々代のウィリアムと違って、元来、彼には政治的な野心がなかった。

その彼が我慢できなかったのは、当時のトーリー政権がユトレヒトでの強引な条約交渉で同盟諸国を犠牲にし、国内では非国教徒弾圧法を成立させて「国教会の党派」の旗幟を鮮明にしたことである。かつては同盟諸国の一員であり、生粋のプロテスタントでもあった彼にとって面白かろうはずがない。だから、ジョージは大蔵卿も国務卿もホイッグ党に変え、次第に「トーリー排除、ホイッグ優越」の政治パターンを形成するが、その後は「見ざる、言わざる、聞かざる」を押し通した。また、息子のジョージ二世[二五四]は自ら戦の庭に立った最後のイングランド王ではあったが、政治的には父王の姿勢を継承した。

歴史的に見れば、二人のジョージの姿勢がウィリアム三世時代に芽を出した「君臨すれど、統治せず」の基盤を確立するのであるが、そういう国王に国民が親近感を持つはずがない。それがやがて反感となっていって国中の求心力を失いかねなかった。元々、彼らがジョージを受け入れたのは、彼がカトリックでないことに妥協したからに過ぎなかった。

ジョージ1世

このように決して穏やかではない情勢の中で、国内政治体制を制限立憲制の議会政治へと軟着陸させるのが大蔵卿ロバート・ウォルポール[二五五]である。彼は二代ジョージから全幅の信頼を寄せられ、一七二一年以降の二十一年間も政権を維持した。

この内閣はこの国最初の責任内閣制と言われるが、首相と各閣僚が国王にではなく庶民院に対して責任を負うとされたからである。また、彼はこの国最初の首相《プライム・ミニスター》と称される。当時もこの称号が正式に授与

ロバート・ウォルポール

されようとするが、彼は最後まで固辞したので、以後しばらく大蔵卿の職がイングランド宰相の代名詞となる。さらに、彼はジョージ二世からダウニング街十番地の邸宅を下賜されるが、これを私せずに後任の大蔵卿の執務室として残した。これが現在のイギリス首相官邸であるが、実はこの屋敷には最初チッケン氏という人が住んでいた。早い話が、この国は中古マンションをリフォームして、首相官邸としてたのである。

イングランドとフランスの蜜月

先のアン女王戦争はヨーロッパに決定的な体制を確立した。その基本路線を敷いたユトレヒト条約を総括して、トレヴェリアンは「この条約はヨーロッパ世界においてルイの脅威が消滅し、安定した時期が到来したことを告げた」と述べている。[二五六] その一方、フランスは戦争で疲弊して、国家経済に破滅を来したし、オランダ、オーストリア及びスペインも似たようなものであった。

つまりは、イングランドの一人勝ちである。さらにトレヴェリアンは「この条約はもう一つの重要な変化、即ちグレート・ブリテンの海洋、通商及び財政上の覇権をもたらした」と続けて、[二五七]「マハンの影響で、ルイとの闘争（ウィリアム王戦争とアン女王戦争）における海洋の戦いの真価が認められるようになった」と結ぶ。そのマハンの指摘を次に引用する。

　イングランドは強大な海軍力で資源の豊富な遠方の国と密接につながって繁栄し、同盟国と組んで新しい世界を開拓する（……）スペイン継承戦争が終ると、ヨーロッパ諸国が相次ぐ戦争に疲れきったのを尻目に、独りイングランドが海軍のみならず海外貿易をも発展拡大させた[二五八]。

　アン女王戦争後の三十一年間、英仏両国は一度も戦わなかった。これは百二十六年間の英仏抗争における最長の平和で、しかも両国が蜜月の仲を睦みあった。先ずは、ユトレヒト条約締結の翌年と翌々年、両国の君主アンとルイ十四世とが相次ぎ死没して、それぞれの国内政治情勢が不安定であったこと。次いで、それ故に、英仏両宰相が努めて穏健な政治姿勢を示したからであろう。

　イングランドは久方ぶりの平和を満喫しつつ海外通商活動に精励し、宰相ウォルポールは徐々に国内情勢を安定させていった。元来が彼は「寝た子を起こすな《キエタ・ノン・ムーヴル》」[二五九]をモットーとする平和主義者で、あえて火中の栗を拾うことを嫌ったから、後世のイングランドは前述の三十一年間を「ウォルポールの平和《パクス・ウォルポーリア》」と称する。後の大宰相ピット親子を信長とすれば、名宰相ウォルポールは家康である。片や乱世の英雄ならば、片や治世の君子か。とはいえ、ウォルポールは艦隊を増強しようとはしなかったが、これをバルト海に派遣して沿岸国を威嚇することに一瞬たりとも躊躇することはなかった。存外に知られていないが、ウォルポールとネルソンとは時代が違うが、実は前者の姉が後者の母親にあたるのである。

　対岸のフランスにおいては、後継の国王ルイ十五世はわずか六歳だから、オルレアン公フィリップが摂政となる。だが、その地位の不安定さから、彼はジョージ一世に接近して保身を図った。その結果、一七一七年、英仏蘭の三国同盟が成立し、翌年、オーストリアが加わって四国同盟となる。一七二三年、オルレアン公が死去すると、枢機卿フリュールが宰相の座に就いた。彼は温厚な齢七十の老人であり、ことさらに外国と事を構える気がなかった。その彼の指導の下で、国内の農業が回復し、海外通商はイングランドに優るとも劣らぬ勢いを示した。反面、当時の海外市場は依然として力ずくで奪うものであったから、穏健なフリュールが国策として海洋事業を奨励も保護もするわけがなかった。

英西戦争と仏西再接近

一七一六年、スペインでは枢機卿アルベロニが首相となる。彼の目的はシチリア・ナポリ両王国とジブラルタルを奪回し、地中海の支配権を回復することである。そこで、一七一八年七月以降、彼は各方面で武力行使に打って出た。その結果、七月三十日、英西両艦隊がシチリア島のパッサロ岬沖で遭遇する。イングランド艦隊はアドミラルのジョージ・ビングの率いる戦列艦二十隻、五十門艦二隻及びフリゲート艦一隻で、スペイン艦隊が戦列艦十二隻及びフリゲート艦十六隻である。この戦闘で、スペイン艦艇十五隻が捕獲され、六隻が焼き払われた。この戦いを「パッサロ岬の海戦」と称する。

パッサロ岬の海戦

右の海戦の後、十二月十七日、イングランドがスペインに宣戦布告する。翌年、フランス軍がスペイン北部を蹂躙する。だが、強気なアルベロニは四国同盟の示す休戦条件を受諾する気は毛頭なく、逆にスコットランド侵攻に失敗する。一七一九年の春、ビングはポート・マホンからナポリに向かい、オーストリア軍と共同してシチリアの完全解放にとりかかった。先ず、八月、ビング艦隊が同島のスペイン艦艇を攻撃し、十月七日、オーストリア軍がメッシナ要塞とスペイン艦艇を占領した。ここで、遂にスペインが譲歩して、一七二〇年二月、休戦が成立する。しかも、英仏両国の強固な要求によって、アルベロニ自身が失脚させられ、シチリアはオーストリアへ、サルディニアがサヴォイにそれぞれ帰属することになった。

以後しばらく、前項で触れた英仏の蜜月関係が継続されるが、やがて老獪なフリュールが情勢を一変させることになる。一七三三年、ポーランドで王位継承問題が起こると、彼はスペインと組んでオーストリアと戦った。だが、ウォルポールは中立を守ると、この隙を衝いて、フリュールはオーストリアと交渉して、シチリア・ナポリ両王国をスペインに返還させた。その結果、イングランドはユトレヒト体制の崩壊と仏西再接近という重大な局面に直面する。平和主義は必ずしも平和を確約しなかったのである。

ジェンキンズの耳の戦争

やがて、再び英西関係が緊張した。従来、スペインは植民地政策の一環として外国船の物資搬出入を禁じていたから、西インド諸島や北アメリカ大陸のイングランド植民地が生活必需品に困窮した。イングランドの貿易商は、ユトレヒト条約と同時に取り交わしたアシエントに基づく通商特権を盾にとって、西インド諸島のスペイン領で密貿易を始めた。スペイン政府は公海上でのイングランド船臨検に踏み切り、官憲によるイングランド人船員への暴力行為が続発した。そして一七三九年、遂にジェンキンズという船長が、スペイン官憲によって耳を削ぎ落とされるという事件が起きる。

イングランド枢密院は調査に乗り出して、ジェンキンズ船長に議会で証言させた。その議会において、一人の青年議員が対スペイン開戦論をぶち上げて満場の喝采を浴びると、イングランド中に反スペイン感情が渦を巻いて沸き起こった。

だが、公平に見れば、イングランドも相当に図々しい。件の青年議員が後のチャタム伯爵大ピットであるが、彼も本当はあまり大口を叩けないはずだ。古来、イングランド自身が植民地貿易に保護主義の鎧を着せていた。それに、密貿易商がアシエント特権を振りかざすのは、拡大解釈というより屁理屈にもならない類の話である。そもそもアシエントの特権とは奴隷搬入に限定されたもので、植民地人の生活必需品とはまるで無関係だからである。

いずれにせよ、もはや英西の武力衝突は避けられなかった。一七三九年十月十九日、イングランドが対スペイン宣戦を布告すると、十一月二十八日、スペインがイングランドに宣戦布告した。いよいよ二十年ぶりの英西戦争が始まるが、この戦争が「ジェンキンズの耳の戦争」という奇妙な名称で呼ばれる所以は、およそ右の経緯からである。

ヴァーノンの西インド諸島遠征

当時、西インド諸島と太平洋に展開するヨーロッパ諸国の海軍力では、スペインが最も弱体であった。そこで、イングランドにおいて、スペイン財宝船《スパニッシュ・ガレオン》を狙った遠征作戦が二つ計画される。一つはヴァイス・アドミラルのサー・エドワード・ヴァーノンの西インド諸島作戦で、もう一つが当時はコモドーのジョージ・アンソンの太平洋遠征である。

一七三九年七月二十四日、ヴァーノン戦隊がポーツマスを出撃した。編成は七十門艦四隻、六十門艦三隻、五十門艦及び四十門艦各一隻の計九隻で、これにウェントワース将軍の地上軍が同乗した。十月二十三日、ヴァーノン戦隊がジャマイカに到着して、以後は同島を作戦基地とする。ヴァーノンは以前から水兵に「グロッグ親爺《オールド・グロッグ》」と綽名されていた。グロッグとはグログラムという粗い混紡の俗称で、船乗り用の服地に使われた。これを彼が愛用したのが綽名の由来だが、この遠征からラム酒の水割りを意味するようになる。

一七四〇年八月、彼は隷下艦長に命じて、水兵に配給するラム酒を水で薄めさせた。[二六〇]興醒めの水兵たちはやけ気味で「俺ァ、グロッギーになっちまった」と酔っ払ったふりをした。なお、グロッグもグロッギーもOEDが採取し、さらにグロッキーと日本語化したから、御大ヴァーノンは以《も》って瞑《めい》すべしである。

一七三九年十一月五日、ヴァーノン戦隊がジャマイカを出撃し、二十日から二十三日にかけてプエルト・ベロを攻撃して降伏させた。一七四〇年三月一日から二十四日、ヴァーノン戦隊はカルタヘナを攻撃して降伏させ、金の延べ棒など莫大な戦利品を獲得する。翌年二月から翌々年三月にかけて、彼は再度カルタヘナを、次いでサンチアゴ・デ・キューバを、最後に再度プエルト・ベロをそれぞれ攻撃するが、いずれも失敗した。

エドワード・ヴァーノン

カリブ海

結局、その後も西インド諸島方面では見るべき成果はなかったが、この原因は地上軍指揮官ウェントワースの無能及びヴァーノンとの不仲である。[二六一]そこで、政府は両者を本国に召還した。

アンソンの世界周航

一七四〇年九月十八日、コモドーのジョージ・アンソン[二六二]の戦隊がスピットヘッドのセント・ヘレンズ泊地を出立して、ケープ・ホーン経由で南アメリカ大陸西岸を目指した。彼は六十門艦〈センチュリオン〉に乗艦し、これに随伴するのは五十門艦〈グロスター〉及び〈セヴァーン〉、四十門艦〈パール〉、二十八門艦〈ウェイガー〉、スループ艇〈トライアル〉ほか補給船二隻である。翌年三月、戦隊はケープ・ホーン沖で猛烈な暴風に遭遇し、〈セヴァーン〉と〈パール〉の二艦が帰国し、〈ウェイガー〉と補給船二隻が行方不明となる。これがこの遠征に終始つきまとう艱難辛苦の始まりである。

なお、〈ウェイガー〉は沿岸に押し流されて座礁し、ここで乗員が反乱を起こす。この話は後のブライ艦長の反乱事件に優るとも劣らない面白い話だが、ここでは本筋から逸れるから割愛する。ただ、付言すれば、四年後に反乱者たちはスペインに亡命した。艦長以下はイングランドに帰国できたが、その中の一人でミジップマンのジョン・バイロンは詩人バイロン卿の祖父である。

六月十日、〈センチュリオン〉がファン・フェルナ

ジョージ・アンソン

ンデス諸島に到着すると、やがて〈トライアル〉と〈グロスター〉が現れた。この頃、各艦に壊血病が蔓延した。ちなみに、一七〇四年、この島にスコットランド人アレクザンダー・シェルカークが漂着して九年間も暮らした。その体験談をダニエル・デフォーが小説にしたのが、ご存知『ロビンソン・クルーソー』の物語である。

九月、アンソンは〈センチュリオン〉と〈トライアル〉のほかに滞在中に捕獲した船を連れて、南アメリカ沿岸を目指すが、傷みの激しい〈トライアル〉を放棄した。なお、〈グロスター〉は別に行動する。十一月三日、アンソンはパイタを奇襲して、三万二千ポンド相当の物資その他を略奪する。その二日後、一万八千ポンド相当の正貨と金塊を捕獲した〈グロスター〉が合流した。

一七四二年五月、アンソンは〈センチュリオン〉と〈グロスター〉を連れて、メキシコ太平洋岸のアカプルコ沖から西航した。八月、漏水がひどい〈グロスター〉を焼却したので、遂に〈センチュリオン〉ただ一艦となる。この航海中、再び壊血病で日ごと死人が続出した。十一月、彼はマ

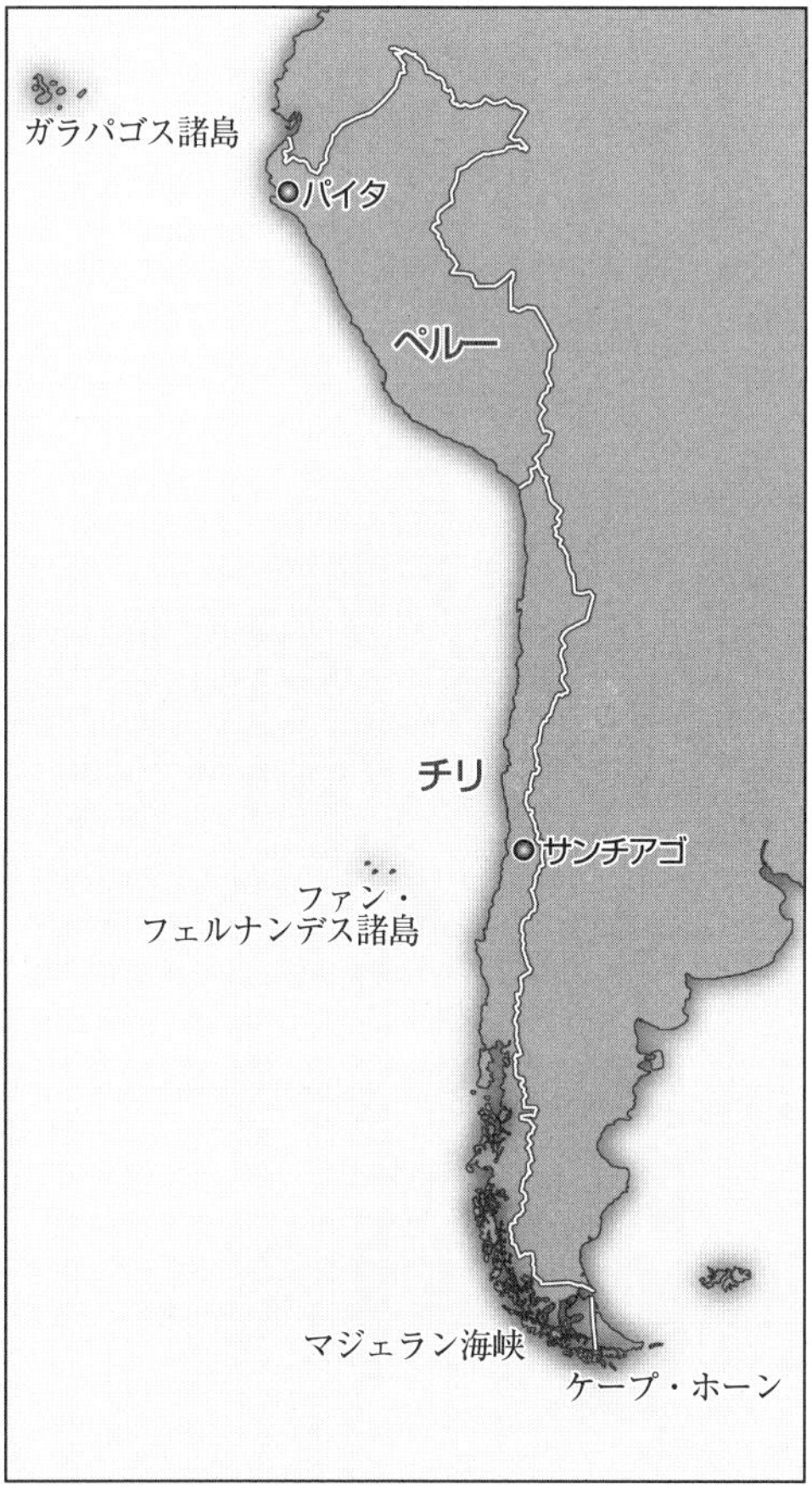

南アメリカ大陸南西岸

カオに到着して、ここでしばらく滞在する。翌年四月二十九日、彼はスペイン財宝船を捜索しに出て、六月二十日、フィリピン東部でスペイン・ガレオン船を捕獲した。その積荷は百三十一万三千八百四十三ドル、ほかに銀塊三万五千六百八十二オンス（約一トン）並びに商品類である。一七四四年六月十五日、〈センチュリオン〉はスピットヘッドに投錨した。

この遠征の目的はカリブ海のヴァーノン戦隊を太平洋から支援することであったが、歴史的には、航路開拓航海と見なされる。なぜなら、結果論からすれば、アンソンの遠征は当初の作戦目標に寄与したわけではなく、むしろイングランド海軍最初の太平洋横断航海という意義が大きかったからであろう。

エリザベス時代の一五七七年から八〇年にかけて、ドレイクが太平洋周りの世界一巡を果たしたが、これは私掠活動の一環であった。それが今回、アンソン遠征隊は八隻で出撃して、最後には単艦となって生還したわけである。波乱万丈の冒険を完遂したアンソンのジョン・ブル魂にイングランド中が沸き立ち、彼を国民的英雄に押し上げた。また、遠征中に獲得した莫大な捕獲賞金で、彼は生涯裕福に暮らすことができた。

もう一つ特筆すべきは、この遠征航海の苛烈な試練が幾人もの若年士官を優秀なシーマンに育て上げたことである。当時まだミジップマンのジョン・キャンベルは後にホーク提督の旗艦々長として、怒涛逆巻く「キベロン湾の海戦」で鬼神さながらの戦いを見せる。チャールズ・ソーンダース、オーガスタス・ケッペル、フィリップ・ソーマレズ、ジョン・バイロン、ハイド・パーカーは、いずれも当代一流の提督として歴史に名を残すのである。

先にジョン・ブルと言ったが、実は、このキャラクターはまさにアンソンの青年時代に登場した。それは一七二七年出版の『ジョン・ブルの歴史』で、著者ジョン・アーバスノットがマールバラ公を風刺した政治評論である。後にジョン・ブルが風刺漫画家ウィリアム・デントによって描かれてから、ヴィクトリア朝時代の十九世紀末まで様々に描き直される。わが国でのジョン・ブルのイメージは狷介固陋の一点張りだが、本家イギリスでは時代の世相を反映して幾度も描き変えられたわけである。

オーストリア継承戦争からジョージ王戦争へ

一七四〇年十月二十日、オーストリア国王で神聖ローマ皇帝のカール六世が死去し、その跡目を娘マリア・テレジアが相続する。これに異を唱えたのがバイエルン選帝侯、スペイン王フェリペ五世及びザクセン選帝侯である。二人の選帝侯の場合は至極当然とも言えるが、フェリペの言い分はいささか強引かつ強欲であった。彼はフランス・ブルボン家の出身であるが、その義父のカルロス二世がドイツ・ハプスブルク家の血筋を受け継いでいたから、自分も神聖ローマ帝国を継承する資格があるというのである。

だが、マリア・テレジアはいずれの要求も拒否した。巷間、ここまでがいわゆるオーストリア継承戦争の原因とされるが、私見によれば、この継承問題を武力衝突へとエスカレートさせた張本人は、プロイセン王フリードリヒ二世である。元来、彼は神聖ローマ皇帝の継承権とは関係ないが、これに関わるいざこざを好機として、領土の拡張を図ったのである。

十二月十六日、フリードリヒ二世自らが軍勢四万を率いて、七週間でシュレジェンを制圧し、これで第一次シュレジェン戦争が始まり、バイエルン・ザクセン両選帝侯とスペイン王がプロイセン側に立ち、これにスペインと君主同族のフランスも加わる。イングランドはマリア・テレジア側につくが、先のジェンキンズの耳の戦争ではスペインと敵対していたし、国王の母国ハノーヴァーを守らねばならないからやむを得ないことであった。一七四二年七月、オーストリアとプロイセンが和睦して、フリードリヒはシュレジェンの一部を獲得した。次いで一七四四年九月六日から十二月二十五日の第二次シュレジェン戦争によって、彼のシュレジェン領有が確認された。

しかし、シュレジェン戦争は神聖ローマ皇帝の跡目相続とは関係がないから、肝腎のオーストリア継承戦

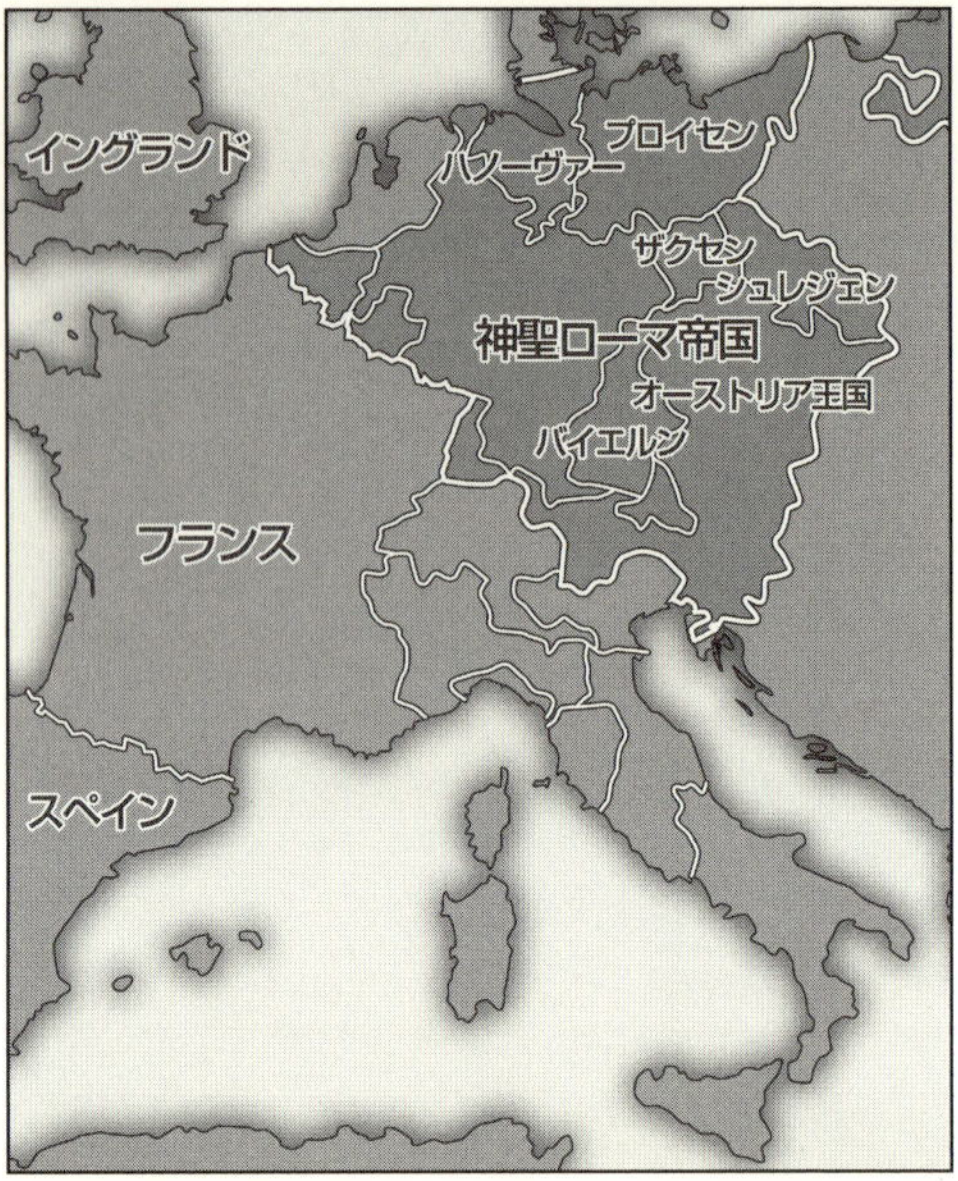

1740年のヨーロッパ

争が終ったわけではない。端的に言えば、オーストリア継承戦争とは、次の三つの枠組みが渾然一体となった戦争である。その三つとは、イングランド対スペインのジェンキンズの耳の戦争、オーストリア対プロイセンの第一次・第二次シュレジエン戦争及びイングランド対フランスのジョージ王戦争である。ただし、一七三九年からのジェンキンズの耳の戦争は、一七四四年に始まるジョージ王戦争に吸収される。なぜなら、フランスがスペインと同盟してイングランドに敵対したからである。

かくの如く、十七、八世紀のヨーロッパ戦争はプロ野球の乱闘騒ぎに似ている。野球の乱闘は、デッドボールを喰らった打者が相手投手に詰め寄って始まり、そこへ両者のチームメイトが駆けつけ入れ乱れて殴り合う。ジョージ王戦争はこうした騒ぎの原型である。元々がオーストリア継承戦争やシュレジェン戦争での助っ人に過ぎないイングランドとフランスが、中部ヨーロッパに位置するオーストリアやシュレジェンとは何の関係もない地中海、北アメリカ大陸、西インド諸島及びインド半島へと広がる全く別のリングで殴り合った。

一七三三年、フランスはスペインと王室同族同盟《ファミリー・コンパクト》条約を結び、三つの戦略構想を立てた。スペインが失ったジブラルタルとシチリアを奪還すること、イングランドにヨーロッパから撤兵させること、あわよくばイングランドに侵攻して、この国にカトリック君主を復帰させること。フランス政府はツーロン艦隊にスペイン艦隊との共同作戦を、ブレスト艦隊にはイギリス海峡への出撃を命じた。また、先のイングランド王ジェイムズ二世の長子で王位継承を僭称したジェイムズ三世をパリに呼び戻した。

イングランド議会においては、自らが軍を率いてヨーロッパ大陸に遠征したジョージ二世が野党の攻撃の的となったが、その急先鋒が先の青年議員ピットである。彼によれば、イングランドの負担で国王の母国ハノーヴァーを擁護するのは筋違いであった。しかし、フランスが本土進攻を企てるとなれば話は違って、たちまちイングランドは一致団結した。

当時、イングランドの地中海艦隊がツーロンを封鎖していたが、アドミラル・オブ・イングランドのジョン・ノリス自らが海峡艦隊を率いてブレストの封鎖に任じた。この頃、ダンケルクで待機していたイングランド侵攻部隊が激しい嵐に見舞われて大被害を被り、頼みのブレスト艦隊は封鎖されたままであった。そこで、フランスは前述の戦略構想のうちイングランド侵攻作戦を断念するよりほか仕方なくなった。

一七四四年三月二十日、フランスがイングランドに対して正式に宣戦を布告し、同月三十一日、イングランドが対フランス宣戦布告に踏み切った。つまり、助っ人同士が場外乱闘を決意したわけであるが、これをイングランド史がジョージ王戦争と呼称する。

ツーロンの海戦

ジェンキンズの耳の戦争において、イングランドの地中海艦隊はカディスを牽制し、ミノルカを防衛していた。一七四二年五月、新任の地中海艦隊司令長官であるヴァイス・アドミラルのトマス・マシューズが九十門艦〈ナムール〉で着任する。彼は行動中の次席指揮官でリア・アドミラルのリチャード・レストックを呼び寄せるが、これをレストックが無視した。彼は自分が司令長官を継承するはずと信じていたから、新司令長官を逆恨みしたのである。後にマシューズが面と向かってレストックの命令無視を譴責すると、以後、

トマス・マシューズ

次席指揮官は司令長官に対する嫌悪の情を隠さなくなった。そして、このしこりが後述するツーロンの海戦における悲劇的結末を招来するのである。

一七四四年一月末、イタリア方面にいたマシューズは、ツーロンの仏西連合国艦隊が出動したとの報告を受けた。彼は主隊を率いてツーロン東方のイール湾を目指し、地中海に散在する隷下戦隊に集結を命じた。この情報は誤りであったが、結果的にはマシューズの行動が敵艦隊をおびき出すことになる。二月八日の朝、仏西連合国艦隊がマシューズ艦隊との決戦を求めて、ツーロンを出撃した。九日、マシューズ艦隊も連合国艦隊を視認すると直ちに抜錨した。彼我艦隊の編成は次のとおりである。

イングランド艦隊は、前衛戦隊が指揮官でリア・アドミラルのウィリアム・ロウリーの戦列艦九隻及び五十門艦等三隻、中央戦隊がマシューズ直率の戦列艦十一隻及び五十門艦等五隻、そして後衛戦隊が指揮官レストックの戦列艦八隻及び五十門艦等四隻である。仏西連合国艦隊は、前衛戦隊が指揮官ガバレ侯爵の戦列艦七隻及び五十門艦等三隻、中央戦隊は司令長官ド・コート侯爵直率の戦列艦六隻及び五十門艦等六隻、並びに後衛戦隊がスペイン勢の指揮官ドン・ホセ・ナヴァロの戦列艦十二隻及び五十門艦等二隻である。

十一日払暁、マシューズは艦隊に戦列の形成を命じるが、レストック戦隊は五マイルも後方にいた。その頃、ド・コート艦隊は南下しつつ、ジブラルタル海峡へ向かう動きを示した。マシューズにしてみれば、ド・コート艦隊とブレスト艦隊の合同は絶対に阻止しなければならない。そこで、一一三〇時、まだ戦列が完成していなかったが、マシューズは交戦信号を掲げた。ここまでの経過について、マハンは次のようにコメントしている。

イングランド艦隊は（……）前衛戦隊と中央戦隊が敵艦隊に取り付いたが、後衛戦隊は風上側に数マイル遅れていた。（……）後衛戦隊司令官レストックの行動は、終始マシューズに対する悪意に満ちていた。確かに彼は増帆して主隊を追いかけたが、追いついても交戦に参加しなかった。（……）これ以上遅らせると敵を取り逃がすので、マシューズはやむなく交戦信号を掲げた。そして、彼は直ちに下手回しで自ら戦列を離脱して、ドン・ホセ・ナヴァロの旗艦百十門〈レアル・フェリペ〉に突っかけた。この攻撃時機の選定は全く正しかった。[二六三]

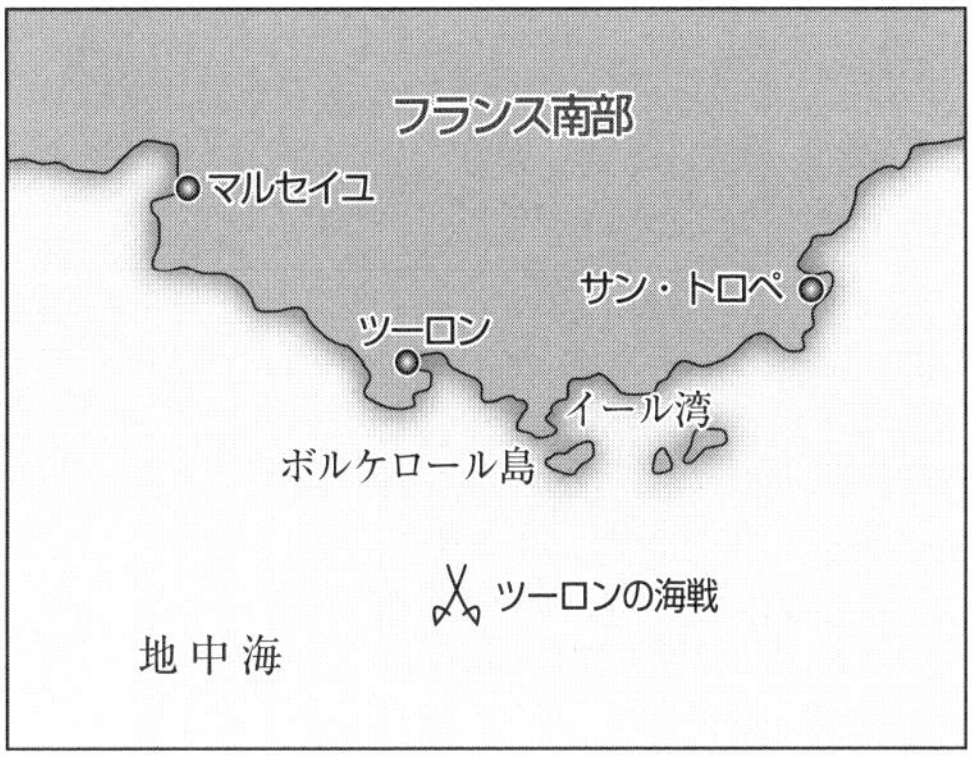

ツーロン付近

確かに、マハンの言うとおりかもしれないが、艦隊戦術準則に相照らせば、マシューズ自らが戦列を離脱した攻撃運動が大問題であった。艦隊戦術準則は、整然と戦列を維持して、彼我の前衛戦隊、中央戦隊及び後衛戦隊が併航してから交戦を開始するのを基本としていたし、

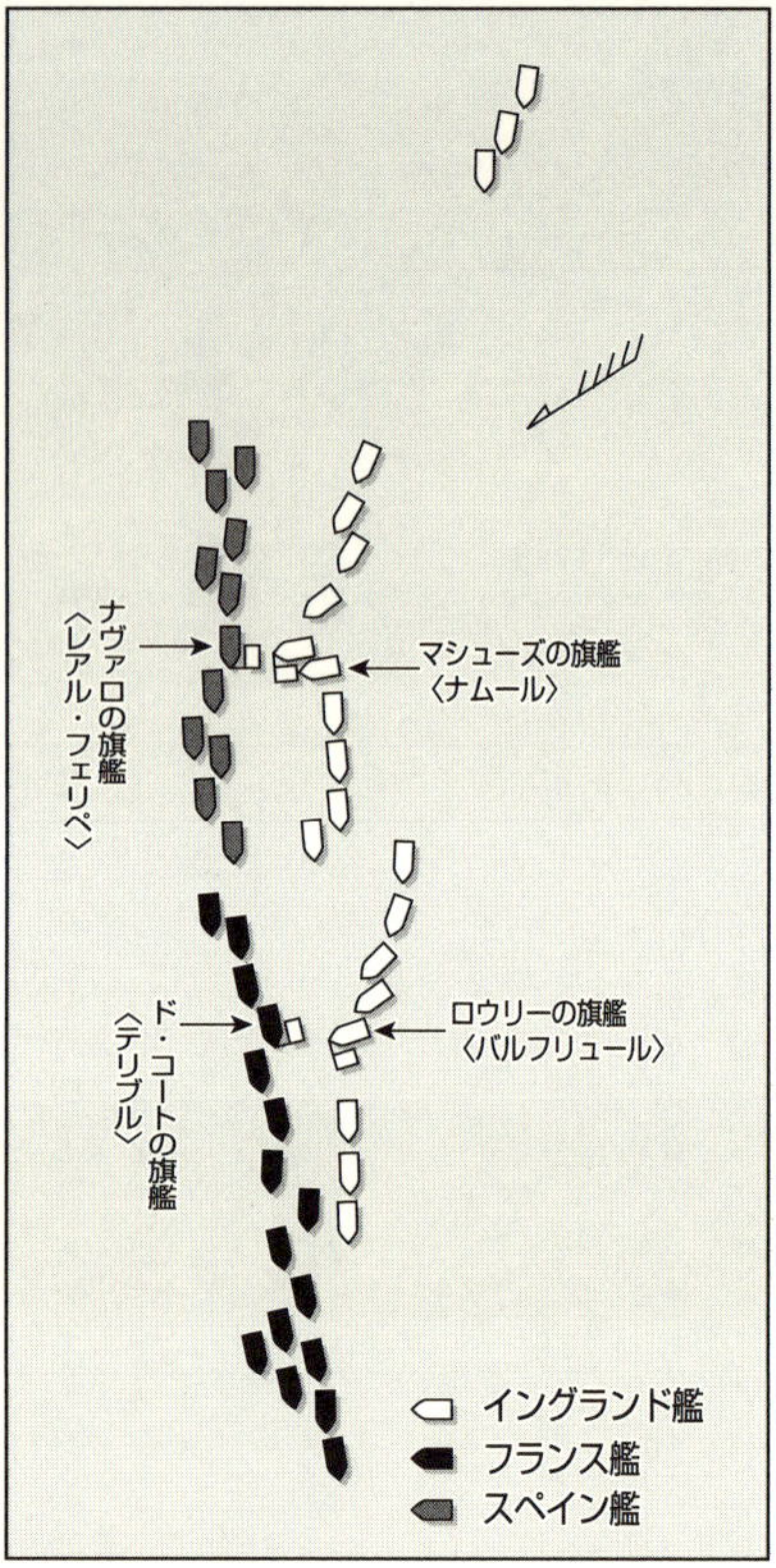

ツーロンの海戦

みだりに戦列を離脱することを厳禁していた。それに、司令長官マシューズが掲げた交戦信号の信文も「戦列を形成しつつ交戦せよ」であった。だから、後にレストックはこの規定を楯に自分を弁護し、逆にマシューズを告発する。

一三三〇時、戦闘が始まる。マシューズの旗艦九十門〈ナムール〉がナヴァロの旗艦百十四門〈レアル・フェリペ〉に猛烈な砲火を浴びせた。次いで、〈ナムール〉の僚艦二艦がスペイン艦を一隻ずつ痛めつける。同じ頃、イングランドの前衛戦隊が敵の中央戦隊に追いついた。一方、レストック戦隊は依然として遠く離れていた。そこで、マシューズが二度もレフテナントをボートで送り、レストックに増帆を命じたが、彼は従う素振りも見せなかった。二〇〇〇時、〈ナムール〉の損傷がひどくなり、マシューズは指揮官旗を〈ラッセル〉に移揚した。

十二日の朝、イングランド艦隊は南西十二マイルの連合国艦隊を追跡するが、夜になると見失ってしまった。十三日〇九〇〇時、マシューズは追跡を止めた。そのまま追跡を続行してジブラルタル海峡入口に達すると、イタリアが無防備になる。彼が受けた命令はイタリアの防備であるが、情報によれば、スペインの港にはイタリア派遣部隊と輸送船団が集結していたからである。イングランド艦隊がミノルカ島へ戻ると、マシューズはレストックを拘留して本国へ送還した。

ツーロンの海戦に関わる軍法会議

一七四五年三月十二日から四月中旬にかけて、議会の庶民院ではツーロンの海戦に関する査問会が開かれた。その結果、マシューズとレストックの両提督、艦長十一名及び〈ドーゼットシャー〉のレフテナントたちの行動に関して、軍法会議が開かれることになる。すでに、マシューズは帰国命令を受けていた。

九月二十三日、最初の軍法会議がチャタムの〈ロンドン〉艦上で開かれた。被告は〈ドーゼットシャー〉艦長から告発されたレフテナントたちだが、全員が無罪放免となった。九月二十五日から十月十八日にかけて、〈ドーゼットシャー〉艦長を含む艦長九名が裁かれるが、二名が無罪放免となり、七人が有罪判決を受けた。有罪の七名のうち、一名が海軍から永久追放され、残余は半給処分、つまり予備役に編入された。さらに、半給の三名は国王の特赦により無罪放免となった。

次に、デトフォードに在泊の〈プリンス・オブ・オレンジ〉艦上で、レストックの審判が始まった。なお、裁判の判事の一人ジョン・ビングは、後にミノルカの海戦で軍法会議にかけられることになる。

レストックは「交戦に参加しようにも、まだ戦列に入っていなかった。仮に戦列に入っていても、これを離脱しなければ戦闘できなかった。だが、戦列の離脱は厳禁されている」と弁明した。即ち、マシューズが戦列信号と交戦信号を併用していた点を巧みに衝いた

リチャード・レストック

第一次及び第二次フィニステレーの海戦

のである。法令条文を厳密に解釈すれば、何人もレストックの論法に反論できなかった。かくして、彼は判事の全員一致で無罪放免とされた。

しかし、真実は違っていた。彼が何より責められるべき点は、彼がその戦列に入ろうともしなかったことである。だが、彼はその点を避けて、巧みに論理をすり替えた。従って、後世のイングランド海軍史は、「レストックは自分に有利な規定を隠れ蓑にして、艦隊次席指揮官として果たすべき基本的な任務を忘れた」と手厳しい。[二六四] ルイス教授のように「レストックが与党ホイッグの有力メンバーであったことを思えば、彼に対する無罪判決は驚くには当たらない」とする見方もある。[二六五]

一七四六年六月十六日、マシューズの審判が開かれた。レストックが上司に対して十五ヶ条に及ぶ罪状を告発したからである。十月二十二日、マシューズに次の判決が下された。

> 本法廷はトマス・マシューズが一七四四年二月に国王陛下の艦隊の運用を誤ったことは明白であると判断するに至った。また、被告はチャールズ二世の第十三法令第十四条に違反したことも明確である。よって、被告を海軍から永久に追放する。[二六六]

チャールズ二世の第十三法令とは一六六一年の「戦時服務規程《アーティクルズ・オブ・ウォー》」のことで、その第十三条は適切な処置の義務規定である。法令の条文を逐字的に解釈すれば、確かにマシューズは有罪であった。しかし、疑いもなく、より譴責されるべきはレストックのほうであった。マシューズはヘマをしでかしたが、その意図は可とするべきである。レストックは準則に従ったが、その意図は唾棄すべきものであった。

この頃、アドミラルティは強力な戦隊を編成して、これをヴァイス・アドミラルに昇任したアンソンに指揮させた。このアンソン戦隊は、イングランド南西端のシリー諸島とブレスト沖のウーシャント諸島の間をカバーすることになるが、そこで二つの海戦が生起した。そして、この二つはいずれも「フィニステレーの海戦」と呼ばれる。スペインのフィニステレー岬沖の第一次はともかく、第二次については疑問に思う向きもあろうが、ブレスト付近もフィニステレーと呼ばれる。ちなみに、フランス語もスペイン語もフィニステレーとは「地の果て」という意味である。

一七四七年五月三日、フィニステレー岬の北西約七十マイルにおいて、アンソン戦隊の九十門艦はじめ戦列艦十一隻、五十門艦及び四十門艦各二隻は、概略横列で約九マイル幅をカバーしつつ哨戒していた。〇九三〇時、前方に船団護衛中のフランス戦隊が視認され、直ちにアンソンが「総追撃戦」の信号を掲げた。フランス船団三十八隻は南西に向かい、その後方にいたフランス戦隊はラ・ヨンキール伯が率いる七十四門艦以下の戦列艦三隻、五十門艦一隻及び四十門艦以下十隻である。一三〇〇時、イングランド戦隊がフランス艦艇に迫ったところで、アンソンは敵の戦隊に並航するように単縦列を下令した。この運動の完了に二時間を要したが、彼は再び信号して、敵の戦列の真ん中にほぼ直角に突っ込ませた。このとき、ラ・ヨンキールは戦隊を漂泊させて待ち受けていたが、イングランド戦隊が突っ込んでくるので、自隊に風下側へ一斉回頭させた。だが、回頭中にフランス戦隊の陣形が乱れてしまう。

アンソンは単縦列の戦列信号を降ろして、「総追撃戦」と「交

フィニステレーの海戦

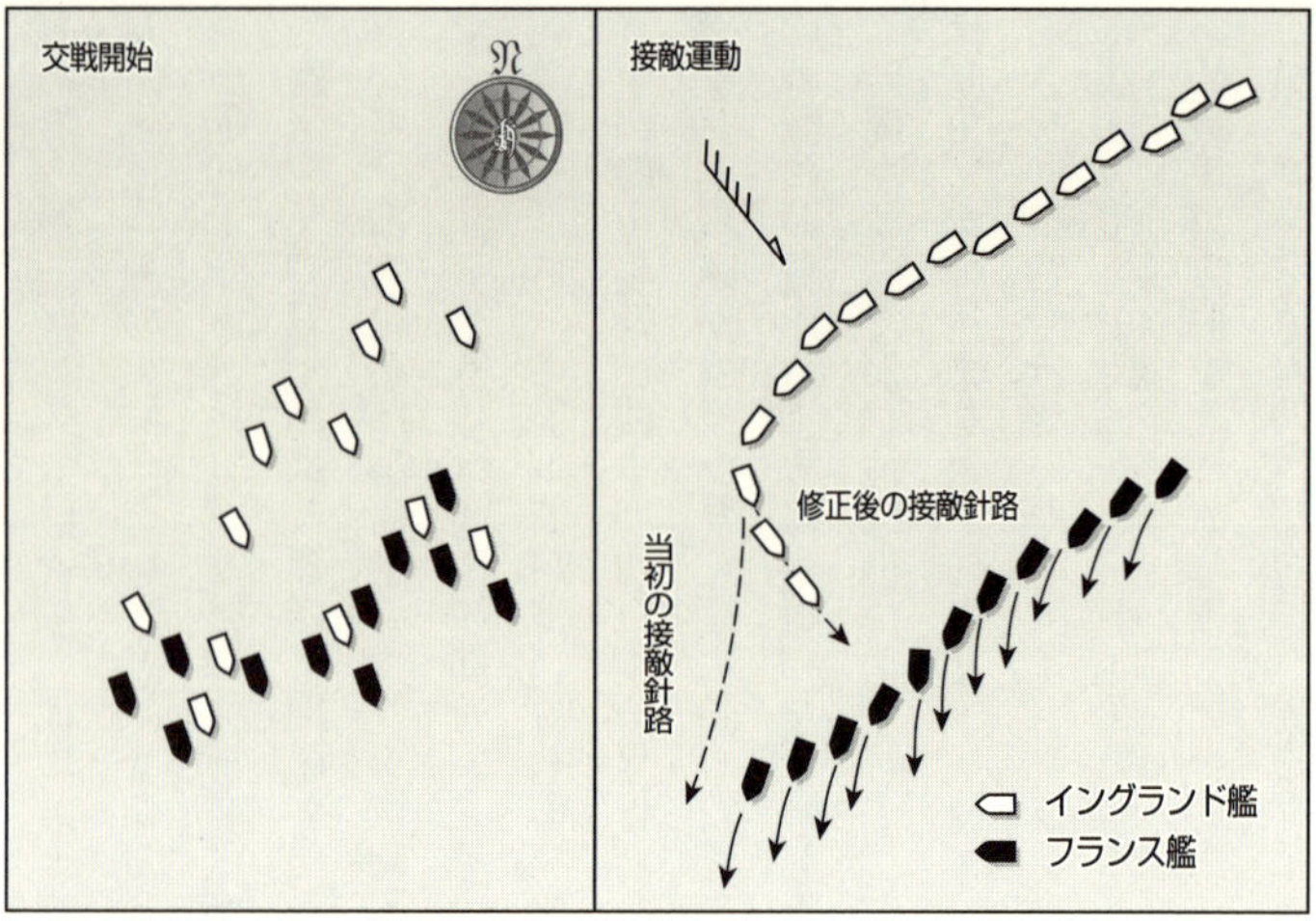

第一次フィニステレーの海戦

戦」の信号を同時に掲げて、各艦に自分の相手を自由に選ばせた。一六〇〇時、イングランド戦隊の六隻が相手に追いついて手当たり次第に攻撃したが、相手が航行不能となると、これを後続の大型の味方艦に任せた。アンソンは味方の勝勢を最初から確信していて、戦闘が始まるとすぐに小型艦二隻とスループ艇に船団を追跡させた。

日没前、アンソン戦隊はラ・ヨンキール戦隊の四十門艦一隻を除いた全艦を捕獲する。アンソンはさらに三艦に船団を追跡させて、船団三十八隻のうち十八隻を捕獲した。この海戦のハイライトは、アンソンが会敵時にあわてて戦闘を開始せずに敵の状況を見定めて、敵が避退するや間髪を入れずに追撃に移行したことである。

一七四七年十月初旬、フランスが西インド諸島向けの護衛船団をブレストで編成中との情報がアドミラルティに入るが、十月六日、この船団がブレスト沖の泊地[二六七]を出立した。十月九日、リア・アドミラルのエドワード・ホークの戦隊が出動した。編成は七十四門艦一隻、七十門艦一隻、六十六門艦一隻、六十四門艦二隻、六十門艦七隻、五十門艦二隻及びフリゲート艦数隻である。

十月十四日、ウーシャント諸島の西二〇〇マイルの北緯四七度四九分、西経一度二分において、ホーク戦隊が目指すフランス護衛船団を視認する。船団は二百五十二隻の大編成で、針路を南西にとっていた。護衛戦隊はハビール・ド・レテンジュール提督の率いる八十門艦一隻、七十四門艦四隻、六十四門艦三隻、五十六門艦一隻及びフリゲート艦一隻である。

ホーク戦隊がわずかに風下側であったが、ホークは直ちに「総追撃戦」の信号を掲げた。三時間後にはフランス戦隊の後方五マイルに追い上げて、そこで追撃信号を降ろし、左舷開きの単縦列の成形を下令した。これで敵戦隊への最短コースをとったのである。だが、戦隊はこの運動に入るのに一時間を要した。この間、ド・レテンジュールは船団を先行させ、これを六十四門艦とフリゲート艦各一隻に直衛させた。そして、彼は残る八隻で単縦列を成形し、ホークを自分の戦隊のほうへ誘致しようと風下へ向かった。だが、敵の戦隊よりは風上側にいて、もしホークが船団へ向かったら、直ちに阻止できるようにしていた。

一一〇〇時頃、ホークは再び「総追撃戦」を下令した。その結果、彼の戦隊はやや陣形を乱しつつ敵の後部に迫り、三隻が敵の風上側に入り込み、残りが風下から攻撃する対勢になる。このため、小型艦三隻を含むフランス戦隊の後尾部は両方から砲撃されるが、いずれも果敢に反撃した。一三三〇時、フランス戦隊後部の三隻が降伏し、二時間後、さらに七十四門艦と五十六門艦各一隻が旗を降ろした。この間、イングランド戦隊はフランスの戦列の中に入り込んで、手当たり次第に攻撃した。フランス戦隊の旗艦八十門艦〈トナン〉と七十四門艦一隻がブレストに逃げ込み、

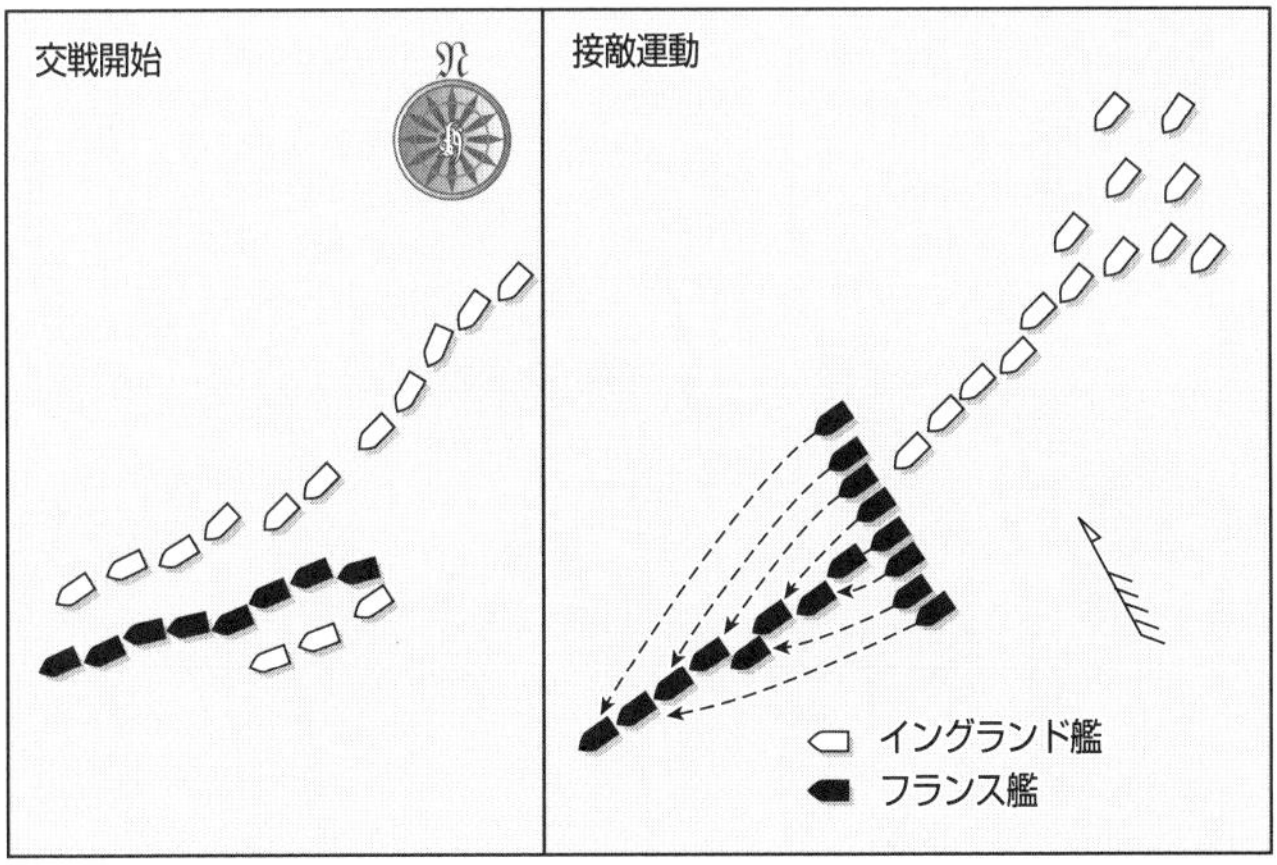

第二次フィニステレーの海戦

その他の全艦が降伏した。だが、船団は助かった。ホーク戦隊各艦とも損傷がひどくて、追跡できなかったからである。イングランド戦隊が捕獲したフランス艦は、七十四門艦三隻、六十四門艦二隻、五十六門艦一隻の計六隻であるが、これらはいずれも同門数のイングランド艦より強力であった。

植民地の戦い

一七四四年、西インド諸島方面では、イングランドがジャマイカのポート・ロイヤルを、フランスがマルティニクのポート・ロワイヤルを主基地として対峙していたが、イングランドは防戦一方であった。一七四五年、イングランドが攻勢に転じるが、目ぼしい戦果は、同年にフランス補給船団三十隻を、一七四八年に三十五隻を捕獲し、ヒスパニオラ南岸のポート・ルイスを降伏させたぐらいである。それに、この間に軍法会議が三度も開かれて、艦長の怯懦な行為や戦隊司令官の判断ミスが告発された。このことからも、この方面でイングランド戦隊の士気がかなり低下していたことが知れる。

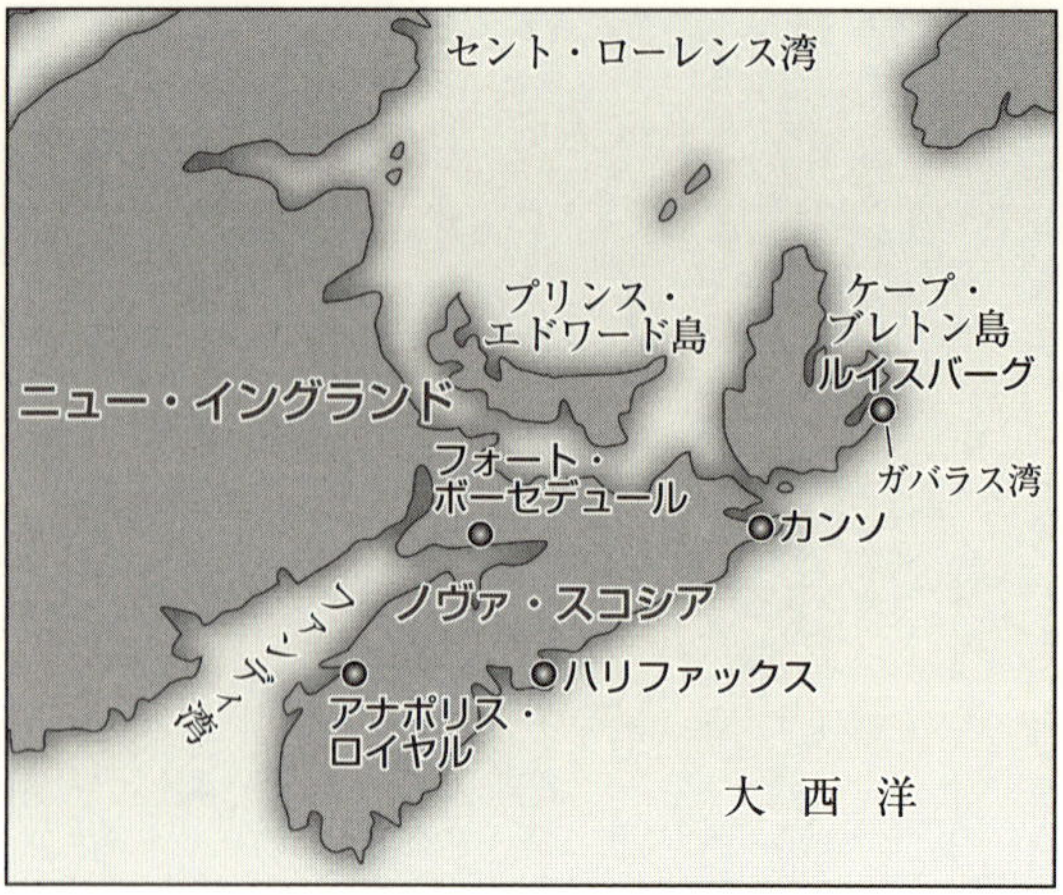

ジョージ王戦争の当初、北アメリカ大陸においては、フランスが利権の獲得維持に熱心であったのに対して、イングランド政府は全く関心を示さず、ユトレヒト条約で譲渡された旧フランス領も放置したままでいた。ところが、イングランドのアメリカ植民地が本国政府の尻を叩く形でフランス植民地を攻略することになる。

一七四四年五月十一日、フランス領ケープ・ブレトン島のルイスバーグを出撃したフランスの小戦隊と現地インディアンが共同して、イングランド領のノヴァ・スコシアのカンソを襲撃し降伏させた。次いで六月二日、フランス戦隊とインディアン部隊がアナポリス・ロイヤルに向かう。

こうした一連の動きを見て、マサチューセッツの総督と議会は、北アメリカでのフランス最大の拠点ルイスバーグを征服することを決断した。総督は本国政府に西インド諸島からの支援戦隊を要請し、その一方、マサチューセッツ議会が義勇軍三千八百五十を編成した。一七四五年三月二十日、義勇軍が輸送船八十隻に分乗してボストンを出立し、四月四日、カンソを奪回する。二十二日と二十三日、イングランドのワーレン戦隊が西インド諸島から到着する。この戦隊の編成は六十門艦一隻と四十門艦三隻で、そのままルイスバーグ港を封鎖する。三十日朝、イングランドのペペレル部隊がルイスバーグ付近に上陸して、陸海から総攻撃の態勢を敷くと、六月二十八日、この町は降伏した。

ルイスバーグが陥落すると、ケープ・ブレトン全域がマサチューセッツ植民地の支配下に入り、これでフランス私掠船の巣窟が破壊され、イングランドの航路帯とニューファンドランド漁場の安全が保障されることになった。その後、フランスはルイスバーグの奪回を期して遠征軍を派遣した。六月二十二日、フランス艦隊戦列艦及び五十門艦十一隻、フリゲート艦三隻、火船三隻並びに臼砲艇二隻が、部隊三千五百を乗せた輸送船と補給船を随伴させて、ブレストを出撃した。九月二十二日、同艦隊はノヴァ・スコシアに到着するが、イングランド戦隊とニュー・イングランド義勇軍の固い防備態勢に退けられた。

インド半島

次は、東インドである。ここではイングランド東インド会社がマドラスを、フランス東インド会社はポンディシェリーを根拠地として、互いにしのぎを削っていた。戦争の当初から、両国は相前後してインド半島へ増強戦隊を派遣するが、そのやり方にかなりの差異がある。イングランドの場合は会社の戦隊派遣要請に政府が即応する官民一体型なら、一方のフランス側は個人プレー型と言える。

フランスで東インドの増強を政府に訴えたのは、パリ南西部のイル・ド・フランス州総督ラ・ビュルドネ候である。彼は自ら戦隊五隻を率いて東洋へ出立するが、これに東インド会社が異を唱えた。会社の言い分は、強力な戦隊の進出がかえって危険な情勢を招来するというのである。一見もっともらしいが、東インド会社総裁ドュプレックス候爵が個人的にラ・ビュルドネの干渉を嫌ったのである。そこで、フランス政府がラ・ビュルドネに帰還命令を送るが、野心的なラ・ビュルドネは旗艦〈アチューユ〉だけを返さずに残し、他に武装商船七隻を掻き集めてインド半島南東部のコロマンデルを目指した。

イングランド戦隊はマドラスを主基地としていた。司令官はコモドーのエドワード・ペイトンであるが、如何にも無能で無気力な人物であった。八月十五日、ラ・ビュルドネ戦隊がマドラスを砲撃したが、ペイトンはこの襲撃を知りつつも、はるか北のベンガルに向かった。その理由は、隷下の一隻が漏水していたからであるという。九月三日、再びラ・ビュルドネがマドラスを攻撃すると、遂に十日、マドラスが賠償金を支払うとの条件の下に降伏した。ところが、ドュプレックスはラ・ビュルドネの活躍が気に入らなかった。そこで、ラ・ビュルドネが帰国すると、彼は条約を破棄させてしまう。一方のイングランド東インド会社は怯懦なペイトンに悲憤慷慨し、本国から来たコモドーのトマス・グリフィンが彼を逮捕して本国へ送還した。

一七四七年、イングランドはリア・アドミラルのエドワード・ボスキャウェンの増強戦隊を東インドに派遣した。だが、インド情勢を挽回する間もなく、彼はエクス・ラ・シャペル条約の締結を知らされた。

エクス・ラ・シャペルの和議

一七四八年十月十七日、エクス・ラ・シャペル（現在のアーヘン）において、シュレジェン戦争、ジェンキンズの耳の戦争及びジョージ王戦争を含めたオーストリア継承戦争の講和条約が締結される。このエクス・ラ・シャペル条約（日本ではアーヘンの和約と呼称される場合が多い）によって、神聖ローマ帝国の領域から、シュレジェンがプロイセンに、パルマとピアチェッツァがスペインに、ロンバルディアの一部がサルディニアに譲渡された。

条約の交渉における基本原則が「戦前の状態への復帰」であったから、マリア・テレジアはハプスブルク家領と神聖ローマ皇帝位を確保したが、実質的には相当の不満を残すことになった。しかも、誰の目にも強国プロイセンの印象が鮮明となり、むしろオーストリアとプロイセンの対立が決定的となって、次の七年戦争の火種を残すことになる。

この条約において、英仏両国は先に占領した西インド諸島のルイスバーグとインド半島のマドラスを相互交換した。イングランドのアメリカ植民地人は気に入らないであろうが、歴史的に見れば、イングランドにとって有利な取引であった。その気になりさえすれば、ルイスバーグはいつでも奪還できるし、事実、次の戦争で取り返した。だが、インド半島におけるドュプレックスは遂にマドラスを取り返せず、ルイス博士によれば、現地人から全能の神と崇められた権威を失墜させた[二六八]。

また、今次戦争の原因の一つであった海外通商問題に関して、この条約は何も解決しなかった。アメリカ海域でのイングランド船の自由航行権に関しては全く触れられなかったし、ノヴァ・スコシアに関する英仏の利権も曖昧なまま残った。そして、これらも次の戦争の誘因となるのである。

イングランド海軍の堕落と思考の硬直化

先に、西インド諸島での戦いにおけるベンボウ戦隊の反逆事案を空前絶後の汚点としたが、これはイングランド海軍史家クロウズ提督の所見である。[二六九] 四十二年後のツーロンの海戦に関しては、ルイス教授が「戦いは恥ずべき結果に終り、後の軍法会議が海軍の嘆かわしい堕落を満天下にさらけだした」と慨嘆した。[二七〇] その他に幾つも軍法会議が開かれて、司令官や艦長の無気力で怯懦な振る舞いが裁かれた。先のアン女王戦争以後、イングランド海軍が徐々に無気力な集団と化して、今次戦争の前段での海上戦は低調を極めた。元来、この国は海軍のお蔭で繁栄しながら、戦後はその恩人を顧みない癖がある。

首相ウォルポールの海軍政策も消極的であったし、三十一年間の「ウォルポールの平和」が次第にイングランド海軍の内部を蝕んでいても、別に不思議はないかもしれない。思うに、このていたらくを招く要因は次の三つである。

第一は、海軍士官の老齢化である。アン女王戦争からジョージ王戦争までの三十九年間、新造艦はほとんどなく、若い人材が採用されなかった。その上、まだ定年制度はなかったから、現役士官が次第に老齢化した。そのピークは一七四〇年頃で、海峡艦隊司令長官ジョン・ノリスは八十四歳、後任のマシューズは六十八歳であった。ちなみに、後の七年戦争からナポレオン戦争における艦隊司令長官の場合、キベロンの海戦におけるホークは五十四歳、セイント諸島の海戦におけるロドニーは六十四歳である。ただし、後者がやや高齢なのは、後述するとおり、のっぴきならない理由があったからで、本来はロドニーの次席指揮官で五十八歳のフッドで十分である。セント・ヴィンセント岬のジャーヴィスは五十七歳、そしてトラファルガー岬のネルソンは四十七歳であった。

第二は、官僚主義とマンネリズムの蔓延である。海軍は戦闘集団ではあるが、一方では国家行政組織体でもあるから、そこに大なり小なり官僚主義的な傾向が生じるのは否めない。これをさらに促進したのが前述の士官の老齢化であり、長年の平和をむさぼった惰眠であった。かつて勇猛果敢な人物も盛りを過ぎれば変わる。まして平和な時代には、事勿れ主義の微温湯《ぬるまゆ》に浸って寄らば大樹の蔭を極め込み、誰もがリスクと責任を負わず、ただただお上《かみ》に従うことを善しとする。

第三は、艦隊戦術準則の呪縛である。特に第二の要因で、海軍の中央集権化が進むが、その最悪の事例は常用艦隊戦術準則の制定である。本来、艦隊戦術準則は艦隊司令長官が制定するものであったが、一七四四年頃、アドミラルティが制定して、これを常用艦隊戦術準則《パーマネント・ファイティング・インストラクションズ》と称した。換言すれば、陸の役所に座っているアドミラルティのコミッショナーが、千変万化の海上で採用する艦隊戦術を定めたのである。さらに悪いのは、ツーロンの海戦の軍法会議において、艦隊戦術準則の逐語的な解釈論を展開したレストックが無罪となったことである。このことから、イングランド艦隊中が常用艦隊戦術準則を神聖不可侵の不磨の大典と見なし、これに違反することの恐ろしさを骨身に刻み込むのである。爾来、約四十年間にわたり、多くの艦隊指揮官が決断を迫られるとき、必ず悪魔の呪縛のささやきが聞こえてきた―「お主、まさかツーロンを忘れちゃいなかろうぜ」と。

イングランドとフランスの砲戦術

次も艦隊戦術準則に関連するが、とりわけその基本理念の単縦列戦列主義に垣間見られる自家撞着の話である。それがイングランドとフランスの砲戦術の相違に鮮明に現れている。

戦術に関して、フランスは首尾一貫して明快であった。この国は防勢戦略に徹し、海戦は、敵の攻勢戦略を阻止するという最終目的《オブジェ・ウルテム》の達成に資する場合に限られる。それ以外の場合は、戦闘を回避するのが当然である。フランス艦隊が風下側から仕掛けるのは、風下へ柔軟に撤退するためである。また、砲撃戦も守勢的で、艦が波頭に到達する直前に発砲して弾丸を高く飛ばし、相手艦のマスト、セール、ヤード及び索具類を狙うのである。相手が航行不能になればそれで十分目的は達せられる。

一方、イングランドの戦略目標は敵艦隊の撃滅であるから、接近戦に持ち込むために、常に風上側から接敵する。交戦時機を主導的に決定できるからであるが、その砲戦術もまた攻勢的である。艦が波頭に達した瞬間に発砲して弾丸に低い弾道を描かせ、敵艦の乾舷を打ち抜く。これで相手の人員を殺傷し砲台を破壊してから、撃沈するか乗り込み《ボーディング》をかけて降伏させる。

ここまでは筋が通るが、問題は戦略と砲戦術の間にある艦隊戦術で、この辺りから考え方が迷走する。攻勢戦略にマッチする戦闘方式は混戦の一騎打ちか、戦列にこだわらない接近戦に持ち込むはずである。だが、なぜか艦隊戦術準則は、戦列を厳重に維持しつつ、前衛・中央・後衛各戦隊を相手の前衛・中央・後衛に並航させるのを至上命令とする。つまり、「守勢的な攻撃で、攻勢的な戦略目標を達成せよ」というのである。かくの如く、イングランド人が論理的であった例《ためし》がない。

英仏戦争最初のウィリアム王戦争から五番目のアメリカ独立戦争までの九十年間、換言すれば、一六九二年のバルフリュールの海戦から一七八二年のセイント諸島の海戦まで、イングランド艦隊が戦列を組んで戦った海戦が十五回ある。このうちイングランド艦隊が敵艦隊を明確に撃破した事例はただの一つもなかったし、驚くべきことに、捕獲又は撃沈した艦も一隻もなかった。それは相手のフランス艦隊も同じであるが、こちらは元来が守勢戦法だから不思議はない。

無論、イングランドには多くの優秀な海軍士官がいたし、彼らは勇猛果敢に戦った。しかし、神聖不可侵の戦列至上主義の犠牲にもなっていた。これに順応した者は当局の怒りを買うこともないが、勝利にも恵まれなかった。違反した者は当局の怒りを買って、軍法会議の被告となった。また、妥協した者は時に成功しかけても、結局は勝利できなかった。要するに、戦列に拘泥するかぎり、つまり常用艦隊戦術準則の呪縛を克服しないかぎり、誰しもが栄光を我が物にできなかった。

イングランド海軍における混戦々法の復活と封鎖戦略の萌芽

イングランド海軍史を訪ねてしばしば感嘆するのは、この国が落ち目になり存亡の危機を迎えると、必ず救国のヒーローが出現することである。今次戦争の場合はジョージ・アンソンである。そこで、彼の西方戦隊戦略構想とフィニステレーの海戦を戦略と戦術の両面から眺めることにする。

一七四六年に西方戦隊を任されたとき、アンソンは自らの任務を分析して、イギリス本土の防衛、制海権及び通商保護という三つの戦略目標を導き出した。そして、フランスのイングランド侵攻の艦隊策源地はブレストであるから、これに対するイングランドの最適阻止線はイギリス海峡の西側入口、ブレスト沖又はビスケー湾であるとした。また、これらの海域は自国の通商航路帯の防衛にも好都合である。イングランドの海外貿易は、東方のレヴァント地方、南方の東インドあるいは西方の西インド諸島及び北アメリカ大陸を結ぶ航路帯を経由するが、これらの近接航路帯がイングランド南西端沖のシリー諸島で集束するからである。従って、アンソンはブレストを明確に意識しつつ、右の海域を常時哨戒したのである。

戦争の当初、イングランド海軍はさほど優勢ではなかった。ウォルポールの退陣後、政府はフランスの通商破壊戦と本土侵攻作戦の両面攻勢に対する最善策を見出せないでいた。しかし、遂にイングランドが決定的な戦略を確立するに至るが、それが後に伝統的対仏戦略となる封鎖作戦である。一七四四年、マシューズ艦隊がツーロン沖を行動するが、これは本当の意味での封鎖ではなく、主目的はイタリア半島で同盟国オーストリアを支援することであった。ノリスの海峡艦隊もブレスト沖にいたが、この目的もブレスト艦隊の捕捉撃滅ではなく、フランス軍事輸送船団の監視である。

しかし、アンソンは自分の作戦がブレスト封鎖を意味することを明確に認識していた。その結果、二つのフィニステレーの海戦が生起したが、これに敗れたフランスはインド半島支配の拡大もルイスバーグの奪回もできず、さらには西インド諸島植民地を孤立させた。換言すれば、アンソンの目的のとおり、フランスは制海権を決定的に喪失した。

マハンは「一七四七年における二度の海戦で、フランス海軍が壊滅した」と言い切っている。[二七一] 戦隊規模の海戦で一国の海軍が壊滅とはいささか大袈裟と思われかねないが、事実、リッチモンドが指摘するとおり、フランスはヨーロッパ大陸戦で勝利を収めながら、イングランドのシーパワーによって植民地からの戦費調達を遮断されたので、講和に踏み切るほか仕方がなくなった。[二七二]

以上は、二つの「フィニステレーの海戦」の戦略的意義であるが、戦術的意義について、マハンは次のようにコメントしている。

> 結果的又は意図的の別なく、劣勢な敵は戦列を乱して遁走するから、追跡する側も戦列を解いて総追撃に移行すべきである（……）二つの海戦の場合、総追撃戦の信号によって混戦が展開されたが、これは当然の帰着と言えよう。重要なことはただ一つで、遁走する敵に追いつくことである。また、最速の艦か最適位置にいる艦を先行させせることである。[二七三]

この海戦において、アンソンは単縦列で接敵しつつ、敵が風下側に避退するや、間髪を入れずに総追撃戦を命じたが、これこそが彼の戦術思考の真骨頂であった。危うくすれば、艦隊戦術準則違反を問われかねなかったが、彼は闇雲に戦列至上主義を捨てたわけではない。彼は巧妙かつ大胆な抜け道を準備していた。それが艦隊戦術準則第二五条である。同条の規定に曰く、

敵が敗走を開始し、艦隊司令長官が全艦隊をもって追跡すべきと判断した場合、前部チェイサー砲を二

発射するものとする。これにより、各艦艇は敵艦艇の捕捉並びに斬込隊の派遣に最善を尽くすものと[二七四]する。

実は、艦隊戦術準則が総追撃戦も混戦も全く禁じていたわけではない。だが、戦列の離脱をあまりに厳しく禁じたから、無気力で事勿れ《ことなか》主義の指揮官がこれの解列までを恐れた。アンソンに言わせれば、条文の「敵が遁走中」を判断するのは現場指揮官であって、数百マイル離れたロンドンではなかった。次席指揮官のホークも、かつての世界周航以来尊敬するアンソンを見習った。そうは言っても、ロンドンばかりかツーロン沖のレストックのような手合いは、指揮官が艦隊戦術準則の戦列主義に違反しないか鵜の目鷹の目で監視していた。だから、確固たる信念の持ち主だけが勝利の女神に微笑まれたのである。

先に触れた一六九二年から一七八二年の間、今度はイングランド艦隊が鮮やかな勝利を収めた戦いが六回ある。それは、いずれも指揮官が敢然として戦列を解いて、総追撃戦を下令した場合である。その後のネルソンに至っては、戦列主義を愚行の最たるものと弊履の如く投げ捨て、独自の戦列突破戦法でトラファルガーに臨んだ。

しかし、それでアッサリと事が定まらないのがイングランド人である。事実、ツーロンの海戦におけるような戦列維持と交戦参加の相克は、後述するとおり、三十四年後のアシャント沖と三十七年後のチェサピーク沖で再現されることになる。

第四節　フレンチ・インディアン戦争と七年戦争

フレンチ・インディアン戦争

英仏抗争の第一から第三ラウンドまでは、アウグスブルク戦争、スペイン継承戦争及びオーストリア継承戦争というヨーロッパ戦争のそれぞれに英仏が介入することから、ウィリアム王戦争、アン女王戦争及びジョージ王戦争が派生して、戦いが植民地に飛び火する。だが、第四ラウンドはフレンチ・インディアン戦争という植民地での英仏衝突が先で、これがやがて七年戦争というヨーロッパ戦争に吸収される。

フレンチ・インディアン戦争という呼称は、後述するとおり、フランスが現地インディアンと共同して戦ったからである。一方、日本の西洋史では、アウグスブルク戦争、スペイン継承戦争及びオーストリア継承戦争という三つの戦争の中で、北アメリカ大陸における英仏抗争をそれぞれウィリアム王戦争、アン女王戦争及びジョージ王戦争と呼称する。しかし、ハーヴァード大歴史学教授モリソン博士は自著『アメリカ人の歴史』において、スペイン継承戦争に関して、「アメリカにおいては、この戦争はアン女王戦争と呼ばれる（傍点は筆者）」と叙述している。[二七五] 少なくとも、同博士はアメリカにおける戦争をアン女王戦争と呼ぶとは言っていないのである。それに、わが国の歴史書のような捉え方をイギリスの歴史書に見たことがない。この国では、先の三つのヨーロッパ戦争においてイングランドが関わった部分をそれぞれウィリアム王戦争、アン女王戦争、ジョージ王戦争と呼んでいる。戦争の呼称に決まりはないが、この物語はイングランド海軍史であるから、かの国の認識に従うことにする。ただし、イギリスでも、フレンチ・インディアン戦争の呼称だけは北アメリカ大陸に限定されている。

フランス国王ルイ十五世も先王と同様、領土拡張に野心を燃やしていた。彼が先のオーストリア継承戦争の講和を受け入れたのは、ともかく疲弊した国力を回復して、さらなる計画を実現する余裕が欲しかったからである。そのフランスが先ずやったことは、海軍の再編と復興である。本国ではおびただしい数の艦艇が建造され、外国特にスウェーデンと艦艇建造の契約を取り交わした。一七五〇年前後から、フランスは西インド諸島やインド半島でも侵略的な活動を開始したが、ここでは北アメリカ大陸におけるフレンチ・インディアン戦争から眺めてみる。

戦いの火種は、先の戦争で問題とされたフランス領ケープ・ブレトンとイングランド領ノヴァ・スコシアで燃え上がった。この原因は、先のエクス・ラ・シャペル条約が両方の帰属を曖昧なままで残したことにあった。だから、その後も両方の地区に両国の開拓者が混じっていて、何かと摩擦を起こしていた。一七四九年、フランスのカナダ総督は原住のインディアンをそそのかして、オハイオ川流域からイングランド交易所を締め出そうとし、その一方でケープ・ブレトンとノヴァ・スコシアのイングランド領域を占拠して要塞を築いた。

一七五三年、フランス領デュケーヌの総督は、オハイオ川以北の西部全域を保有すると主張して、アレゲニー川とオハイオ川の合流地点にフォート・デュケーヌを構築した。これに対して、ヴァージニア植民地が立ち上った。翌年、ヴァージニア総督はジョージ・ワシントンという二十二歳の青年を民兵中佐に任命し、百五十人の民兵とともに送り出した。六月三日、戦いは先制攻撃したヴァージニア軍の降伏で終るが、これが後の合衆国初代大統領のいささか不面目なデビューである。

一七五四年の夏、イングランド政府はエドワード・ブラドック将軍率いる二個連隊を北アメリカに派遣した。この政府が描いた戦略目標はノヴァ・スコシアのファンディ湾、シャンプレン湖及びナイヤガラ瀑布に構築したフランスの砦で、ブラドックは先ず三つ目の目標に向かった。これに大佐に昇任していたワシントンが幕僚として参加したが、あまり役には立たなかった。ブラドックが荒野での戦いに不慣れなくせに、他人の進言を全く聞き入れなかったからであった。

七月九日、ブラドック軍千四百五十九人がフランス正規軍とカナダ民兵軍八百六十人に奇襲され、さらにインディアンの群に蹂躙された。この「ウィルダーの戦い」でブラドック自身も戦死するが、イングランド側の死傷者は九百七十七人を数えた。この情勢に鑑み、フランスが平和の仮面をかなぐり捨て、ブレストとロシュフォールにカナダ遠征軍を集結させた。イングランドでも、新たに戦列艦三十五隻と多数の小艦艇が就役した。

フランスはデュボア・ド・ラ・モッテ侯爵の戦隊と遠征軍の船団をブレストからルイスバーグとケベックへ向かわせる。イングランド政府はフランスの動きを詳細には知らなかったが、ともかくもヴァイス・アドミラルのサー・エドワード・ボスキャウェン[二七六]の戦隊を北アメリカへ送り込んだ。だが、この戦隊は戦列艦十一隻、フリゲート艦一隻及びスループ艇一隻で、二個連隊を乗せていたに過ぎない。

結局、ボスキャウェンとド・ラ・モッテとの直接対決は生じなかったが、前者の二隻が後者の四隻と遭遇戦を演じてボスキャウェンは三隻捕獲した。しかし、この戦隊はチフスの蔓延で二百人を失い、六月八日、スピットヘッドに帰還する。現地にはホルボーン戦隊が残留した。後に、ド・ラ・モッテも何の成果も挙げることなく帰国する。

七年戦争への移行

一七四三年以降、イングランド首相ヘンリー・ペラム[二七七]はジョージ王戦争を乗り切り、戦後も国内政局を安定させてきた。一七五四年、彼の死去により、実兄のニューカースル公爵トマス・ペラム・ホレス[二七八]が政権を継承する。すでに一七四五年から北アメリカにおける英仏の対立が武力行使までエスカレートしていたが、ニューカースル公はこれを一時的な局地的紛争としか見ていなかった。彼の関心はむしろヨーロッパ情勢にあった。先の戦争の後、オーストリアとプロイセンの対立が決定的となり、その軋轢の狭間で国王ジョージ二世の祖国ハノーヴァーの安全が揺れ動いていたからだ。

そこで、一七五五年、ニューカースル公はロシアと相互援助条約を結び、ロシアに補助金を出す代わりにハノーヴァーの安全を担保させた。だが、これが国内外に波紋を生じさせ、彼の政権を大きく揺るがせる。先ず、ニューカースル公のハノーヴァー重視政策を激しく批判した陸軍主計卿ピットが更迭されて、与党のホイッグは分裂の危機を迎える。

次いで、翌年早々から夏にかけて、ヨーロッパの情勢が激変する。ニューカースル公の対外政策でロシアがイングランド寄りになると、以前からロシアに国境を脅かされていたプロイセン王フリードリヒ二世がイングランドに接近して、一七五六年一月十六日、ウェストミンスター条約を締結してハノーヴァーの安全を約束する。これに反発したロシアはオーストリアとの連携を深めた。五月、オーストリアが反プロイセンの立場から仇敵フランスと同盟して、イングランドとの伝統的な同盟関係を放棄する。その余波で、オランダまでが遂にイングランドから離反し、ニューカースル公のハノーヴァー安全保障政策が「外交革命」とも呼ばれるヨーロッパ情勢の激変を惹き起こすことになる。また、それぞれの同盟の盟主国イングランドと

アウグスブルク戦争		スペイン継承戦争		オーストリア継承戦争		七年戦争	
イングランド	フランス	イングランド	フランス	イングランド	フランス	イングランド	フランス
オーストリア		オーストリア	スペイン	オーストリア	プロイセン	プロイセン	オーストリア
オランダ		オランダ		オランダ	スペイン		ロシア
スウェーデン							スウェーデン
							スペイン

ヨーロッパにおける同盟関係の変遷

フランスの対決をも決定的なものとする。

七年戦争の火蓋は地中海とヨーロッパ中部の二正面で切って落される。先ず、リシュリュー侯爵のフランス軍六千がツーロンを出撃し、一七五六年四月十九日、ミノルカに上陸した。この知らせを受けて、五月十七日、イングランドはフランスに宣戦布告する。これで、実質的には七年前に始まっていたフレンチ・インディアン戦争がようやく正式な戦争になる。もう一つは、八月二十九日、フリードリヒ二世のプロイセン軍がザクセンを侵攻したことであるが、これも正式な戦争になるのは翌五七年に神聖ローマ帝国がプロイセンに対して宣戦布告してからで、これが七年戦争と称されるのは、一七五六年から六三年にかけての七年間も継続したからである。

ミノルカ島の海戦に至る経緯

ミノルカ島の海戦は指揮官の提督が銃殺刑に処せられるという未曾有の事件を引き起こしたが、これには幾つかの伏線が敷かれていた。先ず、一七五五年十月頃から、イングランド政府はフランスがツーロンでミノルカ侵攻部隊の編成を進めていると幾度も報告を受けていたが、あまり気に留めなかった。一つにはこの情報がその都度立ち消えになったし、もっと重要なことが持ち上がっていたからである。

英仏関係が一触即発となった翌五六年早々、フランスは例によって通商破壊戦とイングランド本土侵攻作戦から始めた。[二七九] ダンケルクの私掠船群がイングランドの航路帯を襲撃した。その一方、情報によれば、ブレストをはじめとするフランス沿岸地区に軍勢六万と艦隊が集結して、今にもイングランド侵攻作戦が発動されそうな情勢であった。

これでイングランド政府はパニック状態に陥り、上陸予想地点の防備を固め、北アメリカ、西インド諸島及び地中海海域が手薄になるのも構わずに、艦隊を本土周辺海域に拘置した。やがてブレストがほとんど空っぽなことが判明して、イングランド政府は安堵の胸を撫で下ろすが、その最中にフランス軍がミノルカ島に上陸したとの知らせが入った。

ルイス博士の指摘によれば、イングランド政府はフランスが大西洋沿岸に仕掛けた陽動作戦の罠に引っ掛かったのである。[二八〇]しかし、ロジャー博士は近年に上梓したイングランド海軍通史において全く違った見方を示している。彼によれば、フランスはイングランドの防備態勢を見て、イギリス海峡への進入は危険過ぎると判断し、三月十五日にミノルカ攻略に転じることとしたのである。[二八一]

いずれにせよ、当時のイングランド政府がミノルカ島を軽視していたのは紛れもない事実である。ミノルカ防備隊指揮官ウィリアム・ブレークニー将軍は衰弱しきった八十四歳の老人で、事実、後にフランス軍に降伏した際には病床に就いたままであった。また、将校の大部分が休暇で帰国中でもあった。と言っても、同隊の将校たちが特に怠惰であったわけではなく、十八世紀の将校たちは平時には休暇を取って帰国するのが慣例であった。[二八二]これに加えて、地中海方面のイングランド海軍は戦列艦がわずかに三隻と小型艦艇数隻のみであった。

かくのとおり政府は如何にも能天気であったが、むしろ国民のほうが危機感を募らせていた。先のツーロンにおける不穏な動きが伝えられると、ミノルカ危うしとの世論が沸騰して、遂に政府は重い腰を上げざるを得なくなった。一七五六年三月十一日、ヴァイス・アドミラルのジョン・ビング[二八三]がミノルカ派遣戦隊の司令官に任命された。次席指揮官はリア・アドミラルのテンプル・ウェストである。本来が強力であるべき遠征戦隊は、戦列艦わずか十隻しかなかった。しかも、各艦とも大西洋におけるフランス通商航路帯の襲撃行動から帰還したばかりで、再出撃に必要な再艤装も十分になされていなかった。

先に述べたとおり、政府の基本方針は本国周辺に艦隊を配備することであったから、イギリス海峡とビスケー湾に戦列艦二十七隻が遊弋し、本国には二十八隻が待機していた。だから、この五十五隻からは一隻もビングには廻されなかった。かくの如く、この期に及んでも依然として、ニューカースル政府は事の重大さを認識せず、ミノルカ防衛には及び腰であった。

四月六日、ビングはセント・ヘレンズ泊地を出撃し、五月二日、ジブラルタルに到着する。ここで彼がミノルカ島からの緊急報告を受け取るのであるが、それはフランス軍がすでに同島に上陸したことを告げるものであった。そこで、彼はジブラルタル総督フォーク将軍に会見して、政府指示を伝えた。つまり、状況によっては、ジブラルタル守備隊から一個大隊程度の兵力を戦隊に乗せるということである。だが、将軍と幕僚の下した結論は、先ず、ポート・マホン救援への兵力投入は極めて危険であるし、ジブラルタル要塞を著しく弱体化させるということであった。また以前から地中海にいたイングランド戦隊がミノルカ島に二百人ほど派遣しているし、それで精一杯というのである。そういうフォークもフォークなら、これを諒としたビングも政府と同様に及び腰であった。彼は名門出身者としての政治的なコネが強みで、どちらかと言えばお役所向きの能吏で、ファイター型の提督ではなかった。これが当時のアンソンや後のネルソンならば、フォークを脅かしてでも所要の部隊を引き抜いたであろう。だが、ビングは五月四日付の書簡を送り、ミノルカ島の喪失を免れない情勢であるから、ジブラルタルから地上軍を増強しない旨を報告した。これを一読した国王ジョージ二世は「この男には戦う意志がない

ジョン・ビング

のかっ！」と激怒したという。

一方、ビングが本国を出立した四日後、フランスのヴァイス・アドミラルのラ・ガリソニエール侯爵は戦列艦十二隻を率いて、百七十六隻の船団を護衛してツーロンを出撃した。この船団にはリシュリュー公麾下の部隊一万二千が乗り込んでいた。四月十九日、フランス軍は何の抵抗も受けずに同島西端部のシュタデラに上陸した。イングランド守備隊は東端部に位置するセント・フィリップ城に撤退するが、ここはポート・マホンの入口を守る堅固な要塞であった。

リシュリュー公の軍勢はここを易々と包囲するが、そこで容易ならざる状況に初めて気が付いた。岩礁地帯に長い塹壕を掘る必要があったし、おまけに弾薬類、糧食及び飲料水までが海上輸送に依存しなければならなかった。その海上輸送は敵の妨害を受けやすかったし、付近には退避する港もなかった。それに、ラ・ガリソニエール戦隊は先月末に補給を受けただけであった。

これはロジャー博士がミノルカ攻略はにわかに決定されたとする理由でもあろうが、フランスは同島に関する情報を収集せず、また準備も整えていなかったのである。

当時、リシュリュー公はビング戦隊とラ・ガリソニエール戦隊の戦いを海岸から眺めながら、傍らの将校たちを顧みて次のように言ったという。

諸君。これから面白いゲームが始まることになる。もしラ・ガリソニエールが敵を撃破したら、われわれはここをのんびりと包囲しておれば、要塞は自然に陥落しようが、もし負けたら、直ちに城を攻め立てて、如何なる犠牲を払っても陥落させなくてはならなくなるぞ。[二八四]

ミノルカ島の海戦

五月八日、ビング戦隊はジブラルタルからミノルカを目指した。十九日の払暁、ミノルカ島を視認する。彼は直ちに三艦をマホン港に派遣して偵察させるとともに、要塞のブレークニー将軍に連絡をつけさせようとした。だが、すぐにラ・ガリソニエール戦隊が出現したので、先の三隻が呼び戻された。

ビングは敵に向首し、総追跡戦信号を掲げた。両戦隊は互いに接近し、一四〇〇時、イングランド戦隊司令官が単縦列成形の信号を揚げた。だが、風が落ちて、この命令は適切に遂行されなかった。この間、ビングは乗員の不足している艦にはフリゲート艦から補充させ、本来の任務を遂行できない二十門艦〈フェニックス〉を状況によっては火船として使う旨を指示した。夕刻の一八〇〇時頃、フランス戦隊は戦列艦十二隻とフリゲート艦五隻が戦列を形成した。前衛隊はグラドヴェズ侯爵が、中央隊はラ・ガリソニエール侯爵が、そして後衛隊はラ・クルー侯爵がそれぞれ指揮した。一時間後、フランス戦隊がタック（風上側へ変針）して、約六マイルほど離隔した。これは風上側に占位して有利な対勢にもっていくためである。現在の有利な対勢を維持するため、ビングも同様にタックした。

二十日の払暁、霧が出て、互いに相手を視認できなくなった。だが、やがてイングランド戦隊は南東方向にフランス戦隊を視認した。五月二十日の朝、双方が互いに接近した。一リーグほど近寄ったとき、ビングは一斉回頭で戦隊を逆転させた。その後、彼は逐次変針の信号を掲げたから、両者は並行ではなく三、四十度の交角で航進していた。このまま航進すれば、やがてビングの意図する対勢、つまり艦隊戦術準則第十九条に規定されるとおりの「彼我の前衛、中央、後衛がそれぞれ並ぶ交戦対勢」に入れるはずである。

ところが、この時、ビングに最初の不運が訪れる。イングランドの先頭艦の艦長が何を思ったか、敵の先頭艦から一マイルとなるとフランス戦隊と併航コースをとったのである。これでは、敵を射程内に捉えられなくなる。（合戦図―1）

何とか対勢をたて直さねばならないが、当時、先頭艦の動きを指揮官の意図のとおりに修正させる信号はなかった。だが、ビングはアドミラルティの信号補足書第五条に思い当たり、空砲一発を発射した。これで先頭艦が右へ一点変針するはずが、先頭艦々長が第二の不運をもたらした。彼は敵の戦列に直角に変針して、これに前衛隊の後続艦がならった。従って、各艦はフランスの戦列に対してT字の形で近接したから、一方的に敵の片舷斉射を浴びた。（合戦図―2）ここでビングは諦めて交戦信号を掲げたが、第三の不運に見舞われることになる。五番艦がトップマストを吹き飛ばされて保針不能となった。このために、後続の戦列がひどく混乱してしまったのである。（合戦図―3）

　ビングの旗艦の占位番号は十番であるが、十一番艦や十二番艦が前方へ飛び出し戦列を乱していたので、同艦々長が司令官に対して増帆を進言した。一刻も早く混乱を抜け出し、戦闘に突入するためである。これに対するビングの回答が、今にして思えば、第四の不運というより最初で最後の致命的な誤判断となったのである。その返答とは「儂《わし》はすでに戦列信号を掲げているだろう。君はこの儂《わし》に単艦で戦闘に突入させたいのかね。かつてマシューズ提督は不幸にもそう誤解さ

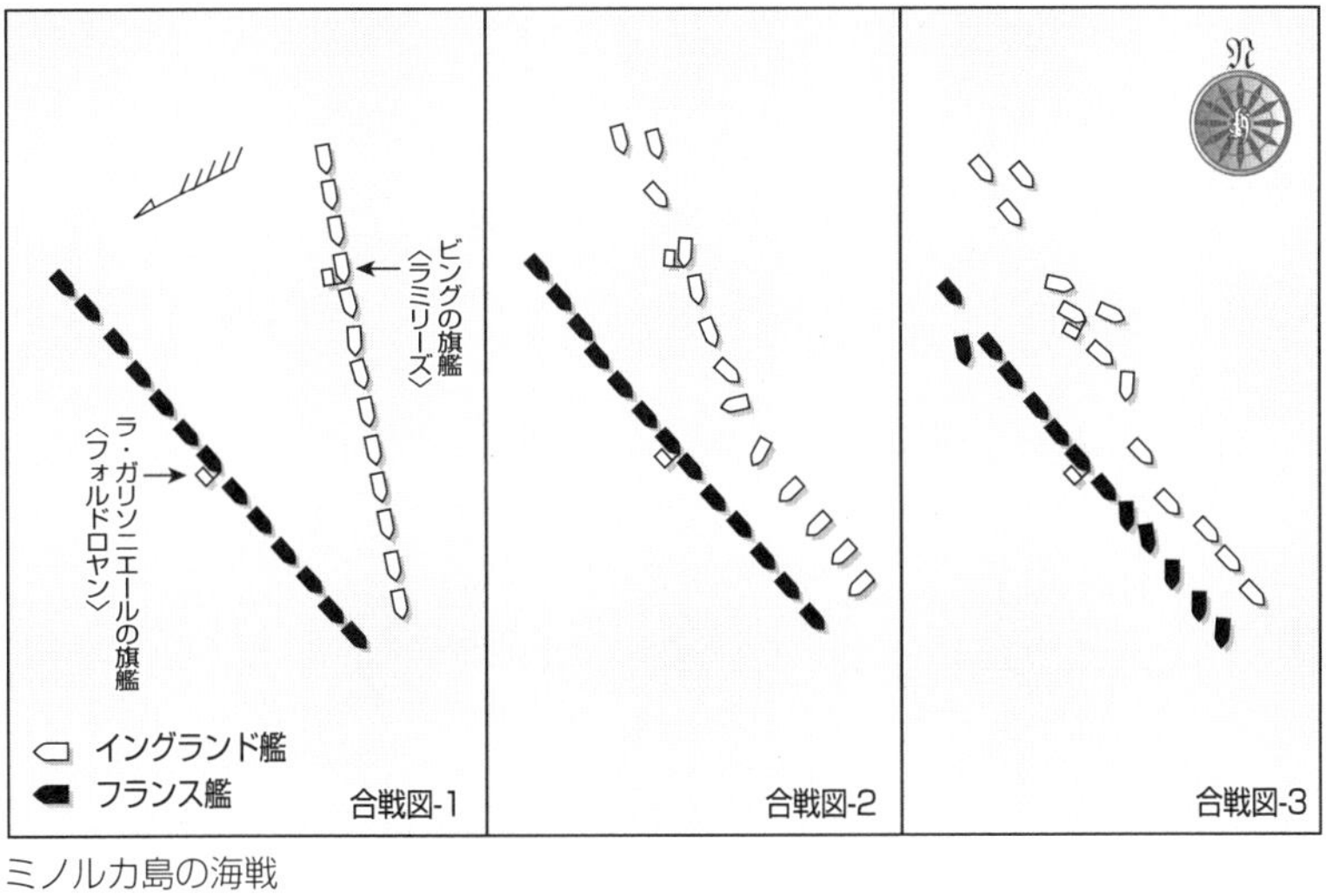

ミノルカ島の海戦

れたのだよ。それだけは御免被りたい」であった。当時、司令官も艦長も先の戦争におけるマシューズ提督の亡霊に取りつかれて、これほどまでに戦列信号に拘泥していた。

戦闘は不徹底な結果で終った。イングランドの前衛隊は後衛隊から離隔したまま、戦闘の矢面に立たされたから、フランス側より被害が甚大であった。だが、ラ・ガリソニエールは攻撃を続行しなかった。彼が敵戦隊の撃破よりポート・マホン攻略の支援を重視したのであろう。双方の損害は、イングランド側が死者四十二人と傷者百六十五人で、フランス側は死者二十六人と傷者百三十六人だから、ほとんど互角である。

海戦後、ビングは作戦会議を招集し、結局、ジブラルタルに戻ることにした。味方の救援部隊がむなしく去った後、セント・フィリップ要塞のイングランド防備隊は勇敢かつ頑強に戦ったが、六月二十六日、遂に刀折れ矢尽きて降伏の止むなきに至った。

ビングの逮捕

六月十九日、ビングがジブラルタルに到着すると、自分が六月四日付でアドミラル・オブ・ザ・ブルーに昇任したことを知る。また、増強部隊が到着していた。この二つで気を取り直したか、彼は直ちにミノルカに取って返そうと準備にかかる。その最中の七月三日、五十門艦〈アンテロープ〉が入港する。同艦にはヴァイス・アドミラルのエドワード・ホークとリア・アドミラルのチャールズ・ソーンダースが乗っていて、司令長官と次席指揮官の更迭命令書を持参していた。先の五月四日付のビング報告が国王を烈火の如く怒らせたので、政府はビングとウェストの更迭を決めたのである。

だが、ホークとソーンダースの出発後、ビングに第五の不運が生起していた。イングランド政府がなぜか敵の海戦報告書をビングの報告より早く入手していたことである。ラ・ガリソニエールの報告書の一部は以下のとおりである。

敵は終始有利な対勢にあり、いつでも当方を回避できたから、我が攻撃で被害を受けた敵艦のほとんどは風上側に避退した。彼らは全力で当方の後尾を攻撃するも、我が堅陣を突破する能わず、遂に避退して、二十一日も終日姿を見せなかった。全般的に、敵は我が砲撃の前に為す術がなく、我が艦艇にはほとんど被害がなかった。翌朝、敵は戦闘不能のままであった。[二八五]

六月十六日、ビングの五月二十五日付の海戦報告書がアドミラルティに届いた。百十五行にわたる報告書は、任務を達成できなかった釈明と謝罪が綴られていた。十日後、これが政府公報ロンドン・ガゼット紙に公開されるが、原文の三十八行が削除されていた。原文も削除部分も長いので引用しないが、両方を併せ読めば、先ず、政府が都合の悪い個所を削除して、自らの落度を隠蔽したのは明らかである。その落度とは、ミノルカの重要性をまるで認識せず、島の防備態勢を顧みなかったこと並びにビングに中途半端な兵力を与えて送り出したことである。恐らく、政府はさすがに自らの怠慢と落度に気付いたのであろうが、ビングを軍法会議にかけることにした。悔恨の念にさいなまれるビングをミノルカ喪失のスケープ・ゴートにしようというのである。

七月九日、〈アンテロープ〉がビングとウェストの両人並びに証人となる旗艦々長等々を乗せてジブラルタルを出航し、二十六日、スピットヘッド泊地に到着すると、直ちにビングは逮捕された。

ビングの軍法会議と処刑

十二月二十七日、ポーツマス港の〈セント・ジョージ〉艦上において、ビングの軍法会議が開かれ、翌年一月二十七日に結審した。判決は次のとおりである。

〈モナーク〉におけるビングの銃殺刑

交戦中、ビング提督が敵艦の捕獲、焼却及び撃破並びに隷下各艦の支援に最善を尽くさず、セント・フィリップ要塞を救援できなかった。同提督は戦時服務規程第十二条「怯懦、職務の怠慢又は放棄により戦闘中に逃亡、退却、或いは戦闘を放棄し、若しくは敵艦艇の捕獲又は撃破或いは味方艦艇の支援又は救援に最善を尽くさざりし者」に該当する。

この日、判決が言い渡されると、ビングの身柄が〈モナーク〉に移された。軍法会議は判決文に判事総員が署名した文書を付してアドミラルティに送付した。この添付文書において、十二人の判事は単に判断を誤った指揮官に戦時服務規程第十二条を適用せざるを得ないことを遺憾とし、自らの見解が果たして正当なものか審議を要請した。なぜならば、この条項の違反は死刑とされているからである。

アドミラルティ・コミッショナーの一人[二八六]が判決文書への署名を拒絶したが、二月十四日、アドミラルティは判決を正当と決定した。そこで、ビングを救うため、ある判事は判決に関する個人的見解の守秘義務を解除するよう議会に要請し、この要請に基づく法案が庶民院を通過したが、貴族院が廃案とした。

ビングに対する支援は意外な方面からも届いた。ミノルカ島攻略指揮官リシュリュー公が友人ヴォルテール[二八七]に宛て「ビング提督の行動はすべてにおいて見事であり、彼の逮捕と裁判は不当である」との書簡を送った。ヴォルテールはリシュリュー公の書簡の写しに「貴殿の判事たちには、我が友と同様の正義を賜られんことを願わずにはおられません」と書き添えて、これをビングの許へ送った。だが、この書簡がビングに届いた可能性はないという。[二八八] イングランド国内でも新聞やパンフレットにビング擁護の声が巻き起こった。[二八九] 残るは国王の特赦であるが、ジョージ二世は素知らぬふりをした。

処刑執行日は一七五七年三月十四日、処刑場は〈モナーク〉艦上と決定した。当日、〈モナーク〉の海兵隊員九名で銃殺隊が編成され、プープ・デッキにクッションが置かれた。十二時頃、ビング提督が姿を現した。彼は顔見知りにお辞儀をすると、処刑執行官に「さあ、我が友よ、行こうではないか」と声をかけて後部甲板へ向かった。所定の場所に来ると、彼はクッションに跪いて、自ら目隠しをした。銃殺隊が三列に並んでマスケット銃を構えて、発射の合図を待ち受けた。提督はしばらく祈りを捧げ、やがて手にしたハンカチを落とした。これを合図に銃殺隊が発砲し、提督は甲板上に崩れ落ちて絶命した。ビング家の墓地はベドフォードシャーのサウスヒルにあるが、墓碑には「裁きの汚辱にまみれしアドミラル・ジョン・ビング。政治の生贄となり、ここに眠る。一七五七年三月十四日」と刻まれている。

ビングの処刑は悲しむべき結末である。彼は決して臆病でも卑怯でもなかったが、同時代のアンソンのような確固たる信念と独創的な能力の持ち主ではなかった。彼の最大の過誤は、ツーロン沖でのマシューズの轍を踏むことを恐れるあまりに、自らの使命を見失ったことである。

ピットの登場と戦局の転換

ヨーロッパ大陸で七年戦争が始まるが、英仏が戦う以上、戦域は大西洋、地中海、カリブ海、インド洋、

ウィリアム・ピット（大）

そして太平洋にまで及ぶ。インド半島では、英仏双方がそれぞれ現地人と同盟して戦った。モリソン教授が「実際、これは第一次世界大戦と呼ぶべきである」と述べているが[二九〇]、交戦国と戦域の規模において、まさしく有史以来最初の世界戦争と言うべきであろう。

一七五六年十一月、イングランドではニューカースル公が退陣し、デヴォンシャ公の内閣が発足した。だが、デヴォンシャ公は名目上の首相で、実質的な指導者は国務卿ウィリアム・ピット[二九一]である。ところが、翌五七年四月、ピットはジョージ二世のハノーヴァー重視に反対して罷免される。しかし、彼以外にこの難局に立ち向かえる人物がいなかったから、六月、大蔵卿ニューカースル公と国務卿ピットの政権が誕生する。モリソン教授はピットを十八世紀のウィンストン・チャーチルと言うが[二九二]、ピットには顕著な特徴が二つあった。

一つは、透徹した戦略的洞察力である。彼の基本戦略はピット・システムと称されて、見事なまでに単純明快である。先ず、戦争目的をアメリカ植民地の保全と拡大に限定した。彼にしてみれば、ヨーロッパ大陸は、プロイセンのフリードリヒ二世に助成金を与えて戦わせればよいのである。次に、北アメリカにおける勝利の必須要件は制海権の獲得と考えて、艦隊に三つの任務を課した。フランス艦隊を封殺すること、大西洋の海上軍事輸送を防護すること、そして陸軍作戦を援護することである。
　敵の本国とアメリカの連絡を遮断すれば、入植者六万を抱えるフランスのカナダ植民地が持ち堪《こた》えられるはずがない[二九三]。制海権の獲得は右の軍事戦略に寄与するばかりでなく、さらに広汎な国家戦略も狙っていた。つまり、敵艦隊の封殺により敵の海外通商を遮断すれば、その経戦能力を枯渇させることになる。併せて、敵の戦争努力をヨーロッパとアメリカの両大陸並びに海洋に分散させれば、その政治的、経済的な効果は計り知れない。

　ピットのもう一つの特徴は人となりだが、これはウォルポールと全く対照的である。二人とも平民の出身で、イングランド議会政治史上のツイン・ピークとも称すべき大宰相であるが、例えば国王と貴族に対する態度は正反対である。

　穏健なウォルポールは、国王ジョージ一世と二世をうまく宥めて、二人から全幅の信頼を寄せられた。ピットは逆に歯に衣着せぬ弁舌でジョージ二世と三世のハノーヴァー重視政策に真っ向から異を唱え、後者から「反逆のラッパ」と綽名された。また、ホイッグ党に属しながら、貴族たちを軽蔑して憚らず、ニューカースル公にですら面と向かって「閣下のお言葉はナンセンス以外の何ものでもない」と言い放った。さらに、ピットは自信家でもあった。彼の「今この国を救えるのは、この私だけだ」という台詞には、選挙演説中の合衆国大統領候補でさえ裸足で逃げ出すであろう。しかし、彼は人の能力を見抜く慧眼の持ち主であった。ピットは海軍卿には当代一流の提督アンソン卿を再び据えて[二九四]、ボスキャウェン、ホーク、ソーンダースといった提督、さらにはアムハーストとウルフのような将軍を能力本位で重用した。

　ともかく、かつてニューカースル政権の下で一人の提督を生贄にした政治の優柔不断は、跡形もなく払拭された。一七五八年以降、各方面で戦局が一変したから、翌年にはイングランド中が「素晴しき年《ワンダフル・イヤー》」と賛歌し、パブというパブで人々がマグ・カップを打ち振り「樫の心」を歌い続けた[二九五]。以下に続けるのは、各方面におけるイングランドの戦いである。

北アメリカ大陸の戦い

一七五七年早々、北アメリカ大陸派遣軍総司令官ロードーンがケープ・ブレトン征服計画を発動し、これを察知したフランスはルイスバーグへ増強部隊を送り込んだ。六月上旬から七月上旬にかけて、ヴァイス・アドミラルのフランシス・ホルバーン[二九六]の艦隊とアメリカ植民地軍がルイスバーグを二度も攻略するが、遂に成功しなかった。

一七五八年二月、すでにアドミラルに昇任していたエドワード・ボスキャウェンがルイスバーグ遠征指揮官に任命されて、ポーツマスを出立する。六月二日、ボスキャウェン艦隊と様々な種類の百六十七隻がルイスバーグ南西のガバラス湾に集結する。地上軍指揮官はジェフレイ・アムハースト[二九七]で、後にケベックの英雄と称せられるジエイムズ・ウルフ[二九八]が次席指揮官である。六月八日、ウルフの先遣部隊が上陸した。二十一日から二十五日、ボスキャウェンが港内のフランス戦列艦五隻を始末すると、これで戦いの趨勢が決した。七月二十六日、ルイスバーグが陥落し、隣のセント・ジョン島（現在のプリンス・エドワード島）も降伏した。これで、フランスはイングランドのアメリカ植民地を脅かす私掠活動の根拠地を失ってしまった。結局、ルイスバーグの占領が北アメリカ大陸における戦い

イングランドの攻撃目標

のターニング・ポイントとなる。十一月二十四日、ジョージ・ワシントン率いるヴァージニア第一連隊などがフォート・デュケーヌを占領し、これが後にピットの名に因んでピッツバーグと改称される。

一七五九年、イングランドは四つの作戦を発動した。第一の目標はフォート・ナイヤガラ、第二はエリー湖のフランス交易所、第三はクラウン・ポイントとタイコンデロガで、これらはすべて陸軍独自の作戦である。第四が陸海共同のケベック攻略である。つまり、初めの三つの作戦でフランス軍とカナダ軍を分散させて、一気に最後の目標ケベックを攻略するのである。

先ず陸上戦では、七月二十五日、イングランドはナイヤガラを占領し、同じ頃、エリー湖攻略作戦も成功を収めた。八月四日、陸軍少将アムハーストがクラウン・ポイントを占領する。次いで、彼はリシュリュー川を下ってセント・ローレンス川に入り、ウルフ軍と協同して、ケベックを攻略するはずであったが、そのまま越冬せざるを得なくなった。

一方の海軍のほうでは、一七五九年二月十七日、ケベック遠征部隊指揮官でヴァイス・アドミラルのチャールズ・ソーンダース[二九九]の艦隊が、部隊九千二百を伴ってスピットヘッドを出立する。ルイスバーグに集結したソーンダース艦隊は、すでに北アメリカにいた戦隊も含めて戦列艦二十隻、五十門艦二隻、フリゲート艦十三隻及び小艦艇十四隻である。六月一日、艦隊はルイスバーグ港を出撃して、二十六日、ケベックの下流のオルラン島沖に投錨した。また、同艦隊が乗せてきた部隊はウルフ隊に合流して、九月四日夜、ケベックの上流地点に上陸した。

日の出とともに、上陸部隊が断崖を這い上がり、一〇〇〇時、「アブラハム平原の戦い」の幕が切って落される。イングランド軍はフランス軍の反撃を退けて橋頭堡を確保したが、指揮官ウルフが致命傷を負う。その後、フランス軍がケベックの町へ退却すると、これにソーンダース艦隊が砲撃を加えた。十七日、ケベックが降伏を申し入れ、十八日朝、ソーンダースが降伏文書に署名した。なお、このケベック上陸作戦は、世界軍事史上初の本格的な陸海両用作戦《アンフィビアス・オペレーション》とされる。

　歴史的に見れば、ケベック攻防戦でフレンチ・インディアン戦争にケリがついたが、当時のフランスはまだ望みを捨てなかった。一方、イングランドもさらにモントリオールを目指して、アムハースト将軍らの部隊がオンタリオ湖とシャンプレン湖から、あるいはケベックからセント・ローレンス川を遡行した。これら地上軍を支援するため、コモドーのコルヴィル卿の戦隊戦列艦六隻、五十門艦一隻及びフリゲート艦五隻がセント・ローレンス川に進入し、さらにコモドーのスワントンの戦隊戦列艦二隻、五十門艦三隻及びフリゲート艦四隻がイングランドを出立した。

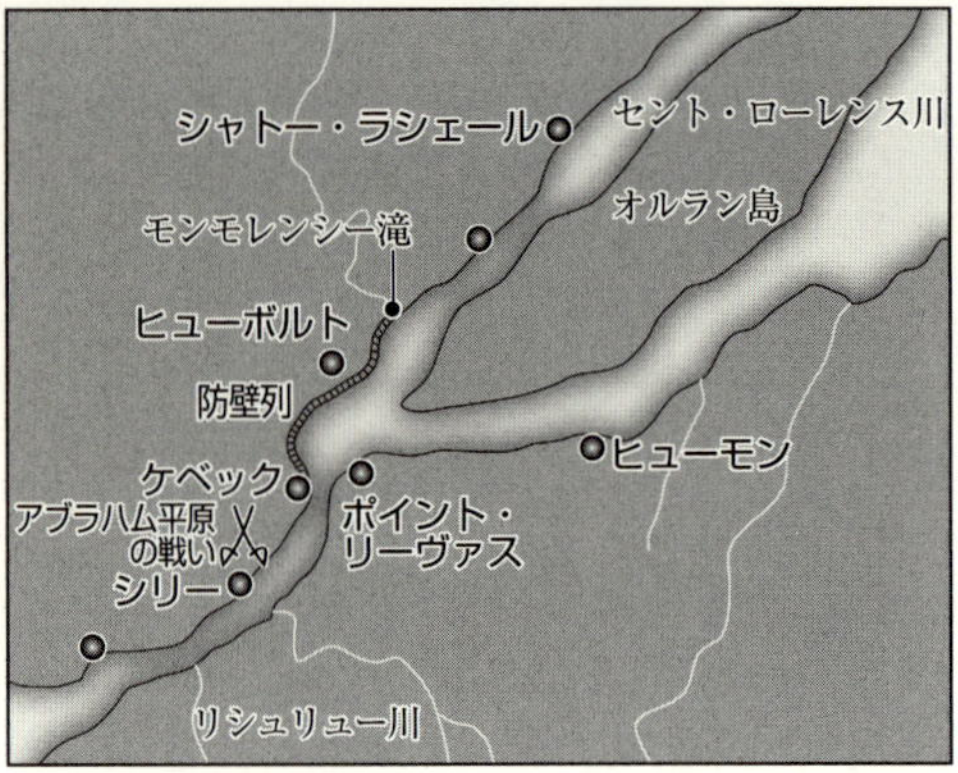

アブラハム平原の戦い

　一七六〇年四月二十八日から五月十五日にかけて、ケベック周辺で一進一退の戦いが展開される。十八日、コルヴィル戦隊が到着してセント・ローレンス川を掌握し、六月六日、アムハースト軍がモントリオールを包囲した。九月七日、攻守双方が休戦に同意し、翌日、フランスの総督が降伏して、モントリオールを明け渡した。これでフランスは全カナダをイングランドへ引き渡したわけで、北アメリカ大陸における戦争はヨーロッパ、西インド諸島及び極東より二年早く終結する。

インド半島の戦い

　インドにおける英仏の摩擦は、北アメリカより三年早く顕在化していた。一七五六年に七年戦争が始まると、フランスの東インド会社がベンガル地方に要塞を構築し、フランスと結託したベンガル太守がカルカッタを占領した。このとき、太守がイングランド人百四十六人を穴倉に閉じ込めて、百二十三人を殺した「暗黒洞《ブラック・ホール》」の惨劇が起きる。

一七五六年五月中旬、本国から派遣されたヴァイス・アドミラルのチャールズ・ワトスンの戦隊がインド東岸に到着し、東インド会社書記クライヴの部隊《三〇〇》とガンジス河口に進出する。翌年一月二日、クライヴ隊がカルカッタを占領した。三月二十一日、ワトスンとクライヴは、カルカッタ北方のフグリ河畔のシャンデルナゴールを降伏させた。六月二十三日、カルカッタ北方百三十キロの「プラッシーの戦い」において、クライヴが原住民のナワブ族を撃破する。これで、イングランドがベンガル地方を完全に支配し、争いは南東部のコロマンデル沿岸へ移行することになる。

ベンガル地方

マドラスとポンディシェリーはそれぞれ英仏両東インド会社の本拠地であるから、ここでの決着がインド半島全域にわたる支配権の行方を決した。八月、ワトスンが病死し、東インド方面のイングランド戦隊の指揮は、ヴァイス・アドミラルのジョージ・ポーコックが継承した。一七五七年四月二十八日、フランスのダッシェ伯爵の戦隊がインドに到着する。以後、以下に述べるとおり、ポーコックとダッシェは三回相まみえるが、実はこのシーパワーの戦いが地上の覇権を決した。

第一回は一七五八年四月二十九日から五月一日の「クッダロール沖の海戦」で、第二回は七月二十八日から八月三日の「ナガパタム沖の海戦」であるが、いずれの場合も勝敗は決しなかった。この間、フランスのインド方面軍総司令官ド・ラリー侯爵の軍がクッダロールを占領し、イングランド軍はマドラスへ退却した。だが、この頃からダッシェが弱気になり、モーリシャスへ撤収してしまった。

十二月十四日、ラリー軍はマドラスを包囲したが、翌年二月十四日、ポーコックのフリゲート艦と輸送船がマドラスに人員と弾薬を運び込んだため、イングランド守備隊が勢いを取り戻し、十七日、ラリー軍は包囲を解いて撤退する。もしダッシェ戦隊が踏み留まっていたら、海上からの救援は不可能だから、マドラスは陥落していたし、イングランドがインド支配の拠点を失うことになる。つまり、マドラスの攻防戦は、フランスのインド支配が夢と化す前奏曲となったのである。

第三回が一七五九年九月十日の「ポンディシェリー沖の海戦」である。二日、ポーコック戦隊戦列艦九隻及びフリゲート艦一隻がセイロン島北東端の沖で敵影を視認する。これはモーリシャスから戻ったダッシェ戦隊の戦列艦十一隻及びフリゲート艦二隻である。ポーコックが直ちに追跡するが、ダッシェ伯爵は終始戦闘を回避して、両者が衝突するのは八日後になる。フランス側の死傷者は千五百人で、艦長一名が戦死し、司令官自身も負傷した。イングランド戦隊は死傷者五百六十九人を数え、艦長は一名が戦死し、二名が負傷しただけであるが、各艦の損傷が激しく、フランス戦隊を追跡できなかった。

この海戦で全く戦意を喪失したダッシェ伯爵は再びモーリシャスに戻ると言い出し、九月三十日、ラリー侯爵はじめ陸の当局の猛反対を押し切って出立した。その後、イングランド戦隊の海兵隊が上陸し、艦艇が

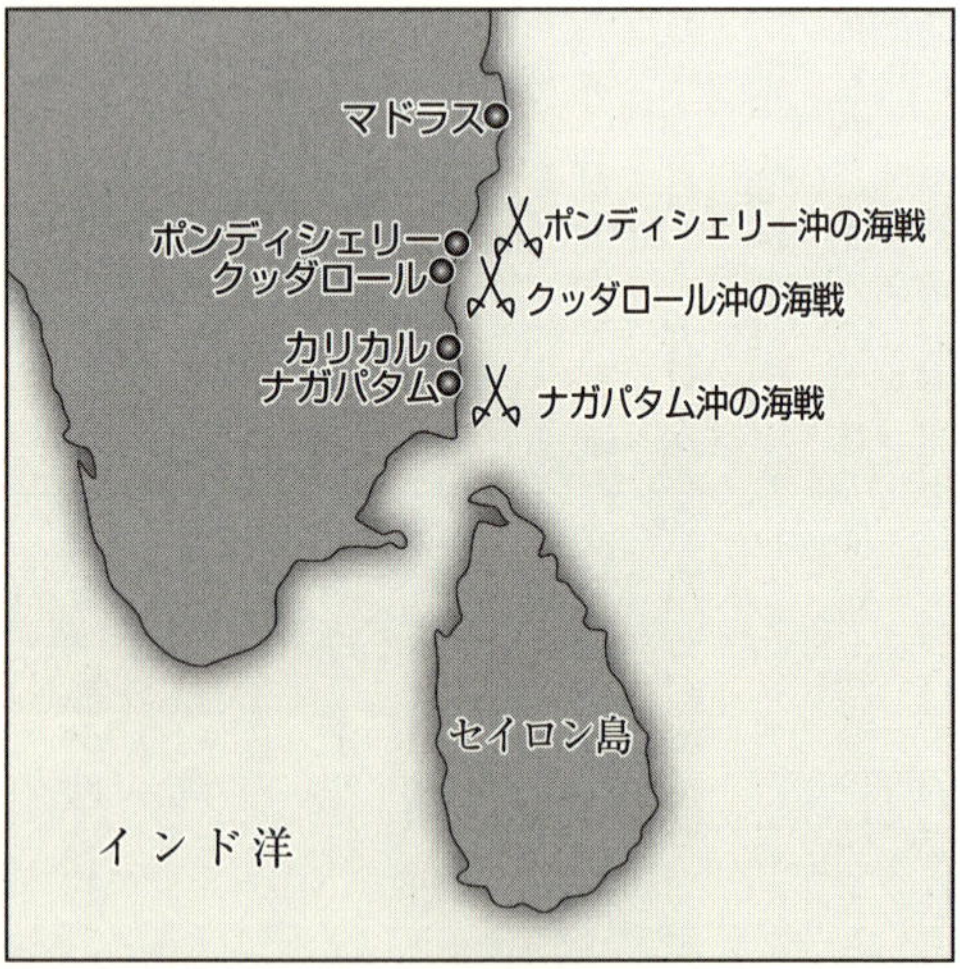

コロマンデル沿岸における海戦

地上部隊と協同しつつカリカルその他を奪い取った。やがてフランスの最後の拠点ポンディシェリーを包囲した。フランス軍も果敢に抵抗したが、シーパワーによる作戦支援と補給を失っては、その命運の尽きるのも時間の問題である。

ポンディシェリーに籠城するフランス軍は飢餓状態に追い込まれて、一七六一年一月十五日、降伏を申し入れた。十六日、イングランド陸海軍がポンディシェリーに入城した。これで、フランスのインド支配の歴史に幕が降ろされる。

西インド諸島の戦い

先のエクス・ラ・シャペル条約によって、ドミニカ、セント・ヴィンセント及びトバゴの中立が確認されていたが、相変わらず英仏両国間の摩擦が絶えなかった。その主たる原因は、フランス人入植者たちが中立の島から立ち退こうとしなかったことにある[三〇一]。こうした状況にあって、イングランドはジャマイカとアンティグアを、フランスはマルティニクを主基地としていた。

フレンチ・インディアン戦争が始まると、この方面でも両国戦隊による通商保護作戦が始まった。一七五七年十月二十一日、最初の衝突がマルティニク沖で起こる。イングランドのリーワード諸島戦隊の戦列艦三隻が、フランスの小戦隊戦列艦三隻、五十門艦一隻及びフリゲート艦三隻と遭遇した。先任艦長が僚艦々長を呼び寄せて「ご覧のとおりだが、どうする?」と尋ねると、一人は「こちらが逃げて、敵サンを落胆させるわけにはいかんでしょう」と答え、もう一人が同意した。一五三〇時、先任艦長は交戦信号を掲げて突っ込み、僚艦二隻が続航した。

三隻対七隻の激戦が二時間半続いた。やがて、フランス戦隊が退却した。イングランド戦隊は死傷者百十二人を出し、フランス側の死傷者は五百人を数えた。

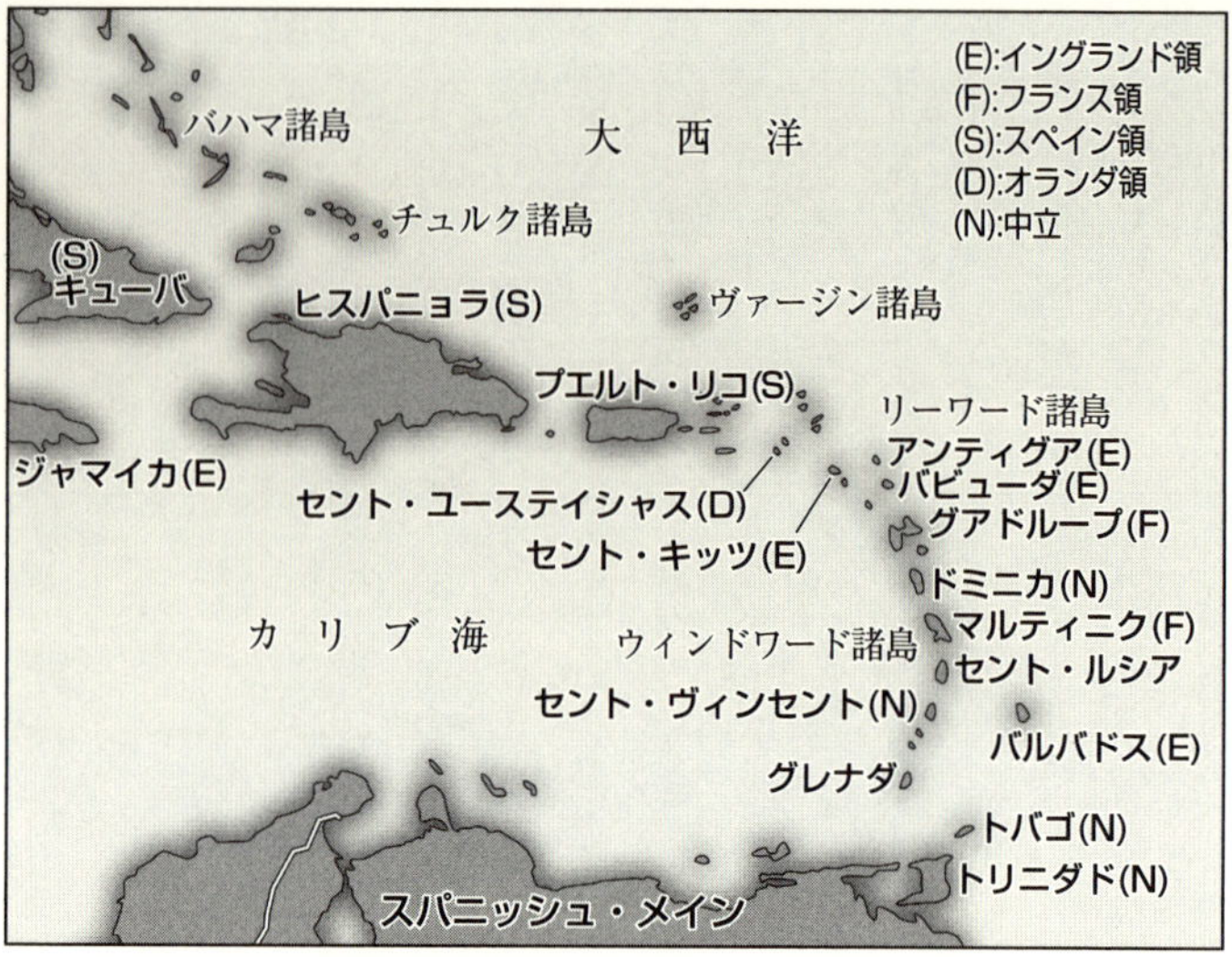

エクス・ラ・シャペル条約後の西インド諸島

付言すれば、先に豪胆かつ粋な返答をした艦長モーリス・サックリングは、十五年後に実妹キャサリンの息子をキャプテンズ・サーヴァントとして自分の艦に引き取ることになる。そして、この息子が後のホレーショ・ネルソン提督である。この叔父にして、この甥ありとでも言うべきか。

一七五九年一月、イングランドはフランス領のマルティニク島を攻略して失敗すると、次いで矛先をグアドループに転じて、同月二十四日から五月一日にかけての長い戦いの末に陥落させた。また、セイント諸島と周辺の島嶼もイングランドに降伏した。

一七六〇年、北アメリカのフランス支配圏が消滅すると、イングランドは部隊をカナダから西インド諸島に回した。翌年十月、まだリア・アドミラルのロドニーが率いる遠征部隊がイングランドを離れ、翌月二十二日にバルバドスに到着した。以後、彼の指揮の下にマルティニク攻略作戦が再開される。明くる六二年一月五日、ロドニー艦隊の戦列艦十三隻、五十門艦四隻、フリゲート艦十四隻、スループ艇十二隻及び臼砲艇四隻が出撃したが、これに上陸軍一万四千が乗り込んでいた。一月七日、ロドニーはマルティニクで揚陸作戦を開始し、二月十六日、全島を制圧した。また、彼は二月二十四日にセント・ルシアを、三月五日にグレナダを占領した。さらには、六月八日、リーワード戦隊がドミニカ島を占領した。

ヨーロッパの戦い

　七年戦争において、プロイセン王フリードリヒ二世は先の戦争のどさくさに紛れて強奪したシュレジェンの防衛に徹した。一七五六年八月、プロイセン軍がサクソニアを侵略したのも、翌五七年五月、ボヘミアに侵攻してプラハを包囲するのも、シュレジェン防衛のための先制攻撃である。しかし、六月、コリンで墺仏連合軍に敗れた彼は、プラハの包囲を解いて帰国した。このとき、フランスは十万の軍をライン河畔に集結し、そのうち三万を右の連合軍に回して、七月に主力はハノーヴァー軍をエルベ河口で撃破する。

　フリードリヒはフランスの脅威にも直面したわけであるが、その年の末に辛くも踏み止まった。十一月、彼はロスバッハでフランス軍を大敗させ、翌月、ロイテンでオーストリア軍を撃破して、戦局を逆転させた。時あたかもピットが政権に復帰した時期であり、彼とフリードリヒとの信頼関係が成熟する頃である。

　そのフリードリヒとピットの同盟について、トレヴェリアンは次のように述べている。

　フリードリヒが貧しい農民と亡命ユグノーを擁して、七年

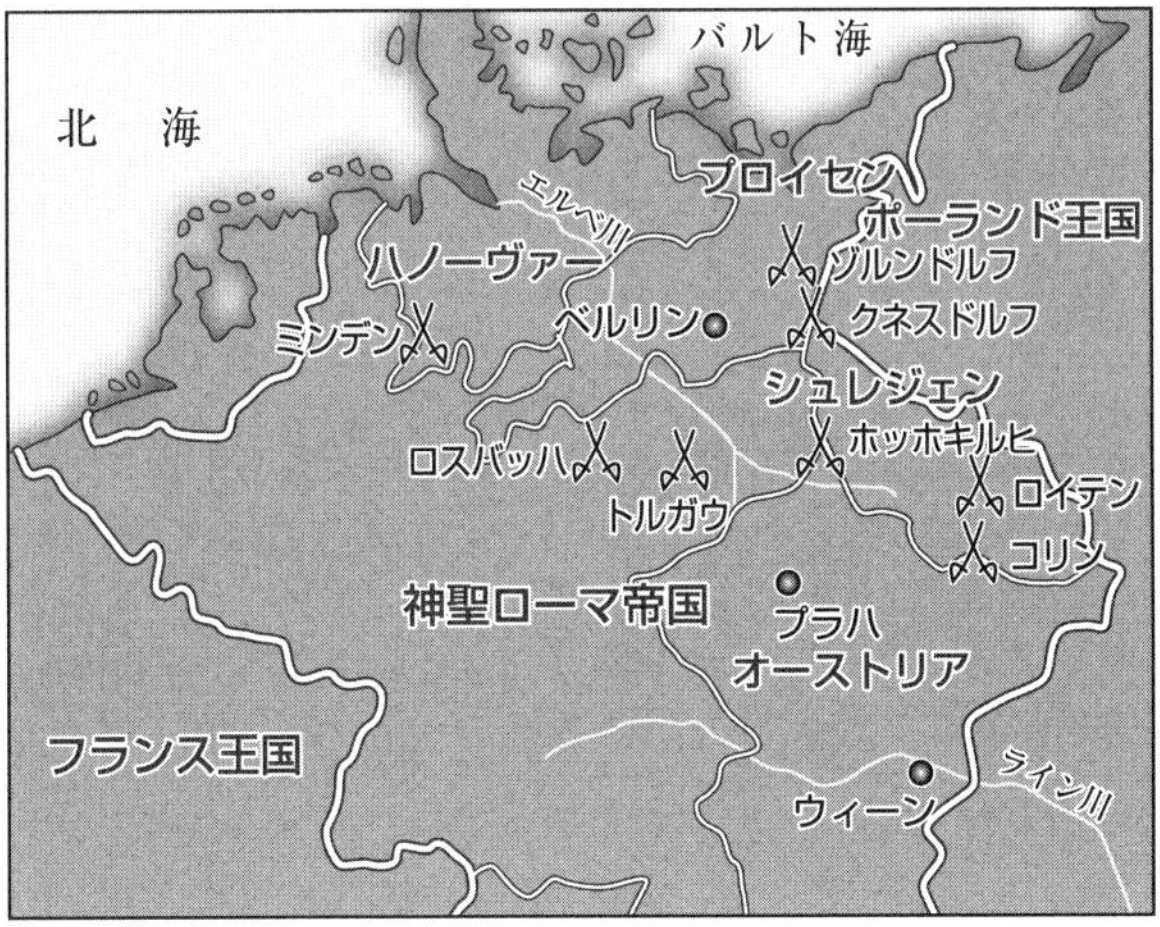

ヨーロッパにおける主要な会戦

間もオーストリア、ロシア及びフランスと戦ったのは奇跡かもしれない。これは彼の天才的な軍事的才能にのみ帰すべきはない（……）彼は専制君主ではあるが、国民を厳格に指導し、自らも克己的な啓蒙主義の原理を貫いた（……）ピットとイングランド国民はプロテスタンティズムという共通の基盤に立って、フリードリヒをオーストリアやフランスによるプロテスタント迫害への挑戦者と見なしたのである。[三〇二]

しかし、右はトレヴェリアン一流の表現であって、ピット個人はフリードリヒの侵略的野心を嫌悪していたが、明敏かつ現実的な為政者としてのプロイセン王を賛美していたのである。

一七五八年八月、ゾルンドルフにおいて、フリードリヒはロシア軍と引き分けるが、十月、ホッホキルヒで墺露連合軍に大敗する。翌五九年、彼は天国と煉獄を同時に見る。八月一日の「ミンデンの戦い」において、イングランド・ハノーヴァー連合軍がフランス軍七万を打ち破った。だが、その十一日後、「クネスドルフの戦い」において、彼は墺露連合軍に大敗する。「ミンデンの戦い」の以後、プロイセンもハノーヴァーもフランスの脅威を受けなかったから、フリードリヒは後に幾度も辛酸を舐めながら、最後まで踏み止まることができた。[三〇三] しかし、「クネスドルフの戦い」で大敗したとき、彼は自らの退位すら考えたと言われる。

一七六〇年、フリードリヒは戦局を挽回するどころか、ロシア軍に首都ベルリンを奪われ、トルガウでも勝てなかった。ヨーロッパ三大陸軍国オーストリア、ロシア及びフランスを相手に長年にわたる戦いを続けてきたわけで、フリードリヒほどの名将が率いるプロイセンもようやく疲労の色を濃くしてきた。おまけに、翌六一年にピットが下野して、フリードリヒの命の綱である助成金が打ち切られてしまう。

そもそもピット・システムの原点は、確固たる戦略目標であり、戦域における優勢である。イングランドは自らが最強の戦域で戦うべきであり、ピットに言わせれば、それが北アメリカ海域であった。そのためには、大西洋の制海という磐石の基盤を構築しなければならない。そこで、彼の主導で増勢された艦隊が敵の基地を常に見張っていた。だから、ブレストやツーロンの艦隊は北アメリカへ十分な兵力を送れず、これが北アメリカでのルイスバーグ、ケベック及びモントリオールの攻防に大きく影響した。

今次は地中海沿岸に利害を持つサヴォイ公国が敵側であるから、先の戦争のように、イングランド艦隊が地中海の支援作戦に引っ張られることがない。当初、ロシアを牽制するため、フリードリヒはイングランド艦隊のバルト海派遣を要請した。だが、ピットは拒絶して、その代替案としてヨーロッパ遠征軍一万を派遣した。そのため、彼は強力な戦隊を配備してブレスト艦隊を封じ込めた。また、これがフランスによるイングランド本土や沿岸航路帯への大規模な攻撃並びに北アメリカ向けの海上軍事輸送を阻止していた。さらにピットは対仏経済封鎖も実施した。フランスが中立国船舶で植民地貿易を維持しようとすると、彼は中立国船舶の海上臨検に踏み切った。[三〇四]

フランス西端部

しかし、ピット戦略はすべてがうまく運んだわけではない。なかでも失敗したのは、フランス陸軍の北方進出を制約する陽動作戦である。第一回は一七五七年九月におけるアドミラルのエドワード・ホークの艦隊によるロシュフォール遠征であるが、これが悪天候のために失敗に終る。第二回は翌五八年五月下旬から六月中旬のセント・マロ遠征である。コモドーのリチャード・ハウ[三〇五]の戦隊が第三代マールバラ公チャールズ・スペンサー[三〇六]の地上軍一万四千をセント・マロに揚陸するが、スペンサーは作戦続行が不可能と判断した。そこで、ハウはシェルブールに転じるが、強風で戦隊が危険な状況に陥り、地上部隊を満載した各艦艇で疫病が蔓延して作戦を中止する。第三回は、八月上旬から中旬にかけてのシェルブール遠征である。今度は上陸部隊が難なくシェルブール港に侵入して、桟橋、港湾施設、弾薬庫、停泊中の船舶をすべて破壊した。だが、同港は戦略的価値があったわけではなく、フランスは痛くも痒くもなかった。

そこで、ピットは四回目の遠征を命じ、八月三十一日、ハウ戦隊が再びサン・マロへ向かう。九月七日、彼は地上部隊を揚陸するが、九日夜、敵の大部隊の待ち伏せに出会い、千人近くを失って退却する。これでピットは陽動作戦を諦めるが、四回の失敗のすべてがピットのせいではないにせよ、人命と経費の無駄使いとの非難を浴びたのも仕方なかった。

ラゴスの海戦

前項のとおり、ヨーロッパ大陸での戦いは捗々《はかばか》しくなかったが、海上ではピット・システムの効果が明確に現れる。そして、イングランド艦隊は二つの海戦でフランス艦隊の息の根を止めて、フレンチ・インディアン戦争と七年戦争に事実上の終止符を打つことになる。

一七五九年、フランスは三つのイングランド本土進攻作戦を計画した。先ず、ナントの西北西百キロのヴァンからアイルランドへ、次に、ル・アーヴルからイングランドへ、三つ目がダンケルクからアイルランドとイングランドへと侵攻するのである。目的はイングランドの海外植民地作戦の牽制である。しかし、いまやイングランド艦隊は十分に強化されていて、ダンケルク沖とダウンズ泊地に戦隊が配備されているし、さらにイギリス海峡にはロドニーが、ブレスト沖にはホークが、地中海にはボスキャウェンがそれぞれに目を光らせていた。

七月、ボスキャウェンが補給と修理のためジブラルタルに戻り、その間、フリゲート艦に海峡を監視させていた。八月十七日、その一隻がバルバロイ海岸を西航中のツーロン戦隊を視認すると、ボスキャウェン艦隊は直ちにジブラルタルを出撃した。

十八日〇七〇〇時、イングランド戦隊が敵戦隊を視認した。一三三〇時、ボスキャウェンは交戦信号を掲げた。ボスキャウェンの戦隊は旗艦九十門〈ナムール〉はじめ戦列艦十三隻、五十門艦二隻、フリゲート艦十隻及び小舟艇四隻である。ド・ラ・クリュー提督のツーロン戦隊は旗艦八十門〈オーシャン〉はじめ戦列艦十隻、五十門艦二隻及びフリゲート艦三隻である。

一四三〇時、イングランド戦隊の先頭艦がフランスの殿艦に砲撃を開始し、さらに四隻が加わった。一六三〇時、〈ナムール〉が〈オーシャン〉に並航すると、両艦は一時間半ほど激しく撃ち合い、やがて前者が航行不能になる。その隙にド・ラ・クリューは戦隊に戦闘海域からの離脱を命じたが、七十四門艦一隻が降伏した。ボスキャウェンは別の艦に指揮官旗を移揚して敵を追跡した。

ラゴスの海戦

十九日の朝、ラゴスから十五マイルの沖合で、敵艦は四隻しか見えず、その後方三マイルにイングランド戦隊がいた。フランスの旗艦〈オーシャン〉は岩礁地帯で座礁し、イングランド艦の二隻に至近距離から二、三発撃ち込まれて艦旗を降下した。その二時間半前、重傷を負ったド・ラ・クリューはボートでラゴスに上陸したが、結局はそこで死ぬことになる。

結局、イングランド側はフランス艦二隻を焼却し、二隻を捕獲したが、他のフランス艦はポルトガルやカディスに逃げ込んだ。フランス戦隊の損害は旗艦だけで死者二百人以上を数えた。イングランド側は死者五十六人、傷者一九六人を出しただけである。この海戦によって、フランス海軍はツーロン艦隊とブレスト艦隊の合同を断念せざるを得なくなった。

キベロン湾の海戦

この年の六月以来、ホーク艦隊はブレストを封鎖していたが、秋季と冬季とを通じて間断なく封鎖を継続することはできなかった。十月九日、次席指揮官ダフの戦隊を残して、ホークはイングランド南部のトーベイに避退した。ブレスト艦隊司令長官ヴァイス・アドミラルのド・コンフラン[三〇七]はホークの撤収を知ると、十一月四日に出動した。偶然にもその同じ日トーベイを出港したホークはブレスト艦隊がベレ島沖を南下し、これをダフ戦隊が追跡中と知り、直ちにキベロン湾に向かう。敵の目的はキベロン湾の船団の救出に違いないからである。そして、まさしくそのとおりであった。

二十日、ダフがホークに合同し、〇九四五時、イングランド艦隊はキベロン湾のフランス艦隊を確認した。コンフランのブレスト艦隊は、旗艦八十門〈ソレイユ・ロワイアル〉はじめ戦列艦二十一隻及びフリゲート艦等が四隻である。ホーク艦隊は旗艦百門艦〈ロイヤル・ジョージ〉をはじめ戦列艦二十三隻、五十門艦四隻及びフリゲート艦六隻である。

ホークは艦隊に単縦列を形成させて、前衛の七隻には追跡戦を命じた。当初、コンフランは逃げ切れないと判断し、戦列を成形しにかかった。ところが、すぐに気が変わり、湾内の奥へ逃げ込もうと決心する。敵はこの海域に不案内なはずだが、自分は浅瀬や暗礁の位置を熟知しているからである。しかも荒天は悪化の一

キベロン湾付近

途をたどり、初冬の日はもうすぐ暮れる。そこで、彼は艦隊を十二マイル先の陸岸に向かわせた。

颪は北西と西北西の間を行き来して、激しい雨を伴っていたが、両艦隊は縮帆せずに航走した。一四〇〇時、フランス艦隊がイングランドの先頭艦に対して砲撃を開始した。一時間半後、イングランドの先頭艦二隻がフランス艦隊の後尾に取り付くと、ホークは交戦信号を掲げた。まもなくイングランドの八艦がフランス艦隊の後部と交戦を開始した。フランスの八十門艦〈フォルミダブル〉がイングランドの七十四門艦〈レゾリューション〉に攻撃され、さらに通りすがりのイングランド各艦から片舷斉射を浴びた。一六〇〇時、〈フォルミダブル〉が艦旗を降下して〈レゾリューション〉に捕獲され、二百人以上の死者を出す惨状を呈した。この間、イングランド艦隊の後続艦も戦闘に加わってきた。

海戦は荒れ狂う烈風と逆巻く怒涛の湾内で展開されたから、双方とも浸水したり座礁したりする艦が続出した。フランスの七十四門艦〈テゼー〉と七十門艦〈スペルブ〉は下層甲板の砲門から波浪が入り込んで沈没した。前者と交戦した七十四門艦〈トーベイ〉は、艦長が素早くガン・ポートを閉鎖させたので難を免れた。ちなみに、同艦長オーガスタス・ケッペルは、後にイングランド艦隊切っての名将と謳われる人物である。

暗くなると、フランス艦隊が二手に分かれた。コンフランの主隊が北上し、次席指揮官ボーフレモンの戦隊八隻は四つ目暗礁の間を南下した。これはイングランド艦隊を危険海域に誘い込むためである。ホークは敵の策略に乗らずに、信号で艦隊に錨泊を命じた。ところが、当時の信号書では、夜間は号砲で示すことになっていたのが裏目に出た。これを多くの艦長は戦闘中の砲撃と聞き、各自の判断で湾外に出て座礁の危険を避けた。このため、湾内に残る艦が少なく、翌日の残敵掃討に完全を期すことができなかった。

二十一日の朝、イングランドの七十四門艦〈レゾリューション〉が座礁していた。フランスの七十四門艦〈エロ〉は四つ目暗礁に乗り上げていた。コンフランの旗艦〈ソレイユ・ロワイアル〉はイングランド艦隊

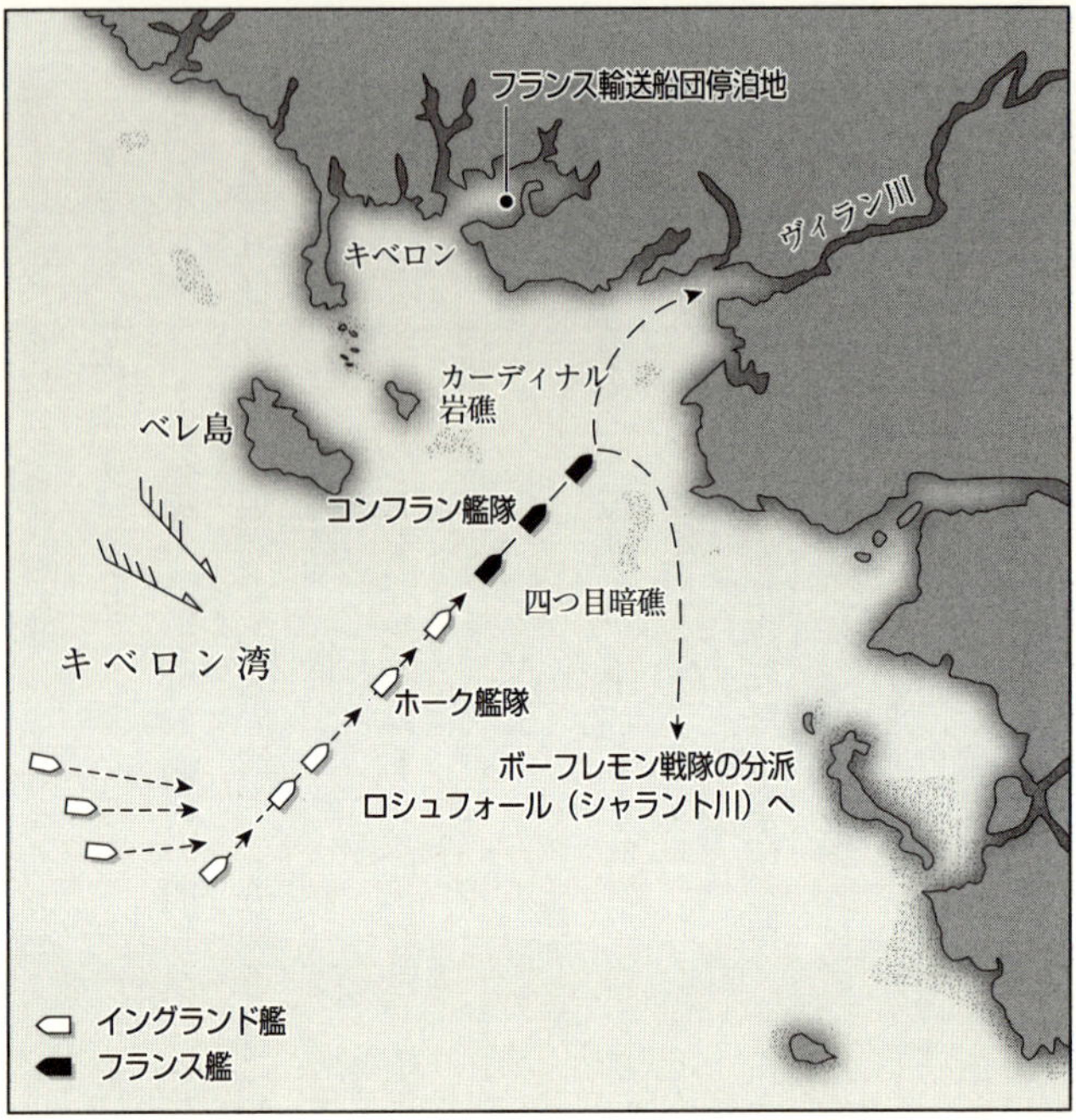

キベロン湾の海戦

の真っ只中に投錨していたのに気がつくと急いで捨錨したが、すぐに海浜に乗り上げた。

これを見たホークは一艦に追跡させたが、同艦も四つ目暗礁に乗り上げてしまう。そこで、彼は〈ソレイユ・ロワイアル〉と〈エロ〉の焼却を命じるが、前者は自ら火を放って炎上した。湾内のヴィラン川に逃れたフランス艦七隻は、河口の防材を乗り越えようと搭載砲を投棄したが、結局は全艦がのし上げて、うち四隻が沈んだ。ボーフレモンと南下した六隻はロシュフォールに逃げ込んだ。

この海戦で、イングランド側は座礁した戦列艦二隻を廃滅させるが、死傷者は三百人足らずである。フランス側は戦列艦十隻を失って、数え切れないほど死傷者を出した。

だが、ルイス教授に言わせれば、フランス艦隊はもっと重要なものを喪失した。それは再び立ち上って戦う意思である。[三〇八] イングランド侵攻作戦は跡形もなく消滅し、ブレスト艦隊とツーロン艦隊はそれぞれ基地の中で息を潜める存在に過ぎなくなった。イングランド艦隊司令長官ホークは庶民院の感謝決議を受け、年額二千ポンドの恩給を支給された。トレヴェリアンは「この海戦は七年戦争におけるトラファルガーの海戦」と評価している。[三〇九]

ベレ島の占領

ベレ島は、先の海戦の舞台となったキベロン湾の沖にある。一七六一年、ピットは同島への遠征作戦を命じた。その目的をリッチモンドが「この島はフランスとスペインを結ぶ航路帯の中間に位置しており、ここを制すれば両国間の物資と武器弾薬の移動を制約できる。もう一つは、戦後の和平交渉において、この島がミノルカを返還させるための質草になる」と説明している[三一〇]。

三月二十九日、コモドーとなったオーガスタス・ケッペルの戦隊戦列艦十五隻、フリゲート艦八隻が陸上部隊一万を乗せて、セント・ヘレンズ泊地を出撃した。四月七日、戦隊はベレ島沖に投錨し、翌日、上陸作戦が始まった。以後二ヶ月にわたり、同島で攻防戦が継続されるが、ケッペル戦隊に包囲された守備隊に望みは全くなかった。六月七日、遂にベレ島総督が降伏し、八日、イングランド軍が入城する。

イングランドはこの島を確保し続けるが、同島が二年後のパリ講和交渉においてリッチモンドの言う質草になったか否かは定かでない。ただ言えるのは、百二十六年間で七度に及ぶ英仏抗争において、イングランドがフランス本土の領域を一時的にせよ占領したのは、この島と後のツーロンの二回だけということである。

ピットの下野とスペインの参戦

イングランドが「素晴しい年」と呼ぶ一七五九年、フランスはイングランド侵攻作戦を計画したが、これはラゴス沖とキベロン湾の二度の海戦で頓挫した。植民地の戦いでも、イングランドは西インド諸島でグァドループを、北アメリカ大陸でケベックをそれぞれ占領して、この方面における趨勢を決定的にした。翌六〇年、イングランドはカナダのモントリオールを陥落させ、インドのマドラス包囲戦をも耐え抜いた。この頃、ピットの国民的人気は最高潮に達するが、その人気に陰りが見え始めた。直接の原因はヨーロッパ戦線の膠着である。この年の後半になると、さすがのフリードリヒにも攻勢に転ずる余力がなくなった。ピットは依然として戦争継続に意欲を燃やすが、国民が莫大な戦費の支出に疲労と疑問を覚え始めてきた。

思うに、これは自然な感覚であり、折角の戦勝で獲得した市場で儲けなくては意味がない。つまり、ピット・システムの勝利が、かえって彼の政治生命に影をさしかけたわけである。この辺りもピットとチャーチルの類似点といえなくもないが、むしろ、これがこの国民の気質と見るべきかもしれない。

一七六〇年十月二十五日、ジョージ二世が死去し、息子がジョージ三世[三二]として即位すると、ピットの政治力が急激に衰退する。生来のドイツ人ジョージ二世はヨーロッパ情勢に関心があったが、イングランド生まれのジョージ三世は「母国イングランドの統治」の責任感に燃えて、何よりも戦争の早期終結を模索した。片やピットは戦争継続を唱え、特にフランスに対する完全な勝利を目指した。かくして、新国王と事実上の宰相ピットとが衝突するのは目に見えていたのである。

一七六一年八月十五日、仏西両ブルボン王国がいわゆる「同族同盟《ファミリー・コンパクト》」を締結すると、ピットは対スペイン宣戦布告を提唱するが、これをジョージ三世が却下した。十月二日、ピットは国務卿を辞して野に下る。しかし、事態はピットの言うとおりに展開した。一七六二年一月二日、イングランドが対スペイン宣戦を布告し、十六日、スペインが宣戦し返したからである。

四月二十日、ポーコック艦隊がマルティニクに到着し、五月六日、ハヴァナへ向かう。この編成は旗艦九十門〈ナムール〉をはじめ戦列艦二十二隻、五十門艦四隻、フリゲート艦十五隻、スループ艇九隻及び臼砲艇三隻である。

おびただしい数の輸送船団には、アルベマール伯爵の軍一万五千五百が乗り込んでいた。六月六日、ポーコック艦隊がハヴァナの十五マイルに到着した。翌日、アルベマール軍が上陸すると、以後、激しい攻防戦が継続される。

三十日、スペイン守備隊が籠城するマロ砦が陥落し、八月十一日、港内のスペイン旗艦に白旗が掲げられた。十三日、双方が降伏文書に署名して、翌日、イングランド側がハヴァナを占領するが、ここではスペインの戦列艦九隻を捕獲し、二隻を焼却し、三隻を港の入口に沈没させた。その一方、イングランド側の死傷者と行方不明者は併せて千七百九十人を下らなかった。ちなみに、この占領で得た捕獲賞金は総額七十三万六千ポンドである。そして、この分配が多くの嫉妬と不満を生む原因となった。ポーコック提督とアルベマール将軍がそれぞれ十二万二千六百九十七ポンド十シリング六ペニーである。だが、各艦長はわずか千六百ポンド十シリング十ペニー、下士官は十七ポンド五シリング三ペニー、そして水兵と海兵隊員は三ポンド十四シリング九・二五ペニーでしかなかった。

東インドにおいては、この年の初めにフランスの支配権も消滅していたから、イングランド戦隊や陸軍はすることが何もなくなっていた。そこで、スペインとの戦争が始まると、イングランド政府はフィリピン諸島にいた経験のある陸軍大佐ウィリアム・ドラッパーをインドに派遣して、スペインが支配するフィリピンの攻略計画を策定させることにした。攻略部隊は一個連隊、一個砲兵中隊並びに戦隊の水兵及び海兵隊員で編成された総勢二千三百で、指揮官はドラッパー自身である。これをリア・アドミラルのコーニッシュの戦隊戦列艦七隻、五十門艦一隻及びフリゲート艦三隻で護衛することになる。

八月一日、コーニッシュ戦隊が出立し、十九日、マラッカに到着する。九月二十三日、同戦隊がマニラ沖に投錨して、現地のスペイン人たちの度肝を抜いた。二十四日、イングランドの攻撃部隊が上陸を開始し、翌日と翌々日には戦隊の海兵隊員と水兵も続いた。十月五日、スペイン守備隊が降伏した。マニラが陥落すると、さらにルソンをはじめスペイン領島嶼のすべてが降伏した。

パリ条約の締結

イングランドにおいては、新国王ジョージ三世は早期終戦を望み、国民も戦争に倦み疲れていた。ピットに代わる国務卿のビュート伯爵[三二]が対スペイン戦争の財源確保という理由でプロイセンへの助成金打ち切りを主張すると、一七六二年二月、宰相ニューカースル公は大蔵卿をビュート伯爵に譲って下野するほかなかった。

ヨーロッパにおいても、助成金を断たれたフリードリヒに継戦能力があるはずがない。ただ幸いにも、この年一月、かねてフリードリヒを崇拝するロシアのピョートル三世が即位し、五月、サンクト・ペテルブルク条約によってプロイセンとロシアとの講和が成立した。フランスはすでにカナダとインドの支配権を失い、イングランド以上に戦争に疲れていた。

十一月一日、フォンテンブロー仮条約が締結され、イングランド、フランス、スペインが休戦する。一七六三年二月三日、パリ条約によってイングランド、フランス、スペインが講和し、十六日、フベルツスクブルク条約によってプロイセンとオーストリアが和睦して、フレンチ・インディアン戦争と七年戦争に終止符が打たれる。

右の結果、プロイセンとオーストリアは戦前の状態に復帰した。つまり、フリードリヒはシュレジエンを維持できた。では、イングランドはどうであったか。先ず、ハヴァナ、グアドループ、ポンディシェリーを旧支配国に返還した。だが、北アメリカ大陸において、ミシシッピー川以東のルイジアナ、フロリダを確保し、この大陸からフランス色を払拭した。インド半島では、ほぼ全域にまたがる支配権を確立した。西インド諸島においては、ドミニカはじめ若干の島嶼を支配下に加えた。また地中海においては、ミノルカを取り戻して、通商保護の拠点を確保した。これを要するに、この戦争はイングランドの一人勝ちで終り、この国が押しも押されもしない世界大国にのし上がったわけである。

この戦争を総括して、リッチモンドは「イングランドは国家が最強の戦力を発揮できる場で戦うという戦略思想を確立して、制海権の獲得を究極目標とすることの正しさを完全に立証するに至った」と述べている。[313]

また、ポール・ケネディ教授に言わせれば、

七年戦争の以前にも幾度か、ヨーロッパ大国が戦域を海外の非ヨーロッパ世界に拡大して戦っていた。しかし、七年戦争こそが最初の世界大戦と言える。なぜならば、この戦争では三つの大陸で長期にわたる激烈な戦いが展開されたし、英仏両主要交戦国が植民地作戦の帰趨を重視したからである。[314]

言うなれば、ピットは右の大戦略をイングランドに教え、この国を有史以来最初の世界大戦における勝利者に仕立て上げ、北アメリカ大陸とインド亜大陸における覇権の基盤を構築した。つまり、ピットこそ大英帝国の創始者と呼ぶべきである。しかし、その彼を国王ジョージ三世は「反逆のラッパ」と呼んで嫌い抜いていた。そして、偉大な指導者ピットを失ったイングランドは、わずか数年後にとんでもない陥穽にはまり込むのである。

第五節　アメリカ独立戦争

アメリカ植民地の武力蜂起と独立宣言

一七六三年四月以後の七年間、イングランドでは政権が四回も入れ替わる。

一七七〇年一月二十八日、ギルフォード伯爵フレデリック・ノース[三一五]が大蔵卿として政権の座に着いて、次のアメリカ独立戦争を指導することになる。優柔不断な性格で、いつも事勿《ことなか》れ主義に徹していた首相ノースを補佐するのは、植民地卿サックヴィル子爵ジョージ・サックヴィル・ジャーメイン[三一六]と海軍卿第四代サンドウィッチ伯爵ジョン・モンタギューである。

当時は陸軍大臣に相当する国務卿がいなかったし、アメリカでの武力紛争はあくまでも植民地問題であったから[三一七]、植民地卿が陸軍作戦を統括していた。だが、ジャーメインは軍事に関してはズブの素人なので、最初から将軍たちにソッポを向かれていた。さらに、かつては有能な海軍卿であったサンドウィッチは、なぜか別人のように自堕落な姿になり下がっていた。五年後にはアメリカ独立戦争に突入するというのに、すでに当初から不吉な暗雲が垂れ込めていたのである。

一七六三年の北アメリカには百五十万のイングランド植民地人がいたから、これが十年後に独立を宣言するのは歴史的必然とも思える。だが、ハーヴァード大歴史学教授サミュエル・モリソン博士は「一九六〇年のカナダとオーストラリアの人口は、一七七六年の十三植民地の七倍と四倍であるが、いまだに英連邦に留まっている」と釘を刺す。[三一八]それでは、なぜアメリカで独立運動が起こったのか。

そこで、先ずは心情的な要因から眺めることにする。これを一言で言えば、イングランドがアメリカ植民地に課した国王宣言線、砂糖税及び印紙税という悪政に対して、植民地人が不満と反感を高じさせたことから事が始まる。ただし、この「悪政」とは植民地側から見ればの話であって、公平かつ歴史的に見れば、本国にも止むに止まれぬ事情があった。

国王宣言による西部開拓の制約、それが先のパリ条約が定める約款であるからやむを得ない。また、イングランド本国では、七年戦争の負債が一億三千万ポンドに上がった。北アメリカ大陸に関わる戦費は、オーストリア継承戦争の年額十四万八千ポンドから、七年戦争では九十九万ポンドに跳ね上がる。おまけに、新たに獲得したカナダやフロリダ並びに国王宣言線一帯の秩序維持のために駐留軍が一万に増員され、その経費が年間三十九万ポンドも上乗せされた。[三一九]この巨額な国防費をイングランドは租税と借金でまかなったから、本国の納税者にとっては植民地人が植民地防衛費を分担しないのが大いに不満であった。

ボストン付近

しかし、アメリカ植民地人の心情には、右の問題よりさらに重要な要因が底流していて、これこそが独立運動の真の淵源なのである。彼らは自由と自治を求めて新世界に渡ってきたピルグリム・ファーザーズの末裔であり、自分たちもまたイングランド人であった。彼らは「新たに自由を獲得するのではなく、すでにコモン・ローが保障している自由」を確認したかったのである。[三二〇]また、彼らは本国議会に植民地代表を送って然るべきだと考えたし、自分たちの与り知らぬうちに、自分たちの自由と権利が抑制されたり侵害されたりするのには我慢できなかった。そこで、先の本国政策を引き金にして、ジョン・アダムズ[三二一]の言う「真のアメリカ革命である民衆の心の革命」が巻き起こった[三二二]。

また、古今東西における世の習いであるが、そうした植民地人の心情を煽る向きが必ず現れる。その急先鋒が有名なパトリック・ヘンリー[三二三]で、彼は「シーザーにブルータスあれば、チャールズ一世にクロムウェルあり。また、ジョージ三世もこの二人の例にならって然るべきか」とか「我に自由を、さもなくば死を」などと叫び、「自由の子《サンズ・オブ・フリーダム》」と呼ばれる市民グループ[三二四]は、ボストン港のイングランド船から茶箱三百四十個を海中投棄するという事件を引き起こす。

それでも植民地の上流階層と知識階層は、扇動的なパトリック・ヘンリーを嫌っていたし、右の暴挙を「ボストン・ティー・パーティ」即ち「お茶にかこつけたバカ騒ぎ」と軽蔑もした。だが、もはやその時流は誰にも止められなかった。

一七七四年、本国が一連の法律を制定すると、これらを植民地人は「懲罰的《コアーシヴ》」又は「耐えがたき《イントレラブル》」諸法と呼び、同年九月、フィラデルフィアで第一回大陸会議を開き、本国議会の植民地に対する立法権を拒否する宣言を議決した。イングランド宰相ノース卿は、国王宛の書簡で「賽は投げられました。もはや植民地人が服従するか、然らずんば勝利を収めるかです」と述べて、植民地政策を民政から軍政に切り替えた。

一七七五年四月十九日、遂に最初の武力衝突であるコンコルド・レキシントン事件が起こり、五月十日、植民地民兵がタイコンデロガを占拠した。同日、フィラデルフィアで招集された第二回大陸会議によって植民地軍が正式に編成され、総司令官にジョージ・ワシントンが任命される。この頃、イングランド陸軍中将ハウ[三二五]、クリントン[三二六]及びバーゴイン[三二七]並びに兵力一万がボストンに到着した。

六月十七日、ボストンの北側でバンカー・ヒルの戦いが生起する。このときは植民地軍が弾薬を消耗して撤退したが、事実上はイングランド軍の敗勢である。それでも、この時点でさえも、大陸会議は独立のドの字も論議していないし、植民地軍の創設は「武力に訴えても、本国の圧政に抗議する」との決意表明でしかない。

モリソン教授は「一七七六年の独立宣言まで、アメリカ独立革命を予告する兆候は何もなかった」とし、当時のアメリカ人は「植民地の独立など考えもせず、自分たちが本国イングランドの傘下にあることに満足し、誇りさえ抱いていた」と指摘する。[三二八] このことは、最初に制定された植民地連合旗に明確に現れている。この旗は十三本のストライプで植民地の連合を、左上部にはめ込んだユニオン・ジャックで国王への忠誠心を象徴していた。[三二九]

一七七五年十二月三日、当時はまだレフテナントであったジョン・ポール・ジョーンズが、この旗を初めてコンチネンタル・ネービーのホプスン提督の旗艦二十四門〈アルフレッド〉[三三〇]のマストに掲げた。次いで、翌七六年元日、ワシントン将軍が駐屯地に掲げさせた。提督も将軍も士官との会食では必ず国王に乾杯していたのである。[三三一]

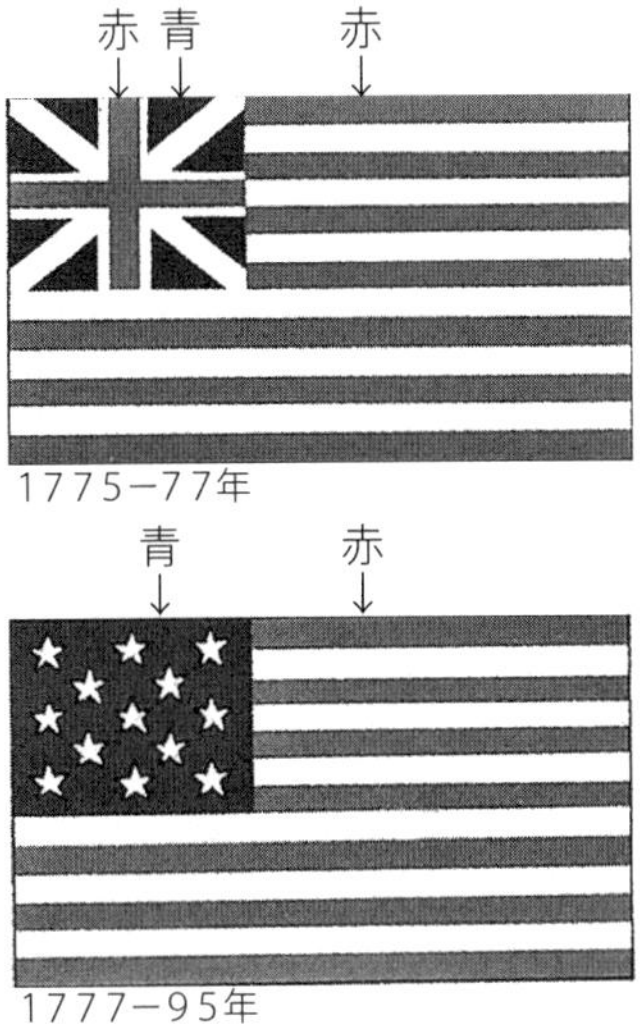

植民地連合旗と星条旗

このように煮え切らない植民地を行き着くべきところへ導くのが、トマス・ペイン[三三二]の『常識《コモン・センス》』と題する評論である。彼の見るところ、国王への忠誠を誓いながら、その国王軍と戦うのは無意味である。戦いの目的は完全な独立でなければならない。独立こそがアメリカに真の自由をもたらすからである。

こうしてアメリカ植民地人の心を真に揺さぶったのは、パトリック・ヘンリーのアジ演説ではなく、冷静で理論的に事の核心を衝いたペインの論文であった。最初に立ち上ったのはヴァージニア植民地で、これに各植民地が次々に続くことになる。一七七六年七月四日、独立宣言が採択されて、八日、独立会議場のバルコニーから朗々と読み上げられたが、これこそがアメリカ合衆国の産声であったと言えよう。

この独立宣言の題名『アメリカ統合十三州独立の全会一致宣言』から、「アメリカ合衆国《ザ・ユナイティッド・ステーツ・オブ・アメリカ》」という現在の国名が生まれたのである。ただし、このフレーズを編み出したのは、独立宣言の起案者トマス・ジェファーソンではない。この言葉は先のトマス・ペインその人が編み出した新造語で、『常識』の次に発表した『人権論《ライツ・オブ・マン》』で初めて使ったのである。つまり、ペインはアメリカの独立を促したばかりか、この国のゴッド・ファーザーともなった。このことは歴史の裏小路に隠れて、存外に知られていないので、ついでに付言しておく。

武力行使の泥沼化

当初、植民地軍の武器弾薬は西インド諸島から密輸されていた。だが、イングランドの艦艇は北アメリカ海域に五十隻とカリブ海方面に十隻足らずで、この程度の兵力では西インド諸島から北アメリカ東岸までの一千数百マイルに及ぶ密輸入を阻止しようがなかったし、逆にボストンのイングランド軍が植民地の私掠活動で補給路を断たれて、将兵たちは衣服も食料もままならない惨めな状態となっていた。

一七七六年七月三日、ハウ軍八千がニューヨークに移動した。そこへ将軍の実兄リチャード・ハウ提督はじめイングランド軍や戦隊が集結し、ハウ軍三万四千がワシントン軍一万に対峙することになる。八月二十九日夜半、衆寡敵せずと見たワシントンは対岸のマンハッタン島へ退いた。そもそもニューヨークは当初から本国政府の基本的な戦略目標であった。この地を拠点として、モントリオールからニュー・イングランド西部を流れるハドソン川を制すれば、反乱の中心地ヴァージニア植民地をはじめとするニュー・イングランドを大陸から分断できるし、自軍はカナダとの連結路を確保できるからである。

以後、ワシントン軍は北方へと移動し、これをハウ軍が追い、戦いは盛夏のハドソン渓谷から厳寒のニュー・ジャージーに舞台を移した。そして、ハウ軍がニューヨークその他で越冬態勢に入るが、この間隙をぬって十二月二十五日夜、「トレントンの戦い」でワシントンが記念すべき初勝利を収める。

十一月から翌年三月にかけて、ハウ将軍が植民地卿ジャーメインに三回にわたり作戦計画を進達し、最終的に海路でフィラデルフィアへ機動することにした。その頃、バーゴイン将軍は一時帰国して、独自の作戦構想をジャーメインに説明した。彼自身がカナダ軍主隊を率いてハドソン川に沿ってニューヨークまで進軍するという案である。つまり、自らがハンマーとなって、ワシントン軍をハウ軍という鉄床の上で叩き潰すというのである。これに一も二もなくジャーメインが乗るが、ここで常識では信じられないことが起こる。

一七七七年五月、バーゴインのカナダ軍主力がモントリオールからハドソン川を南下する。その一方、七月二十三日、ハウ軍を乗せた輸送船団がニューヨークからチェサピーク湾を目指して出航した。ワシントンは二人のちぐはぐな動きを見逃さな

アメリカ独立戦争概念図

かった。彼は直ちにゲイツ将軍に増援部隊を送ってバーゴイン軍を喰い止めさせ、自らは一万二千を率いてハウ軍に向かった。八月頃、バーゴイン軍の補給が苦しくなるが、カナダへの退路はゲイツによって遮断された。バーゴインはやむなくサラトガにたどり着き、十月十七日、遂にゲイツの軍門に降った。これが史上有名な「サラトガの戦い」である。

このようなことがなぜ生起したか。ハウ将軍はバーゴイン将軍の作戦構想を与り知らなかったし、バーゴインもまたハウの構想を知らなかった。バーゴインから彼の作戦構想を説明されたとき、ジャーメインはすでにハウの作戦計画を承認していたが、両者の作戦を整合しなかったからだ。つまり、ジャーメインという鍛冶職人は、バーゴインというハンマーの動きとハウという鉄床の位置を調節しなかったのである。

このように、植民地卿ジャーメインは戦争を指導する陸軍大臣の立場にありながら、戦略全般の監督・指揮の着意を終始まるで欠いていた。さらなる問題は、ハウ、バーゴイン及びクリントンに階級の先任序列はあっても、指揮系統がなかったことである。

換言すれば、北アメリカ方面軍総司令官ともいうべき現場最高指揮官がいなかったから、一元的な作戦指揮ができなかったのである。これは艦隊でも同じことで、後に戦域が西インド諸島に拡大するが、両方の艦隊司令長官には何の脈絡もなかった。当時のイングランドの国家戦略と軍事戦略は、なぜか最も基本的な要件を欠如していたのである。

ハウ軍一万八千はフィラデルフィア南西のチェサピーク湾に上陸し、九月二十六日にフィラデルフィアを占領する。その前後の二回にわたり、ワシントン軍がハウの巧みな戦術にはめられて、いずれも一千有余の死傷者を出して撃退された。大陸会議がフィラデルフィアの西方ランカスターに避退し、ワシントン軍は南東のフォージー渓谷に退却する。そして、後者は厳寒と飢餓のため筆舌に尽くせぬ辛酸を舐めることになった。

フランスの参戦

イングランド軍はフィラデルフィアを占領したが、かえってまるで幽霊のような敵を相手にしていることを痛感させられる。アメリカ植民地連合の政治中枢は大陸会議であるから、その所在地のフィラデルフィアをイングランド政府が「謀反軍の首都」と呼び、ハウは戦略目標としていた。

だが、アメリカ植民地や謀反軍にしてみれば、「首都」を占領されても痛くも痒くもなかった。彼らの大陸会議は戦況に応じて各地を転々と移動させればよいだけである。従来のヨーロッパの認識では首都が危うくなるまでに戦争を止めるし、まして占領されたら戦争どころではない。だから、イングランドは三千マイルの彼方で全く新しい形の戦争を戦うことになる。

右に加えて、イングランドは新たな強敵を迎えた。一七七八年二月六日、フランスはアメリカと修交通商条約と秘密同盟条約を結び、三月以降、英仏両国が事実上の戦争状態に突入する。ただ歴史の悪戯とでもいうべきか、この戦争では両国とも主役を演じながら、最後まで正式な宣戦布告を交わさなかった。

六月十六日、スペインがイングランドに宣戦を布告した。スペインはアメリカに関心がなかったが、ミノルカ、ジブラルタル及びフロリダを奪還する絶好の機会と見たのである。一七八〇年十一月二十日、イングランドはオランダに宣戦布告して、自ら敵を増やすことになる。イングランドは偶然にもオランダとアメリカとの同盟条約案を入手したため、伝統的同盟国オランダの裏切りを許せなかったのである。また同年、ロシア女帝エカチュリーナ二世が北欧諸国を誘って、イングランドの戦時禁制品の臨検に対抗する武装中立同盟を結成する。かくして、イングランドはほぼ全ヨーロッパを敵に廻すという、かつてない深刻な情勢を招くことになる。

話が脇道にそれるが、歴史を史実と史実を結ぶ説明と観念すれば、そこに説明者の史観が入るのは避けられない。それにしても、概してわが国の西洋史学者には、戦争を史実として真正面から眺めようとしない傾向が否めない。特にアメリカ独立戦争の場合、現代の超大国アメリカ合衆国の誕生というドラマに惹かれるあまりか、やたらロマンティックに捉えたがる。

ある学者はこの戦争全般を「独立戦争がいかに市民社会的運動であったかということを、ほぼ理解して頂けたと思う」と総括するが、[三三四]ほぼどころか全く理解できない。確かに、ヴァージニア植民地の不平不満は、パトリック・ヘンリーの獅子吼で沸点に到達した。ただ、この沸点がやがて戦争へと過熱されたとしても、市民運動と戦争を同日の談とすることはできない。それが証拠に、戦争となると双方の言い分がどこかへ吹き飛んでしまい、フランスの参戦によって、独立の戦いが大国間の植民地権益をめぐる争いに様変わりさせるのである。

次に、米国史の最も代表的な参考書は「ひそかに植民地軍に同情を寄せていたフランスは、サラトガの戦いを契機に参戦を決定した」[三三五]とか、「フランスはこれ以前からアメリカに好意的な姿勢をみせていた」[三三六]と説明する。そもそも「同情して戦争する」というのは日本でしか通用しない不思議な戦争観であるし、フランスがアメリカに武器弾薬を売ったのは「好意」からではなく、それが「国益」に合致したからである。

確かに、アメリカ独立の理念はヴォルテールなどの同情を得たし、外務卿ヴェルジェンヌはトマス・ペインの論文に感銘を受けたと言われるが、世界の歴史を動かすのは断じてこの種の情念ではない。フランス国王ルイ十六世は暗愚であっても、老練の国務卿モールパ伯爵[三三七]が取り仕切る絶対王政は決してヤワではなかった。この国が秘密条約に「いずれか一方の承諾なしにイギリスと休戦も和睦もせず、合衆国の独立が確立するまでは武力行使を停止しない」という約定を挿入したのは、七年戦争で喪失したカナダや東西インドでの権益の奪回を期したからにほかならない。

さらに件の教科書は、「ヨークタウンの戦い」では「ラ・ファイエットの率いる兵力と多くの物資の供給

年	フランス	スペイン	オランダ	連合国	イングランド
1778	52	×	×	52	66
1779	63	53	×	116	90
1780	69	48	×	117	95
1781	70	54	13	137	94
1782	73	54	19	146	94

英・仏・西・蘭の戦列艦保有数

によって独立軍は優勢となり」とする。ワシントンにとって、文句の多いフランス軍はむしろ足手まといであった。それに、フランスの陸軍派遣は、戦後の和平交渉での発言権を確保するための「目に見える」介入であった。この戦争の帰趨に本当に寄与したのは、「見えない」フランスのシーパワーである。

多くの教科書が説明する「フランスがサラトガで武力介入を決意した」ことは半分は本当だが、後の半分は要注意である。フランスにとって、サラトガは諸刃の剣であった。サラトガはイングランドを窮地に立たせたが、反面、これでイングランドがアメリカ植民地と和睦して、共に西インド諸島のフランス領に向かいかねなかった。その証左に、後の和睦交渉において、イングランド首相シェルバーンがこの可能性を示唆して、両ブルボン王国に講和条件の受諾を迫るのである。いずれにせよ、サラトガによって戦争への介入が焦眉の急となり、フランスはアメリカに支援を約束した。しかし、アメリカがカナダ、ノヴァ・スコシア、フロリダへの攻撃支援を要請したとき、フランスは確約を与えなかった。フランスにしてみれば、カナダはイングランドが確保しているほうが好都合である。国境に潜在的な脅威が存在するかぎり、アメリカはフランスとの同盟を維持せざるを得ないからだ。

フランスとスペインの独立戦争介入のねらいは海外植民地権益の奪回であったから、一七七八年以降は北アメリカ大陸が二次的な戦域と化し、戦争の焦点は東西インド、地中海西部及び英・仏・西の本土周辺海域に移行した。つまり、シーパワーが戦いの帰趨を決することになる。七年戦争終結からアメリカ独立戦争勃発までの間、歴代イングランド政府は海軍予算を削減し続けた。七年戦争の負債の処理に四苦八苦であったが、増税で世間の不評を買いたくなかったからだ。当然、海軍は凋落の一途をたどる。これに嫌気が差した海軍卿ホーク提督は辞表を叩きつけた。

後にフランスが参戦した際、後任の海軍卿サンドウィッチ伯爵がアドミラルのオーガスタス・ケッペルに海峡艦隊司令長官への就任を要請する際に「海峡艦隊の戦列艦四十二隻のうち三十五隻が乗組員の充足と出動準備を完了している」と請合った。だが、同提督によれば「小職これでも船乗りの端くれのつもりだが、その目で見たかぎり、何とか近海で使えそうなのが六隻、地中海まで行けそうなのは皆無」であったという[三三八]。

巷間、サンドウィッチ伯爵の怠惰と汚職がこの惨状を招来したとされるが、ルイス教授に言わせれば、より深刻な問題は、国産オーク材の払底であったという。一方、フランスの政治家たちは、営々と海軍再建に励んだ。七年戦争直後、ショアズール侯爵[三三九]によって、戦列艦八十隻とフリゲート艦四十五隻を建造する海軍再建計画が策定され、その後も着々と推進された。弾薬類及び需品の補給所も設置された。スペインもまた精力的に海軍増強に乗り出し、既就役艦六十隻に四十隻を追加する予定でいた。以上の結果、イングランド・フランス・スペインの戦列艦保有数は、前頁の表のとおり推移する。

英仏艦隊の激突

フランスが参戦して、最初にしたのは艦隊の派遣である。デスタン伯爵[三四〇]の率いる戦列艦十二隻及びフリゲート艦五隻の戦隊が、一七七八年四月十三日、ツーロンからアメリカへ向かう。以後の作戦は彼の自由裁量に委ねられていた。イングランドでも、ようやく六月六日、ヴァイス・アドミラルのジョン・バイロンが戦列艦十三隻及びフリゲート艦一隻でプリマスから北アメリカへ向かった。

五月、イングランド政府はハウ兄弟にニューヨークへの撤収を指示した。二十四日、ハウ将軍はクリントン将軍と交代して、ニューヨーク経由で帰国の途につく。三十一日、ハウ戦隊がニューヨーク湾に投錨し、六月五日、クリントン軍も戻ってきた。

六月七日、デスタン戦隊がデラウェア湾口に到着すると、ワシントン将軍からデスタン提督にロード・アイランド攻略への協力要請があった。七月二十九日、デスタンはナガランセット湾に投錨する。八月十日の朝、ナガランセット湾沖において、英仏両戦隊が衝突する。ハウ戦隊は戦列艦七隻、五十門艦五隻、フリゲート艦六隻及び小型艦艇数隻で、戦列艦十二隻のデスタン戦隊よりかなり劣勢である。この日と翌日にかけて、両戦隊は互いに有利な対勢を競うが、優勢なフランス戦隊が終始風上側にありながら、デスタンはなぜか積極的な姿勢を示さなかった。十二日夜からは天候が荒れて、双方の戦隊が四散した。十三日、ハウに随伴する艦は二隻のみとなり、やむを得ずニューヨークへ戻った。一方、ナガランセット湾に戻ったデスタンは、独立軍のサリヴァン将軍の残留要請を振り切って、二十一日、修理のためにボストンへ向かった。フランス戦隊の支援がなくなっては、サリヴァン部隊はロード・アイランドの攻撃を諦めざるを得なかった。以後、一七七八年の北アメリカにおける海軍の戦いが一段落する。

ハウ対デスタンの対決

九月十五日、ハウがかねて提出中の帰国申請が許可されて、帰国の途につく。そもそも、彼は本来が同国人のアメリカと戦いたくなかったし、常々ノースやサンドウィッチと見解を異にしていた。だが、フランスが参戦すると、この仇敵と戦うのが自分の義務と考え直した。マハンは「ハウ提督がいなければ、イングランドはもっと早く負けていた」と述べている[三四]が、彼は劣勢の戦隊を率いて、広大な北アメリカに派遣されたイングランド陸海軍をよく支えていた。帰国後、彼は現役から退いた。イングランド海軍史上稀に見る名将が再び活躍するのは、戦争終結の一七八三年からである。

アシャント島の海戦

オーガスタス・ケッペル提督[三四二]は、開戦当初からアメリカ人と戦うつもりがないことを明言していた。その彼がアドミラル・オブ・ザ・ブルーへの昇進と海峡艦隊司令長官の就任を受諾したのは、本国艦隊の相手がブレストやツーロンのフランス艦隊だからである[三四三]。

一七七八年五月三日、アドミラルティからケッペルに出動命令が届いた。主任務はツーロン艦隊とブレスト艦隊との合同を阻止することである。だが、出動準備に手間取り、七月九日になってようやくケッペル艦隊がポーツマスを出撃する。その翌日、ヴァイス・アドミラルのドルヴィリュー侯爵を司令長官とするフランス艦隊もブレストを出港した。二十三日、アシャント島の西約六十六マイルにおいて、両艦隊が互いを視認したが、日没となり双方ともに漂泊した。ケッペル艦隊の編成は、次席指揮官であるヴァイス・アドミラルのハーランドの前衛戦隊、司令長官直率の中央戦隊及び三席指揮官パリサーの後衛戦隊に分かれ、戦列艦三十隻、フリゲート艦六隻及び小型艇三隻である。ドルヴィリュー艦隊も前衛・中央・後衛の三個戦隊で、戦列艦三十一隻、五十門艦一隻、フリゲート艦六隻及び小型艇八隻である。

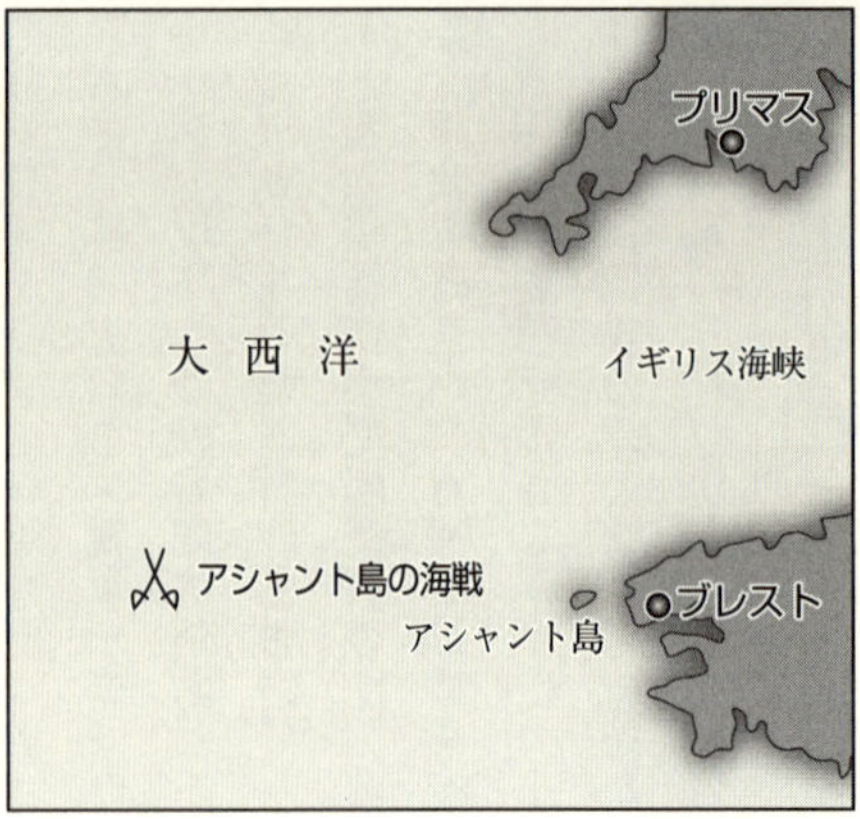

アシャント島付近

二十四日から二十六日にかけて、常にフランス側が風上側を維持した。二十七日朝、両艦隊は約六マイル離れて西北西に併航したが、風下を先行するケッペルが一斉回頭して反航対勢となった。一一〇〇時、砲撃が始まり、彼は交戦信号を掲げた。一三〇〇時、旗艦〈ヴィクトリー〉が相手の戦列の後尾を通過して、彼は交戦を再興すべく反転を決意した。前方を航進する前衛隊司令官ハーランドは司令長官の意図を体して、すでに反転して敵に向かっていた。その頃、ドルヴィリューが南寄りに逐次変針したので、ケッペルは戦列信号を揚げたまま南寄りに変針した。この変針で後衛戦隊司令官パリサーの旗艦が主隊から後落としたが、列艦も司令長官の戦列信号に従わずに戦隊旗艦に続航した。イングランド艦隊は、後衛戦隊がすっぽりと欠落したので、ケッペルはフリゲート艦を派遣してパリサーに戦列の形成を伝えさせるが、彼は何の対応も示さなかった。そこで、ケッペルは後衛戦隊の各艦宛に各個に主隊に合同するよう信号したが、すでに交戦再興の時機を失していた。

　ドルヴィリュー艦隊は特段の行動に出ようとせず、夜陰に乗じてブレストへ向かった。二十八日、ケッペルも敵影を発見できないまま、ポーツマスへ帰還にした。

　かくして、大艦隊同士の遭遇戦は四日間にわたるが、戦闘はただ一撃のみで終った。イギリス側の犠牲者は死者百三十三人と傷者三百七十五人で、フランス側は死者百六十三人と傷者五百七十三人である。英仏両主力艦隊の戦列艦六

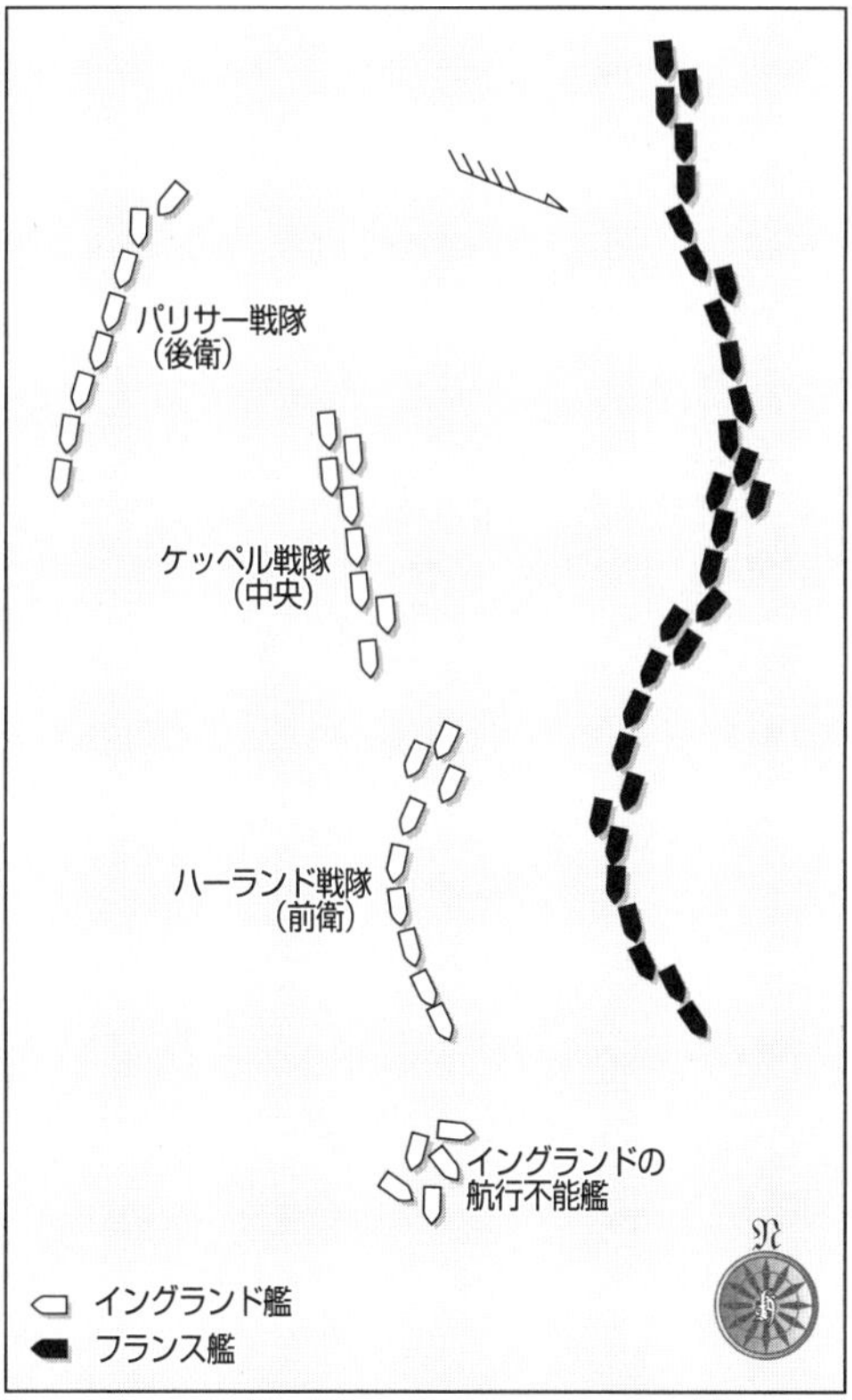

アシャント島の海戦

十隻有余が遭遇しながら、この海戦は戦局には何らの影響も及ぼさなかった。しかし、英仏双方の艦隊戦術において、また指揮官の戦う姿勢において、海軍史上特質すべき差異が顕著に示されている。

その第一は、フランス艦隊の砲戦々術である。二十七日の交戦の結果、双方の艦の損傷状況に大きな差があった。ドルヴィリュー艦隊は交戦運動が可能で、各艦とも良好な状態を維持していたが、一方のケッペル艦隊は航行不能艦が数隻あった。フランス側の砲撃が照準を高くして、相手の索具やスパーを狙ったからである。これは相手を操縦不能にするためで、フランスの伝統的な砲戦々術となるが、七年戦争におけるポーコック対ダッシェの交戦で顕著な効果を挙げたので、イングランド側も注目し始めた。ただし、この戦術では決して決定的な戦果は得られない。

第二は、イングランド艦隊の信号法の欠陥である。二十七日朝、ケッペルはパリサー戦隊を適切な占位位置に付けようとしたが、使えそうな信号が「風上に向かって、追撃せよ」しかなく、この信文の解釈が艦長によってまちまちとなった。そこで、ケッペルは再度フリゲート艦をパリサーへ派遣したが、これをパリサーが無視した。最後にケッペルがパリサー戦隊の各艦宛に信号を出すと、各艦はようやく主隊に合同した。後日、彼はもっと早く各艦宛の信号を出すべきであったと批判されるが[三四四]、これは後知恵の結果論である。司令長官の戦隊指揮は当該戦隊司令官を通じてなされるのが常道である。

第三は、双方の艦隊指揮官の戦闘意欲である。ドルヴィリューは終始有利な対勢にあり、決定的なチャンスが三度もあった。これを経験豊富な彼が見逃すはずがないが、いずれも素知らぬ振りでやり過ごした。そして、戦闘後、自分の艦隊はまだ運動も戦闘も可能であったが、さっさとブレストに向けて離脱した。一方のケッペルは、味方に行動不自由艦があれほど出ても、またパリサー戦隊がスッポリ抜けても交戦を続行しようとした。

アシャント島の海戦に関わる軍法会議

ケッペル艦隊の帰投後、「先の海戦で勝利を逸したのはパリサーの失態による」という噂が広まり、これを一部の新聞が書き立てた。こうしたこともあって、アドミラルティは軍法会議を開くことにした。ところが、奇妙にも被告はケッペルである。ちなみに、パリサーはアドミラルティのコミッショナーを兼任していた。

一七七九年一月二日、ポーツマスの〈ブリタニア〉艦上において、ケッペルの軍法会議が開かれた。告訴罪状は、ケッペルが混乱したままの戦列で交戦に突入したこと、敵味方の艦隊がすれ違った際に直ちに反転しなかったこと、味方損傷艦に向かって変針したのは利敵行動と見なせること、並びに海戦の後に彼が敵を追跡しなかったことである。

オーガスタス・ケッペル

裁判は波乱に満ちていた。検事側証拠物件としてパリサーの旗艦ほか三艦から航泊日誌が提出されたが、いずれも改竄《かいざん》され、数頁が剽窃《ひょうせつ》されていた。検察側の証人尋問では、大部分がケッペルに好意的に論述した。その旗頭は八十門〈フォードロヤント〉艦長のジョン・ジャーヴィスである。「旗艦が航行不能で、司令長官の命令に即応できなかった」と弁明するパリサーに対して、一介の艦長ジャーヴィスは「ならば、直ちに指揮官旗を移揚するのが常識のはず」と指摘して、いずれが提督か判らない有様である。

二月十一日、ケッペルは無罪とされた。ポーツマスでは祝砲が発射され、人々が祝賀行列をした。ロンドンでは群集が反ケッペル派の屋敷を襲い、ノース首相宅の窓を破り、パリサーの人形を火あぶりにした。議会両院はケッペルに対する感謝決議案を議決した。だが、ケッペルの自尊心とアドミラルティへの嫌悪の情は癒されなかった。三月十八日、彼は艦隊司令官の職を辞して海軍を去った。そして、三年後の四月一日、海軍卿に就任することになるが、これは辞職に追い込まれたサンドウィッチ伯爵の後任としてであったから、随分と皮肉なことである。

四月十二日、ポーツマスにおいて、パリサーが軍法会議にかけられた。これはアドミラルティが世論に抗しきれずに渋々行ったことである。軍法会議の結論は「パリサーは自艦の行動不能状況をいち早く司令長官に知らせるべきで、司令長官から派遣されたフリゲート艦にそれを託せたはず」である。こうして、パリサーの怠慢を指摘しておきながら、軍法会議は彼を無罪放免にした。この後、パリサーは閑職のグリニッジ海軍病院総裁に任命される。

右のような一連の出来事は、イングランド海軍の凋落振りを如実に浮き彫りにしていた。この年、ケッペルとハウという練達の指揮官二人が内閣の無能と政争の犠牲となって消え去った。当然ながら、海軍の高級士官たちは指揮官職の任命を回避し、政府やアドミラルティを全く信頼しなくなった。[三四五] その結果、政府はケッペルの後任探しに苦労することとなる。バリントン伯爵はじめ目ぼしい提督はこぞって政府の要請を拒絶した。結局、パリサーにグリニッジ海軍病院総裁の座を押し出された形のチャールズ・ハーディが因果を含められた。当時、彼は六十三歳の経験豊富な提督ではあるが、すでに健康を害していてその任には耐えられなかったし、その後一年もしないうちに病死した。

西インド諸島における海上戦の始まりと北アメリカ南部の情勢

当初、フランスのデスタンはワシントンから大いに歓迎されるが、ナガランセット湾沖の海戦以後は愛想を尽かされていた。それもあってか、一七七八年十一月四日、デスタン伯爵はボストンを出港して、西インド諸島へ向かった。同じ日、イングランドではコモドーのホータムの戦列艦五隻がニューヨークを出撃し、十二月十三日、バイロンが戦列艦十隻を連れてロード・アイランド沖から南下する。

以後は英仏両海軍の作戦が西インド諸島方面で展開される。この海域こそは、フランスが参戦当初から目指した本能寺である。それはイングランドも同じで、ジョージ三世に言わせれば、「砂糖諸島を失えば、戦争継続資金の確保がもはや不可能」となるからである。[三四六]

フランスが参戦した頃、西インド諸島におけるイングランド海軍兵力は、リア・アドミラルのサミュエル・バリントン[三四七]の率いる戦列艦二隻と小舟艇十三隻に過ぎず、これらがバルバドス島を基地としていた。だから、この方面でもフランスが先制する。

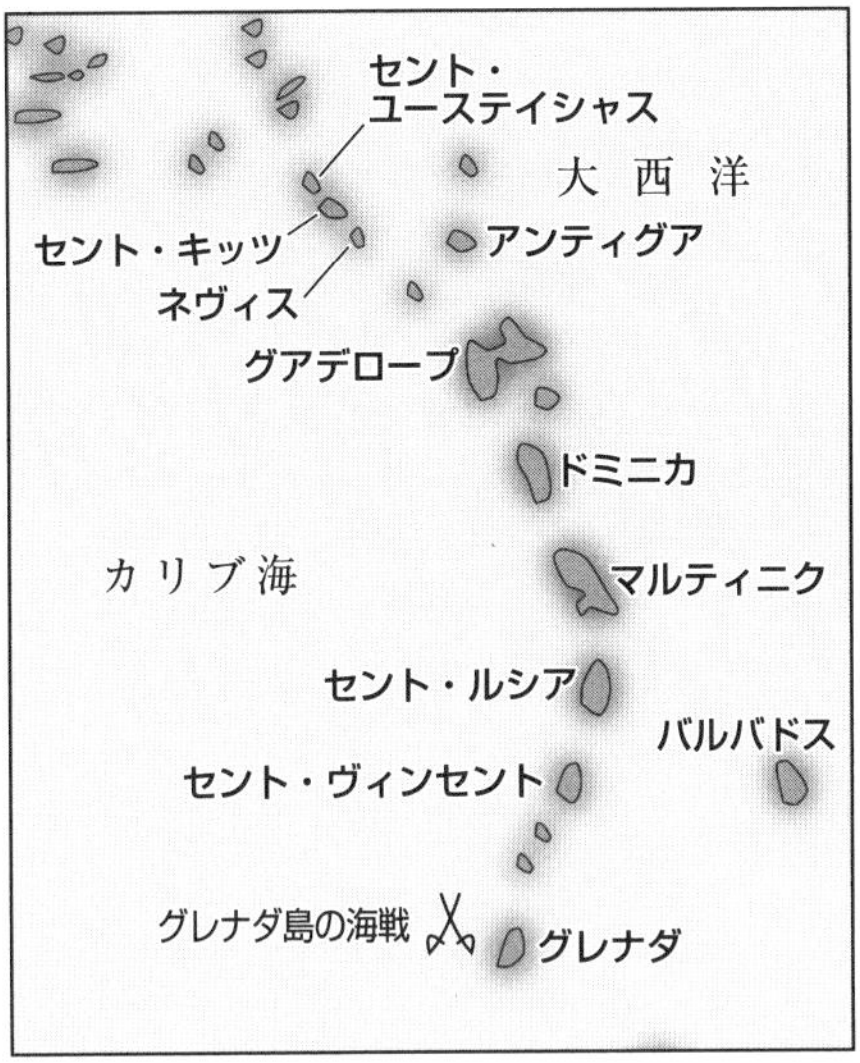

小アンチレー諸島

一七七八年九月七日、フランスはドミニカ島を占拠したので、この方面のフランス領がグアデロープ島、セイント諸島、ドミニカ島、マルティニク島及びセント・ルシア島となる。十二月十日、ホータム戦隊戦列艦五隻がバリントンの指揮下に入ると、二十八日、バリントン戦隊がセント・ルシア島を奪還する。同島はフランスの主基地マルティニク島までわずか三十マイルだから、以後はイングランド海軍の主基地となる。

一七七九年一月六日、北アメリカからバイロン戦隊がセント・ルシアに到着し、バリントン戦隊を合同させた。これにさらに戦列艦四隻が加わり、バイロン艦隊は戦列艦二十一隻となる。一方のフランス側では、二月から六月にかけて、ド・グラースの戦列艦四隻、ド・ヴォドリュールの五隻及びラ・モット・ピケットの五隻がそれぞれマルティニクに集結して、デスタン艦隊は二十五隻となる。

六月十八日と三十日、デスタン艦隊がセント・ヴィンセント島とグレナダ島を占領すると、七月三日、バイロン艦隊が二島の奪回を目指してセント・ルシアを出撃した。六日の払暁、グレナダ島の影にフランス艦隊の一部を視認すると、彼は相手の勢力を十分に確認せずに攻撃を仕掛けた。だが、前日の夜から待ち構えていたデスタンのほうが優勢であった。フランス艦隊は有利な対勢からイングランド前衛戦隊を攻撃して、防戦一方のバイロン艦隊に甚大な損害を与えた。一五〇〇時、デスタン艦隊は反転してグレナダ島に向かった。これでフランスがグレナダも確保したのは疑うべくもないが、バイロン艦隊には敵を追跡する余力がなかった。

この「グレナダ島の海戦」において、イングランドは死者百八十三人と傷者三百四十六人、フランス側は死者百六十六人と傷者七百六十三人だから、人的損害は互角である。だが、艦の損害はバイロン艦隊のほうが圧倒的に大きかったので、その後長期にわたり行動できなかった。この後、彼はハイド・パーカーと交代して帰国した。これで西インド諸島の戦いが一時終息する。

一七七八年十二月二十九日、パーカー戦隊と地上部隊が協同して、サウス・カロナイナのサヴァンナを占領した。かねてよりこの植民地はドミニカのデスタンに来援を要請していたが、翌年九月一日、ようやくデスタンが戦列艦二十隻、フリゲート艦七隻及び小艦艇多数でサヴァンナ沖に到着した。九月十日から十月九日の間、彼は独立軍と共同でサヴァンナを包囲するが、彼自身も重傷を負って撃退された。十月二十六日、デスタン艦隊がこの地を後にする。その途中、次席指揮官ド・グラース以下を西インド諸島に向かわせ、デスタン自身は本国へ向かった。デスタン伯の後任者はド・グッシェン伯爵[三四八]である。

アメリカ派遣軍総司令官クリントンは、ニューヨークの陸海軍が大幅に削減されるという深刻な状況にあった。北アメリカ方面戦隊の指揮をハウ提督から継承していたガンビア提督も帰国し、後任のヴァイス・アドミラルのマリオット・アーバスノット[三四九]が戦列艦五隻とフリゲート艦一隻を連れてきた。それでも、この方面での海上勢力は戦列艦六隻、五十門艦三隻及びフリゲート艦数隻でしかなかった。九月初旬、スペインにミシシッピーの交易所を奪われ、十二月下旬、ワシントンにロード・アイランドを占領される。それでもクリントンの慰めは、カナダとニューヨークが安泰であり、南部ではサヴァンナを維持していたし、敵のワシントンもまた兵力不足に悩まされていたことである。

仏西のイングランド本土侵攻作戦

この戦争でも、フランスはイングランド本土の侵攻作戦を計画していた。そのためには、イングランドの主力艦隊《グランド・フリート》である海峡艦隊を始末しなければならない。そこで、パリ政府はスペインと連合国艦隊を編成しようとする。

一七七九年六月四日、ドルヴィリューの率いるブレスト艦隊が出動し、二十三日、ドン・ルイス・コルドバ[三五〇]の率いるカディス艦隊と合流する。この連合国艦隊は戦列艦六十五隻、五十二門艦一隻及びフリゲート艦その他である。八月十四日、仏西連合国艦隊はイングランド南西端のリザード岬沖に現れた。

イングランドはつとにフランスの侵攻計画は察知していたから、仏西連合国艦隊の出現で沿岸地方に大急ぎで防備態勢を整えた。そのとき、ル・ハーヴとサン・マロに軍勢五万と船舶四百隻が集結したとの情報も入ったが、敵の意図は依然として不明で、確かなのは仏西連合国艦隊がイングランド海峡艦隊の戦列艦三十五隻よりはるかに優勢なことだけである。すでに七月二十九日、プリマス在泊のイングランド海峡艦隊司令長官ハーディの許に仏西連合国艦隊迎撃の命令が届いていた。彼はシリー諸島の西南西三十―六十マイルで待機していたが、八月十六日、哨戒艦の一隻が敵艦隊を視認した。

このとき、ドルヴィリューは難問に直面していた。この日に届いた新しい命令書によれば、上陸予定地が当初のワイト島からコーンウォールのファルマス湾に変更されていた。しかも、ブレストから補給船団を向かわせるべく準備中とのことで、これで作戦の決行がまだ先の話になる。この期に及んでの計画変更に、当然ドルヴィリューは怒り心頭に発した。彼は海軍大臣に書簡を送り、気象の悪化、艦隊の状況その他あらゆる要素に鑑み、上陸予定地と時期という重要事項を今さら変更は不可能と進言した。

八月十七日、ドルヴィリュー艦隊が抜錨したが、天候はますます悪化した。二十五日、通りかかった船からハーディ艦隊の出動を知り、ドルヴィリューは敵艦隊との決戦を決意する。しかし、艦隊の現状に鑑み、九月八日までに敵艦隊を捕捉できなかったら、そのまま帰国するしかなかった。三十一日、シリー諸島南方の沖合において、両艦隊が互いに相手を視認し、ドルヴィリューは直ちに追撃信号を掲げた。ところが、翌朝にはハーディ艦隊があまりに遠くて、もはや追いつけないと判断し、ドルヴィリュー艦隊は帰国の途についた。九月三日、ハーディ艦隊もスピットヘッドに帰投した。かくして、両主力艦隊の対決は実現しないまま終ることになる。

付言すれば、この頃、アメリカのジョン・ポール・ジョーンズ[三五一]は四十門艦〈ボンナム・リチャード〉ほか三隻とイングランド周辺海域で私掠活動に従事していた。八月二十三日、彼はヨークシャーのフラムバラ・ヘッド沖でイングランドの四十四門艦〈セラピス〉と壮絶な一騎討ちを演じて、降伏寸前の状況となる。この時、〈セラピス〉艦長ピアソンの降伏勧告に対して、彼は「戦いは始まったばかりだ」という歴史に残る名タンカを吐くのである。

セント・ヴィンセント岬の月光の海戦

一七七九年十月一日、アドミラルに昇任したジョージ・ブリジェス・ロドニー[三五二]がリーワード諸島派遣艦隊司令長官に任命された。元来が彼は際立った指揮能力に恵まれた提督であるが、宿痾《しゅくあ》というべき女癖と賭博好きのために金銭的なスキャンダルが絶えなかった。

五年前の九月、まだリア・アドミラルのロドニーは相変わらずの借金苦で、とうとうパリに国外逃亡を図った。やがてアメリカで武力抗争が始まると、彼は海上勤務への復帰を願うが、パリから身動きできなかった。彼はここでも借金を重ね続け、フランス警察から借金を返済するまで出国を禁止されたからである。ところが、陸軍元帥ド・ベロン公爵[三五三]がロドニーに救いの手を差し伸べる。ド・ベロン公はロドニーの借金を肩代わりし、ロドニーの出国を首相モールパ伯爵に相談し、次いで国王ルイ十六世に願い出た。すると、首相は一も二もなく同意し、国王は「これこそフランス精神なるぞ」と二つ返事で承諾したという[三五四]。名家の出のロドニーは洗練された物腰と教養の持ち主で、パリの社交界でも人気があった。このような提督にして紳士の窮状を救うのが、ルイのフランス精神なのであろう。それにしても、この話はフランスがイングランドとの戦いを決意した二ヶ月後の一七七八年五月のことであるから、こうした首相と国王の「精神」はまさに高潔な騎士道の発露と賞賛するべきであろう。ただ、後述するとおり、この精神が積年の戦果を「セイント諸島の海戦」というただ一度の戦いで失う間接的な原因となる。

ジョージ・ロドニー

ロドニーが母国に帰った年の一七七八年十二月二

十九日、彼は艦隊を率いてプリマスから出航した。彼には、途中でジブラルタル守備隊を救援し、西インド諸島やポルトガルへの貿易船を護衛する付随的な任務があった。だから、出発時の彼は戦列艦二十二隻、フリゲート艦十四隻及びその他小艦艇を指揮し、種々雑多な船を随伴させていたが、彼に直属するのは戦列艦四隻だけである。

一七八〇年一月七日、フィニステレー岬の西方八百マイルにおいて、ロドニーはスペイン艦七隻と輸送船十五隻を捕獲する。十六日、スペイン半島西岸のセント・ヴィンセント岬沖において、ロドニー艦隊は再びスペイン戦隊の戦列艦十一隻とフリゲート艦二隻を視認した。ロドニーは直ちに単横列を形成させて、全帆を揚げて追跡した。一六〇〇時、戦闘が始まり、翌日〇二〇〇時[三五五]まで継続されるが、スペインの七十門艦〈サント・ドミンゴ〉が爆沈し、司令官ドン・ファン・デ・ランガラの旗艦八十門艦〈フェニックス〉はじめ六隻が捕獲される。この戦いでは終始逆巻く怒濤に月光が冴えわたり、後に「セント・ヴィンセント岬の月光の海戦」と呼ばれる。

なお、この頃から、イングランドは戦列艦の喫水線下部分に銅板を貼り付けるようになる。この技術がこの時代で最も画期的な進歩とされるが、これで艦の速力が著しく増大した。この海戦において、逃走するスペイン艦にいち早く追いついたのは銅張り艦で、その効力が初めて立証される。

二十六日、ロドニー艦隊と船団がジブラルタルに到着した。二月十三日、ロドニーは隷下の戦列艦四隻を連れて最終目的地の西インド諸島を目指し、三月二十七日、セント・ルシア島に到着した。以後、すでにこの方面に展開していた戦列艦十六隻もまとめて彼が指揮することになる。

マルティニク島の海戦

一七八〇年四月十三日、西インド諸島のフランス艦隊司令長官ド・グッシェンは、全艦隊と地上部隊三千を率いて出撃した。これを知ったロドニーも戦列艦二十隻、五十門艦一隻及びフリゲート艦五隻で出撃した。十六日一六〇〇時、マルティニクとドミニカの間において、ロドニーは敵の戦列艦二十三隻と五十門艦一隻を視認して戦列を組むが、暗くなってきたので、そのまま敵の風上側を航進した。

翌十七日、ド・グッシェン艦隊が風下側十二、三マイルで戦列を組んでいた。〇八〇〇時以降、互いに一連の一斉回頭を繰り返し、やがてロドニー艦隊がド・グッシェン艦隊の後方の風上側を追いかける対勢（合戦図A―A）になる。この頃、ロドニーは一ケーブル（二百二十メートル）の対艦距離をより安全な二ケーブルに戻している。彼の見るところ、フランスの戦列長は約十一マイルに及んでいた。ロドニー艦隊の戦列艦二十隻が二ケーブルの対艦距離をとると、全体の長さは約五マイルとなるが、これでも相手の半分である。彼はこれで十分と見たのである。なぜなら、彼が目論んでいた基本戦術は、相手の中央戦隊と後衛戦隊に全勢力を集中させることであったからだ。

一一〇〇時、ロドニーは交戦用意を下令し、その直後、左一斉回頭で敵に向首する。一一五〇時、信号で「各艦は下手回しで変針して、艦隊戦術補足準則第二十一条の規定する相手艦に取り付け」と命じ、五分後に交戦信号を掲げた。

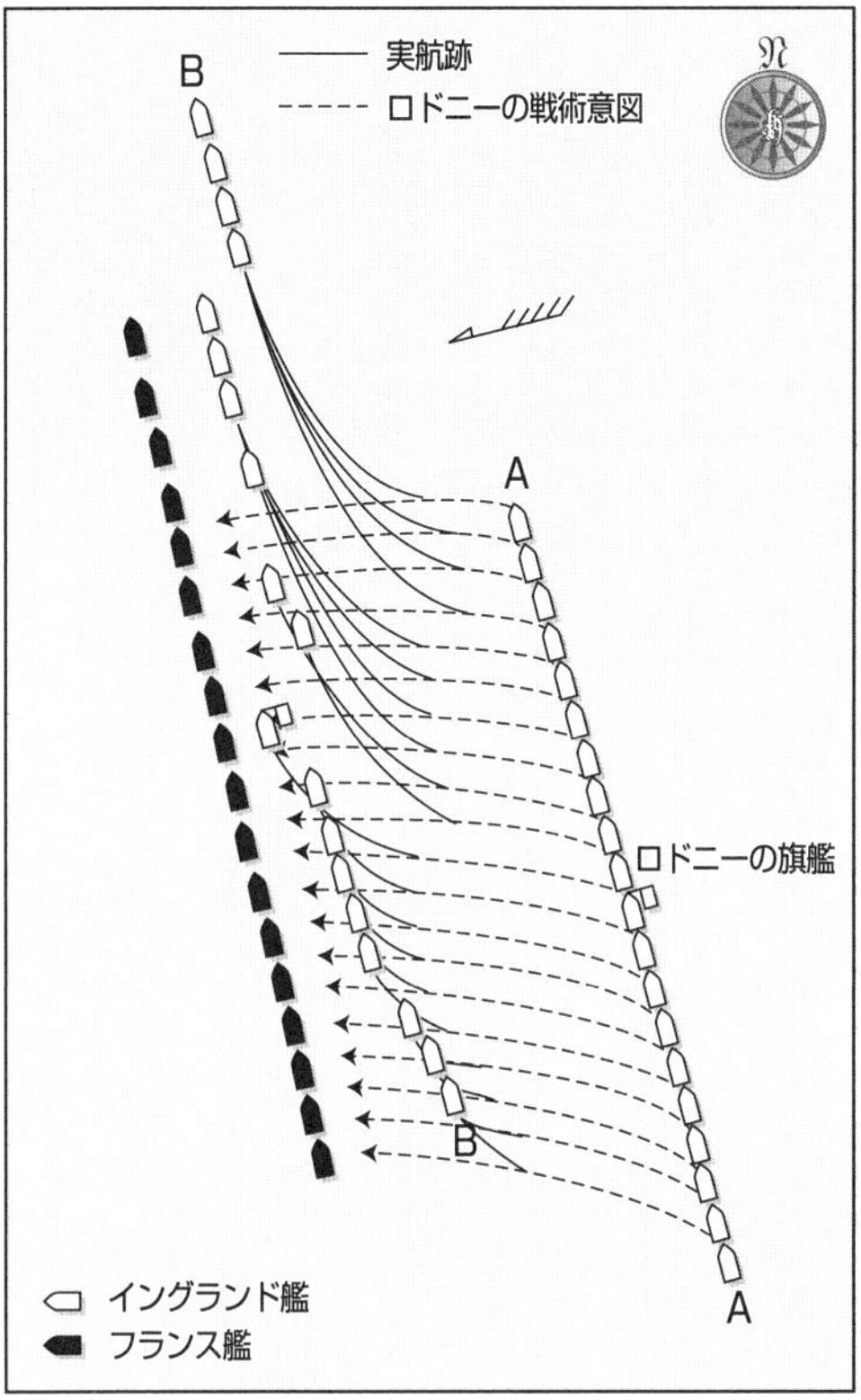

マルティニク島の海戦

右の条項の規定は「単縦列戦列で風上側から攻撃する場合、戦列信号が掲げられていても、各艦はそれぞれ対応する相手に向かうものとする」である。[三五六]彼は念のために「司令長官は敵戦列の後部に対する接近戦を意図する」とのメッセージを追加したから、これで各艦が敵戦列の後尾に集中すると思い込んでいた。ところが、先頭艦〈スターリング・カースル〉がはるか前方へ航進し、これに前衛戦隊の各艦が続いた（合戦図B—B）。

　戦闘は一三〇〇時から一六一五時まで継続された。双方の損害はイングランド側が死者百二十人と傷者三百五十四人で、フランス側は死者二百二十二人と傷者五百三十七人を数えた。双方に喪失艦はなかったが、艦の損傷はフランス側のほうが大きかった。これは双方の砲撃目標が違うからで、例によってイングランド艦隊は相手の艦体を破壊し、フランス艦隊が檣桁を狙ったからである。

　この海戦はイングランド艦隊が勝勢であったが、ロドニーは乾坤一擲の機会を逸したと悔しがった。敵の戦列が延び過ぎていたから、その後部に全勢力を集中すれば壊滅できたはずである。彼はアドミラルティ宛の報告書で「前・後衛戦隊における信号の無視が、戦いを決する絶好の機会を逸する原因となった」とし、次席指揮官ハイド・パーカーと三席指揮官ジョシュア・ロウリーを暗に非難した。[三五七]また、彼が公式文書や私信で最も厳しく非難したのは、前衛戦隊の一番艦〈スターリング・カースル〉艦長ロバート・カーケットである。たまりかねた同艦長が司令長官に抗議の書簡を送り、それに対するロドニーの返信によって、関係者がようやく事の次第を理解した。

　前述のとおり、ロドニーが「敵戦列の後尾を攻撃する」という信号すると、各艦の了解信号が揚がった。だから、一一五〇時に「各艦はそれぞれ対応する相手に向かえ」との信号を揚げたとき、ロドニーが意味したのは「本信号を降下した際、最も間近にいる相手」である。二ケーブルの対艦距離は変えていないから、各艦が各自の最直近艦を目掛けて突撃すれば、自分の意図どおりの戦闘が展開されたはずである。ところが、先頭艦のカーケットは「対応する」を「互いの戦列における占位番号が合致すること」と認識して、相手の先頭艦に向かった。そして、彼はロドニーの言う「貴官（カーケット）は敵の後部を叩くとの信号を了解していたはずだが、二リーグ（八マイル弱）も先の相手に前衛戦隊を誘導する愚」を犯した。

試みにカーケットの経歴を調べると、一七五八年三月十二日付でキャプテンに昇任している。二十二年もキャプテンの彼はターポリンかもしれないし、少なくとも頑迷固陋な律義者であろう。だから、一一五〇時の信号に随分と迷ったに違いない。彼が戦闘序列に拘泥したのは、これまで幾多の艦隊戦術準則に関わる軍法会議が彼の脳裏をよぎったからであろう。一方、自由奔放な性格で、鋭い戦術思考の持ち主であるロドニーは「艦隊戦術準則、何するものぞ」であったに違いない。だから、カーケットのような真面目が身上のターポリン艦長にとって艦隊戦術準則が如何に重いかを、艦隊司令長官は夢想だにしなかった。

ロドニーがカーケット、ロウリー及びパーカーを軍法会議にかけなかったのは不思議であるが、彼にも多少は忸怩たる念があったようで、二年後に問題の二十一条を修正した。「各艦はそれぞれ対応する相手に向かえ（Every ship is to steer for her opposite in the enemy's line）」を「互いの対勢から見て適当な敵艦に向かえ（Every ship is to steer for the ship of the enemy which from the disposition of the two squadrons it may be her lot to engage）」としたのである。これも字面の上では戦列至上主義が多少は払拭されていようが、依然として誤解の余地がなくはない。恐らく、ネルソンなら「各艦は本信号の発動時における直近の敵艦に向かえ（Every ship is to steer for the ship of the enemy which is nearest to her upon the execution of the signal）」とでもしたに違いないが、これについては次々節で再び触れることにする。

五月九日、マルティニク島東方沖において、ロドニー艦隊とド・グッシェン艦隊が再び遭遇するが、結局は小競り合い程度で終る。二十一日、両艦隊とも糧食と真水が底をついてきたので、いずれからともなく海戦海域から撤収した。翌日、ロドニーがバルバドスに、ド・グッシェンはマルティニクに帰投した。

これまでのロドニー対ド・グッシェンの対決において、ロドニーは相手の究極の目標がセント・ルシアにありと見て、終始艦隊決戦を挑み続けた。これをド・グッシェンがあくまでも回避し通し、度々の交戦においては、もっぱら相手の索具を狙い撃ちにした。このため、ロドニー艦隊の六隻が以後の三週間も行動できなくされた。強いて言えば、戦術的にはロドニーに分があり、戦略的にはド・グッシェンがその目的を維持し続けた。しかし、この後、ド・グッシェンは自らの解任を要請する。表向きの理由は先の海戦で子息を失った心痛と自分の健康状態だが、要するに、ロドニーの攻勢に耐えきれなかったのである。

オランダ領セント・ユースティシャス島の占領

一七八〇年、海軍卿サンドウィッチ伯爵は、ポーツマス工廠長兼海軍兵学校々長でキャプテンのサミュエル・フッド[三五八]を九月二十六日付でリア・アドミラルに昇任させ、ロドニー艦隊の次席指揮官への就任を要請する。このとき奇妙にも、フッドが一旦は断りながら二日後に受諾したのである。ロドニーはフッドに「我が旧知サー・サミュエル・フッド以上の者を望むべくもない」と大仰に書き送るが、ほかの者には「アドミラルティの奴ら、寄こすならリンゴ売り婆のほうがよっぽど気が利いているよ」と漏らしていた[三五九]。

ロドニーが旧知と言うのは、二人はかつて三度も同じ艦で勤務したからで、最後は艦長と候補生の関係である。二人の間にはどうやら初めからある種の確執があったようである。フッドは透徹した戦略眼と卓越したシーマンシップとでつとに知られ、後にネルソンが師と仰ぐ提督である。しかも、彼の常に的を射た批評は相手の階級の上下を分かたなかったから、自惚れ屋のロドニーには小癪でもあった。ケッペルはロドニーに「むしろサミュエル・フッドでよかったと思い給え。私にそれ以上は言えない[三六〇]」と慰めているが、右の事情を知っていたからであろう。

十一月二十九日、フッドは戦列艦八隻と輸送船百隻を従えてイングランドを出立し、一七八一年一月四日、セント・ルシアでロドニー艦隊に合同した。ロドニー艦隊は九十門艦二隻、八十門艦一隻、七十四門艦十五隻及び六十四門艦三隻の計二十一隻となる。

一七八一年一月三十日、ロドニー艦隊はオランダ領セント・ユースティシャス島を目指すが、これは本国からの命令による作戦であった。ロドニー艦隊はセント・ユースティシャス島はカリブ貿易の一大中心地で、中立国の旗の下でアメリカ植民地に物資を供給していた。セント・ユースティシャス島は二月三日、ロドニー艦隊がセント・ユースティシャスに到着し、たちまち戦列艦十二隻と百五十隻以上の商船を捕獲し、二日前に本国へ向かった船団も連れ戻した。セント・ユースティシャスの押収物資が総額三百万ポンドに相当すると判ると、ロドニーはこの島から動こうとしなくなった。彼自身の説明によれば、押収した物資の適切安全な管理並びに広大な倉庫群の爆破があったからだが、それを彼自身が直接監督する必要があったとは誰も信じなかった。そして、こうした彼のやり方は多くのスキャンダルを撒き散らし、以下に述べる作戦にも影響を及ぼした。

そこへ、フランス戦隊戦列艦十一隻が大船団を護衛して西インド諸島に向けて航行中との情報が入った。ロドニーはフッドに出動を命じ、マルティニク島の風上側、つまり東側海域を哨戒するように指示した。二月十二日、フッドは戦隊を率いて出発した。その後、先の情報が誤りと判るが、ロドニーはフッドにマルティニク島の監視を続行させ、哨戒海域を風上側から風下側に移動させて、マルティニクのフォート・ロイヤル湾を厳重に監視するよう命じた。フッドは誤報のことを知らな

サミュエル・フッド

かったから、哨区の移動を承服できなかった。件のフランス戦隊は風上側即ち東からからやってくるはずなのである。そこで、彼は折り返し哨区の変更に異を唱えるが、ロドニーは聞き入れなかった。彼の心配は新たなフランス艦隊ではなく、フォート・ロイヤルにいる戦列艦四隻がセント・ユースティシャスから捕獲賞金を運ぶ船団を攻撃することであった。ところが、ロドニーの処置が裏目に出ることとなる。

三月二十二日、フランスのリア・アドミラルのド・グラース[三六二]が艦隊を率い、大船団を随伴させてブレストを離れ、マルティニクを目指した。四月二十八日、彼は同島の南端にフッド戦隊を視認した。ド・グラース艦隊は百十門艦一隻、八十門艦三隻、七十四門艦十五隻、六十四門艦一隻の戦列艦二十隻並びに船団護衛用の武装平底船三隻である。そのほかに、フォート・ロイヤルの七十四門艦一隻と六十四門艦三隻がいた。フッド戦隊は九十門艦一隻、八十門艦一隻、七十四門艦十二隻、七十門艦一隻及び六十四門艦二隻の計十七隻である。

二十九日の早朝、ド・グラースはフォート・ロイヤルへ向かって北上した。フッド戦隊もセント・ルシアからの戦列艦一隻を合同して十八隻となり、敵艦隊に併航しつつ北上を開始した。一一〇〇時、フランス艦隊が火蓋を切り、交戦は一三三四時まで継続されるが、風下側で劣勢のフッド戦隊はド・グラース艦隊を捉えられなかった。この「サルナス岬の海戦」で、イングランド側は死者三十九人と傷者百六十二人を出し、フランス側が死者百十九人と傷者百五十人を数える。

マルティニクに入ったド・グラースは二つの作戦を発動する。一つはセント・ルシアの攻略で、この島に千二百の部隊を揚陸したが、イングランド守備隊に撃退された。もう一つの目標はトバゴである。五月二十五日、ド・グラース艦隊は地上部隊四千三百を乗せて出動し、六月二日、トバゴを占領する。これを知ったロドニーが直ちに全艦隊を率いて出動したが間に合わなかった。

チェサピーク湾沖の海戦

先のサラトガの戦いはフランスの参戦を誘って、アメリカ独立戦争を別の姿に変えた。そして、次に述べる「ヨークタウンの戦い」が北アメリカ大陸における戦いにケリを付ける。この二つのエポック・メイキングな会戦は全く同じ構図に端を発した。

一七七九年十二月、クリントンが大軍を率いてニューヨーク[三六二]を出航し、翌年五月十二日、チャールストンを占領する。クリントンは陸軍少将チャールズ・コーンウォリスにチャールストンの確保を厳命し、自らはニューヨークへ戻る。だが、コーンウォリスは、クリントンの命令を無視してノース・カロライナへ進出した。彼は自分の意図をクリントンに報告せず、植民地卿ジャーメインの指示で動いていたが、この辺りはサラトガにおけるバーゴインと全く同じである。

チェサピーク湾付近

この頃、アメリカ南部軍司令長官をゲイツから引き継いだグリーン将軍が敵を内陸部に誘致する戦略に出た。これにつられたコーンウォリスは一七八一年一月から各地を転戦する。数ヶ月後、強行軍と補給不足で青息吐息のコーンウォリス軍は、チェサピーク湾南西部のヨークタウンまで退いた。これが終りの始まりである。クリントンの危惧のとおり、ニューヨークとヨークタウンに分断されたイングランド軍を結ぶのは海路だけになり、以後の戦局はチェサピーク湾をめぐる英仏両艦隊の戦いの如何にかかった。

かねてからワシントンは、ニュー・ポートにいるフランスのコモドーのド・トーシェにロシャンボー将軍の部隊をチェサピーク湾へ送るよう要請していた。三月八日、ド・トーシェ戦隊八隻がニュー・ポートから南下すると、ニューヨークのアーバスノット戦隊八隻が追跡した。十六日朝、後者がチェサピーク湾口のチャールズ岬沖で前者に追いつき、直ちに戦闘が始まる。だが、旗艦のメインマストを失ったアーバスノットがチェサピーク湾内に撤収し、フランス戦隊はニュー・ポートへ帰った。この第一回目のチェサピーク湾沖の海戦における損害は、イングランド側が死者三十人と傷者七十三人、フランス側の死者七十二人と傷者一一二人である。

七月二日、アーバスノットが帰国し、リア・アドミラルのトマス・グレイヴス[三六三]がニューヨーク戦隊の指揮権を継承する。その後、西インド諸島のロドニーは、ド・グラースが北上したとの情報を得た。彼はフッドに戦列艦十四隻を付与してド・グラースの動きに対応させ、自分は持病の痛風を治療するため帰国した。

八月五日、ド・グラースは戦列艦二十八隻を率いてケープ・フランソァーズを出航し、三十日、チェサピーク湾に到着し、地上部隊を揚陸した。これで、コーンウォリスと対峙するラ・ファイエット軍が八千に膨れ上がる。同時に、ワシントン軍八千がデラウェア川を渡って、ラ・ファイエット軍に合流するべく南へ向かった。ド・グラースは戦列艦四隻を割いて、チェサピーク湾を封鎖した。

八月十日、フッドは戦列艦十四隻を率いてアンティグアを出立し、二十八日、ニューヨーク港外に投錨した。三十一日、グレイヴス戦隊の戦列艦五隻と五十門艦一隻が港外でフッド戦隊に合流し、以後、先任のグレイヴスが戦列艦十九隻を指揮してチェサピーク湾を目指して南下した。

九月五日の朝、イングランド艦隊とフランス艦隊がチェサピーク湾口のヘンリー岬沖で互いを視認する。イングランド側は三層九十門艦二隻、七十四門艦十二隻、七十門艦一隻、六十四門艦四隻の戦列艦十九隻及びフリゲート艦三隻で、フランス側が三層百四門艦一隻、八十門艦三隻、七十四門艦十七隻、六十四門艦三隻の戦列艦二十四隻である。

イングランド艦隊は単縦列で湾口を目掛けて航行した。正午頃、フランス艦隊が動き出すが、多くはヘンリー岬を交わすのに手間取って列が乱れた。一四一三時、イングランド前衛戦隊が湾口付近で一斉に下手回しをした。ここで、イングランド艦隊が速力を調整する（A—A）。これで二つの戦列が三マイルを隔てほぼ平行に並んだ。一四三〇時、グレイヴスは先頭艦に右へ変針して敵へ近付くよう命じた。以後、各艦は先頭艦の航跡に続行するので、イングランドの列線はフランスの列線の方に傾くことになる。一五一七時、もう一度同じ信号が繰り返され、両艦隊の交角がさらに大きくなった（B—B）。一五三六時、また先頭艦が敵の戦列に近寄れと命じられた。こうした一連の接敵運動が大失敗であった。これで、元々劣勢な艦隊の後衛戦隊が戦闘に全く参加できなくなったからである。一六四六時、グレイヴスは下手回しの逐次変針と交戦開始の信号を揚げ、戦列信号を掲げたままにしていた。この状況で先頭の数隻が戦闘状態に突入して、次いで旗艦〈ロンドン〉に続く二隻目の十二番艦までが加わった。

一六一一時、戦列信号が降下され、一六二二時、「各艦とも戦列を立て直せ」の信号が揚がる。これは〈ロンドン〉の風上舷に並ぶ艦が同艦の前方に出なければ射撃できないので、旗艦が再び速力を調整したからと考えられる。一六二七時、接近戦信号が掲揚され、

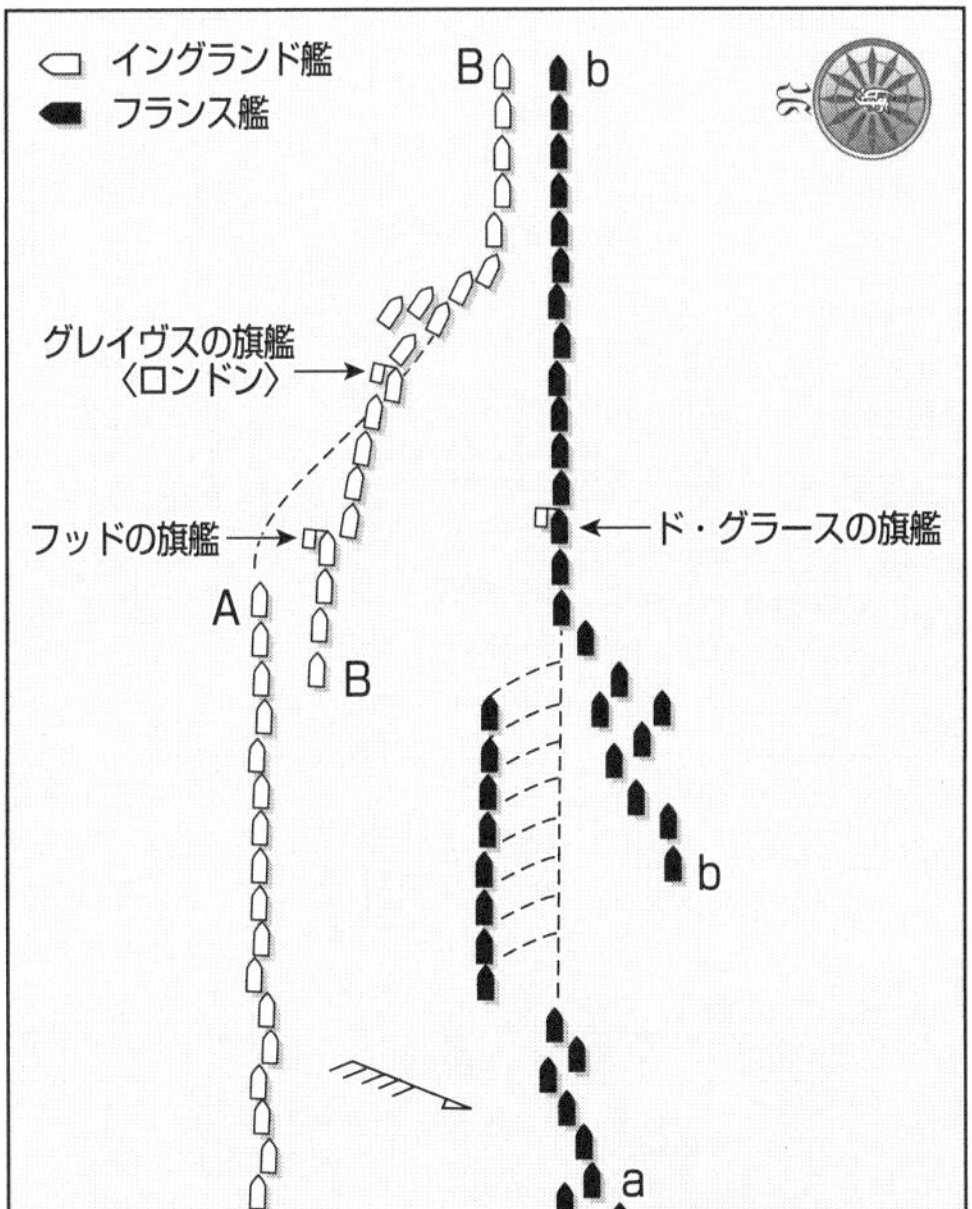

チェサピーク湾沖の海戦

一七二〇時、戦列信号が再度掲げられる。この頃、遂にフッドが自分の戦隊を風下に変針させたが、フランス艦隊も下手回しで変針したので、最後まで戦闘に加われなかった。この第二回目のチェサピーク湾口の海戦における双方の損害は、イングランド側が死者九十人と傷者二百四十六人で、フランス側は死傷者二百人程度であった。

後にフッドはグレイヴスの戦列にこだわる戦術指揮を痛烈に批判するが、いまだにマシューズの亡霊に恐れ戦《おのの》く指揮官がいたのである。戦術を誤ったグレイヴスは戦略も見誤った。海戦後の洋上で、フッドはグレイヴスに二つのことを提案した。一つはいち早くチェサピーク湾に進入し、敵の進入を拒否すること。もう一つは敵戦隊と再度湾外で戦うことである。しかし、グレイヴスは何もしなかった。十一日の夕刻、彼がフリゲート艦に湾内を偵察させると、すでにド・グラース艦隊が停泊中で、しかもドーバーラス戦隊を合同させて戦列艦三十六隻となっていた。グレイヴスはフッドに意見を求めたが、フッドは「敵がチェサピーク湾に入るのは端《はな》から知れたことです。だが、先に小職の進言はことごとく却下されたのですから、今さら何も申し上げることはありません」と答えただけである。十九日、グレイヴス艦隊がニューヨークのサンディ・フックに投錨した。

ニューヨークのクリントンは援軍の派遣に躍起になっていたが、肝腎のグレイヴス艦隊の被害復旧が遅々として捗らなかった。十四日、ワシントン軍がラ・ファイエット軍に合流して、二十八日、ワシントン軍一万六千がヨークタウンに水も漏らさぬ包囲網を敷く。十月十九日、コーンウォリス軍七千六百が降伏した。同じ日、グレイヴス艦隊の戦列艦二十五隻、五十門艦八隻及びフリゲート艦八隻が援軍七千を乗せて、サンディ・フックからチェサピーク湾を目指すが、途中で引き返すしかなかった。

歴史的に見れば、以後の北アメリカでは陸上戦も海上戦も生起しなかった。つまり、グレイヴスがチェサピーク湾の海上権を敵に渡した瞬間、ヨークタウンのコーンウォリスの命運のみならず北アメリカにおける戦争の趨勢が決した。十一月五日、ド・グラースは全艦隊を率いてマルティニクへ向かう。十日、グレイヴスはニューヨークを発ち、ジャマイカへ向かうが、これは同方面のピーター・パーカーと交代するためである。翌日、フッドは戦列艦十七隻と小舟艇三隻を連れてバルバドスへ向かった。

北海とナロー・シーズの戦い

一七八〇年三月十三日、海峡艦隊司令長官でヴァイス・アドミラルのジョージ・ダービーは、隷下の戦列艦二十八隻と補給船団を率いてジブラルタルへ向かった。四月十二日、艦隊と船団はジブラルタル湾に投錨し、スペイン側からの盛んな砲撃の中で、物資の揚陸作業を整斉と実施した。四月十九日、遠征部隊はイングランドへ向かい、五月二十二日、スピットヘッドに帰投する。

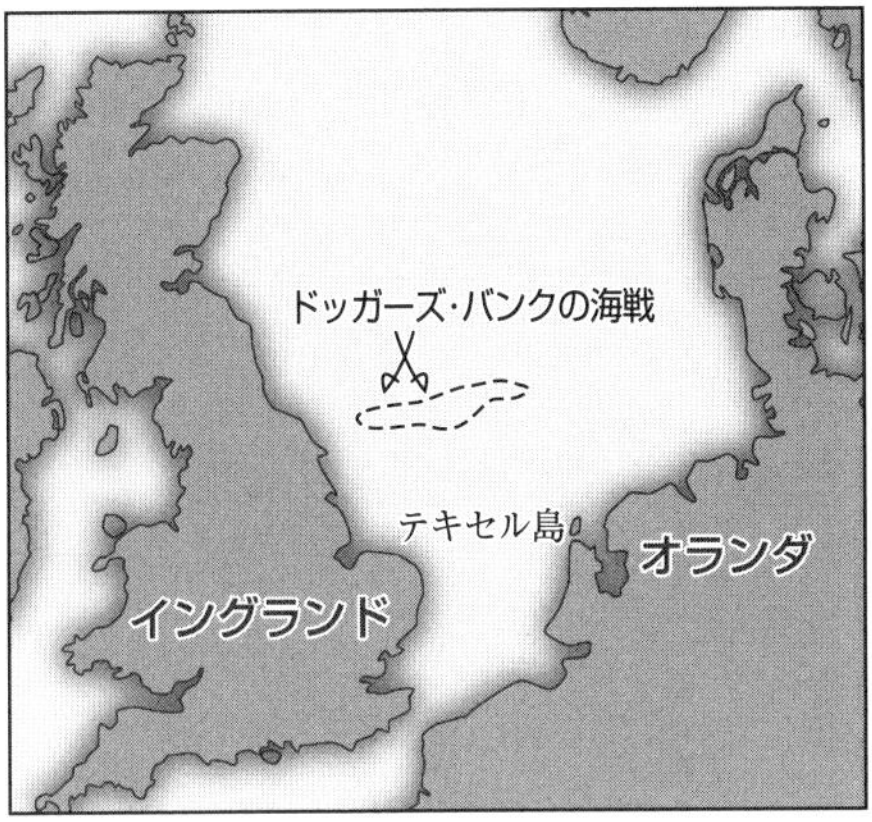

ドッガーズ・バンクの海戦

イングランドにジブラルタル救援を許した腹癒せに、スペインがフランスにミノルカ奪回の共同作戦を要請した。七月、フランスがド・グッシェン戦隊の戦列艦十九隻スペインへ派遣し、アドミラルのドン・ルイス・コルドバを司令長官とする仏西連合国艦隊が編成されて、これが攻略部隊をミノルカ島に揚陸した。その後、カディスやブレストに帰投するべき連合国艦隊が、なぜかイングランド南西端のシリー諸島沖で視認される。イングランドは、前々年における連合国艦隊のイギリス海峡進出の再現かと警戒心を募らせた。九月五日、コルドバはド・グッシェン艦隊を解列して、自らは隷下の戦列艦三十九隻を連れてカディスへの帰路についた。結局、これだけ大規模な連合艦隊を編成しながら、その司令長官は何の成果も挙げなかった。一七八一年二月、六ヶ月間包囲されていたミノルカが遂にスペインに奪回された。

八月、ヴァイス・アドミラルのハイド・パーカーが大船団を護衛してバルト海から帰国中、オランダのリア・アドミラルのヨハン・アルノルド・ゾウトマン[三六四]の戦隊が船団を随伴させて、バルト海へ向かっていた。八月五日の払暁、双方が北海のドッガーズ・バンク付近で遭遇する。両戦隊とも戦列艦七隻である。だが、パーカー戦隊の編成は七十四門艦二隻を除く五隻が廃艦溜まりから引き摺り出した老朽艦で、標準装備より軽武装に換装していた。

○七五六時、パーカーが交戦信号を掲げ、砲撃戦は昼近くまで続いた。その後、両戦隊は惨々たる状態で漂泊した。ゾウトマンは各艦が可動状態となると直ちにテキセルの方向へ向かうが、パーカーは追跡しようにも戦隊の損害がひどくて動けなかった。この「ドッガーズ・バンクの海戦」の損害は、イギリス側の死者百四人と傷者三百三十九人に対して、オランダ側は死者百四十二人と傷者四百三人である。

この海戦の結果、イギリスの船団はバルト海から無事に帰国し、そのバルト海に向かうはずのオランダ船団はむなしく本国に戻った。パーカーは廃艦直前の老朽艦を叱咤激励して赫々たる戦勝を収めたが、それだけに一層、アドミラルティに対する憤怒の念を煮えたぎらせていた。海戦の捷報《しょうほう》を受け、国王と皇太子が王室ヨットでテムズ河口のノア泊地まで出向いて、パーカー戦隊を迎えた。それでも、パーカーの怒りは治まらなかった。ジョージ三世がパーカーの武勲に報いたいと言葉をかけたが、彼は素っ気ない口調で「何も欲しくはありませんが、ただ願わくは、もっとまともな艦ともっと若い士官を賜りたいものです」と答えたという[三六五]。

一七八一年のヨーロッパにおける戦いは、リア・アドミラルのリチャード・ケムペンフェルト[三六六]によって締め括られる。ド・グラース艦隊を補強するための戦列艦五隻と補給船団が派遣され、ド・グッシェン戦隊戦列艦十四隻がビスケー湾まで護衛することになる。十二月十日、ド・グッシェン戦隊と船団がブレストを離れた。右の動向を察知したイングランド政府は、ケムペンフェルトの戦列艦十二隻、五十門艦一隻及びフリゲート艦数隻を出動させていた。十二日の午後、アシャント島の南西約百五十マイルにおいて、彼は風下の後方に西航するフランス船団を視認するや、直ちに襲いかかった。そのさらに風下には護衛のド・グッシェン戦隊がいて、これも懸命に風を間切りながら救援に駆けつけようとした。だが、帆走艦の悲しさで風上に上るのは至難の業であるから、船団が瞬く間に敵の戦隊に捕獲されるのを遠くから眺めるだけに終った。

なお、ド・グッシェンが直衛すべき船団をなぜはるか風上側においたかは不明である。結局、ケムペンフェルトは貨物を満載した十五隻を確保し、西インド諸島に到着したフランス艦船は戦列艦二隻と輸送船五隻のみであった。

セント・キッツ島の海戦

西インド諸島におけるド・グラースの戦略目標は、イングランド領島嶼で最も重要なバルバドス島の占領である。一七八二年一月十一日、ド・グラース艦隊がセント・キッツ島の泊地に投錨し、攻略部隊を揚陸した。十五日、イングランド守備隊は島の北西部に撤退し、住民がフランスに降伏した。二十日、隣接するネヴィス島も降伏した。

同月十四日、セント・キッツ総督からの急報を受けて、セント・ルシア島のフッドは戦列艦二十二隻とフリゲート艦九隻を率いて、先ずアンティグア島まで進出した。ここで補給と兵士千人の乗艦を済ませ、二十三日一七〇〇時、

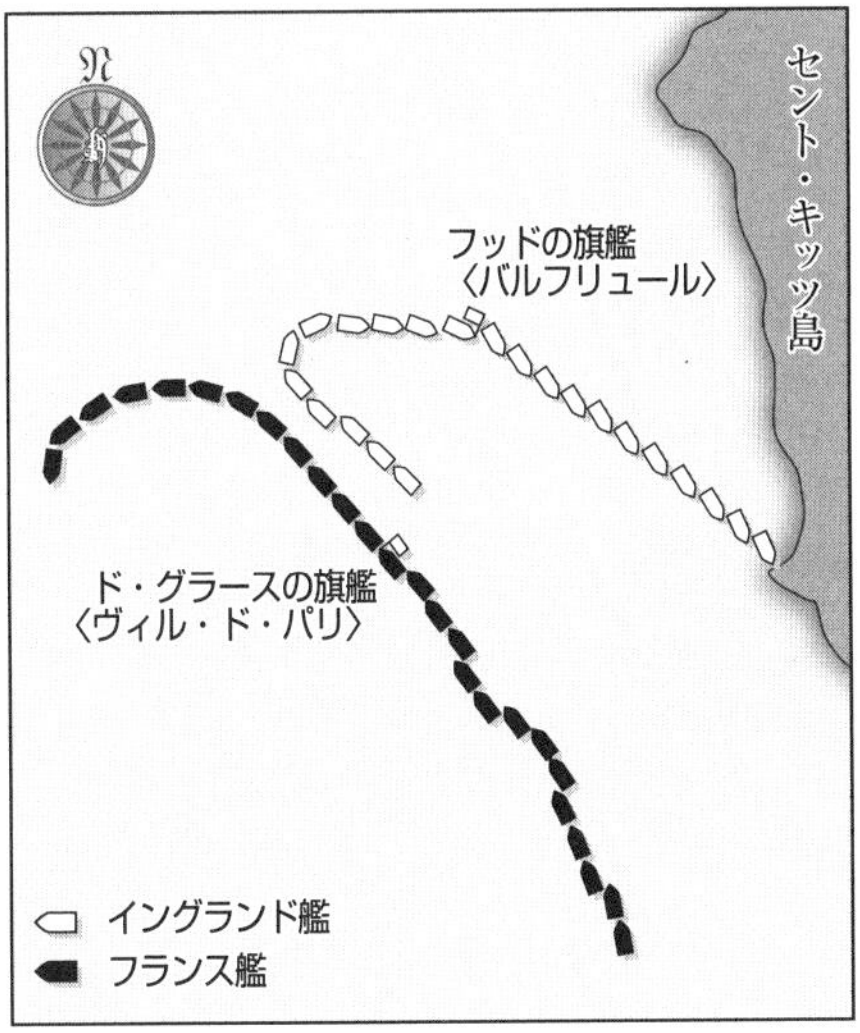

セント・キッツ島の海戦

ネヴィス島を目指した。彼は同島に翌日の払暁に到着し、停泊中のド・グラース艦隊を奇襲するつもりであった。

だが、夜中にフリゲート艦と七十四門艦との衝突事故があって、フッド艦隊のネヴィス島到着が二十四日の昼になってしまった。フッド艦隊を視認すると、ド・グラース艦隊の戦列艦二十四隻と五十門艦二隻が抜錨してきた。そこで、フッドは南へ撤退するかの動きを示し、これをド・グラースが追いかけた。二十五日の明け方、両艦隊はネヴィスの西側で互いに七マイルほど離れていた。そこで、フッドが水際立った戦術を考え出した。

一〇〇〇時頃、フッド艦隊は単縦列を形成し、前日にド・グラースが出撃したバッセ・テール泊地に向かっていた。これを後方からド・グラース艦隊が追いかける。一四〇〇時、ド・グラースの旗艦〈ヴィル・ド・パリ〉から砲撃を開始するが、フッドは構わずに前衛隊に逐次投錨を命じた。一五三〇時、先頭艦から逐次各艦が一列に投錨した。その列線を後衛隊が援護射撃でカバーする。後衛隊が逐次前進するにつれて、すでに投錨した前衛隊と主隊の射線が開けてきたので、各艦が敵艦に砲火を浴びせ始めた。ド・グラース艦隊の大部分は後方にいたが、やがてフッド艦隊の錨泊列線の前に陸続として姿を現した。投錨して一列に並んだイングランドの各艦は、眼前に現れる敵艦を片っ端から叩けばよかった。フランス艦隊の戦列はいたずらに砲撃を浴び、たまさかに打ち返しつつ南に離脱していった。

二十六日の朝、フランス艦隊が南南東からイングランド前衛戦隊に向かってきた。〇九三〇時頃、フランスの先頭艦がイングランドの三番艦に取り付いて戦闘が始まる。フランス艦隊の各艦がイングランド列線の外縁を不揃いな間隔で続航し、これに対して停泊中のイングランド艦が猛烈な反撃を見せる。結局、ド・グラース艦隊はフッド艦隊の堅陣を抜くことができなかった。午後、ド・グラースが再度の襲撃を試みるが、申し訳程度の砲撃を仕掛けただけである。この「セント・キッツ島の海戦」における損害は、イギリス側の死者七十二人と傷者二百四十四人に対して、フランス側の死者百七人と傷者二百七人である。

二十七日、ド・グラース艦隊はネヴィス島沖に停泊して補給した。その夕刻、フッドは各艦長を参集させて、以後の行動方針を示達した。二三〇〇時、各艦が次々に錨索を切断して、そのまま海面に放棄したが、その端末には灯火ブイが付けられていた。各艦は音もなく逐次錨地を離脱し、セント・キッツの北端を交わしてアンティグアへと向かう。翌朝、ド・グラースが目を覚ますと、フッド艦隊の泊地に二十数個の灯火ブイが浮いているだけであった。

後に〈レゾリューション〉艦長が私信で「フッド提督の列線投錨戦術は素晴しい着想で、かつてこのようなシーマンシップを見たことがない（……）泊地離脱に際する運用指揮も見事というほかない（……）サー・サミュエルの凄さを最も身に滲みて知らされたのは、とりもなおさず彼と戦った敵にほかあるまい。もし我が国民が彼の真価を敵の半分ほども知ったなら、サー・サミュエルの名声は止まるところを知らない」と書き送っている[三六七]。

後世の歴史家クロウズ提督は「フッドの鮮やかな指揮振りには、その高弟ネルソンも遠く及ばない」と評し[三六八]、マハンは「チェサピーク湾において、もしこの人物が司令長官であったなら、コーンウォリス将軍は救われていたかもしれない」とも述べている[三六九]。ただ、フッドといえども、セント・キッツ島守備隊の救助だけは如何ともし難かった。二月十三日、守備隊の砦も遂に占領される。

セイント諸島の海戦

一七八二年二月十九日、帰国中のロドニーが戦列艦二十二隻を率いてバルバドス島に戻ってきた。同日、フッドもセント・キッツ島から戻り、二十五日、両者がアンティグアの風下側で合同して、直ちにド・グラース艦隊を追跡する。だが、ド・グラース艦隊がロドニー艦隊の追跡を振り切って、翌日、マルティニク島のフォート・ロイヤルに投錨した。その後、ロドニー艦隊はセント・ルシア島に戻り、ここで戦列艦が三十七隻となった。一方、三月二十日、フランスから護衛船団が到着して、ド・グラース艦隊は戦列艦三十三隻と五十門艦二隻となる。

　四月八日、ド・グラース艦隊が船団を随伴させて出港する。その知らせを受けたロドニー艦隊も、同日の正午にセント・ルシア島の泊地を抜錨して、フランス艦隊の追跡を開始する。実は、三日前の捕虜尋問によって、ロドニーは敵がジャマイカを攻略するために、九千の部隊を船団に乗り込ませていることを知っていた。

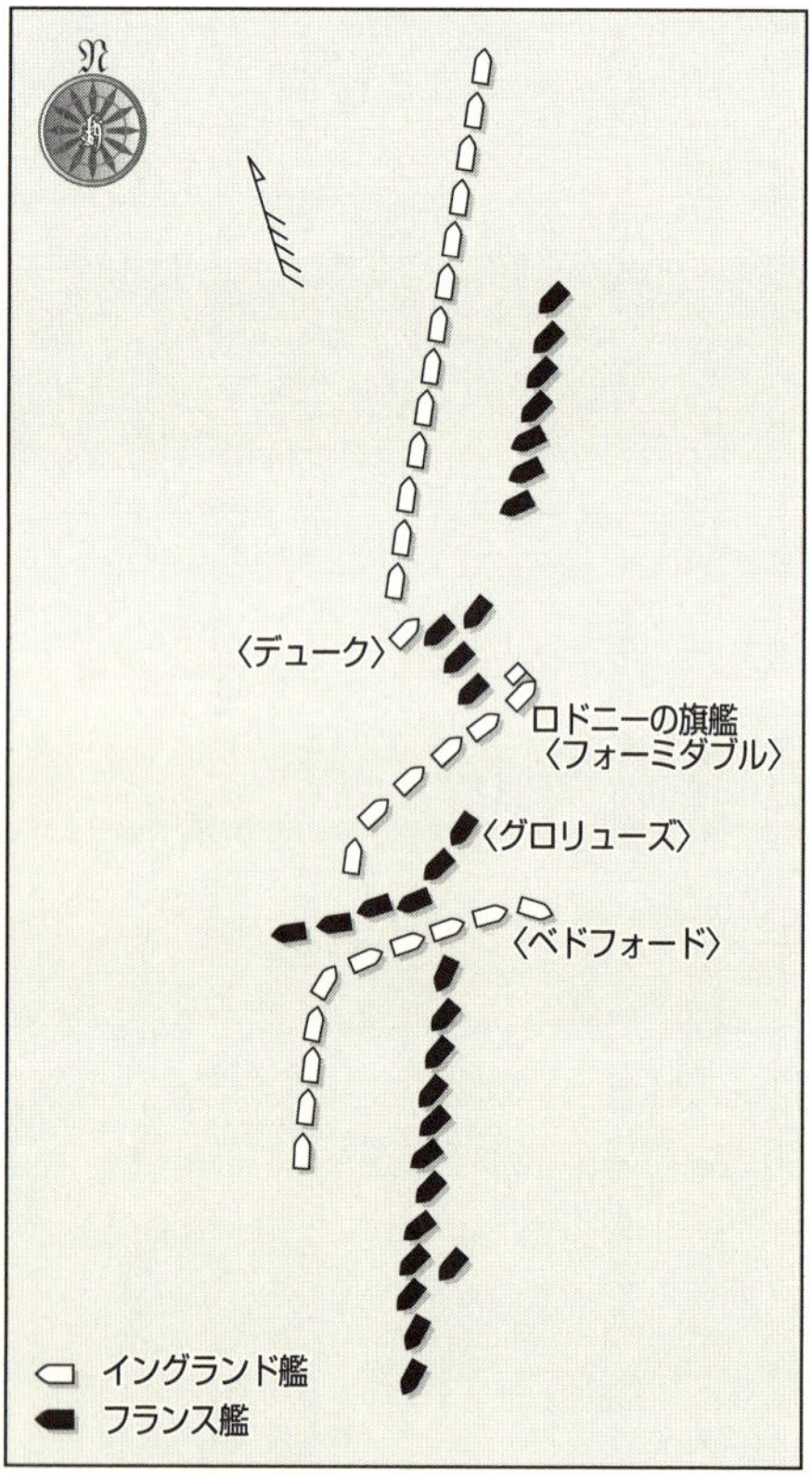

セイント諸島の海戦

　九日〇六〇〇時、フッドの率いる前衛戦隊は敵の艦隊を南南西六マイルに視認し、主隊から離れて追跡した。ド・グラースの主任務は攻略部隊の輸送であるから、ロドニーとの交戦は回避したかった。だが、敵の前衛戦隊が主隊から離れるのを眺めるうち、ふと誘惑に駆られた。今のうちなら、圧倒的に優勢な味方艦隊がフッド戦隊八隻を壊滅できるし、これで著しく劣勢になったロドニーが追跡を断念するかもしれないと考えたのである。ところが、彼はドーバードリュール戦隊十五隻をフッド戦隊に差し向けただけであった。そして、これが彼の最初のミスとなる。

　〇九四八時から一三四五時にかけて、ドーバードリュール戦隊とフッド戦隊が二度交戦し、そこへロドニーの主隊が駆けつけた。結局、ド・グラースはフッド戦隊を壊滅するどころか、その二艦からメイン・トップマストを奪ったに過ぎない。夜間、ロドニーは艦隊を漂泊させ、フッド戦隊に被害復旧作業を急がせた。また、後衛のドレイク戦隊と前衛のフッド戦隊を入れ替えた。

十日から十一日にかけて、ロドニー艦隊はド・グラース艦隊をどうしても捕捉できないでいた。十二日〇二〇〇時、ド・グラースが不運に見舞われる。隷下の戦列艦〈ゼレー〉がド・グラースの旗艦〈ヴィル・ド・パリ〉と衝突して、バウスプリットと前部マストを喪失した。〈ゼレー〉はフリゲート艦に曳航されてグアデロープへ向かい、十二日の払暁、これがロドニー艦隊の風下側六マイルに視認された。ド・グラース艦隊は依然十五マイル前方にいる。ここで、ロドニーが罠を仕掛けた。

彼は前衛のドレイクに風上へ出るよう指示し、次いで全艦隊に単縦列を形成させ、最後に後衛のフッドに〈ゼレー〉の攻撃を命じた。つまり、ロドニーは、追跡を断念して風上側に離隔するが、ついでの駄賃に航行不能艦を攻撃すると見せかけた。

仕掛人自身は大して期待しなかったであろうに、相手がまんまと引っ掛かったのである。フッド戦隊から戦列艦四隻が派出されるのを見ると、ド・グラースはなぜか全艦隊で〈ゼレー〉の救援に向かった。これが彼の二番目のミスで、迷える一匹の羊を救うために、残る三十四匹を「セイント諸島の海戦」の火中に投じたのである。

〇七〇〇時、セイント諸島の南沖において、ロドニー艦隊とド・グラース艦隊が反航対勢に入る。前者は北北東の針路で、戦列は整然としていた。ド・グラース艦隊は南南東に進むが、先の〈ゼレー〉への近接運動による混乱から立ち直っていなかった。ド・グラース艦隊の先頭艦がロドニー艦隊の先頭艦の艦首を左から右へかわすと、相手の風下側に沿って反転して、その航跡に二番艦以下が逐次続航する。〇八〇〇時、フランスの八番艦が砲撃を開始し、やがて双方の各艦が交戦状態に入った。

〇九一五時頃、突然、風が南東に変わり、これがロドニーに生涯二度とないチャンスを与えた。風を捉えるため、ド・グラース艦隊の各艦がイングランドの戦列に向首せざるを得なくなった。だが、イングランドの各艦は、針路を維持するのも敵の各艦に向首するのも自由である。このとき、ロドニーの旗艦〈フォーミダブル〉が風上に切れ上がり、フランス艦隊の十九番艦〈グロリューズ〉の後部をかわした。これに後の五隻が続航して、フランスの戦列を分断する形になり、〈グロリューズ〉は〈フォーミダブル〉ほか五隻から片舷斉射を浴びた。

〈フォーミダブル〉の前続艦〈デューク〉艦長は、敵の二十三番艦の艦尾を通過して、相手の戦列を突破した。同艦は〈フォーミダブル〉とその後続艦と協同して、フランス艦四隻を挟み撃ちにした。〈フォーミダブル〉から六番目に占位する〈ベドフォード〉からは硝煙で前方がよく見えなかったが、艦長が独自に判断して敵の戦列を突破すると、後続の全艦が続航した。

正午過ぎ、ド・グラース艦隊が三つのグループに分断された。真ん中のグループには、ド・グラースの旗艦〈ヴィル・ド・パリ〉がいた。この風下二マイルに前衛戦隊が固まり、風上に四マイル離れて後衛戦隊がいた。ド・グラースは信号で全艦に戦列を再成形するよう命じたが、損傷艦は容易に移動できなかったし、行動不能の三隻が置き去りにされた。

一一〇〇時、ロドニーは戦列信号を降下したので、各艦は自由に相手を追跡し、右の三隻は捕獲されるか廃滅させられていた。一三〇〇時、ロドニーは再び接近戦信号を掲げ、三十分後に降下した。だが、追撃戦信号は掲げなかったし、自分の旗艦をゆっくり走らせていた。こうしたロドニーに構わず、フッドは自分の戦隊に増帆を命じた。ここでさらに徹底的に追撃すれば、必ず戦果を拡大できると確信した。しかし、艦隊の大部分が司令長官の緩慢な行動にならってしまう。それでも、日没近くなってから、フランスの六十四門艦一隻が降伏し、フッドの旗艦〈バルフリュール〉とジェイムズ・ソーマレズ[三七〇]の〈ラッセル〉が世界一美しい戦列艦〈ヴィル・ド・パリ〉を追い詰めた。以後の場面はフッド自身の記録から引用する。

〈ヴィル・ド・パリ〉がこちらに向首するので、ド・グラースは私に降伏したいのだと思った。互いに幾度か戦った旧知の仲である。私も彼に向首すると、彼は出鱈目《でたらめ》に撃ち始めた。そこで、こちらが後甲板から狙い済ませた一発を返すと、彼が旗を降下するに十分とかからなかった。[三七一]

〈ヴィル・ド・パリ〉の降伏を最後として、フランス艦隊はドーバードリュールが指揮して退却した。イングランド側が「セイント諸島の海戦」と呼び、フランス側は「ドミニカ島の海戦」と称する戦いにおいて、イングランド艦隊は死者二百四十三人、傷者八百十六人を数えたが、一隻も失わなかった。フランス艦隊は旗艦ほか四隻を失った。その死傷者は旗艦だけで二百人を超えたという。

ロドニー提督の赫々たる勝利には疑問の余地がない。後述するとおり、この戦勝がなければ、フランスにアメリカ独立戦争参戦の「究極の目的」を完全に達成させていたことであろう。つまり、一七八三年のパリ講和条約において、西インド諸島のほとんどがフランス領となっていたに違いない。一方、イングランド海軍史上、この海戦ほど後々の論議を呼んだ戦いも稀である。問題は次の二つである。

その第一は、海軍戦術史上有名な敵戦列の突破である。十七世紀末、フランスの数学者にして戦術理論家ホスト[三七二]が「敵の戦列を突破するのは危険である」ことを理論的に説明し、爾来、フランス艦隊もイングランド艦隊もホスト理論を遵守してきた。その確固たる定説を実戦で反証したのだから、戦術家としてのロドニーは大変な評判になった。そこで問題となるのは、ロドニーの戦列突破が彼の意図した結果か単なる成り行きかである。後に植民地卿ジャーメイン邸の晩餐会において、ロドニーが「戦闘開始三〇分前の食事中に戦列突破を思いついた」と語り、サクランボを並べて説明したと伝えられる。

これをめぐって、後世の海軍史家が喧々諤々の論争を展開するが、結論はロドニーのホラ話ということで決着した。後にハウ卿が制定したような信号書なら、現場で戦列突破を命じることができたかもしれない。だが、ロドニーの信号書にはそれらしき信号が一切見当たらないという。つまり、セイント諸島沖におけるロドニーの戦列突破は偶然の為せる業であって、トラファルガー岬沖におけるネルソンのそれとは全く違っていた。ただ、ロドニーの場合、司令長官の不測の動きに即応した艦長たちがいた。この点において、ツーロンのマシューズやミノルカのビングに比べて、ロドニーは随分と幸運であったと言えよう。

第二は、戦列突破以降の混戦におけるロドニーの不可解な戦闘行動である。フッドの期待した総追撃戦信号は一三〇〇時に揚げられ、なぜか一時間半後に降下された。しかも、旗艦〈フォーミダブル〉がのんびり帆走するので、自然に砲声が止んでしまった。海戦の翌日、フッドがロドニーに喰ってかかると、あの傲慢なロドニーが怒るでもなく「まぁ、そう言うなよ。我々は結構やったじゃないか」と答えただけである。[三七三]

マハンはロドニーが絶好の機会を十分に活かせなかったとしつつも「誰にも他人の批評は容易だが、指揮官が背負っている責任と心労を理解するのは困難である」と、彼にしてはひどく物分かりのよい弁護をしている。[三七四] 思うに、痛風に悩む六十三歳のロドニーは三日間の戦闘に疲労困憊して、敵の旗艦〈ヴィル・ド・パリ〉の降伏で緊張の糸が切れたのであろうか。

インド洋の戦い

先の七年戦争で活躍したクライヴが東インド会社総督としてインドに戻るが、彼の支配圏はベンガル、ビハール及びオリッサという北東部地域に限定されていた。ここ数年間は様々な民族との間に戦争の絶え間がなく、イングランドのインド支配は凋落の一途をたどりつつあった。だから、一七七八年にフランス参戦の知らせが届くと、東インド会社や政府行政当局の要人たちは一様に顔を曇らせた。英仏の武力抗争が北アメリカにとどまらず、ほどなくこの地に及ぶのは明白であったからだ。そこで、彼らはいち早くフランスの交易所があるシャンデルナゴールとポンディシェリーを占領した。その後一七八一年末までは英仏両戦隊がインド洋で真正面から衝突することはなかったが、一七八二年二月、リア・アドミラルのサフランがフランス戦隊司令官を継承すると、以後、イングランド戦隊司令官のリア・アドミラルのエドワード・ヒューズと血みどろの戦いを五回も繰り返すことになる。

その第一回戦が「サドラスの海戦」である。一七八二年二月十七日、ツリンコマリー沖において、ヒューズ戦隊戦列艦八隻及び五十門艦一隻とサフラン戦隊戦列艦十隻及び五十門艦二隻とが互いを視認し、翌日の払暁、サフラン戦隊がヒューズ戦隊に襲いかかる。サフランはフランス海軍伝統の一騎討ち戦法をとるつもりがなく、ヒューズの後衛隊に全勢力を集中した。日没時、ようやく戦いが終り、イングランド側は死者三十二人と傷者八十三人を出し、フランス側が死者三十人と傷者百人を数えた。

それにしても、サフランは噂に違わぬ練達のシーマンであり、勇猛果敢の闘将であった。この海戦を境に、ヒューズは恐るべき敵と

ピエール・サフラン

インド洋の戦い

対峙することになった。
　第二回戦は「プロヴィディーンの海戦」である。四月十二日、ツリンコマリー沖のプロヴィディーン岩礁付近で両者が衝突する。ヒューズ戦隊は戦列艦二隻が増強されていた。この時も、サフランが接近戦に持ち込もうとするが、隷下の前衛と後衛が敵に接近しなかったので、中央部同士の激戦となる。そこで、ヒューズの旗艦〈スパーブ〉と後続艦〈モンマス〉とが矢面に立たされ、前者は死者五十九人と傷者九十六人を出し、後者は死者四十五人と傷者百二人を数え、さらにメインマストとミズン・マストを失った。この二艦を攻撃したサフランの三艦の損害は死者七十四人と傷者二百十六人である。
　この海戦から六日間、双方とも現地から動けなかった。それでも、サフランは隷下艦長たちが相手の「ピストル射程」まで接近しなかったことに激怒し、本国への報告書に「彼らの半分を更迭しなければ、何もできない」とぶちまけている。[三七五]
　第三回戦は「ネガパタムの海戦」である。先の海戦の後、サフランは本国政府からモーリシャスに撤退するよう命令されたが、彼はこの命令を無視してヒューズとの戦いを継続することにした。前節で述べたとおり、先の七年戦争におけるダッシュはポンディシェリーに龍城するフランス軍を見捨て、自らモーリシャスに撤退した。これを見ても、サフランがフランス海軍では異色の存在であったことが知れよう。

七月六日、ネガパタム港外において、両者が単縦列での併航戦を展開した。今回はサフランの旗艦ほか二隻がひどく撃ち込まれて退却したが、ヒューズ戦隊も被害がひどくて追跡できなかった。イングランド側は死者七十七人と傷者二百三十三人で、フランス側は死者百七十八人と傷者六百一人である。

第四回戦は「ツリンコマリーの海戦」である。八月二十六日、サフランがツリンコマリーのイングランド守備隊を攻撃した。九月二日、ヒューズ戦隊の戦列艦十二隻が駆けつけるが、砦にはフランス国旗が翻り、港内にはサフラン戦隊が停泊していた。

九月三日朝、サフラン戦隊の戦列艦十四隻が出撃して、ヒューズ戦隊の戦列艦十二隻に向かった。一四三〇時頃、戦闘が始まり、一九二〇時、サフラン戦隊が退却するまで継続された。イングランド戦隊は整然とした戦列を維持しつつ、操艦の拙劣なフランス艦に猛烈な砲火を浴びせた。やがて、サフランの旗艦が後部マストとメインマストを失った。この海戦におけるフランス戦隊の死者八十二人と傷者二百五十五人に対し、イングランド戦隊は死者五十一人と傷者二百八十三人である。サフランは本国への報告書の中で「もし代わりがあれば、数人の艦長はとっくに更迭しておりました。これまで、イングランド戦隊と四回も戦いながら、こんな艦長たちと付き合っていたのですから、げに恐ろしいことではありません」と綴っている。

第五回戦は「カッダロールの海戦」である。一七八三年六月十二日、カッダロール沖において、サフランとヒューズが二時間ほど戦い、イングランド側は死者九十九人と傷者四百三十四人を、フランス側が死者百二人と傷者三百八十六人を出した。この後、サフランはカッダロールに戻る。二十五日、マドラスに帰投したヒューズは、そこで和平予備条約の調印を知る。直ちに彼はフリゲート艦をカッダロールに派遣して、ここで対峙中の英仏両陸軍司令官とサフランに終戦を知らせた。

サフランの獅子奮迅は遂に実らなかったが、戦後は国民的英雄となりヴァイス・アドミラルに特別昇任するが、ほどなくして病死した。ちなみに、イングランド海軍史は彼をフランスの最も偉大な提督の一人とするが、むしろフランスが誇るべき唯一の提督である。艦隊戦術理論家エルディン・クラークやネルソンもサフラン提督には絶賛を惜しまなかった。かのナポレオンは「なぜサフランは朕の天下まで生き長らえなかったか。なぜ朕は彼のような人物に恵まれなかったか。もし彼が朕が帝国におけるネルソンであったなら、事は随分と違っていたであろう」と慨嘆したという。

パリ条約とヴェルサイユ条約の締結

一七八二年六月、ノース卿から政権を引き継いだばかりのロッキンガム伯爵が病死すると、シェルバーン伯爵ウィリアム・ペティ[三七六]が後を継ぐ。十一月三十日、彼はアメリカとのパリ仮条約に調印し、イングランドはアメリカ合衆国の独立、カナダを除く領土、ミシシッピー川の航行権及びニューファンドランドの漁業権を承認した。

その一方、シェルバーン伯爵は仏西両ブルボン国と和平交渉を始めたが、これが最も厄介な問題であった。特に西インド諸島のほとんどがフランスに占領されていて、これらの領有権についての交渉をやり直す必要があったからである。ところが、その最中にセイント諸島の戦勝報告が届き、イングランドが一挙に立場を逆転させた。彼は、仏西両国に対してパリ仮条約における英米の和平条件を直ちに承認するよう説得した。もっとも、これは説得よりも恫喝に近かった。席上、彼が吐いた台詞は「もし貴国たちがこれ以上渋れば、アメリカがブルボン両国を見限ることになろう。そうなれば、我が国が今度はアメリカと組んで、西インド諸島にさらなる努力を集中することもあり得べし」であった。

言うなれば、国際政治の鉄火場で、セイント諸島の海戦の勝利という切り札《トランプ》を切ってみせたわけである。換言すれば、この時代のパワー・ポリティックスにおいて、植民地海域の制海権が如何に大きな影響力を及ぼしていたか、ということである。

八三年九月三日、イングランドとアメリカ合衆国がパリ条約を締結し、同時に、イングランド、フランス及びスペインの間で、ヴェルサイユ条約が調印された。これで、フランスとスペインが正式にアメリカ合衆国の独立を承認した。フランスはセント・ピエール、ミケロン、セント・ルシア島とトバゴ島、アフリカのセネガルとゴレー、インドにおける数ヶ所の既存施設と交易権並びにニューファンドランドの漁業権を獲得した。スペインはミノルカを獲得し、アメリカのウェスト・フロリダとイースト・フロリダを譲渡された。イングランドはドミニカ、グレナダ、グレナダ諸島、セント・ヴィンセント、セント・クリストファー、ネヴィス、及びモントセラットの各島嶼を確保し、かつジブラルタルを確保した。なお、イングランドとオランダとの和平は翌年九月にずれ込んだ。

以上のとおり、ヨーロッパ大国は長期にわたる戦争で多くの人命と財産を費やしたが、結局は何も得られなかった。ただ、死に物狂いで戦ったアメリカ植民地人がともかく自分たちの新しい国家を誕生させたのである。

先の七年戦争で大英帝国の基盤を構築した大国イングランドは、この戦争で最大の植民地を失った。いわば、アメリカ植民地という飼い犬に手を嚙まれたとも言えよう。そうなった原因は幾らでも挙げることができるが、一言で総括すれば、この国が伝統的国家戦略である「ヨーロッパ大陸の同盟国《コンチネンタル・アレイ》」と「二国同時《ダブル・》対処のシーパワー《スレット・スタンダード》」を放棄していたからである。もっとも、その長い歴史において、この国が右の二つを兼ね備えたのはピット親子の時代だけかもしれない。つまり、端無くもここに歴史に学ぶ難しさが露呈されているのである。

歴史に学ぶと言えば、アメリカ独立戦争はアメリカが最も長く戦った戦争であり、ベトナム戦争がこれに次ぐが、この二つの戦争には奇妙な類似点が見られる。先にモリソン博士を引用したとおり、十八世紀後段におけるアメリカ植民地の独立が必然ではないにせよ、いずれアメリカ合衆国は誕生したに違いない。翻って、南北ベトナムの統一も歴史の流れであると言えよう。双方の場合とも、うまくやれば戦争は回避できたはずである。十八世紀のイングランドはアメリカ植民地の独立を恐れて、これを容認できなかった。二十世紀のアメリカはドミノ理論の影におびえ、また世界の警察官としての矜持からも北ベトナムの武力侵攻を容認しなかった。だが、結果としては、アメリカが独立しようが南北ベトナムが統一されようが何の問題もなかった。結局、いずれも歴史的必然であったわけである。

他面、昔のイングランドも今のアメリカも初めは相手を歯牙にもかけない鼻息であったが、前者は民兵に毛が生えた程度の植民地軍に負け、後者は装備のはるかに劣る解放軍に勝てなかった。そして、両者とも深みにはまって、政治的にも軍事的にも明確な目標を見失っていった。両方の戦争では、政治家や行政官が遠く本国から現地の作戦にうるさく干渉した。それをシビリアン・コントロールと言えばもっともらしく聞こえるが、過ぎたるは及ばざるが如しである。結局は、両者ともに、つかみようのない戦場で得体《えたい》の知れない相手に向かって斧を振り回し、自ら疲れ果てただけのことである。やがて両国内に厭戦気分が蔓延したが、それでも両国の指導者は国民に支持されない戦争を継続しようとした。

ざっと以上のとおりであるが、どんな戦争でもどこかが共通するのは当り前かもしれないが、イングランドから独立を勝ち取ったアメリカが、二百年後にそのイングランドの悲哀を自ら味わうことになった。皮肉と言えば皮肉だが、これもまた歴史に学ぶと言うべくして行い難く、戦争がなべて愚行でしかない所以であろう。

第六節　フランス革命戦争

革命から戦争へ

一七八九年七月十四日、パリの民衆がバスティーユ監獄を襲撃して、フランス革命の幕が上がる。その三年後、フランスは自ら他国に戦争を仕掛けた。この戦争が「フランス革命戦争」と呼ばれるが、その動機は一七九一年八月のピルニッツ宣言とされる。これは、オーストリア国王レオポルト二世とプロイセン国王フリードリヒ二世がフランス王権の回復を求め、革命の行き過ぎには武力で対処すると警告したのである。宣言とか警告と威勢はいいが、その実はレオポルトがルイ十六世の王妃である実妹マリー・アントワネットを案じたからに過ぎなく、またフリードリヒには領土拡大の下心がのぞいていた。

しかし、戦争の原因はむしろフランス内部にあった。先ずは一般市民階層の革命派と貴族階層・聖職者階層からなる反革命派の対立で、次がインフレと凶作による社会不安。そして最後は、国王一家が密かに国境を越えようとしたことが、外国勢による反革命支援の噂に信憑性を与えたことである。およそ以上三つを背景に国中が再び動揺して、革命の成就が覚束なくなった。

十月、立法会議において、ジャコバン派が開戦を主張する。だが、彼らに「外なる敵」があったわけではなく、革命のエネルギーを外に向けて、その隙に「内なる敵」の反革命運動を潰そうとしただけである。そして、奇妙にも反革命派の牙城の宮廷側が戦争に賛成したが、こちらは革命政府が戦争の重みで崩壊することを期待したのである。かくして、革命派と反革命派の呉越が戦争という船に相乗りすることとなる。一七九二年四月二十日、ルイ十六世が「一市民」の立場で対オーストリア宣戦布告を提案すると、これを立法会議は全会一致で可決した。

当初、革命フランスは惨敗を重ね、国境付近のヴェルダン要塞が陥落した。これは無理もない話で、革命軍の実体は、昨日まで町民や農夫であった者の寄せ集めでしかなかった。しかし、勢いとは恐ろしいもので、九月二十日、パリ東方一六〇キロのヴァルミにおいて、素人集団がプロイセン正規軍を撃退してしまった。以後、フランスはベルギーとライン左岸を席巻し、十一月末にサヴォイを、翌九三年一月末にはニースを併合した。

ヴァルミの戦い

その一方、国王ルイはギロチン台の露と消え、九ヶ月後にアントワネットが後を追う。革命のケリは戦争だけでは事足りなかったようである。ゲーテは「ヴァルミの戦い」という奇跡を目の当たりにして「この日ここに新たな歴史が始まる」と言ったが、その直感はさすがに鋭く正確である。

誤解を恐れずに言えば、フランス革命が世界に及ぼした最大の影響は、戦争の形態を変えたことである。従来、国家間の戦争は「国王対国王の個人的な抗争事件」で、君主の政府が王室軍を整然と戦わせて適当に和睦した。だが、一般民衆からなるフランス革命軍は、なりふり構わず戦った。さらにナポレオンの国民軍がヨーロッパ全土を蹂躙しかけると、諸国も同じ戦い方を強いられて、ここに国家総力戦が出現するのである。そして、クラウゼヴィッツが『戦争論』でゲーテの看破した「新たな歴史」を理論構成してみせたわけである。

イングランド情勢

アメリカ独立戦争以降、イングランドの凋落は誰の目にも明らかで、この国はヨーロッパで孤立して、その安全と国益が絶えず脅かされていた。このような場合、この国は直ちに艦隊を差し向けたものだが、その艦隊に往年の面影はなかった。こうして苦境に立たされたイングランドに彗星の如く登場した一人の国家指導者がいた。七年戦争でイングランドを勝利に導いた初代チャタム伯爵ウィリアム・ピットの次男ウィリアム・ピット[377]である。巷間、父親を大ピット《ジ・エルダー》、息子を小ピット《ザ・ヤンガー》と呼び分けているが、以後は小ピットを単にピットと呼ぶ。

一七八三年十二月、ピットは最初の内閣を組むが、そこで一見ひどく奇異な政策を推進する。当時、この国は財政破綻の影におびえ、何よりその再建が焦眉の急であったはずだが、彼は何の躊躇もなく海軍に金を注ぎ込んだ。

ウィリアム・ピット（小）

八四年、彼は海軍の定員数を引き上げ、当時の総収入二千六百万ポンドの十パーセントを艦艇建造費に当てた。これには当然ながら非難が集中したが、彼は「私とて、現下の国家財政を憂うるにおいて人後に落ちぬつもりだ。また、だからこそ海軍を増強するのである。国家の安全保障が担保されなければ、経済政策を推進すべき平和を持続できないからだ」と一歩も退かなかった[378]。もっとも、彼が大胆な海軍増強政策を推進できたのは、実は国債を大量に発行したからで、これをイングランド銀行が支えていたのである。

首相は海軍増強勢の基本方針を示すと、その細部すべてをアドミラルティ主計局長《コントローラー》のチャールズ・ミドルトン提督[三七九]に任せた。歴史的に見れば、イングランド艦隊はあと二十年ほどで絶頂期に到達する。だが、この海軍がこの時期にピットとミドルトンという絶妙のコンビを得ていなければ、右の経緯はよほど違っていたに違いない。ミドルトンはキャプテンズ・サーヴァントからスタートした生粋の海軍士官であるが、指揮官配置は三度のフリゲート艦々長しかない。

チャールズ・ミドルトン

彼の特質は透徹した洞察力と類稀な事務管理能力である。その清廉潔白かつ狷介《けんかい》な性格は、若い頃からネービー・ボードで遺憾なく発揮され、海軍卿サンドウィッチ伯爵と激しく衝突したこともある。それでも、彼はアドミラル・オブ・ザ・レッドにまで到達し、一七七八年から九〇年にかけて、イングランド艦隊を着々と強化し続けた。一八〇五年、彼は海軍卿となりトラファルガーの勝利を見届け、翌年二月の首相ピットの死去に伴い海軍を辞職した。

従来、イングランドはその海洋優勢に乗じて、国家の安全を確保しつつ、仏西の植民地貿易に痛打を浴びせてきた。その結果、この国の経済とシーパワーがさらに増大するのである。その枠組みにおいて、この国のシーパワー政策と同盟政策とが単純かつ明快に係わり合っていた。同盟国がヨーロッパ大陸で仏西両大国を牽制することによって、この両大国は国家資源の多くを大陸戦略に割愛せざるを得なくなる。そして、このことがイングランドのシーパワーを相対的に優勢にした。だから、経済的に困窮している時こそ、この国はヨーロッパ大陸に有力な同盟国を必要としているのである。

　右のような認識に基づいて、ピットは積極的に同盟政策を推進することになる。早くも一七八七年、最初の危機がやってきた。当時、オランダで内紛が続き、その隙にフランスがオランダに侵入しようとした。そうなれば、フランスはイギリス侵攻への拠点を確保できる。しかも、今回は本土ばかりか、東洋への海上交通路も脅かされた。当時、フランスは前年に再興した東インド会社にオランダ東インド会社を合併しようとしたからだ。翌年、ピットはオランダと相互防衛同盟条約を結ぶ。次いで一七八九年、別の危機がやってきた。ロシアの黒海とバルト海への進出である。バルト海は艦艇需品資材の供給源であったから、従来、イングランドはこの方面に特別の注意を払ってきた。それに、八八年に始まる露土戦争でロシアがトルコを制覇すれば、次には艦隊を地中港に進出させ、エジプトも征服しかねなかった。すると、陸路スエズを経由するインド航路が脅かされ、ロシアが黒海の不凍港から仏西両国に造船資材を供給できるようになる。

　こうした危機に際して、イングランド政府が断固たる姿勢を示し得たのは、ピットとミドルトンの努力の賜物である。この時期、イギリスは戦列艦九十三隻を就役させていて、フランスのオランダ及びインドへの進出並びにロシアのバルト海及び黒海への進出に備えた。かくして、イングランドは再び海洋優勢を取り戻し、これがオランダの独立を確保し、ヨーロッパの平和を持続させた。それに、フランス国王と民衆との間には、どうやら和解が成立しそうでもあった。一七九二年二月、ピットは議会での演説で「現下のヨーロッパ情勢はかつてなく平穏で、今後十六年間は平和が続くと思われる」と予測し、陸海軍関係費から十九万ポンドを削減した。[三八〇] これがまさにフランス革命戦争勃発の前夜である。

英仏の激突

国王刎頸直後の一七九三年二月一日、騎虎の勢いのフランスはイングランドとオランダに対して宣戦布告し、同月十三日、イングランドはオーストリア、オランダ、プロイセン、サルディニア―ピエドモント及びスペインと第一次対仏大同盟を結成する。つまり、英仏抗争第六ラウンドの開始である。

さて、これまでの英仏抗争は二つのパターンに分けられる。一つは七年戦争やアメリカ独立戦争で、いずれも出火元は互いの植民地であった。もう一つはウィリアム王戦争、アン女王戦争及びジョージ王戦争である。この三つの戦争は、それぞれアウグスブルク戦争、スペイン継承戦争及びオーストリア継承戦争というヨーロッパ大陸の紛争が植民地に飛び火した。今度のフランス革命戦争は、後者の植民地飛び火型になりそうな気配《けはい》を見せていた。そこで、イングランドでは伝統的な海洋派対大陸派の戦略論争が再燃した。当時、行動方針には三つの選択肢があった。海外で貿易や植民地を攻撃するか、ヨーロッパ大陸で対仏同盟国を支援するか、あるいは直接フランスを狙うかである。

大陸派は伝統的な対オランダ支援政策に拠って立ち、フランドルで戦うオーストリアとプロイセンの両軍を支援すべしと主張した。フランスやスペインがアントウェルペン周辺の沿岸を支配するのだけは、絶対に阻止しなければならない。当時のフランスはしきりにこの海港を狙っていたし、これを後にナポレオンが「イングランドを狙うピストル」と呼ぶ。ただし、大陸派の真の目標は、フランドルからパリへ攻め込んで、ジャコバン政府を打倒することであった。一方、首相ピットは父親譲りの海洋派的な思想の持ち主だから、シーパワーでフランスの貿易と植民地を叩くべしと主張した。これで、敵国の戦時経済の財源を断ち切るのである。彼の見るところ、海洋は味方の強点であり、同時に敵の弱点である。

フランスは元来が自給自足の広大な大陸国家で、本土沿岸海域も海外植民地貿易の防衛もあまり重要ではない。従って、その艦隊を随時ほかの作戦に投入できた。それがイングランドの貿易船団の襲撃、アイルランド並びに西インド諸島や地中海での奇襲攻撃である。このため、イングランドは予測できるすべての海域において、敵と同等以上の兵力を張り付けねばならず、予備兵力も必要となる。

例えば、常時ブレスト沖に十二隻を配備させると、八隻の予備艦を要した[三八一]。つまり、イングランドは単純計算で敵の一・七倍の兵力が必要となる。開戦時の両国の勢力は、フランスの戦列艦七十六隻に対して、イングランドは一・五倍の百十五隻である。ただし、フランスには概して重装備の大型艦が多かったから、装備砲の累計重量はフランス艦隊の七万三千九百五十七ポンドに対して、イングランド艦隊は八万八千九百五十七ポンドで、イングランドの優勢度は二十パーセントに減じる[三八二]。

一方、イングランドにはスペインとオランダという同盟国があり、前者が七十六隻を、後者が四十九隻を保有していたから、対仏同盟側は実に三・二倍の圧倒的優勢になる。

しかし、これは紙の上の数字に過ぎない。オランダとスペインの艦隊は最初から著しく戦意を欠落させていたから、途中で敵側に寝返る可能性を否めなかった。一方、フランス艦隊にも不安があった。一七九三年九月頃から、共和制政府は艦旗を現在の三色旗《トリコロール》として、艦隊内の反動分子を一掃したが、この人事革新は如何にもドラスティックであった。例えば、一介のレフテナントを一挙にリア・アドミラルに昇進させて、これをブレスト艦隊司令長官に任命した。同艦隊の艦長二十六人のうち、本来のキャプテンはたった一人で、四人がレフテナント、十人がサブ・レフテナント、二人が下士官や水兵、二人が商船々長、七人が商船々員に過ぎなかった[三八三]。革命の狂気がなせる業とは言いながら、フランス艦隊は経験豊富な指揮官の多くを失い、訓練の余裕もないまま戦争に突入した。

とまれ、開戦劈頭はピット自らの基本構想どおりにフランスの海外植民地を攻略した。西インド諸島においては、一七九三年四月にトバゴを、九月にジャマイカを占領した。インド半島では、シャンデルナゴールやポンディシェリーを占領し、翌年七月にはセイロン島を支配下に収める。

ツーロンの占領

イングランドで戦略構想に関して甲論乙駁しているとき、ピットのところにフランスから耳寄りな話が持ち込まれた。一七九三年八月、ツーロンを占拠したフランス南部の反革命勢力が、ツーロン艦隊をイングランドに引き渡すという。開戦当初、ツーロン在籍の艦艇は戦列艦三十一隻、フリゲート艦二十五隻及びコルヴェット艦十六隻の計七十二隻で、全フランス艦隊の半分に当たった。また、ほかに戦列艦一隻とフリゲート艦二隻が建造中でもある。[384]そこで、ピットは南フランス侵攻作戦を決断するが、その行動方針は先ず艦隊でツーロンを確保し、次いでこの港からオーストリア、スペイン、サルディニア及びナポリとの連合軍を展開することである。

地中海艦隊はヴァイス・アドミラルのサミュエル・フッドを司令長官として、旗艦〈ヴィクトリー〉をはじめ戦列艦二十二隻、五十門艦一隻、フリゲート艦二十隻及び小艦艇七隻である。その一隻の六十四門〈アガメムノン〉艦長は、かのホレーショ・ネルソンである。フッド艦隊はたまたま七月十八日頃からツーロン沖に進出していたが、ピットの命により、二十七日朝に港内に進入した。直ちに陸軍部隊と海兵隊が港湾施設を確保した。次に、フッドは全ツーロン艦隊の内港への転錨、弾薬類の陸揚げ並びに乗員の退艦を命じ、ツーロン市の軍事統制を宣告した。午後、ドン・ファン・デ・ランガラ提督が率いるスペイン戦隊戦列艦十七隻がイングランド艦隊に合同し、兵士を揚陸した。翌日、ツーロンの市当局と軍部が軍事統制の布告を受諾して、ツーロン解放作戦があっさり完了した。

だが、九月に入ると、共和制軍がマルセイユからツーロンに迫り、数週間にわたり砲撃戦や市街戦が続いた。十二月、ツーロンを包囲する共和制軍は四万五千を数え、一方の占領部隊は一万二千に過ぎなかった。この時、若き砲兵将校ナポレオン・ボナパルトが早くも軍事的天才ぶりを発揮し、〈アガメムノン〉艦長ネルソンもツーロン港内から共和制軍に砲火を浴びせていた。奇しくも、稀代の英雄二人が互いの存在を知らないまま、指呼の間で干戈《かんか》を交わしたわけである。

十二月十七日、フランス側が総攻撃を開始し、フッドは撤退を決意する。翌日の夕刻から、部隊の揚収作業とフランス艦艇の破壊作業が開始された。焼却又は破壊した戦列艦九隻、フリゲート艦三隻及びコルヴェット艦二隻の計十四隻で、装備を撤去した戦列艦五隻、フリゲート艦八隻及びコルヴェット艦七隻である。十九日払暁、フッドは艦隊を率いてツーロン港を離れた。

以上が、歴史に残るイングランド艦隊のツーロン占領で、イングランドが一時的にせよフランス本土の一部を支配下に置くのは、百年戦争以来三百年ぶりである。だが、長続きしなかったし、ピットも所期の戦略目標を達成できなかった。その理由は幾つか考えられるが、最も基本的なことは、ピットの情勢判断が甘かったことである。

先ず、彼は「外なる敵」を求めた革命の危うさを過大評価し、ヨーロッパ諸国が本気で結束して当れば、共和制軍など簡単に片がつくと踏んでいた。次に、同盟国の結束とその戦力に関する彼の評価も甘かった。ツーロン攻略作戦では、オーストリア軍も参加するはずであったが、オーストリア皇帝はポーランドの分割に躍起となっていて、約束の兵力を引き戻したばかりか、逆にイングランド艦隊の支援を要請する始末である。オランダはツーロンに艦隊を派遣しなかったが、この国は昔からイングランドとの条約の義務条項を満足に履行した試しがない。スペインはツーロンに戦隊を送ってはきたが、その戦隊は最初から全くやる気を見せなかった。

首相の戦略的誤謬は、そのまま戦術場面に持ち込まれた。リッチモンドによれば、ツーロン占領部隊の兵力が不足していたが、これはピットが所要兵力の見積りを誤ったからである。[三八五] おまけに、この部隊はイングランド、スペイン、ナポリ、ピエモンテ（フランスとスイスの間）及び王党派フランスの都合五ヶ国の部隊で編成されたが、その作戦調整が随所でギクシャクした。

コルシカ島の占領

ツーロン撤退後、フッドが次に狙ったのはコルシカ島である。この島は当初からイングランドの戦略目標の一つであった。同島の東方六十マイルにレヴァント貿易の拠点レゴーン（現在のリヴォルノ）があり、フランスがこの島を制圧すると、イングランドの地中海航路帯が危機に曝される。まさにコルシカはイングランドの国益に関わる戦略要地だが、この島を掌中に収めるには、コルシカ北端のサン・フィオレンツォ、バスティア及びカルヴィを占拠しているフランス守備隊を追い出すしかない。

一七九四年一月二十九日、フッド艦隊はエルバ島でコルシカ攻略作戦の準備にかかる。攻略部隊の編成は戦列艦三隻、フリゲート艦二隻及び陸軍部隊を乗せた輸送船である。二月七日から十九日にかけて、コルシカ攻略部隊はサン・フィオレンツォを占領し、フランス守備隊はバスティアへ退いた。そこで、四月四日、フッド艦隊がバスティア沖から攻撃部隊を揚陸した。攻撃部隊は陸軍中佐ヴィレッツを指揮官とする陸軍部隊並びにネルソン艦長が率いる海軍部隊とで編成された将兵千二百四十八である。これを迎え撃つフランス守備隊側は三千であった。

四月十一日から激烈な攻防戦が続いて、五月二十一日、町と要塞部隊とが降伏した。その直前、ジブラルタルから援軍が到着したので、フッドは最後のカルヴィの攻略にとりかかる。ただし、彼自身はツーロンの監視に向かい、ネルソンを先任指揮官として残した。

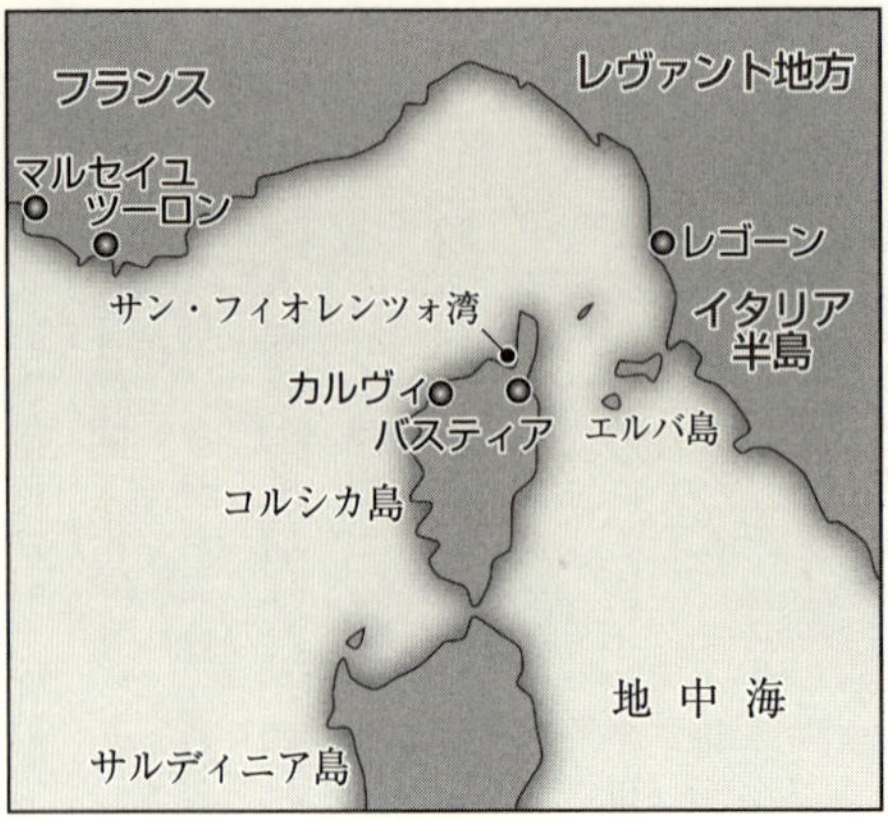

コルシカ島

ネルソン隊の攻撃は六月十九日から五十二日間にわたり、八月十日、遂にカルヴィが陥落した。なお、ネルソンはこの戦いで右目を負傷して、これが元で遂に失明する。

かくして、イングランドが地中海における艦隊の策源地を確保したわけである。この戦略的価値をさすがネルソンは十分認識していて、妻への書簡で「国ではコルシカの占領を軽く考えているでしょうが、私に言わせれば、雄大な思慮に基づく快挙です。この島の確保は、わが国に多大の利益をもたらし、逆に敵国を苦しめるに違いありません（……）従来、ツーロンのドックヤードはこの島から艦船建造用材木を仕入れてきましたが、今後はそれも出来なくなるのです」と述べている[三八六]。

フランスは直ちにコルシカの奪回を図った。ブレスト艦隊三十四隻に地中海進出を命じ、陸軍一万八千をツーロンに待機させた。だが、同艦隊は荒天のため大被害を受けて引き返した。そこで、ツーロン艦隊の戦列艦十五隻が出撃したが、イングランド艦隊に迎撃され四隻を失って引き返した。

栄光の六月一日

一七九四年五月二日、海峡艦隊司令長官ハウは戦列艦二十六隻、フリゲート艦七隻、病院船一隻、火船二隻、スループ艇一隻及びカッター二隻を率いてセント・ヘレンズ泊地から洋上に出る。目的は船団護衛、ブレスト艦隊との決戦及びアメリカから帰国中のフランス船団の捕獲である。このフランス船団百十七隻は、アメリカから穀物を運んでいたが、前年の凶作に苦しむフランスには貴重であった。翌日、フランスのラ・ロッシェル戦隊の戦列艦五隻、フリゲート艦及びコルヴェット艦各数隻が出撃した。十六日、先にレフテナントから一足飛びに提督になったヴィラレーが率いるフランス主力艦隊の戦列艦二十五隻並びにフリゲート艦及びコルヴェット艦各数隻がブレストを出撃し、先に出撃したラ・ロッシェル戦隊を合同させた。彼の目的はアメリカから帰国中の船団の護衛である。

五月二十八日〇九〇〇時、北緯四十七度三十四分、西経十三度五十五分において、ハウ艦隊がヴィラレー艦隊を数マイル先に視認した。以後三十一日まで、フランス艦隊が逃走し続けて、六月一日、遂に両艦隊が衝突する。明け方、フランス艦隊は戦列を組んで、イングランド艦隊の艦首風下側六マイルを航行していた。〇七〇〇時頃、ハウは風上から接敵した。齢六十八のハウはすでに三日間も甲板を離れず、疲労困憊の極みにいた。[三八七]〇八一二時、ハウは「各艦は適宜の敵艦と各個に交戦せよ」と信号で命じた。〇九二四時、フランス側がイングランドの前衛隊に対し遠距離から砲撃を始め、〇九五〇時、全面的な戦闘が始まる。一〇一三時、ハウは総追撃戦を命じ、一三一五時、交戦が海域全般にわたり収束した。一四三〇時、イングランド側がフランスの行動不能艦六隻を確保した。ヴィラレーは残余の艦隊を率いて避退した。

三日間の戦闘において、マストを喪失した艦はイングランド側十一隻で、フランス側十二隻である。イングランド側は死者二百九十と傷者八百五十八で、フランス側の死傷者及び捕虜は七千を数える。

六月十三日、ハウ艦隊はポーツマスのスピットヘッド泊地に投錨した。ハウはすでに捕獲艦九隻をプリマスへ送っていたが、さらに六隻をスピットヘッドまで随伴させてきた。戦術的には、文句なしにイングランドの大勝利だから、この海戦は「栄光の六月一日」と呼ばれる。だが、当初の目標であったアメリカからの船団は捕獲できなかった。

栄光の六月一日

この海戦以降、フランスは制海権の確立を諦めて、ルイ十四世時代の通商破壊戦略に戻った。これがイングランドにとって吉か凶かは判断の分かれるところで、この国は伝統的な艦隊決戦を追い求めつつ、その一方でフランスの通商航路帯の襲撃に手を焼くことになる。

地中海艦隊の撤退とイングランドの苦境

ピットの予想どおり、戦争はすぐ終るかに見えたが、四年目の一七九五年は一転してイングランドの厄年となる。フランスは四月にプロイセン、五月にオランダ、また七月にはスペインとそれぞれ個別に講和を結んだ。フランスが戦争に疲れた証左であるが、この結果イングランドの同盟国はオーストリア一国のみとなり、ピットの対仏大同盟構想が瓦解した。しかも、イングランドは盟邦オランダを奪われて主戦場への橋頭堡を失い、海軍艦艇資材のバルト貿易が脅かされ、本土侵攻の危機に曝された。

おまけに、この春から、イングランドのシーパワーに不吉な陰りが見え始めた。いつどこで起きるのかも知れぬ通商破壊戦の対応には、相当の予備兵力を必要とする。地中海艦隊司令長官フッドは海軍卿スペンサー伯爵に「スペイン艦隊は頼むに足らず。従って、イングランドは自前の戦力を増強すべし」と主張して譲らず、このために彼自身が更迭された。この時、ネルソンは友人への私信で「艦隊は真の海上指揮官を失って、深い悲しみに閉ざされた」と述べている[三八八]。その後、所在先任指揮官ホータムが艦隊の指揮権を継承するが、彼は万事に消極的で、艦隊は絶え間ないツーロン封鎖に疲弊して如何にも精彩を欠いていた。

そこで、起死回生の切り札としてアドミラル・オブ・ザ・ブルーのジョン・ジャーヴィス[三八九]が送り込まれる。一七九五年十一月二十九日、彼はコルシカのサン・フィオレンツォで〈ヴィクトリー〉に将旗を掲げるが、これに対する列艦の礼砲の最後が発射されると同時に、旗艦のヤードに「各艦抜錨せよ」の信号が揚がった。

以後、ジャーヴィスは艦隊に寧日なき猛訓練を課し、この方面の後方支援体制すっかり改善した。それを評して、フランスのある海軍史家は「イングランドの海軍覇権史は、ジャーヴィスが地中海で旗艦〈ヴィクトリー〉に将官旗を掲げた日をもって起点とする」と述べている。八月十一日付でコモドーに昇進していた

ジョン・ジャーヴィス

ネルソンはジャーヴィスとは面識がなかったが、日ならずして両者が肝胆相照らす仲となり、[三九〇]彼は再び水を得た魚となって地中海を泳ぎまくった。この頃、彼が妻に書き送った書簡には、いつも必ずジャーヴィス賛美の言葉が綴られていた。[三九一]

他面、一七九六年、戦争は五年目を迎え、弱冠二十七歳のナポレオンがイタリアを席巻し、フランスは主戦場のライン方面でも次第に優勢になりつつあった。さらに、十月、スペインがイングランドに宣戦布告すると、地中海における艦隊勢力バランスが一挙に仏西連合側に傾いた。まさにフッドの予言が的中したのである。

セント・ヴィンセント岬の海戦

この冬、さすがのジャーヴィスも地中海からの撤退を決意した。そして、一七九七年二月十二日、ジャーヴィス艦隊は海峡艦隊からの増強部隊を合同させるため、セント・ヴィンセント岬を目指していた。その頃、コルドバ提督が率いるスペイン大艦隊がカディスからブレストに向かっていた。仏西蘭連合国はイングランド侵攻を計画し、各国艦隊がブレストに集結することになっていた。

十四日朝、両艦隊がセント・ヴィンセント岬の南西二十五マイルで互いを視認した。コルドバ艦隊の戦列艦二十七隻に対して、ジャーヴィス艦隊の戦列艦十五隻である。スペイン艦隊は風上側と風下側の二手に分かれて航行し、これに楔を打ち込むようにイングランド艦隊が突っ込んでいった。一一〇〇時、ジャーヴィスが信号で旗艦の前後に単縦列を成形させ、ネルソン座乗の〈キャプテン〉が十三番目に占位した。

一三〇〇時、スペイン前衛艦の数隻が下手回しで風下側に避退した。コルドバ艦隊がジャーヴィス艦隊をかわしきったら、もはやジャーヴィスは追いつけなくなる。そうなるのは目に見えていたから、彼は〈ヴィクトリー〉の後甲板で無念の歯ぎしりを隠さなかった。まさにその時である。突如〈キャプテン〉が反転し、見る間に後続艦と殿艦の間をすり抜けて、敵の主隊に突っ込んでいったのである。司令官ネルソンがスペイン艦隊の動きを見るや、間髪を入れずに自らの旗艦々長に転舵を命じたのである。七十四門艦〈キャプテン〉は、敵の旗艦〈サンチシマ・トリニダッド〉はじめ百十二門艦三隻、八十門艦と七十四門艦各一隻の真っ只中に潜り込むと猛然と砲撃を開始した。これでスペイン艦隊が完全に浮き足立つ。我に返ったジャーヴィスがすかさず総追撃戦を下令すると、各艦が飢えた狼か阿修羅のように雪崩れ込む。二時間の後、敗残のスペイン艦隊は母港への航路をたどった。

この海戦において、イングランド側は死傷者三百人を出したが、スペイン側は旗艦〈サンチシマ・トリニダド〉だけで死傷者約二百人を数え、捕獲された四隻では死傷者六百三人に上った。

圧倒的に劣勢なイングランド艦隊が圧倒的な勝利を収め、この海戦で仏西蘭のイングランド侵攻計画が頓挫した。その功績により、ジャーヴィスがセント・ヴィンセント伯爵に叙せられるが、真の功績がネルソンに帰せられるべきは誰の目にも明らかであった。

しかし、実はネルソンの行動に容易ならざる問題があった。ジャーヴィスの一一〇〇時の信号は単縦列の成形を命じ、この陣形を戦闘序列とする

セント・ヴィンセント岬付近

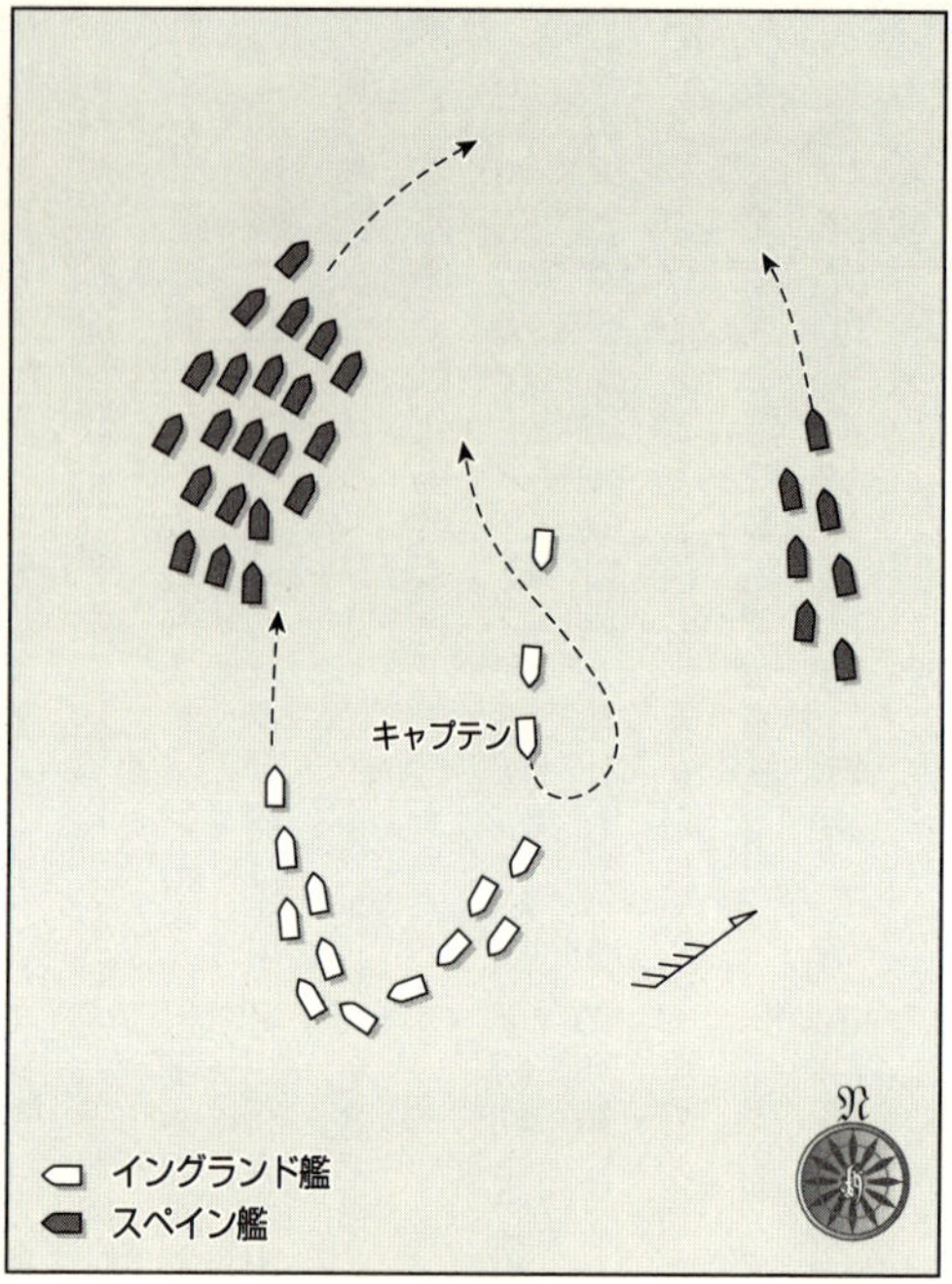

セント・ヴィンセント岬の海戦

と指定したのである。従って、ネルソンは戦列を離脱したことになる。艦隊戦術準則によれば、航行不能の場合のほか、戦列離脱は重大な命令違反である。

後にこの問題が取り沙汰されると、彼は「あの反転は、一二五一時の信号を拡大解釈した」と釈明した。だが、件の信号は「相互支援位置に占位し、敵艦に接触次第交戦せよ」で、どこをどう拡大してみても、戦列離脱を容認する文言は浮かんでこない。言ってみれば、彼は敵艦に接触次第交戦したのではなくて、勝手に戦列を離れて敵と接触しに行ったのである。要するに、彼の釈明は語るに落ちていて、一一〇〇時と一二五一時の信号二つに違反したのは明々白々である。ただ、もう一つ明白なのは、彼の命令違反がなければ、地中海艦隊の勝利もイングランド本土の安寧もなかったことである。

結局、ネルソンの反転に関して、艦隊司令長官ジャーヴィスは何のコメントもしなかった。従来から艦隊戦術準則の違反に鵜の目鷹の目であったはずのアドミラルティは、彼を二月二十日付でリア・アドミラル・オブ・ザ・ブルーに昇任させ、かつ国王は三月十七日にバス騎士に叙した。これぞシェイクスピアの言う「終り佳ければ、すべて善し」である。それにしても、右か左かの剣ヶ峰に立つとき、ネルソンの決断は常に鮮明で、この不思議な輝きは他の追従を許さない。その秘密は一体どこにあるのであろうか。

イングランド艦隊における反乱事件の続発

かつてイングランドの艦長は乗員の生殺与奪の権限を付与されて、艦上では神に次ぐ存在と言われた。その現人神《あらひとがみ》が密かに恐れたのが火事と反乱である。いずれも一度起こると、艦長の威令をものともしないからだ。その後者の事例で有名なのが一七八九年の〈バウンティ〉の反乱であるが、昔からしばしばこの種の事件は生起していた。ところが、イングランドがフランス革命戦争に参戦した翌々年末から一八〇二年初頭にかけて、この国の艦隊で大小併せて二十を超える反乱事案が発生した。つまり、イングランド海軍史における右の八年間は、文字どおり内憂外患の暗黒の時代とも言える。

最初の事案は、一七九四年十一月十一日にコルシカのサン・フィオレンツォ泊地で起こった。地中海艦隊の戦隊司令官旗艦の九十八門艦〈ウィンザー・カースル〉の乗員たちが、司令官、艦長、副長及び掌帆長《ボースン》の更迭を要求したのである。同艦隊司令長官フッドが不在なので、事件の処断は次席指揮官ホータムに委ねられた。だが、優柔不断の彼は艦長と副長を更迭し、あまつさえ首謀者たちの叛逆罪を不問に付した。

翌月、スピットヘッド泊地で事件が発生する。七十四門艦〈クローデン〉の乗員が出港を拒否した。そこで直ちに、同艦々長トローブリッジは首謀者の八名を逮捕し、十二月十二日に軍法会議で全員に死刑を宣告した。ただし、三名は国王の恩赦で処刑を免れた。一七九五年、砲艦〈ダッチ・ホイ・シャーク〉事件という最悪のケースが起こり、反乱者たちは同艦をラ・ハーグで敵側に渡した。

スピットヘッド泊地

ノール泊地

一七九六年は小休止したが、翌九七年になると再び反乱事件が続発し、いずれもイングランド海軍に例を見ないものとなる。

二月、ポーツマスのスピットヘッド泊地に在泊する海峡艦隊の水兵たちが結束して、嘆願書を司令長官ハウに提出した。それは給与、糧食、傷病及び上陸に関連する処遇改善で、現代の感覚からすれば至極当然な要求である。しかし、ハウはなぜか何の対応もせずに艦隊を出動させた。彼は元来が柔軟で斬新な思考の持ち主であり、艦隊中の将兵から厚く信頼されていた。また、それだけに彼の予想外の行動はかえって水兵たちを絶望的にさせたのかもしれない。以後、水兵たちは如何なる出動命令にも従わないことを申し合わせた。四月、体調を崩したハウは海峡艦隊司令長官のまま陸上に移り、次席指揮官ブリドポート伯爵が実質的に艦隊を指揮することとなった。

同月十四日、ブリドポート伯爵が出動を命じると、旗艦〈クィーン・シャロット〉の乗員たちが横静索《シュラウド》に登って歓声を三度上げ、付近の僚艦から同じ歓声が応えた。これが反乱の合図であった。反乱者たちは〈クィーン・シャロット〉の司令長官室を反乱本部とした。十八日、海軍卿自らが駆けつけて反乱者たちと交渉したが、埒《らち》が明かなかった。以後、再三にわたる交渉を重ねた結果、アドミラルティは水兵たちの要求どおりの改善を告知し、直ちに勤務に復帰すれば反乱行為を不問に付すと約束した。

これで一件落着かと思われた。だが、五月七日、ブリドポート伯爵が再び抜錨の信号を掲げると、各艦乗員はこれを拒否した。その後、具体的な進展が何も見られなかったことから、出動命令が彼らに疑心暗鬼を生じさせたのである。彼らは会議を開くべく〈ロンドン〉に押しかけた。この時に代表団と艦側がもみ合って、不幸にも五人の水兵が射殺された。反乱者たちは同艦を占拠して、事態を振り出しに戻した。この事態は十四日まで継続され、そこへ艦隊司令長官ハウが議会を通過したばかりの法律を携えてやって来た。この法律は水兵の要求を容認し、直ちに任務に復帰すれば恩赦を約束していた。翌日、ようやく反乱が鎮静化した。

スピットヘッド事件が落着した五日後、今度はテムズ河口のノール泊地で反乱が発生した。反乱の首領リチャード・パーカーはかつてミジップマンであったが、素行不良で水兵に降格され、やや精神異常の気《け》があった。彼らは徒党を組んでノール地区司令長官チャールズ・ブックナー提督に要求書を押し付けた。その要求は「士官が以前に勤務した艦に戻る際、同艦乗員の承諾を得よ」、「自ら帰艦した逃亡者を脱走兵扱いにするな」、「捕獲賞金の配分率を公平にせよ」、「現行の戦時服務規定を緩和せよ」等々で、全般的に高飛車で身勝手なものばかりであった。

五月二十二日、アドミラルティは要求を部分的に認め、即刻勤務に復帰すれば謀反を不問に付すと回答した。それでも、反乱者たちは〈サンドウィッチ〉を反乱本部とし、占拠した艦艇をシェアネス要塞付近に集結させて、各艦に反抗のシンボルとして赤旗を掲揚した。以後、アドミラルティの説得を一切拒絶し、おまけに、戦列艦数隻をつないでテムズ河の交通を遮断した。六月六日、議会が新たに反乱鎮圧法を成立させ、十四日朝、パーカーら三十名が逮捕された。二十二日、軍法会議はパーカーほか多くの首謀者に死刑を宣告し、二十九日、〈サンドウィッチ〉で絞首刑を執行した。

一七九七年は反乱事件の当たり年で、スピットヘッド事件やノール事件以降、個艦単位の謀反が後を絶たなかった。七月初旬に〈セント・ジョージ〉で生起した反乱に際しては、地中海艦隊司令長官ジャーヴィスと戦隊司令官ネルソン二人の、この忌まわしい事件に対する所信が鮮明に呈示されている。この事件が起きると、同艦長は直ちに騒ぎを鎮圧して、八日に軍法会議を開いて首謀者四人に死刑を宣告した。これに対して、ジャーヴィスが翌朝には処刑せよと命じた。すると、たまたま九日が日曜日なので、艦隊次席指揮官トンプソン提督が安息日の死刑執行は如何なものかと公式文書で抗議し、これに同調する向きも出てきた。しかし、ジャーヴィスは二べもなく却下する。

なお、ジャーヴィスはネルソンに「トンプソンには、この処置に不満ならば即刻艦隊を去れと言ってやった。かかる提督は無用の存在」とぶちまけている。ネルソンの返書は「閣下の速やかなる処断に、満腔の敬意を表します」とし、艦隊参謀長宛には「小職なら本日がクリスマスでも処刑したであろう」とひどく過激に綴っている[三九二]。後に、アドミラルティはジャーヴィスの処置を極めて適切であったと追認した。トンプソンは信仰心にこと寄せて、事の本質を見失っていたのである。軍紀を必須要件とする戦闘集団にあっては、反乱は事由の如何を問わず処断されるべきである。

以後もしばらく、カリブ海や喜望峰方面に派遣中の戦隊で謀反と反乱の類が続出した。そして、最後の事案は、一八〇二年一月のスピットヘッドでの九十八門艦〈テレメール〉事件である。ここでは、十八名が死刑を、七名が二百回の鞭打ち刑を宣告された。

奇しくもフランス革命戦争と時を同じくして、イングランド艦隊にも反乱事案がはびこるが、当該艦隊司令長官、戦隊司令官又は艦長の良し悪しに関係なく生起したから、あたかも疫病のようであった。だが、その疫病が蔓延するには、それ相応の要因があったはずである。下甲板居住区《ローアー・デッキ》の劣悪な状況を省みない冷淡なアドミラルティも、権力をカサに着た冷酷な乗組士官も、水兵の反乱と等しく指弾されて然るべきである。しかし、視野を広げて眺めれば、一七九〇年代は全ヨーロッパが下層階級の民主化運動で揺れ動いた時代でもあった。フランスをはじめ各地において、様々な改革を叫ぶ暴動や抵抗が起こった。

一七九七年五月二十六日、テムズ河口のノール泊地において、北海艦隊司令長官アダム・ダンカン提督が抜錨出港の信号を掲げた。果たせるかな、二艦が出港を拒否した。艦隊の出動後も、一隻また一隻と勝手に戦列を離脱して、三十一日には旗艦〈ヴェネラブル〉と五十門艦〈アーデント〉の二隻だけになってしまった。それでも、ダンカンは任務を続行した。その任務とは、テキセル泊地に在泊するオランダ主力艦隊の監視である。

二年前にフランスとオランダが和睦したので、イングランドのバルト航路が脅かされることになった。また、それより何より仏・西・蘭の連合艦隊によるイングランド侵攻計画が進められているとの情報があったから、イングランドはオランダ艦隊の動きに神経を尖らせていたのである。

テキセル島沖に到着後、ダンカンは二隻に絶えず信号旗を上げ下げさせ、あたかも沖合の艦隊と交信しているように見せかけた。六月二週目から、隷下の部隊が一隻又は数隻ずつ現場に到着して、ようやく北海艦隊の態勢が整った。その後の四ヶ月間、ダンカン艦隊は付近海域で哨戒した。十月初旬、貯糧品が底をつき、荒天による被害も無視できなかった。そこで、戦列艦〈ラッセル〉ほか四隻に監視を続行させておいて、主隊は百二十マイル西のグレート・ヤーマスで補給と修理に当たることにした。九日朝、一本マストのラガーが現れて、「敵出動す」と信号して

アダム・ダンカン

きた。

司令官はアドミラルティに次のメッセージを急送した。その内容は「敵出動の報あり。風は北東にして、絶好の航走を得べし。当戦隊は直ちに出撃せんとす。神のご加護あらんことを」であるが、われわれ日本人はよく似た文言をどこかで聞いたような気がする。

翌日の午後、ダンカン戦隊は〈ラッセル〉に誘導されて敵艦隊を追跡した。十一日の朝、オランダの寒村カンパーダウン（現在のノールックマールの北西）の沖で、イングランド戦隊がオランダ戦隊を視認した。イングランド側は七十四門艦七隻、六十四門艦七隻、五十門艦二隻及びフリゲート艦等七隻、オランダ側はデ・ウィンター提督の十四門艦四隻、六十門級艦七隻、五十門級艦二隻及びフリゲート艦等十隻である。なお、オランダ側に「級」を付したのは、砲の装備が斉一でないからだ。

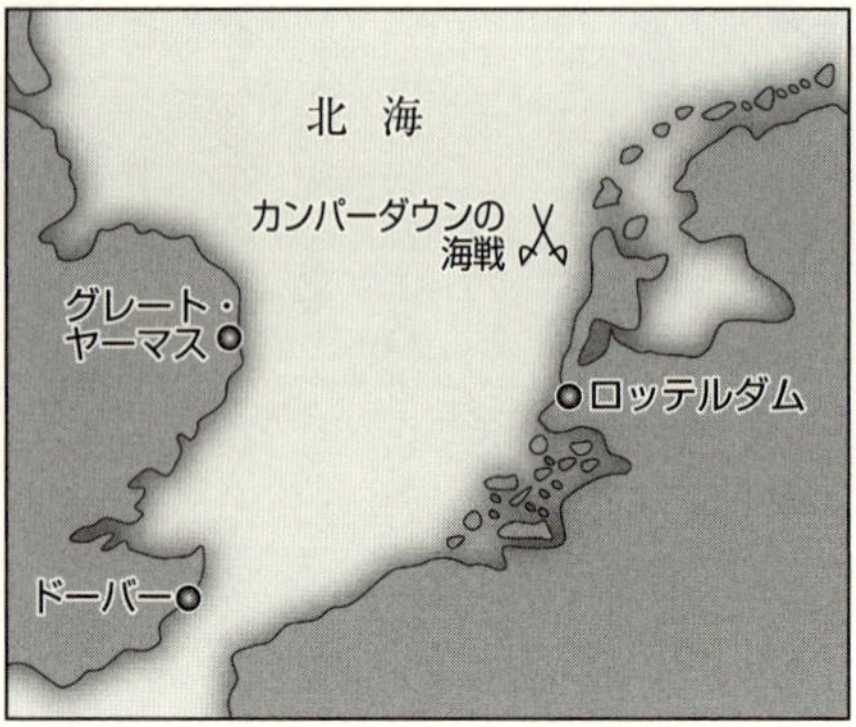

カンパーダウン付近

一二三〇時頃、ダンカン戦隊がデ・ウィンター戦隊に突撃した。その後は組《く》んず解《ほぐ》れつの混戦が展開されて、一五五五時、オランダの司令官と次席指揮官の旗艦二隻が降伏した。あたりの砲声が止むと、デ・ウィンターがダンカンを訪問して、降伏の印として帯剣を差し出した。しかし、ダンカンは「勇者の剣は勇者の腰にあって然るべきで、何人もこれを奪うことは許されません」と言って、受け取ろうとしなかった。祖国に奉じる命のやり取りが、まだ武人のロマンでもあり得た時代の光景である。

イングランド側は一隻も失わなかったが、各艦とも船殻部に甚大な損害を受けた。人員の被害は死者二百二十八人と傷者八百十二人を数えたが、これは全乗組将兵の十パーセントに当たる。オランダ側は司令長官と次席指揮官の旗艦を含む戦列艦七隻、五十門艦二隻及びフリゲート艦二隻を捕獲されたから、全勢力の半分を失ったことになる。死者は五百六十人で、傷者が六百二十人である。

十月十六日、ダンカン艦隊が捕獲艦十一隻を伴ってノール泊地に帰投すると、イングランド中が沸き立った。四日後の十月二十日、ダンカンがカンパーダウン子爵に叙爵され、彼以後三代にわたり年額三千ポンドの恩給を給付されることになる。三十日、次席指揮官オンスローも准男爵となる。ロンドン・シティは、両者に特別市民権と高価な剣を贈呈した。議会両院とも満場一致で北海艦隊に対して感謝決議をした。

ただ、セント・ヴィンセント伯爵は、「カンパーダウンは、混戦以外の何物でもない。確かにダンカンは勇猛果敢な提督だが、頭の中に陣形も戦術も何もない」と断じた。[三九三] マハンはこの海戦をわずか四行で片付けている。[三九四]

しかし、私見によれば、この国の人々の在り様がこれくらい等身大に投影された海戦も少ない。ダンカンは頑固一点張りの典型的なスコットランド人であったらしいが、海軍戦術理論家ジョン・クラークと親交があり、日頃から彼の書物を愛読していた。そうして培った知識や理論を、状況によってはさっと捨てられるのが、むしろ彼の強さなのであろう。しかも、彼は反乱の最中に出撃し、長期にわたり荒天と糧食不足に苦しみつつ、黙々と監視行動に従事した。これに唯々諾々と従った水兵たちは、先頃までノールで不平不満を声高に叫んでいた輩である。かくのとおり、艦隊のピンとキリであるダンカンと水兵は共々に、まるで相反するものを平気で一緒に内在させている。こうした一種の自己矛盾が如何にもブリティッシュで、指揮官以下の将兵がなべて等しくジョン・ブルなのである。

アブキールの海戦

一七九七年、英仏抗争は六年目に入る。これまでのところ、イングランド艦隊は「栄光の六月一日」でフランス艦隊に、「セント・ヴィンセント岬の海戦」でスペイン艦隊に、そして「カンパーダウンの海戦」でオランダ艦隊に痛打を浴びせた。これで当面はイングランドが本土侵攻の脅威から免れたわけである。しかし、フランスはすでにイタリア全土とベルギーを制覇し、オーストリアと和睦し、オランダを傘下に収めた。それに引き換えイングランドは、いまや一国でフランスに敵対するという苦境に立たされていた。

ジャーヴィス艦隊は依然としてホーム・グラウンドの地中海に戻れず、大西洋のカディス沖でスペイン艦隊を監視し続けた。その七月、彼はネルソンにカナリヤ諸島のテネリフェ島の襲撃を命じる。マニラからのスペイン財宝船を捕獲するためである。ネルソンは七十四門艦三隻、五十門艦一隻、フリゲート艦三隻及びカッター一隻を率いて同島に赴くが、生涯唯一の敗退を喫し、右腕切断の重傷で帰国を余儀なくされた。

十二月、フランスのイタリア作戦総司令官ナポレオンがパリに凱旋したが、この恐るべき大天才はすでにはるか東方のインドを見据えていた。この半島を支配すれば、半世紀前のデュプレックスどころか古代《いにしえ》のアレクサンドロス大王の見果てぬ夢を実現し、当面の目標イングランドに間接的な影響を及ぼすことができる。また、彼が描くインド航路は、旧来の喜望峰経由ではなく、紅海に端を発していた。そのため、先ずエジプトに楔を打ち込み、この地方を支配するオスマン・トルコを駆逐する必要があった。革命政府は彼のこの壮大な構想に一も二もなく同意したので、ナポレオンはやおらエジプト遠征作戦の計画にとりかかる。

一七九八年初頭、イングランド政府はツーロンに部隊と船舶が集結中なのを知るが、その目的が全く判らなかった。アドミラルティは何とか状況を探ろうとするが、ジャーヴィス艦隊の撤退した地中海はいまやフランスの池と化していた。その虎穴に等しい海域へ、一体誰を入れるべきか。ジャーヴィス自身が乗り込むことも考えたが、それではカディスのスペイン艦隊が野放しになる。そこへ、体調を回復したネルソンが艦隊復帰を願い出てきた。海軍卿スペンサー伯爵にとっては、まさに時の氏神であった。早速、海軍卿は地中海艦隊司令長官宛に「ツーロン艦隊の動静を偵察すべし」との命令書を発簡し、次のような私信を付した。

もし戦隊を派遣する内意ならば、これをサー・H・ネルソンに指揮させるのが適当かと思料するものであります。彼はこの海域を熟知しており、その能力と気概と相俟って、この任務に最適の人物かと存じます。[三九五]

つまり、海軍卿は当該作戦をネルソンに指揮させろと要請しているが、これは異例にして好ましからざる処置である。如何に丁重な言い回しであろうとも、海軍卿は現場最高指揮官の権限に干渉しているからだ。地中海での作戦は、その指揮に誰を当てるかも含めて、すべてが地中海艦隊司令長官の裁量に委ねられ、これを海軍卿といえども侵すべきではない。ところが、この種のことに人一倍うるさいジャーヴィスもネルソンの復帰がよほど嬉しかったとみえ、先ずはネルソンの派遣を感謝し、次いで「閣下のご指示がなくとも、この任務は彼を措いて他に考えられません」と返事した。[三九六]嬉しくないのは、地中海艦隊ではネルソンよりはるかに先任の戦隊司令官ウィリアム・パーカーとジョン・オードである。特に後者は直接アドミラルティに書簡で不満をぶちまけたから、ジャーヴィスの激憤を買って本国に帰された。翌年夏、体調を崩したジャーヴィスは故郷に引退したが、これにオードが恨み骨髄の決闘状を送り付けた。だが、事の次第を憂えた国王がアドミラルティに指示して、ジャーヴィスに決闘の承諾を厳禁した。

以上が「アブキールの海戦」の背景であるが、巷間、この海戦の呼称には「ナイルの海戦」と「アブキールの海戦」の二通りある。当のネルソンは戦闘詳報では終始「ナイル河口」で通し、当時は誰もが「ナイルの海戦」と呼んだようである。ただ、ナイル河口には幾つもあり、その最西端のアブキール湾が海戦の現場である。そのためか、イングランド海軍史家の多くは「アブキールの海戦」を採る。この海戦はネルソンが指揮した三つの海戦の最初であるが、彼が会敵までに舐めた艱難辛苦並びに海戦の戦略的意義において、むしろ他の二つより際立っている。

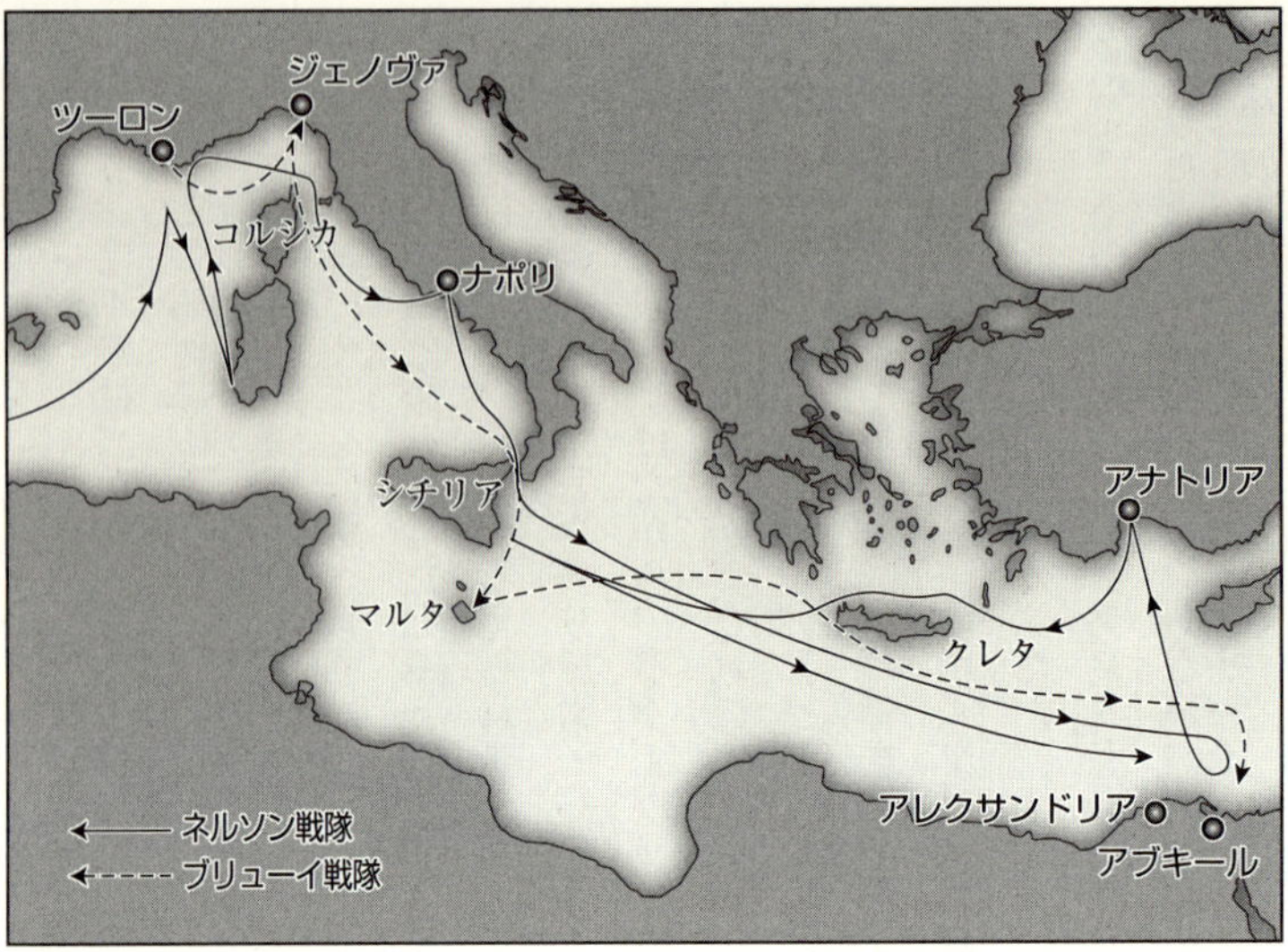

ネルソンの索敵行動

四月三十日、ネルソンはカディス沖のジャーヴィス艦隊に復帰し、五月九日、旗艦七十四門艦〈ヴァンガード〉に戦列艦二隻とフリゲート艦三隻を加えて、ジブラルタルからツーロン沖を目指した。いよいよ彼の索敵行動が始まるが、結果から言えば、その三ヶ月間にツーロン、コルシカ島、マルタ島及びアレクサンドリアで都合四回のすれ違いが繰り返された。この辺りを判りやすくするために、先ずナポレオン遠征軍の動きを概略なぞっておきたい。

　五月十九日、ナポレオン遠征軍三万六千がツーロンを出撃する。この護衛と輸送に当たるのが、ヴァイス・アドミラルのブリューイが率いる戦隊と輸送船団である。先ず、この大部隊は増強部隊を合同させるためジェノヴァに向かった。次いでコルシカ島北端のコルス岬まで南下し、この沖合で二、三日を過ごした。この間、イタリア半島西岸からの部隊を待つが、これが現れないので再び南下して、六月七日、シチリア島沖を通過する。その翌日にナポレオンはネルソン戦隊の追跡を知るが、彼は構わず南下を続け、九日にマルタ島に到着し、十二日には全島を占領した。六月十八日、ナポレオンはマルタからクレタ島経由で、七月一日、アレクサンドリアに上陸する。そして、二十三日、彼はカイロに入城した。

一方、ネルソン戦隊は五月二十一日にツーロン南東沖において荒天に遭遇して、旗艦は航行不能となり、フリゲート艦三隻のすべてが行方不明となる。特に、戦隊の目とも耳ともなるフリゲート艦の喪失はネルソンには痛かった。旗艦の修復後、五月三十一日、再びツーロン沖に到着するが、すでに港内はもぬけの殻である。目指す相手が北西風に乗って行った以外に何の手掛りもなく、そこでとりあえずコルシカ島に向かった。六月七日、艦隊からの増強部隊が合同し、ネルソン戦隊は七十四門艦十三隻、五十門艦一隻及びブリッグ艇一隻となる。ただ、ジャーヴィスはネルソンがフリゲート艦の全部を失ったとは知らずに、この艦種を送らなかった。ネルソンが次に向かったのはナポリである。

他人の情事を覗くのは悪趣味だから簡単に触れるが、ここには在ナポリ大使ハミルトンの夫人エマがいた。彼女とネルソンが初めて出会うのは、彼が六十四門艦〈アガメムノン〉艦長時代の一七九三年である。当時の彼はある女性に心惹かれていたが、エマの妖艶な美しさに深い感動を覚えて、その旨を妻への手紙に綴っている。今回二人は確かに再会するが、ネルソンの目的はエマではなく、亭主のハミルトンからナポレオンに関する情報を得るためである。そして、彼と彼女が下世話にいうわりない仲になるのは、アブキールが終ってからである。

さて、ハミルトンの情報によれば、ナポレオンはマルタ島へ向かったらしかった。彼は勇躍南下するが、二十日にマルタの陥落を知る。その二日後、ナポレオンが同島を離れたことが判明するが、その行方は杳《よう》として知れない。ようやく摑みかけた虎の尾がスルリと抜けてしまった。ネルソンは改めて自分がナポレオンなら「何処《クオ・ヴァディス》に向かうや」と考えてみた。ならば、断然エジプトで、上陸地はアレクサンドリア以外にあり得ない。二十八日、ネルソン戦隊はアレクサンドリア港外に到着した。早速、港内を偵察させるが、そこに目指す相手の影は見当たらなかった。翌日、彼は再び北上するに際し、ジャーヴィス宛の書簡で、アレクサンドリアに来た理由を釈明した。その一部を次に引用するが、驚くべきことに、そこでネルソンはナポレオンと全く同じ考え方をしているのである。

すべての情報を総合的に分析するに、彼の意図は次のいずれかと考えられます。先ず、パシャ党の反乱を支援して、トルコ政府を転覆させること。次に、エジプトに植民地を開拓して、紅海経由のインド貿易を確立すること。これは一見して奇妙でも、敵が十分な兵力を持ち、パシャ党の協力を得たら、容易に紅海へ進出できます（……）そうなれば、インドでの我が領域が重大な危機に直面します。従って、小官はアレクサンドリアに向かうことを決意した次第です。三九七

ナポレオンの目的地がエジプトとは、首相、海軍卿、艦隊司令長官の誰もが考え及ばなかったから、まさに「天才のみが能《よ》く天才を知る」とでも言うしかない。しかし、現実に敵がいなければ如何ともなし難かった。全知全能を振り絞った挙句だけに、落胆が焦慮を生み、それが耐えがたいストレスとなって指揮官ネルソンの心身をさいなむ。それでも、大海原に隔絶され、すべての運に見放された寄る辺ない彼に、頼るべきは自分しかいなかった。彼は萎える気持を励まして北へと向かう。

七月四日、トルコ南岸のアナトリアからクレタ島を経て、シチリア島で補給する。これで戦隊は生き返ったが、司令官の憔悴《しょうすい》は水兵の目にすら明らかで、エマからの激励の手紙でも癒されなかった。だが、彼は渾身の勇気を奮い起こして、もう一度アレクサンドリアへ向かう決意をする。そして、八月一日、アレクサンドリアに到着した。

しかし、やはり敵はいない。司令官以下が絶望の奈落に落ちかける一三〇〇時、西方から一隻が全帆を上げて駆けてくる。その檣桁に掲げる信号の曰く「敵見ゆ」。彷徨《ほうこう》三月《みつき》に連なる苦難が、今ようやく終らんと

していた。期せずして戦隊にどよめく歓声が波間を伝わり、孤独な指揮官は胸中密かに「われらが絆《バンド・オブ・ブラザーズ》」を噛み締めて味わう。「バンド・オブ・ブラザーズ」とは、シェイクスピアが『ヘンリー五世』の第四幕第三場でヘンリーに喋らせる台詞である。アブキールの後、司令長官や妻への書簡において、ネルソンがこの言葉を借用し、後々も好んで使ったという。

一ヶ月前、ナポレオンがアレクサンドリアに上陸した後、ブリューイ戦隊はアブキール湾に転錨した。旗艦の百二十門艦一隻、八十門艦三隻、七十四門艦九隻、フリゲート艦四隻である。戦列艦十三隻の投錨列線は、アブキール島周辺砂州の南西端から南東に伸びていた。八月一日一四〇〇時、ブリューイもネルソン戦隊を視認した。だが、当時の常識に従って、彼はネルソンが翌朝に攻撃を仕掛けてくるものと判断し、全艦停泊のままとした。

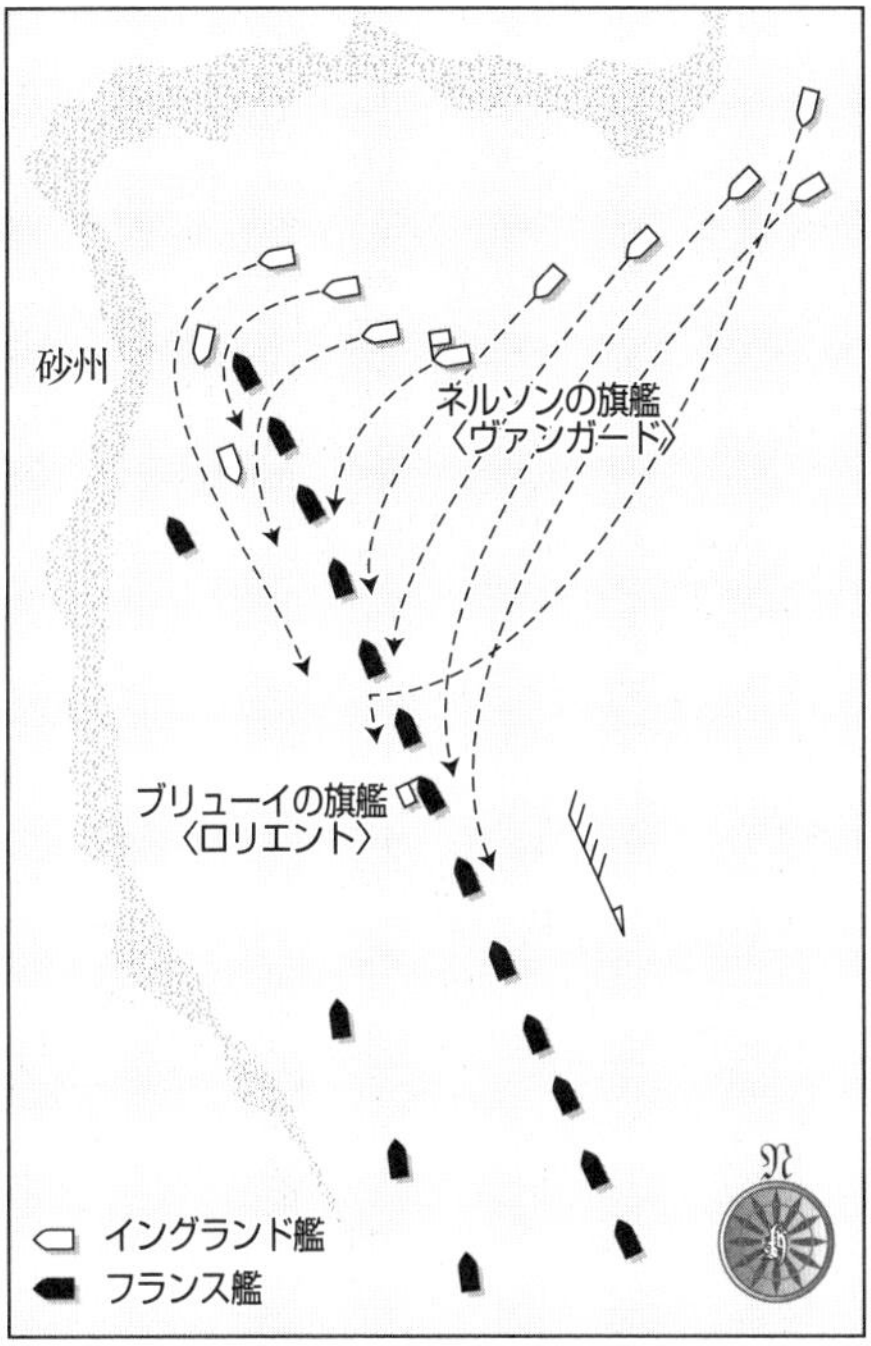

アブキールの海戦

ところが、相手のネルソンにこの手の常識は通用しなかった。彼は先ず単縦列成形の信号を掲げ、次いで「艦尾投錨の準備」を下令し、そのまま敵の戦隊に突入した。如何にも彼らしい勇猛果敢だが、その裏には、これも彼の特徴である細心周到があった。捜索行動の間、彼は敵と遭遇した際の攻撃計画を策定し、これを隷下に周知徹底させていた。この計画には停泊中の敵を発見する場合も想定されていた。だから、ネルソンは先の二つの信号以外一切の命令を発しなかったが、各艦長は彼の期待どおりに行動して一糸の乱れも見せなかった。

一六二〇時、イングランド側一番艦は測深しつつ、敵の一番艦の艦首をかわして、陸岸側に回り込んで投錨し、僚艦の航行目標となった。以後、各艦は敵の列線を左右から挟むように投錨した。二番艦は敵の二番艦の、三番艦は敵の四及び五番艦の間の、四番艦は敵の二番艦のいずれも左舷側である。五番艦は敵の三及び四番艦の中央左舷側で、ネルソン座乗の六番艦は敵列線を突破せずに敵の三番艦の、七、八番艦もそれぞれ敵の四、五番艦のいずれも右舷側に錨を降ろした。この頃に日没となり、イングランド各艦は艦旗を降ろし、予め定めていた夜間識別灯を掲揚した。さらに九、十番艦はそれぞれ敵の七、八番艦の右艦尾に付き、十一番艦が敵の五、六番艦の間に投錨した。およそ右が日没時までの状況で、前頁の図に示すとおりである。

イングランド側の残余の艦はずっと後落していたので、戦闘に加わるのは夜半過ぎである。ただし、十二番艦は不運にも座礁して、最後まで戦闘に加われなかった。それ以外の各艦は所期の位置に投錨するや、それぞれの相手に猛烈な砲火を浴びせた。イングランド各艦は相手艦の五〇―三〇〇ヤードに投錨したから、その砲撃効果は絶大で、鬼神も顔を背ける凄惨な状況が繰り広げられた。

先にネルソンが指示した艦尾投錨法は、特別の工夫がなされていた。主錨の艦尾錨、補助の艦首錨及び艦体をホーサーで結び、これを適宜伸縮して舷側の向きを自由に変えた。フランス側も勇敢に反撃したが、彼らは通常の艦首投錨だから、艦尾が風で振れ回り、射撃方向も風任せとなる。二〇〇〇時、旗艦百二十門〈オリエント〉が大爆破とともに空中に四散した。列艦はマストを打ち砕かれ、次々に降伏した。戦いは夜を徹して翌日の午後まで継続されるが、終始ネルソンのワンサイド・ゲームであった。

ネルソンの戦闘詳報によれば、彼我の損害は次のとおりである。フランス側は捕獲艦が戦列艦九とフリゲート艦一、焼却又は沈没艦が戦列艦三、フリゲート艦その他二、並びに捕虜及び死傷者三千七百五である。イングランド側は各艦がひどい損傷を受けたが喪失艦はなく、死者二百十八と傷者六百七十七を数えた。だが、後世の海戦史は最後の数字に一を足すべきである。司令官自身が頭部に深手を負いながら、これを戦闘詳報ではカウントしていないからだ。十月二日、ロンドンに戦勝報告が届いた。六日、ネルソンはナイル男爵とバーナム・ソープ男爵に叙せられる。二十日、国王自らが議会でのスピーチで言葉を極めて海戦の勝利を賞賛した。イングランドとアイルランドの議会は、彼にそれぞれ年金二千ポンドと一千ポンドの贈呈を決めた。また、彼はこれらの外にも数々の栄誉に輝いた。

アブキールの勝利がイングランドにもたらしたものが二つある。先ず、イングランドが地中海を奪回したこと。アブキール直後の十一月七日、地中海艦隊から派遣された小戦隊と輸送船団がミノルカ島で上陸作戦を開始し、同月十五日、スペイン守備隊がなす術もなく降伏した。このとき、スペインの本国艦隊はカディスに封鎖され、友軍のブレスト艦隊はすでに壊滅していた。次に、最大の成果は第二次対仏大同盟である。

これは海戦翌年の六月一日にイングランド、ロシア、オーストリア、ポルトガル、トルコ及びナポリが調印して成立した。だが、これもよく見れば、共通点は反フランスの一点だけであって、それぞれの戦争目的はまるで違っていた。特にトルコはエジプト内の領土の保全以外に何の野心もなかったし、ロシアはしきりに地中海進出を狙い、オーストリアはイタリア北部の旧領土の回復が目的だから、同盟国間の戦略連携がうまくいくはずはなかった。事実、同盟軍はオランダとスイスの二正面作戦を計画したが、両方とも散々な結果に終る。

ナポレオンの巻き返し

アブキールの二週間後の八月十五日、エジプトの東部で、ナポレオンはブリューイの敗退を知る。報告が読み上げられると、帷幕の空気が一瞬凍りついた。やおら、ナポレオンが静かに口を開いた。

これで、我々は地中海を失ったな。だが、アフリカやアジアに我々を運ぶ海は他にもある。今はさらなる大事に目を向けるべきだが、これは必ず達成しようじゃないか。現に我々には兵力も武器弾薬も豊富だから、何も心配はない[三九八]。

ナポレオンが言う大事、つまりエジプト侵攻作戦には暗黙の前提条件があった。先ずは地中海の制海権である。遠征軍の進出のみならず、その兵站線を維持するためにも、制海権が必須要件である。次はエジプトを支配するトルコ軍の制圧である。だが、アブキール以後、イングランド艦隊が地中海の制海権を奪回すると、もはやフランスはエジプトへの兵站線を維持できなかった。おまけに、九月九日、トルコがフランスに宣戦布告し、エジプト各地でイングランドとトルコの軍隊がナポレオン軍を攻撃してきた。

さしものナポレオンもジリ貧状態に追い詰められ、翌一七九九年八月二十三日、フリゲート艦に隠れてアレクサンドリアから脱出し、十月七日にフランスの土を踏む。ツーロン出撃から十七ヶ月後のことである。ナポレオンはアブキールの勘定書を鼻先であしらったが、複利で膨らむ利子に耐えきれずに夜逃げを余儀なくされた。彼はイングランドのシーパワーの威力を予見できず、その前に膝を屈したのである。

しかし、パリに戻ったナポレオンは、アブキールの後遺症を毛筋ほどにも見せなかった。それどころか、翌月一日、自ら画策した「ブリュメール（霜月）十八日のクーデター」で遂に政権の座に就いた。次いで十二月二十五日、彼は執政政府の第一統領となり、事実上の独裁体制を確立する。これをもってフランス革命が成功したとするか否かは別として、その革命に幕が降ろされたのは事実である。

フランス革命戦争九年目の一八〇〇年、ナポレオンは最盛期を迎える。彼はアルプスを越えて再びイタリアを侵略し、六月二日にミラノを占領し、ジェノヴァも陥落させる。六月十四日、「マレンゴの戦い」でオーストリア軍を撃破した。十二月六日、ナポレオン隷下のモロー将軍がホーヘンリンデンでオーストリア軍を破り、そのままウィーンへ進軍した。一八〇一年二月九日、リュネイヴィルの和約でフランスとオーストリアが和睦し、早くも対仏大同盟の一角が崩れ去った。また、三月二十八日、ナポリが再びフランスに威嚇されてフロレンスの和約を結び、イングランド艦船をナポリ港から締め出した。

コペンハーゲンの海戦

ロシアとイングランドは同盟国でありながら、両国の関係は悪化の一途をたどっていた。最大の原因は皇帝パヴェル一世の地中海進出の野心である。かねて彼はマルタを狙っていたが、イングランドがこの島を占領したのが気に入らなかった。一八〇〇年十一月、彼は帝国内の海港におけるイングランド海運の出入を禁止し、十二月十六日にスウェーデン、デンマーク及びプロイセンと同盟を結成した。これはアメリカ独立戦争中の一七八〇年にロシア女帝エカチュリーナが結成したのと同じで、第二次武装中立同盟と呼ばれる。

これで第二次対仏大同盟が完全に瓦解するが、イングランドにとってより深刻な問題は、バルト海方面から海軍艦艇資材を搬入できなくなったことである。

翌一八〇一年一月十四日、イングランド首相ピットはとりあえずロシア、スウェーデン、デンマークの対仏貿易船の拿捕を警告した。ところが、この緊急時にピットが辞任に追い込まれた。彼が国内のローマン・カトリック教徒にも完全な政治的自由を保障しようとして、国王ジョージ三世と衝突したからである。だが、幸い後継内閣の首相アディントンと海軍卿セント・ヴィンセント伯爵がさらなる強硬手段

コペンハーゲン付近

に打って出た。

　一八〇一年三月十二日、イングランド艦隊がグレート・ヤーマスを出撃して、バルト海を目指した。この艦隊は九十八門艦二隻、七十四門艦十一隻、六十四門艦九隻、五十四門艦と五十門艦各一隻、フリゲート艦七隻、その他小舟艇十七隻という大規模編成で、司令長官がアドミラルのハイド・パーカー（二代目）で、これに次席指揮官はヴァイス・アドミラルのホレーショ・ネルソン、三席指揮官がリア・アドミラルのトマス・グレイヴス（三代目）が続いた。また、艦隊には一個連隊の陸軍部隊が乗り込んでいた。

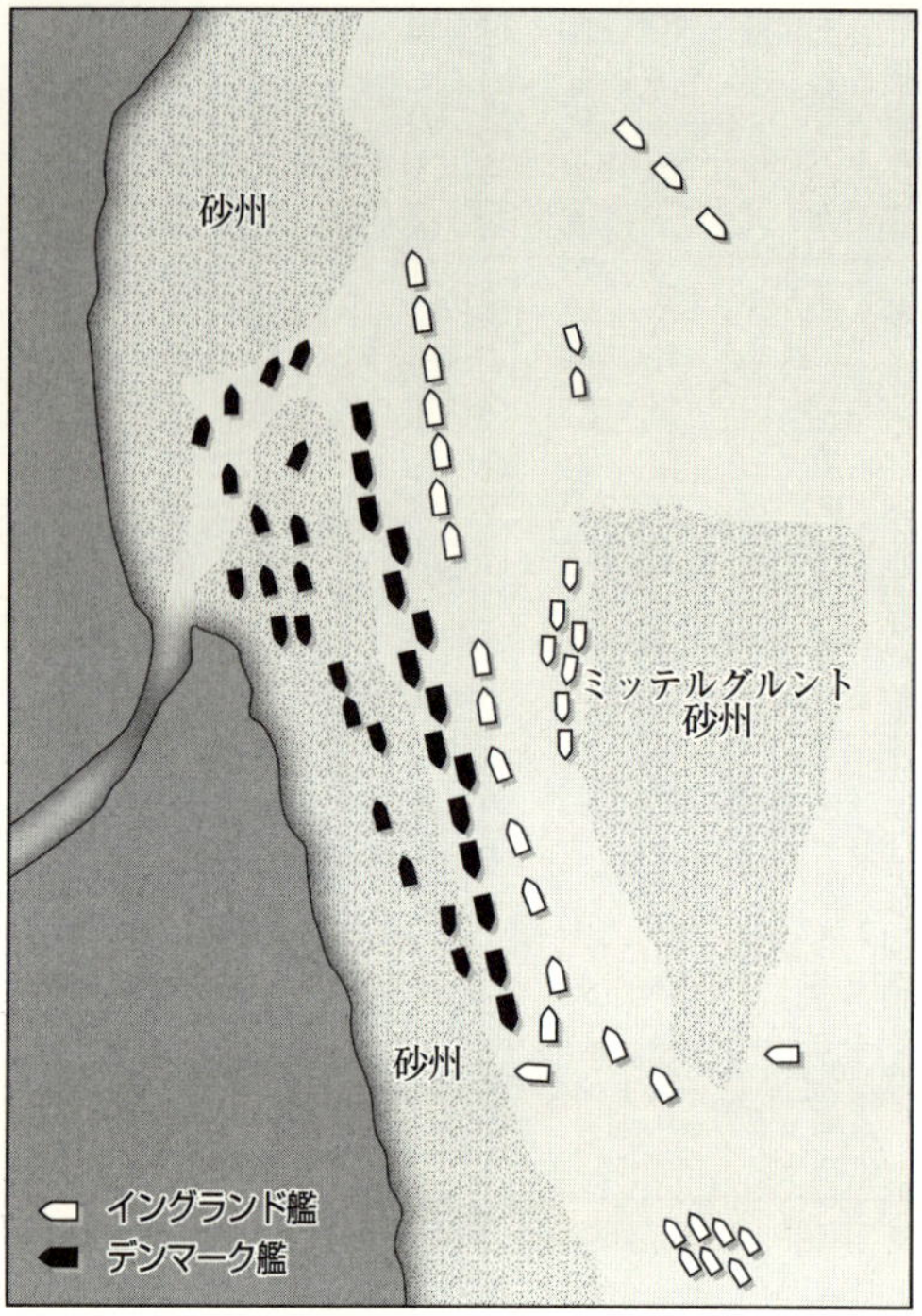

コペンハーゲンの海戦

　三十日、パーカー艦隊はヒヴィーン島の北側に投錨した。ここからコペンハーゲンまでは十五マイルである。司令長官、次席指揮官及び三席指揮官が連れ立ってコペンハーゲン港内を視察する。港内に停泊中のデンマーク艦隊は七十四門艦四隻、七十門、六十四門、六十二門、六十門、五十六門艦各一隻及びフリゲート艦十四隻である。視察の後、司令長官は旗艦〈ロンドン〉で作戦会議を開き、その席上で攻撃を躊躇した。司令長官ハイド・パーカーは六十二歳の好々爺だが、かつてドッガーズ・バンクで奮戦したハイド・パーカーの息子で、決して臆病ではなかった。その彼が攻撃を逡巡したのは無理もない。当時、港湾に停泊する艦隊を海上から攻撃するのは困難とされていた。まして、今回は無数の陸上砲台に守られていた。ところが、次席指揮官は「この期に及び何事」と一歩も引かない構えを見せ、最後に「この作戦は私がやりますから、長官は後方で見ていて頂きたい」ということになった。

四月一日朝、イングランド艦隊が抜錨して、コペンハーゲンまで六マイルのミッテルグルント砂州の北側に転錨した。一三〇〇時、ネルソンの旗艦〈エレファント〉に抜錨信号が揚がる。司令長官パーカー以下戦列艦八隻を残して、いよいよネルソン艦隊の作戦開始である。ネルソン艦隊は予定どおり通峡して、二〇〇〇時にミッテルグルント砂州南端で仮泊した。

ここで、ネルソンはアブキールの細心周到ぶりを再び遺憾なく発揮する。彼は自らもう一度港内を偵察しに出かけて、徹夜で作戦計画を練り上げた。翌朝、彼は各級指揮官に計画を説明し、さらに各艦航海長を参集させて細かい指示を追加した。その上で艦隊に抜錨を命じて、そのまま港の南側から敵陣に突入した。

一一〇五時、戦闘が始まり、一一三〇時、両艦隊の全艦艇が交戦状態に入った。一三〇〇時までデンマーク側の火砲はほとんど無傷であったが、ネルソン艦隊の戦列艦三隻が行動不能になった。戦闘現場から遠く離れたパーカーは不安に駆られ、一三〇〇時に信号第三十九番「交戦を中止せよ」を掲げた。そして、ネルソンの旗艦〈エレファント〉の後甲板という舞台で、後世に語り続けられる名場面が展開される。

同艦の信号士官が直ちに「艦隊信号第三十九番が揚がりました」と声を張り上げたが、ネルソンは気が付かない様子なので、もう一度報告しかけた。すると、彼は「それには及ばん。ちゃんと了解しているよ」と返事し、重ねて「私の十六番はまだ揚げているだろうな。絶対に降ろすなよ」とぶっきらぼうに答えた。その信号第十六番とは「交戦せよ」である。

以後はネルソンの一人芝居となった。司令官は「君は三十九番を知っているよな。ところで、何で私が退却せないかんのかね」と信号士官へ疑問を投げかける。だが、勇猛果敢で名にし負う提督に退却の可否を聞かれても、レフテナント風情《ふぜい》の信号士官には返事のしようがない。そこで、ネルソンは次に旗艦々長フォー

「本当に何も見えんぞ」

リーに向かって有名な台詞を吐きつけたのである。曰く「私は片目だよ、時には盲にもなろうさ」。さらに、元々見えない右目にわざわざ望遠鏡を当て、「何イ、艦隊信号だと。私には本当に何も見えんぞ」とうそぶくと、信号士官に向かって「十六番は釘付けにしておけ。それが私の応答信号だッ」と怒鳴った。

　つまり司令長官の信号を無視しろというのだが、怒鳴られたほうは、あの有名なセント・ヴィンセント岬の話が本当なのだと改めて得心したに違いない。上図はよく知られた当時のエッチングであるが、ネルソンは見える左目にアイ・パッチを当て、その左目で望遠鏡を覗いている。ちなみに、彼はコルシカ島のカルヴィで失った右目には終生アイ・パッチを用いなかったという。

　それから三十分後に形勢が逆転し始め、一四〇〇時にデンマークの全火砲が沈黙した。イングランド側の死者二百五十五人と傷者六十五人で、デンマーク側は死傷者千六百から千八百人とも言われる。文句なしにネルソンの圧倒的勝利である。その勝利には敵側のデンマーク皇太子すらが賞賛の親書を送ってきたし、ましてイングランド本国ではアブキールの英雄に再び割れんばかりの拍手喝采を送った。

その一方、海軍内部ではネルソンの信号無視が論議を呼んだが、今回はセント・ヴィンセント岬の場合と違い、彼がこれに釈明した形跡はない。恐らく彼はまた「無視」したのであろう。その代わり、無視されたパーカーが「私の三十九番は退却を命じたのではなく、その是非を現場指揮官の判断に委ねた」とか、「ネルソンが撤退を逡巡しないよう、また撤退しても後に彼の不名誉にならないよう配慮した」とか訳の判らない釈明をした。以前、セント・ヴィンセント岬沖で「無視された」海軍卿ジャーヴィスは内心「ネルの奴、またやりやがった」と思ったことであろうが、今回も知らぬ顔の半兵衛をきめ込んだ。この提督は軍紀に関する峻厳さで知られていたが、存外に狸親爺でもあったらしい。一八〇一年十二月二十九日、ナイル男爵ネルソンはコペンハーゲンの功績で子爵に叙せられた。

ちなみに、イングランド海軍史家ブライアン・レイヴァリーによれば、イングランドがロシア皇帝パヴェル一世の暗殺をもう九日早く知っていたら、この海戦は起きずに済んだという。[三九九] いずれにせよ、ツアーの暗殺と「コペンハーゲンの海戦」が一八〇一年六月十七日のペテルブルグ条約の締結をもたらし、これで第二次武装中立同盟が崩壊する。

アミアンの和約

この戦争中、英仏双方が講和に動き出したことが三回あった。最初が英仏衝突の三年目の一七九四年十二月、次いで八年目の九九年十二月、そして九年目の一八〇〇年だが、いずれも合意に至らなかった。片や海上で勝ち続けるイングランド、片や大陸で連戦連勝のフランスで、どちらも強気であったからであろう。だが、実際は双方とも戦争に疲れていた。

一八〇一年に英仏間で和睦交渉が始まると、双方が合意を急ぎ、十月一日に予備条約に調印した。ナポレオンの場合は、この辺で国内の独裁基盤を確立するためであろうが、理解できないのは、イングランドが西インド諸島、喜望峰、マルタ及びミノルカを元の領有に返還するとまで約束したことである。なぜ九仞《きゅうじん》の功を一簣《いっき》に欠くような性急さを見せたのであろうか。この辺りはイングランド海軍史もイングランド政府が講和を急いだからとしか説明していない。

一八〇二年三月二十七日、十年間のフランス革命戦争に終止符を打つアミアンの和約が、フランス、イングランド、オランダ、スペインの間で締結された。イングランドはオランダ領セイロン、スペイン領トリニダドを保持するが、その他の占領地を放棄し、マルタとエジプトからの撤退を約束した。フランスはイングランドに占領された領域を回復し、ベルギー、ライン左岸、ピエモンテの領有を認められた。

第七節　ナポレオン戦争

ナポレオン戦争の初めと終り

そもそも、この戦争が「ナポレオン戦争」と呼ばれるのは、ナポレオンという傑出した人物が終始戦争の主役を演じたからであろう。また、この戦争の開始と終結が他に類を見ない特徴を呈しているのも、彼の存在が然らしめたところと思われる。

さて、その「初め」であるが、ナポレオン戦争ほど開始時期に諸説あるケースは珍しい。これは、ナポレオンが戦争の主導権をいつ握ったかという認識の違いによると考えられる。即ち、彼が一将軍としてイタリアやエジプトに遠征した頃か、霧月《ブリュメール》十八日のクーデターで政権に加わってからか、はたまた皇帝になってからか。あるいは、これらとは関係なく、イングランドが対仏宣戦布告をした一八〇三年五月十八日とする説もあり、これはこれで大いに説得力がある。さらには、フランス革命戦争とナポレオン戦争は一続きの同じ戦争だと極論する学者もいる。先の戦争の講和条約であるアミアンの和約がわずか一年有余で瓦解したから、これは休戦協定に過ぎないと見なせるからである。もっとも、いずれにせよ大した問題ではないので、単に余談として指摘するに留めておく。

しかし、「終り」には、極めて重要な歴史的意義がある。翻って、これまでイングランドが戦ってきた一回の英西戦争、三回の英蘭戦争及びこれまで六回の英仏戦争において、一方の国家元首が正式に降伏した例がただの一度でもあったであろうか。すべての戦争は、勝敗を明確にしないまま終わっているのである。ところが、今回のナポレオン戦争では、ナポレオンがカウント・テンでノック・アウトされるまで、イングランドをはじめとするヨーロッパ諸国は終了ゴングを鳴らさなかった。つまり、この戦争は交戦国家間の勝敗が明確になってから終結したのである。

　このことを初めて指摘したのは、プロイセンの将軍クラウゼヴィッツである。彼はナポレオン戦争を「絶対戦争」と観念して、かかる戦争が出現した理由を暴力の無限界性という概念で説明した。これで彼の観念的戦争論は片が付くが、歴史の話となれば、この戦争で暴力が無制限に行使された理由の説明を要する。そこで、それを究極の交戦国であったイングランドとフランスを対比しつつ概観してみたい。

　先ず、なぜ双方が決着のつくまで戦ったか。端的に言えば、イングランドという国家の利益とナポレオンという個人の野心が競合して、衝突したからである。これまで幾度か触れたとおり、この国独特の伝統的な安全保障政策があって、いずれか一国がヨーロッパ全域を支配するのを怖れて、事ある毎に大陸に干渉して勢力均衡を図ってきた。そこで、ナポレオンという大津波がまさにヨーロッパ全土を覆わんとしたとき、イングランドは自己保存本能に従って「ナポレオン撃つべし」と宣戦布告したわけである。

　一方のナポレオンにすれば、グレート・ブリテン島を蹂躙すれば、ヨーロッパ支配は夢ではなかったし、その支配圏をさらに非ヨーロッパ圏まで拡大したも同然である。かくして、双方ともに妥協の余地はなく、第三者の容喙も入り込む隙間がなかった。だから、ウォータールーの後、イングランドはこの瀕死の怪物を絶海の孤島セント・ヘレナに幽閉したが、これとてもこの国が単独で決定し実行して、ヨーロッパの関連諸国に有無を言わせなかったのである。

　次に、なぜ双方が国家資源を挙げて総力戦を継続できたか。一つには、イングランドは植民地貿易と産業革命による経済力に支えられていたし、片やフランスはヨーロッパ随一の自給自足の農業国であったからである。ただ、これはあくまでも国家経済上の可能性であり、これだけで両国々民が戦争を最後まで継続した理由は説明しきれないのであって、そこに何らかの大義がなければならない。

イングランドの動機は単純明快である。ナポレオンの脅威が消滅しないかぎり、この国には繁栄はおろか生存すら望めなかったからである。だが、フランスの場合はそう簡単ではない。私見によれば、最後まで野心を持ち続けたナポレオンに、国民が引きずられたためである。そこで、以下に「ナポレオンが野心を持続できた理由」と「国民が彼に引きずられた理由」とを段階的に説明するが、これもまた私見であると予め断っておく。

ナポレオンが最後まで戦いを継続できた所以は、その戦い方にあった。例えば、封建国家における絶対専制君主ルイ十四世は、いわば身銭を切って戦争をしたと言える。なぜなら、彼の軍隊や艦隊はブルボン家の私有財産だからである。彼は機会ある度に武力で領土を拡張しようとしたが、そうした戦争は自分の富を増やす経済活動ともいうべき側面があった。従って、利益が少なくとも、あるいは多少の損は我慢しても、適当なところで講和を選択した。そのほうが最後まで戦って破産するよりはましだからである。

つまり、当時の戦争は国家対国家の抗争のように見えるが、実は君主対君主の個人的闘争であった。だから、損益勘定の如何で収束されたのである。

一方、ナポレオンは国家資源を湯水のように使い、損得なしに戦えた。それを可能としたのが国民皆兵制度である。彼は一片の令状で軍隊と艦隊を幾らでもひねり出したが、ツケは「親方三色旗」にまわすから、自分の財布を気にする必要は全くなかった。しかも、独裁的な皇帝ナポレオンは時のイングランド首相ピットやアディントンとは違って、対等の政敵がいなかった。従って、彼は誰に邪魔される心配もなく、国家資源の最後の一滴まで搾り取れたのである。

次に、フランス国民がナポレオンに引きずられた理由であるが、それは戦争の目的にあった。先にいうところの大義である。そこで、話がやや観念的になるが、ナポレオンが拠って立つ国民皆兵制度に底流する理念に着目したい。言ってみれば、この制度は自由平等という革命の指導理念の所産であり、前述のとおり、ナポレオン戦争はフランス革命戦争の継続という様相を呈していた。

右の意味において、ナポレオンと国民がともに革命の延長線上で戦ったのである。先のフランス革命戦争を通じて、革命の理念は祖国の栄光という理想へ昇華し、その最中に彗星の如く現れたナポレオンを、民衆が光栄ある祖国の象徴と見なしたとも言えよう。つまり、この一瞬に、新生革命フランスは即ちナポレオンその人となった。さらに別な言い方をすれば、ナポレオンの個人的な野望が国家的な大義にすり替わったのである。だから、国民は喜々として彼に従ったのであろう。だからこそ、彼が一敗地にまみれて幽閉されたエルバ島を脱出して帰還すれば、これを民衆は歓呼して迎えたのである。

しかも、こうしたナポレオンへの傾倒は、フランス国内のみならず国外にも広がった。フランスと戦った国の中にさえ、革命の理念に賛同し、その体現者ナポレオンを賛美する人々が多かったのである。イングランドの熱血詩人バイロン然り。彼は王政フランス艦隊と戦った提督を祖父に持ちながら、ナポレオンに傾倒した。気難し屋の作曲家ベートーベンまた然り。当時、彼は一時ナポレオンに蹂躙されかかるウィーンに在住しながら、自分の作曲した交響曲に『英雄《エロイカ》』と表題し、これを一度は敵将ナポレオンに捧げたのである。

ナポレオンのイングランド侵攻計画

大陸と一衣帯水のグレート・ブリテン島は、ヨーロッパ最強の陸軍国フランスがその気になりさえすれば、鎧袖一触で片付きそうに見える。だから、戦争の度に、この国はこの島の侵攻を思い立った。フランス革命戦争において、一七九八年十月、フランスとオーストリアがカンポ・フォルミオの和約を結ぶと、イングランドが孤立した。翌年二月、革命政府はナポレオン将軍をイングランド侵攻部隊総司令官に任命するが、彼は「本計画に成功の見込みなし。むしろエジプト遠征を先行させるべし」と進言する。
マハンに言わせれば、その理由は「ナポレオンが政府の戦争指導に不信の念を抱き始めた」からである。[四〇〇]
さらに言えば、彼の優れた戦略眼からすれば、イングランド侵攻は見かけよりはるかに容易ならざる事業であって、それをやり抜く気概と能力が革命政府にはないと見たのであろう。それに、彼には乃公出《だいこういで》ずんばとの自負もあったに相違ない。事実、彼はエジプト遠征に失敗しながら、クーデターで政権を奪うのである。

今次の戦争はナポレオンの完全な主導の下で戦われるから、彼はイングランドの宣戦布告を受けると直ちにグレート・ブリテン島進攻を決意する。先ず、彼はイングランドの注意をヨーロッパ大陸に向けさせるために、ハノーヴァーとナポリへ軍を進める。イングランドにとって、前者は国王の故国であり、後者はレヴァント貿易の拠点である。次に、海軍国オランダに対イングランドの宣戦布告をさせた。これでイングランドはこの方面にも艦隊を割かざるを得ない。

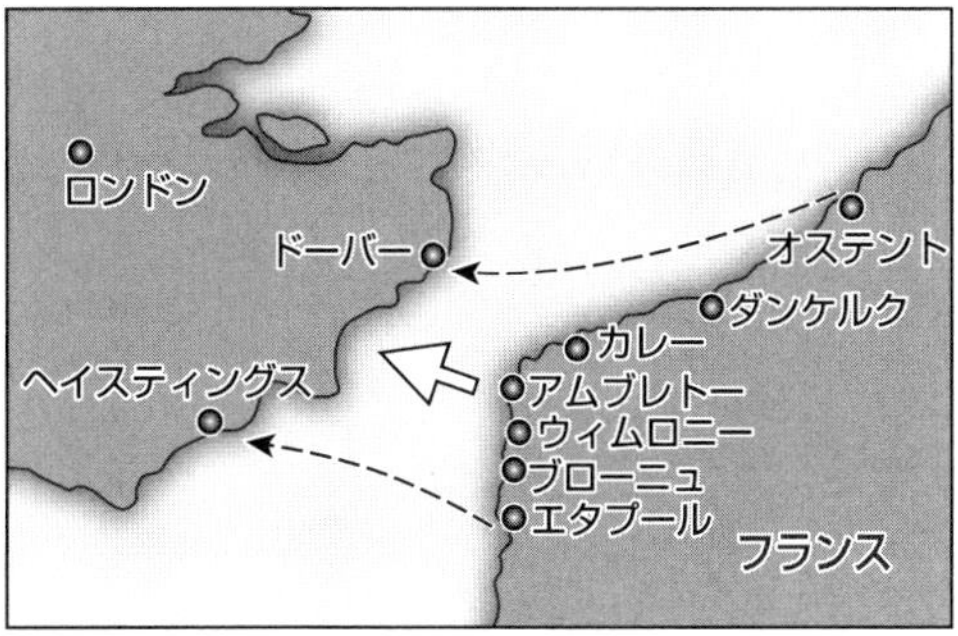

侵攻部隊の発進地と上陸地

そうしておいて、やおらナポレオンは侵攻作戦の準備にとりかかり、侵攻主力の七個軍団がオランダやベルギーなど中欧及びフランスの沿岸に配備された。ハノーヴァーに一万八千、ユトレヒトに二万、ブルージュに二万八千、ブローニュに三万二千と二万七千、モントルイユに二万五千、またブレストに一万五千である。当初計画によれば、そのうち二万はアイルランドで陽動し、主力の十四万五千が平底の輸送舟艇でドーバー海峡を横断して、ドーバーからヘイスティングズに至る海岸に上陸する。

このため、ナポレオンはエタプール、ブローニュ、ウィムロー及びアムブレトーに千九百二十八隻の輸送舟艇を配備した。これらの舟艇群はブローニュ・フロティーラと総称され、輸送能力は兵員十三万千人と騎馬六千二百十二頭であった。[四〇一] これとは別に、カレー、ダンケルク及びオステントに配備された船団四百隻、兵員二万七千及び騎馬二千五百が予備軍として待機していた。

一方、フランスの侵攻を迎え撃つイングランド正規軍は兵員四万と騎馬一万二千である。召集兵四万と義勇兵三十四万もいたが、これらは訓練されていなかったから、烏合の衆同然である。首相アディントンに諮問されたバンバリー将軍は[四〇二]「一八〇三年から四年にかけての冬季、ナポレオンが侵攻してくれば、わが軍はひと溜りもありません」と答申するしかなかった。[四〇三]

しかし、ナポレオンの侵攻計画にも容易ならざる問題があった。先ず、作戦の発動から全軍団が舟艇で発進するまでの所要時間である。当初、ナポレオンは十時間を見込み、後に二、三週間に修正した。荒天を冒して実施した兵員輸送訓練で、兵士二千が溺死する惨事が生起したからだ。次に、ドーバー海峡海域の制海権である。侵攻部隊の発進に週単位の日時を要し、ブローニュはじめ七つの港から上陸地点まで約四十マイルはある。だから、制海権なくして、作戦の成功はあり得ない。その制海権を担うのが、ブレスト、ツーロン、フェロル及びロシュフォール各港の艦隊である。

当初計画では、ブレスト艦隊が兵員二万を乗せて、アイルランドへ向かう。これでイングランド艦隊を分散させ、その隙にツーロン艦隊がジブラルタルを通峡しロシュフォールとフェロルの戦隊と合流し、ブローニュ沖から輸送舟艇群の護衛に当たることになった。主作戦の成否の鍵を握るツーロン艦隊司令長官には、当時のフランス海軍で最も勇敢とされるラトーシェ・トレヴィル提督が任命された。

最後の問題が、マハンの指摘するとおり、ナポレオン構想に潜在する脆弱性である。彼の戦略に不可欠なのは侵攻主作戦と陽動支作戦のタイミングである。つまり、主力部隊や陽動部隊のそれぞれが、所定時期に所定コースを経て所定地点で合同する必要があった。そこにわずかでもズレが生じると、全体が崩壊しかねなかった。[四〇四]しかも、広く分散した部隊のすべてが風波に弱い平底舟艇群と万事風任せの帆走艦隊に依存するのであるから、その行動の精緻な予測は神以外の誰にできようか。かくして、ナポレオンの計画はあまりにも多くの「タラ」と「レバ」に依存していたのである。

イングランド海軍卿セント・ヴィンセント伯爵は、フランスの全港湾に厳重な封鎖線を敷いた。海峡艦隊がブレスト、フェロル及びロシュフォールの沖合で監視を継続し、地中海艦隊はツーロン沖で網を張った。さらに、百隻以上のフリゲート艦や小型艦艇がドーバー海峡と近接航路帯を哨戒した。元来、彼は頑固な封鎖戦信奉者であったが、それを闇雲に押し通したわけではない。彼の慧眼はナポレオン戦略の弱点を見抜いていたのである。敵の計画どおりの合同を最も確実に阻止するのが封鎖作戦であるが、たとえ封鎖線の一部が突破されても、それで全体の阻止作戦が崩壊する恐れはなかった。

ただ、ナポレオンが徹底した保全態勢を敷いたから、イングランド政府は敵がいつどこへ向かうか見当もつかず、艦隊はビスケー湾やリヨン湾の過酷な風波と戦いながら、果てしない監視行動を継続した。その一人コーンウォリス提督は、ブレスト沖から友人に「この身が鋼鉄でなければ、提督は務まらない」と書き送ったほどである。[四〇五]だが、口さがないロンドンっ子は「海軍卿は役所の椅子で居眠りし、艦隊がただひたすら洋上をさまよう」と憎まれ口を叩いていた。

イングランド侵攻計画の発動と破棄

ナポレオンは作戦発動を一八〇四年一月中旬と決定した。だが、作戦準備は遅々として進まない。先の戦争で消耗した艦隊を一年有余の休戦期間で完全に復旧できるわけがないし、造船資材や武器弾薬が不足し、復旧作業に投入する職人も払底していた。おまけに彼の足許をすくうように、パリで王党派の陰謀事件が発生した。しかも、フランス官憲が首謀者ダンギャン公を国外まで追いかけて逮捕したから、これに抗議したプロイセン及びロシアとの国際問題へと発展していた。

そこでナポレオンは、ツーロン艦隊司令長官宛に七月二日付の書簡を送り、艦隊の出撃を八月一日に延期した。そしてその八月一日が迫るが、依然、輸送舟艇群の編成が完了しなかったため、彼は再び数週間も先送りした。

悪い時には悪い事が重なるもので、二十日、ツーロン艦隊司令長官のトレヴィルが急死した。後任には先のエジプト遠征の護衛戦隊次席指揮官ピエール・シャルル・ヴィルニューヴ提督[四〇六]が任命されたが、ナポレオンは彼の優柔不断な性格を嫌って、その任命をかなり躊躇した。しかし、ほかに適任者がいなかった。

結局、ナポレオンは計画を大幅に修正することになる。新計画では、侵攻主作戦の基幹艦隊をツーロン艦隊からブレスト艦隊に代えた。司令長官はヴァイス・アドミラルのオノーレ・ガントゥーム[四〇七]である。彼はアブキールで爆沈した〈ロリエント〉で奇跡的に生き残り、その後もなぜかナポレオンからひどく気に入られていた。このブレスト艦隊はアイルランドで侵攻軍を揚陸した後、ドーバー海峡にとって返し、輸送舟艇群の海峡横断を護衛するか、状況により、オランダに集結中の部隊二万五千をアイルランドに送ることになっていた。即ち、前計画の陽動支作戦のアイルランド侵攻が主作戦に格上げされたわけである。そして、陽動支作戦を新たな西インド諸島行動に変更し、これをツーロン艦隊とロシュフォール戦隊に担当させた。ツーロン艦隊は十月十二日までに、ロシュフォール戦隊は翌月一日までに出発する。以後、両部隊が西インド諸島で合同して、適時にロシュフォールに戻ることとされた。

ここで不思議にも、ナポレオンは自らが信頼する有能なトレヴィルを失いながら、第二次計画を当初計画より大規模に拡大したのである。

さらに理解し難いのは、新陽動作戦の指揮官に無能と嫌ったヴィルニューヴを当てたことである。なぜなら、主作戦と支作戦という計画上の位置づけに関係なく、西インド諸島行動のほうがアイルランド作戦より

ピエール・ヴィルニューヴ

はるかに広汎にわたる判断と複雑困難な部隊運用を要求されるに決まっているからである。本来、彼の戦略は透徹した思考と緻密な配慮に裏打ちされているはずが、どう考えても、この作戦の変更は彼に似つかわしくない。やはり、彼はあくまでも陸の王者であり、それも天才的な王者なるがゆえに適切な助言者を持たなかったのであろうか。

一八〇四年十二月十二日、スペインがイングランドに宣戦布告した。戦争の当初、この国は中立であったが、かねてよりナポレオンから一七九六年のサン・イルデフォンソ条約に規定される戦力の提供を強要され、その脅しに負けたのである。同月、イングランド侵攻作戦計画の実施細部要領が、ヴィルニューヴ提督のツーロン戦隊とミシシー提督のロシュフォール戦隊に示された。

明けて一八〇五年、いよいよナポレオンのイングランド侵攻計画が発動される。先ず一月十一日、ミシシー戦隊がロシュフォールを抜け出し、二月二十日、西インド諸島のマルティニクに到着する。次に、一月十八日、ヴィルニューヴ艦隊の戦列艦十隻及びフリゲート艦六隻がツーロンを脱出するが、この時にあえて荒天時を選んだのはネルソンの目をくらますためである。ちなみに、彼はエジプト遠征艦隊の次席指揮官であったから、ネルソンとは、アブキールですでにお馴染みである。

この二人は、トラファルガー沖で相まみえるまでに、地中海ばかりか大西洋とカリブ海にまたがる鬼ごっこを演じることになる。ヴィルニューヴのツーロン脱出時、ネルソンは戦列艦十一隻でイタリア半島西方からスペイン東岸の間で網を張りながら、フリゲート艦にツーロン沖を監視させていた。そのフリゲート艦からヴィルニューヴ出撃の報告を受けたネルソン戦隊は、シチリア、ナポリ及びエジプトの沿岸を隈なく捜索するが、敵を捕捉できなかった。それもそのはず、最初の夜の荒天航行で戦列艦三隻が航行不能となり、ヴィルニューヴ艦隊はツーロンに戻っていたからだ。かくして、ナポレオン計画の初動は失敗に終わる。

そして、ナポレオンは再び計画を大幅に変更した。スペインから艦艇が増援されることになったからである。彼はアイルランド遠征を取り止め、主力艦隊の全部を西インド諸島で集結させ、ここからブローニュやドーバー海峡に直行させる。これも、艦隊運用に無知蒙昧なド素人の作戦というほかはない。全艦隊が一緒になって主作戦と支作戦を一連の流れとして実施するわけである。第一これでは、折角の陽動が陽動にならなくなる公算が大き過ぎよう。第二に、艦隊が往復七千マイルを行動しながら、引き続き主作戦を敢行するなどというようなことが可能であるはずがない。

とまれ、三月二日、ナポレオンは二度目の作戦発動を下令した。命令によれば、ツーロンのヴィルニューヴはカディスでスペイン艦を合同させ、マルティニクに向かう。ブレストのガントゥームはフェロルで仏西両艦隊を合同させ、そのまま西インド諸島に直行する。そして、マルティニクでヴィルニューヴと合同した後、ガントゥームは四十隻の大艦隊を率いてブローニュに折り返す。

三月十三日、ネルソンは再びツーロン沖に到着して、ヴィルニューヴが戻ったことを知ると、以後はサルディニアで待機することにした。三月二十九日、ツーロン艦隊が出動したが、今度のヴィルニューヴは思いがけない幸運に三度も恵まれる。ただし、彼自身が実感するのは最初の一回だけであるが。

前回と同様にネルソンを騙すため、ヴィルニューヴは初めサルディニアへ向かった。その当のネルソンがサルディニアにいるとの情報を通りがかりの商船から得た。これがヴィルニューヴの最初の幸運である。彼は直ちに西航に転じ、四月九日、まんまとジブラルタルを通峡する。次いで、彼はカディスで七隻を合同させて、五月十四日、マルティニクに到着した。だが、第二次修正計画ですでにマルティニクに出動していたミシシーは、ヴィルニューヴもガントゥームも現れないので、ロシュフォールに戻っていた。そのガントゥームの二十一隻は、依然ブレストで封鎖されたままである。

四月四日、ネルソンはヴィルニューヴ出撃の報を受けて出動するが、十六日、そのジブラルタル通峡を知らされ、地中海の出口へ急行する。ここで、二番目の幸運がヴィルニューヴを助ける。折から強い西風が吹きまくり、ネルソンはジブラルタル通峡に三週間もかかってしまう。五月九日、彼はセント・ヴィンセント岬にたどり着くが、すでに敵が西インド諸島へ向かったと知らされる。五月十一日、彼も後を追うが、この時点で三十一日間のハンディキャップがあった。

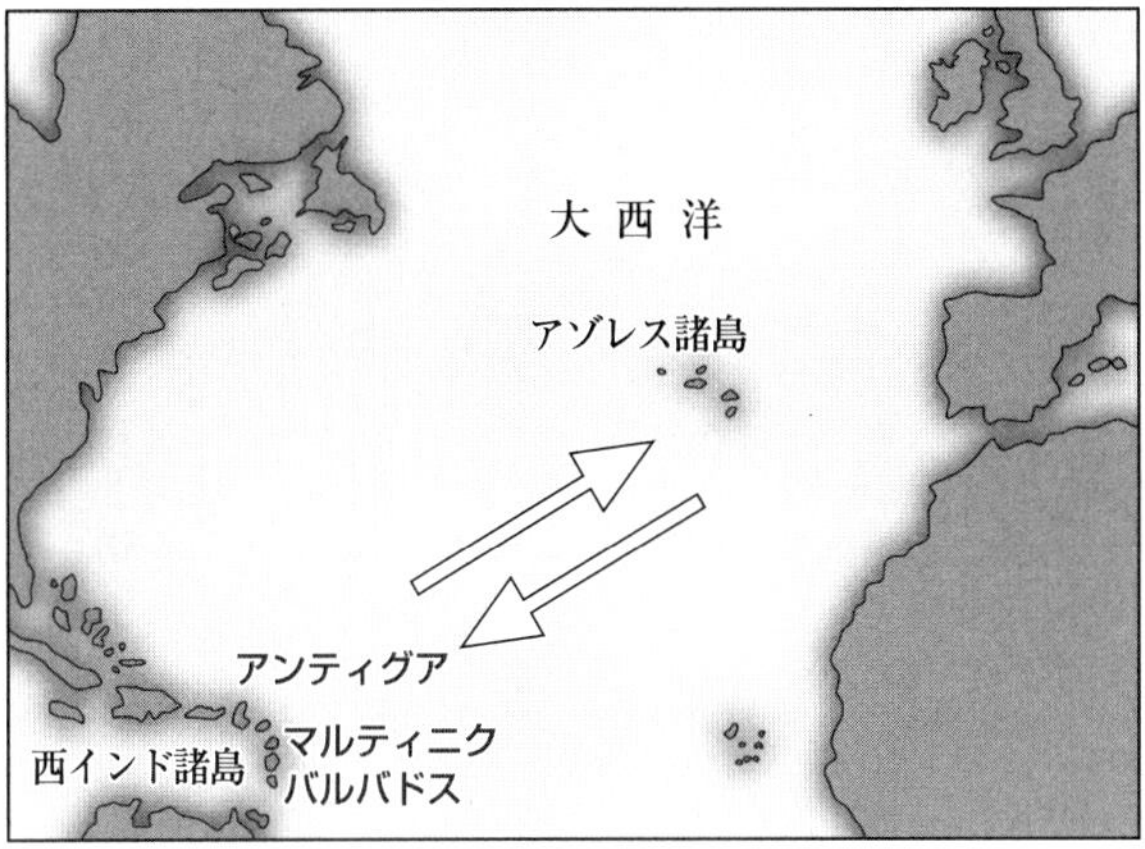

ネルソンのヴィルニューヴ追跡

六月四日、ネルソンはバルバドスに到着する。この時、ヴィルニューヴはマルティニクにいて、両艦隊は百マイルしか離れていない。そして、ヴィルニューヴがバルバドスへと南下したとき、三番目の幸運が訪れた。ネルソンがヴィルニューヴを視認したとの情報を得て、トリニダドへと南下したからだ。これが誤報と判明して、彼は急ぎバルバドスへ戻った。

その頃、ヴィルニューヴは四百マイル離れたアンティグアにいて、ネルソンの追跡を知る。そこで、彼はミシシーやガントゥームとの合同を諦めて、六月四日、ヨーロッパへ向けて北上を開始した。その三日後、ネルソンもアンティグア沖に来て、敵がヨーロッパへ戻ったことを知る。彼は直ちにブリッグ艇にアドミラルティ宛の書簡を運ばせた。翌日、自らも敵の後を追うが、敵の目的地が判らないので、とりあえずカディスへ向かうことにした。

七月八日深夜、ネルソンの報告がアドミラルティに届くと、翌日、海軍卿の命令書が海峡艦隊のコーンウォリス提督の下へ送られた。[四〇八]これによれば、コーンウォリスが海峡艦隊の十八隻を隷下指揮官のカルダー提督に与え、カルダーはフィニステレー岬西方でヴィルニューヴを阻止することになっていた。そして、カルダーばかりかコーンウォリスまでが大チョンボを犯すのである。

七月二十二日午後、カルダー戦隊はヴィルニューヴ戦隊と遭遇戦を演じて敵の二隻を捕獲したが、やがて夕闇と霧が両艦隊を引き離した。翌日、カルダーは交戦を再開しようとしなかった。それには彼なりの理由があったが、いずれにせよ彼は長蛇を逸した。もし彼にネルソンの洞察力と果断さがあったなら、敵を壊滅させるまで交戦を継続していたであろう。そして、その時点でナポレオンのイングランド侵攻計画が破綻したはずである。なお、後にカルダーは軍法会議にかけられることになる。

危うく命拾いしたヴィルニューヴはスペインのヴィゴに寄り、八月一日、フェロル近傍のクルナに入港する。八月十三日、ヴィルニューヴがフェロル戦隊を加えた戦列艦二十九隻でカディスに向かった。そこで、コーンウォリスはカルダーに十八隻を与えてヴィルニューヴを追わせた。当時はセント・ヴィンセント伯爵ジャーヴィスの後継と見なされたコーンウォリスでも、時にはかかる愚を犯すのか。カルダーの十八隻がヴィルニューヴの二十九隻に追いついても、返り討ちに遭うだけである。また、自分に残る十六隻では、ガントゥームが二十一隻で封鎖突破の反撃に転じたら危うかった。

さすがにナポレオンは、これを絶好のチャンスと見て小躍りしたが、ガントゥームもヴィルニューヴも、乾坤一擲の好機に乗じようとはしなかった。フランスの凡庸な提督が二人がかりで、イングランドの名将コーンウォリスの致命的な戦略的失敗を歴史の闇に押し込めたわけである。

当時、ナポレオンは、ブローニュの侵攻軍総司令部で艦隊の到着を待ち焦がれていた。だが、ガントゥームはブレストに閉じ込められ、ヴィルニューヴはカディスに逃げ込んだままである。マハンに言わせれば、この時点で、ナポレオンの思惑が最終的に挫折した。[四〇九]

巷間、ナポレオンがドーバーの白崖を彼方に望んで「余がせめて三日ドーバーの王とならば、世界の王となるものを」と慨嘆したとされる。思うに、これは捏造された伝説で、前述のツーロン艦隊司令長官宛の書簡における「余と貴官が六時間だけドーバー海峡を支配すれば、我等二人は世界の覇者たるべし」とか、ブレスト艦隊司令長官宛のこの年七月十六日付の書簡での「せめて四、五日でも我々をドーバー海峡の支配者たらしめよ」とかが都合よく混同されたに違いない。

ナポレオンを悩ませた要因は、思うに任せぬ艦隊行動のほかに、当時のヨーロッパ情勢がある。先に触れたダンギャン公の国外逮捕以降、ロシアとオーストリアの雲行きが怪しくなった。果たして、四月十一日、英露同盟が調印された。八月九日、オーストリアとスウェーデンが同盟に参加し、第三次対仏大同盟が成立する。

八月二十三日、ナポレオンが外相タレーランに書簡で「カディスのヴィルニューヴが逡巡すれば、侵攻作戦を来年四月まで延期せざるを得ない。一方、切迫したヨーロッパ情勢にも対処せねばならない」と書き送っている。二十五日、彼は再度タレーラン宛の書簡で「余はここに決断を下すに至り、只今から行動を開始する」と告げた。九月三日、彼はブローニュを去ってパリに戻る。二十三日、彼は軍を率いてパリを出撃するが、歴史の示すとおり、十月七日のウルムの会戦並びに十二月二日のアウステルリッツの三帝会戦に連戦連勝する。この間、ナポレオンはイングランド侵攻作戦計画を破棄するとも再興するとも明言してはいないが、ざっと以上から、彼がイングランド侵攻を諦めたのは八月中下旬と断定して差し支えあるまい。

トラファルガー前夜

一八〇五年八月十五日、西インド諸島からヴィルニューヴを追ってきたネルソンは、ブレスト沖でコーンウォリスに合同した。ここで、ネルソンは彼の助言に従って帰国することにし、十八日、二年ぶりに祖国の土を踏む。このとき、エマ・ハミルトンとの久方ぶりの逢瀬を楽しむため、彼は長期の休暇を願い出た。

ポーツマスに帰投した翌々日、ネルソンはアドミラルティに出向いた。時の海軍卿はセント・ヴィンセント伯爵の二代後のバーラム伯爵チャールズ・ミドルトン提督である。アドミラルティを辞するとき、ネルソンは自分の航海日誌《ジャーナル》を残して帰ったが、これには自らが行動してきた地中海方面での情勢分析が詳細に記述されていた。これを一読した海軍卿はネルソンの透徹した見解に感銘を受け、たちどころに地中海情勢の重大性を理解した。そこで、彼はネルソンを一刻も早く艦隊に戻すことにした。

当面は本土侵略の危機が消滅したが、フランス艦隊が健在な以上、ネルソンに休暇など与えている場合じゃない。九月十五日、ネルソンはポーツマスで再び艦上の人となる。それを出撃門《サリー・ポート》で見送る民衆の誰一人として、これがこの小柄な国民的英雄の見納めになるとは思わなかったに違いない。二十八日、〈ヴィクトリー〉座乗のネルソンがカディス沖の地中海艦隊に復帰し、留守中ずっと港内のヴィルニューヴを見張っていたコリングウッド四一〇から指揮権を引き継いだ。

この頃、ナポレオンはパリでオーストリアへの出陣態勢を整えていたが、そのオーストリアを牽制するため、ナポレオンは部下将軍にナポリを攻撃させようとした。また、九月十四日、彼はヴィルニューヴに「可及的速やかに地中海に進出して、ナポリ作戦を支援せよ」と命じた。ところが、翌日、彼は海軍大臣デクレに「ヴィルニューヴを更迭し、ロジリー提督と交代させよ」と指示した。この時期の指揮官交代が妥当か否かはさて措き、常識的には、右の出撃命令と人事上の指示は順序が逆であろう。この一日の前後に、独裁者ナポレオンの心情の揺らぎを見るのは穿《うが》ち過ぎであろうか。

九月二十七日、カディスのヴィルニューヴは出動命令を受領した。十月十一日、後任のロジリーがマドリッドまで来た。やがて司令長官交代の噂が先行して届くと、ヴィルニューヴは愕然たる焦慮感に駆られた。解任されたら最後、これまでに着せられた怯懦《きょうだ》の汚名をそそぐ機会は永久に失われるのである。だから、今さら後には引けなかった。

十八日、彼は海軍大臣宛の書簡で「明日、出撃する所存です」と決意を表明した。先ず、十九日、ヴィルニューヴ艦隊の八―十二隻がカディス港から出撃し、次いで二十日、残る三十二隻が出ていった。

トラファルガー岬の海戦

いよいよ世界の海軍史上最大のショウ「トラファルガー岬の海戦」の幕が切って落されるが、その前奏曲として、いわゆるネルソンズ・タッチについて手短に説明しておきたい。巷間、この言葉は「ネルソン流の勇猛果敢な戦い方」という意味で使われるが、本来は少し違うからである。

ネルソンは地中海艦隊司令長官に就任してから、海軍卿ハウが制定したアドミラルティの信号書を補足修正する戦術覚書《タクティカル・メモランダム》を発簡した。例えば、ハウの信号書では、敵艦の左舷を攻撃するか右舷とするかは、風向で決めていた。これを彼は「敵の攻撃舷は司令長官が決定する」と改め、隷下艦長が判断に窮するのを未然に防いだ。ちなみに、この戦術覚書はネルソン独自の形式による一般命令である。そして、一八〇五年五月、西インド諸島へ向かうヴィルニューヴを追跡し始めてから、彼は二番目の戦術覚書を出し、十月九日付の最終版まで五度も修正した。この覚書に示されたネルソン流の戦術が、つまりネルソンズ・タッチであるが、その要旨は次に列挙するとおりである、

① 単縦列の戦闘序列を千変万化の洋上では愚行に等しいとして破棄したこと。

② 戦隊が相互に支援し合うチューダー朝時代の戦術を復活させたこと。（戦史家コルベットは「ネルソンとドレイクの両雄が固く握手した」と評しているが、[四一] わが秋山真之がしきりに水軍の戦術を研究したことを考え合わせると面白い）

③ 強力な戦隊を敵の後尾に投入し、もう一つの戦隊に援護させること。

④ 作戦意図を秘匿するため、一見無秩序な戦隊配備で接敵して、敵が回避時機を失するように工夫したこと。

⑤ 右の四つを組み合わせて、兵力を一点に集中すること。

さて、このネルソンズ・タッチとは後世の誰かが言い出したのではなく、実は彼自身が作り出した言葉である。彼が洋上から愛人エマに送った十月一日付の書簡の中で「作戦会議において、私がネルソンズ・タッチの説明を始めると、席上に電気ショックが走ったかのようでした。全員が賛同の意を表し、ある者は涙していました。これこそ新しく、これこそ単純明快で、他に類を見ないものです」とやや臆面もなく自画自賛している[四一二]。

コルベットによれば、当時の艦長の多くは、ネルソンが覚書どおり戦ったとは思っていなかった。現にネルソンは、併航攻撃の代わりに直角に敵戦列に突入した。また、戦闘が開始されると、当初予定の兵力集中はあっさり放棄された。だが、コリングウッドはじめごく少数の指揮官は、覚書の原則が遺憾なく展開されたと証言している[四一三]。

世間が描くネルソンのイメージとは、決然として虎穴に入る勇猛果敢な戦士の姿であろう。事実、アブキール、コペンハーゲン及びトラファルガーにおいて、その戦術の大胆不敵さは余人の追従を許さない。しかし、その裏には比類なき細心さと慎重さがある。つまり、ネルソンズ・タッチを一語で言えば、熟慮断行である。ちなみに、十月十日、彼は微に入り細にわたって練り上げた最後の戦術覚書を各指揮官に送ったが、それを次のパラグラフで締め括った。

吾が信号の見えざれば、或いはその意解《げ》し難《がた》ければ、各艦長はともかく敵艦に向首すべし。然すれば、然したる誤りなかるべし[四一四]。

話をカディス沖に戻すが、十月十九日、仏西連合艦隊の一部がカディス港から現れると、同港を監視中のイングランドのフリゲート艦によって、直ちにネルソンに報告された。この時、彼はカディスの西南西五マイルにいたが、敵をジブラルタル以西で捕捉しようと南東へ向かった。先にヴィルニューヴがフェロルからカディスへ逃げ込んだ時点で、イングランド側は、彼がブレスト艦隊との合同を断念して、ツーロンへ戻ると見込んでいた。

ただ、ネルソンは知らなかったが、十九日に出港し連合国艦隊の艦は港外で西北西の強風にあおられて南下できず、陸岸を離れるため一旦は北へ向かった。だから、翌日に出た主力部隊との合同に手間取った。二十日昼頃、ネルソンはジブラルタル海峡入口に到着したが、敵影を発見できなかったので、一六〇〇時に反転して索敵を継続した。

二十一日払暁、北上中のネルソン艦隊と南下するヴィルニューヴ艦隊が、トラファルガー岬の北西十—十二マイルで互いを視認する。ヴィルニューヴは艦隊を五個の戦隊に分けていた。前衛隊、中央隊及び後衛隊が単縦列の戦闘序列を成形し、彼自身は中央隊を直率した。残る二個戦隊は監視・予備戦隊として、スペインのドン・フレリコ・アルヴァ提督が率いていた。総勢は戦列艦三十三隻及びフリゲート艦七隻である。イングランド艦隊は風上戦隊と風下戦隊に分かれて、前者を司令長官ネルソンが、後者を次席指揮官カスバート・コリングウッドが指揮した。こちらは戦列艦二十七隻及びフリゲート艦四隻である。

また、イングランド艦隊では、各将官が自分の指揮官旗を、各艦が白色軍艦旗《ホワイト・エンサイン》を揚げた。当時の旗章規則によれば、ネルソンはヴァイス・アドミラル・オブ・ザ・ホワイトだから、風上戦隊は白色軍艦旗でよい。

だが、ヴァイス・アドミラル・オブ・ザ・ブルーのコリングウッドが指揮する風下戦隊では青色軍艦旗《ブルー・エンサイン》を揚げなければならない。しかし、ネルソンは全艦が同色の軍艦旗を用い、国旗《ユニオン・ジャック》を前部トップギャラントとメインマストの支索に掲揚することとした。彼は最初から混戦に持ち込むつもりであったから、敵味方識別を単純にしたのだが、これまた彼独特の周到さである。

　ヴィルニューヴの予期に反して、イングランド艦隊が風上側で、勢力も意外に多かった。そこで、彼は艦隊を一つにまとめて、全艦三十三隻の単縦列陣形に変えた。次いで、〇八三〇時、彼は一斉回頭の反転と緊縮縦列の成形を命じた。つまり、彼はカディスへ戻ろうとしたのである。

　ところが、海面のうねり、弱い風、それに艦長たちの拙劣な操艦技量のため、変針と陣形変換に一〇〇〇時までかかった。しかも、各艦がばらばらで、縦列の体を成さなかった。この時、ヴィルニューヴは旗艦々長に「ネルソンは並航攻撃を仕掛けてはこないで、こちらの戦列を突破するに違い

祈るネルソン

ない」と言っていた。このようにヴィルニューヴは敵将の戦術を正確に予測しながら、実際には旧態依然たる縦列戦闘序列に拘泥した。これを、一九〇〇年に全七巻の詳細なイングランド海軍史を上梓した英国海軍少将ウィリアム・クロウズがしきりに不思議がっているが、[四二五]ヴィルニューヴにはすでに戦う気がなかったのであろう。そして、艦隊をともかく北上させて、何とかカディス港へ逃げ込む可能性に縋り付いていたに違いない。

二十一日、トラファルガー岬沖を、ネルソンの旗艦〈ヴィクトリー〉を先頭とする風上戦隊並びに次席指揮官コリングウッドの旗艦〈ロイヤル・ソヴリン〉先頭の風下戦隊が併航し、三ノットでヴィルニューヴ艦隊に突っかけていた。時刻は一一〇〇時、彼我の距離は二―三マイルほどである。一一三〇時、ネルソンはコリングウッドに信号で「当隊は敵前衛を突破し、これがカディスに避退するを阻止する」と通報した。

それから、ネルソンは自室に降りた。これは彼がお祈りをするためで、それが戦闘を控えた時の習慣になっていた。彼が自室に入ると、これを信号係レフテナント、つまりネルソンの副官が追いかけた。それは公務の報告もあるが、自分の配置換えを訴えるためでもあった。彼は同艦の先任レフテナントだが、いつまで待っても副長に任命されないので憤懣やる方なかったのだが、謹厳実直なマハンは、自著『ネルソン伝』の中で、時と場合を弁えないのも甚だしいと呆れ顔である。付言すれば、件のレフテナントのジョン・パスコは、一八五六年に記念艦〈ヴィクトリー〉艦長に任命され、一年後にリア・アドミラルに昇進する。

この時、もう一人やって来た。伝令艦〈ユーヤラス〉艦長ヘンリー・ブラックウェルで、後にナイトに叙せられ、ヴァイス・アドミラルまで栄進する。彼は最後の指示を受けに来たが、敷居のところで立ち止まった。ネルソンが跪いて何か書き付けていたからである。

ネルソンがどちらへともなく言った、「オイ、信号だよ。Nelson confines that every man will do his duty〈ネルソンは諸子らが各自の義務を全《まっと》うするを確信せり〉とやってくれ」。するとブラックウェル艦長が「閣下。失礼とは存じますが、ネルソンよりイングランドの方がよくはありませんか」と口を挟んだ。どちらも意味は同じだが、受け取りようで感じが違うというのである。ネルソンは怒りもせずに「じゃ、England confines that every man will do his duty（イングランドは諸子らが各自の義務を全《まっと》うするを確信せり）にするか」と言うと、今度はパスコが注文を付けた。信号法によれば、コンファインズよりエクスペクツの方が、手っ取り早いというのである。つまり、エクスペクツは信号書にあるが、コンファインズは一字ずつ綴る必要があった。ネルソンは「何でもいいから、急いで揚げてくれ。もう一つ近接戦の信号があるんだ」と答えた。

かくして、〈ヴィクトリー〉の各檣頭に、次の数字旗の列が掲げられることになる。

「2＋5＋3」（England）
「2＋6＋9」（expects）
「8＋6＋3」（that）
「2＋6＋1」（every）
「4＋7＋1」（man）
「9＋5＋8」（will）
「2＋2＋0」（do）
「3＋7＋0」（his）
「4」（d）＋「2＋1」（u）＋「1＋9」（t）＋「2＋4」（y）

私見ではあるが、この信文の最も優れた和訳は「皇国ノ興廃ハ此ノ一戦ニ在リ、各員一層奮励努力セヨ」

を措《お》いて外にない。この信号に各艦では歓声が上ったが、それどころでない者もいた。それが艦隊次席指揮官であり、ネルソン終生の親友コリングウッド提督である。副官が件の信号を報告すると、この提督は「ネルの奴、いい加減にしろ。そんなこと、言われんでも判っとる」と毒づいたという。無理もない話で、この時、彼の旗艦はスペイン艦にまさに衝突せんばかりであった。

一二〇〇時、フランス艦の一隻がコリングウッドの旗艦〈ロイヤル・ソヴリン〉に向けて発砲する。これがこの海戦の初弾で、それを合図のように〈ヴィクトリー〉に「さらに近接して交戦せよ」の信号が揚がった。

この海戦では、両艦隊の戦列艦六十隻が約五時間も入り乱れて戦ったから、その全般を要約するのは困難である。そこで、ネルソンの旗艦であり、最も死者の多かった〈ヴィクトリー〉に焦点を合わせることにする。

一二一〇時、〈ロイヤル・ソヴリン〉が敵の戦列を突破し、以後、両艦隊が入り乱れて戦った。ネルソンは初め〈ヴィクトリー〉をスペインの〈サンチシマ・トリニダド〉に向首させた。同艦と相まみえるのは、セント・ヴィンセント岬沖の海戦以来の八年ぶりである。

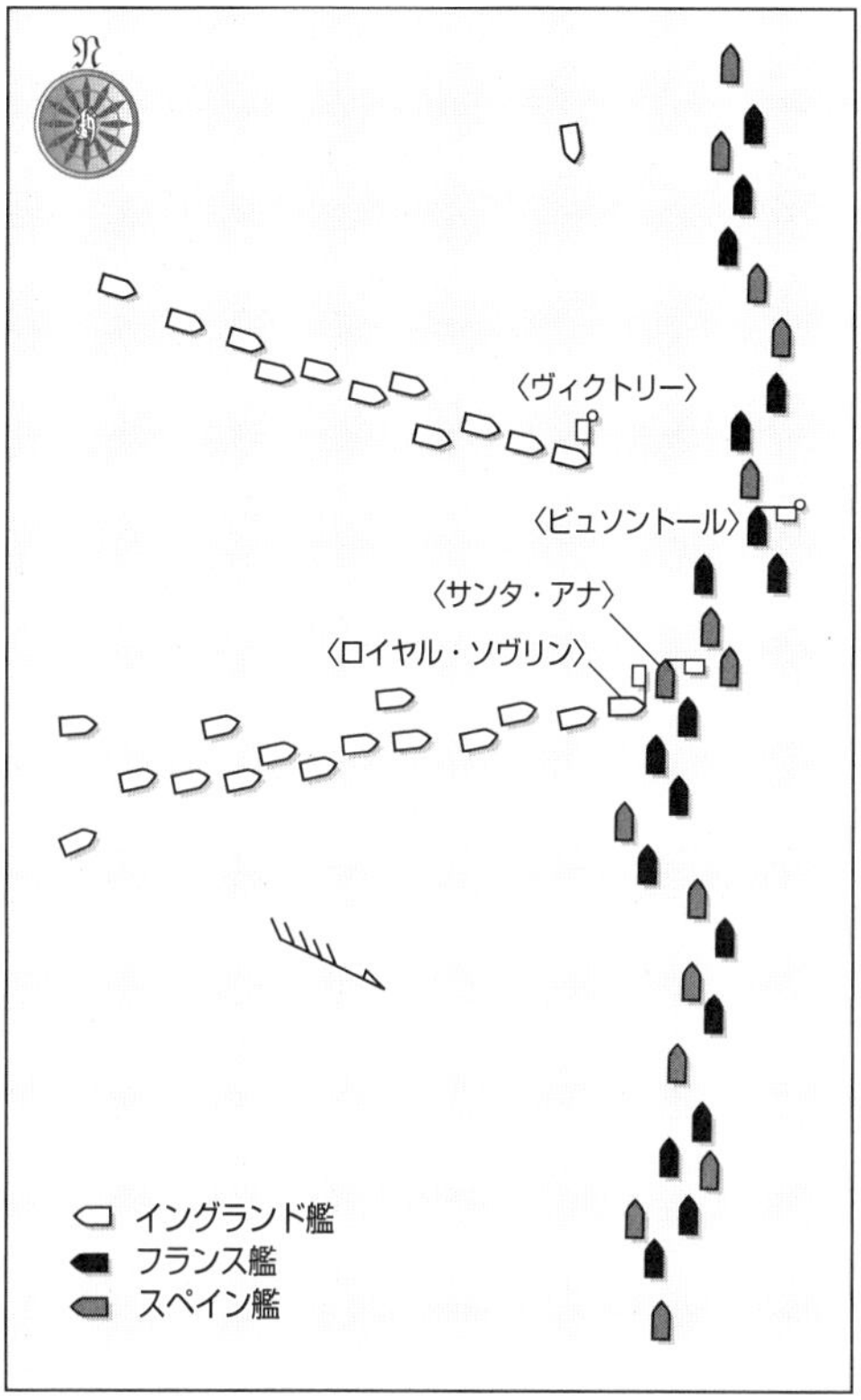

トラファルガー岬の海戦　1130時

だが、同艦の後続艦がヴィルニューヴの旗艦だと気付くと、これとの一騎打ちに転じた。
一二二〇時、〈ヴィクトリー〉が敵の射程に入り、二、三分後にヴィルニューヴの旗艦〈ビュソントール〉から連続斉射を浴び、さらに敵の前衛隊からも砲火を集中された。折悪しく、その頃から風が凪いだので、〈ヴィクトリー〉は気の遠くなるような長い時間をかけて〈サンチシマ・トリニダド〉と〈ビュソントール〉ににじり寄っていく。敵艦は互いに距離を詰めて戦列を突破されまいとした。〈ヴィクトリー〉が敵艦まで二ケーブル半（五百五十メートル）に近付いたとき、舵輪を粉砕されて下層甲板のガン・ルームでの応急操舵を余儀なくされる。さらに、前部マストのトップマストとブームが吹き飛ばされ、帆という帆がずたずたにされた。

その頃、〈ビュソントール〉にフランス艦二隻が近接して援護しようとした。そこで、〈ヴィクトリー〉艦長ハーディが「どちらかに衝突しないと、前進できません」と進言したが、ネルソンは「君に任せるから、好きなようにやれよ」と言ったきりであった。そこで、艦長は艦を〈ルドータブル〉に突っ込むように進めた。一二五九時、〈ヴィクトリー〉が今度は〈ビュソントール〉の右艦尾をすれすれに航過しつつ、そこへ左舷斉射を続けざまに浴びせた。この斉射で、相手は艦尾部と砲二十門を破壊され、死傷者四百人を出した。

〈ヴィクトリー〉は前方からの砲撃で手ひどく痛めつけられながらも、一三一〇時、遂に〈ルドータブル〉に横付けした。両艦はそのまま一緒に風に落とされたが、〈ヴィクトリー〉は非横付舷か

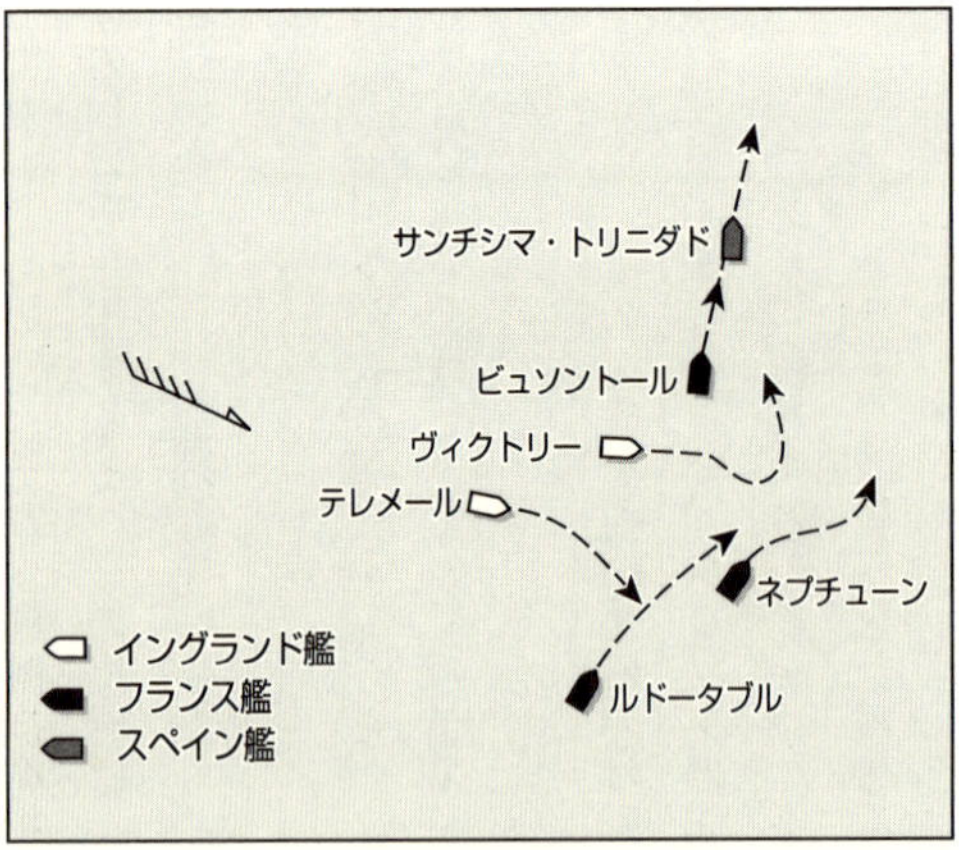

ネルソン対ヴィルニューヴの戦い

ら〈サンチシマ・トリニダド〉と〈ビュソントール〉を斉射した。つまり、同艦は右腕で一隻を抱え込み、左腕で他の二隻に殴りかかったわけである。〈ルドータブル〉の戦いぶりも見事であった。同艦はメイン・デッキからの砲撃と檣楼からの小火器射撃を浴びせかけて、一時は〈ヴィクトリー〉に乗り込み《ボーディング》を仕掛けようとした。〈ヴィクトリー〉も上甲板のカロネード砲で相手の上甲板中部《ギャング・ウェイ》を一掃し、その小火器を沈黙させた。ネルソンとコリングウッドがそれぞれに敵の戦列を突破したので、自然、敵味方の交戦グループが二つに分かれて混戦を展開した。そのまま戦いは一三三〇時頃に最高潮に達して、一五〇〇時には砲声もまばらになった。そして、一七〇〇時に日没となり、戦いが終った。

結局、イングランド艦隊は一隻も喪失しなかったが、連合国艦隊はフランス艦とスペイン艦九隻ずつを失った。死傷者はイングランド側が千六百四十二人で、連合国側の正確な数字は残っていないが、イングランドの二―四倍に上るとされている。敗残の連合国艦隊十五隻は二手に分かれ、南方とカディスに遁走した。ヴィルニューヴは捕虜となったが、後に釈放されて帰国する。一八〇六年四月二十二日、ブルターニュのレンの旅館で、彼が胸を刺されて死亡しているのが発見された。公式には自殺とされたが、ナポレオンに暗殺されたという説もあり、真実は定かではない。

トラファルガーの海戦が当時のイングランド中を沸き立たせ、今なお歴史に語り継がれるのは、ネルソンが敵の三十三隻中十八隻を葬り去って、祖国侵攻の危機を救ったからとされる。確かに、前段の戦術的成果は事実だが、後段の戦略的意義はノーともイエスとも言える。

ノーの理由は明々白々である。すでに述べたとおり、この海戦が実はナポレオンのイングランド本土侵攻計画と直接的な関連がない状況で生起したからだ。この海戦の直前、ナポレオンはイングランド侵攻計画を破棄してオーストリアに転戦していたし、この海戦当時、ヴィルニューヴの使命は友軍のイタリア作戦を支援することであったからである。

それでも、なぜイエスと言えるのか。ナポレオンが一旦は大陸戦に戻ったが、世界制覇の夢を捨てたわけではない。ならば、依然としてイングランドを攻め立てた。それがイングランドの制覇が必須要件となる。そこで、彼は大陸システムという搦め手からイングランド通商を禁止した経済封鎖政策だが、その実効は上がらなかった。それが一八〇六年十一月のベルリン勅令、即ちヨーロッパ諸国に対イングランド通商を禁止した経済封鎖政策だが、その実効は上がらなかった。マハンが言うとおり、シーパワーにはシーパワーで対抗するしかなかった。だが、トラファルガーで惨敗を喫したフランス艦隊は、その後二度と立ち上がれなかった。換言すれば、ナポレオンの状況認識や意図の如何にかかわらず、イングランドを制覇する可能性は物理的に消滅してしまったのである。

誤解のないよう付言するが、トラファルガーがすでにイングランド侵攻と関係がなかったというのは、歴史的に見ればの話であって、ネルソンの功績にいささかもケチを付けるつもりはない。なぜなら、当時イングランドの誰しもが、すでに二ヶ月前にナポレオンがイングランド侵攻作戦を放棄したとは知らず、この作戦の断固阻止という文脈において戦っていたからである。また、そう考えるのが、逆に歴史の真っ当な見方ではあるまいか。

翻って、イングランド史上、本土侵攻の危機は毎度お馴染みで、トラファルガー以後も現代に至るまでに二度はある。そして、その都度、この国は何とか切り抜けてきた。だから、私見ではあるが、この海戦の意義をイングランド本土侵攻との関連において求めるよりも、この勝利がイングランドに世界規模の海洋優勢をもたらし、この海戦の十年後から六、七十年間のパクス・ブリタニカを享受する要因の一つとなったことのほうがより重要である。

ネルソンの戦死

先に述べた〈ヴィクトリー〉と〈ルドータブル〉の交戦中、ネルソンとハーディは舵輪とキャビン昇降口の間をゆっくり往復していた。これが戦闘中の習慣で、折り返し点もきちんと決まっていた。一三二五時頃、あと一歩で回れ右するはずのネルソンが突然くるりと後ろ向きになった。ハーディのほうは定点で回れ右したが、そこにネルソンが左腕を突いてうずくまっていた。彼は直ちに下甲板に運ばれたが、医務長は手の施しようがなかった。

弾丸が右肩から胸部を貫通し、肋骨二本を砕いて背筋で止まっている。ネルソンの意識は一時間ほど混濁していたが、一四三五時、ハーディが降りてくると「どうだい戦闘の調子は」と尋ねるまでに回復した。ハーディが「上出来です、閣下。十二隻か十四隻は仕留めたようです」と答えると、「二十隻はやれたはずだが（……）味方は大丈夫かね」と言い、さらに「コリングウッドに伝えてくれ。戦闘が終ったら、急いで投錨しろと。天候が悪くなるぞ」と指示した。艦長が「それは、閣下がおやりになればよろしいでしょう」と返すと、「私はもうすぐ

瀕死のネルソン

死ぬよ。何もかも終りになる」と呟いた。

その後、再度ハーディが降りてきたが、長く留まれなかった。自分の艦はまだ戦闘中であったから、艦長にはしなければならないことが山ほどあった。彼は司令長官に別れのキスをし、後ろ髪を引かれる思いに耐えつつ戦いの場へ戻っていった。

その直前の情景を描いたのが前頁の有名な絵画であるが、記念艦〈ヴィクトリー〉案内係の先任兵曹長は、画家の描いた艦内構造が気に入らないようである。彼が眉をひそめ首を振りふり説明するに「この絵は実際と随分違っています。画面の右は当時の掌匠長《カーペンター》で、艦内で一番背が高かったと伝えられています。御覧ください。彼は平気で直立しているでしょう。ですが、皆さんも私もこうして屈《ベンディング》んでいるじゃないですか」だそうである。確かに、現場は彼の言うとおりで、この甲羅を経たシーマンには、画家の苦心の技法より事実のほうがよほど大事らしい。

一五五五時、突如ネルソンが「神よ、感謝いたします。私は義務を果たしました」と呟いた。これを彼は幾度も繰り返した。巷間、これが彼の最期の言葉とされるが、医務長が耳を寄せて最後に聴き取ったのは「神よ。そして祖国よ」であったようである。その五分後、稀代の提督は静かに息を引き取った。

戦いの後、次席指揮官コリングウッドはスクーナー艇〈ピックル〉をロンドンへ急行させた。十一月六日早朝、スクーナー艇長がアドミラルティに駆け込むと、これを次席書記官が迎えた。次いで、書記官はアドミラルティに隣接する海軍卿の宿舎に赴いて、バーラム伯爵のベッド・カーテンを開けた。

「閣下。地中海艦隊がトラファルガー岬沖で大勝利を収めました」

「そうか。やはりネルはやってくれたな」

「ですが、閣下。我々はそのネルソン卿を失いました」

海戦から一週間後、〈ヴィクトリー〉がネルソンの遺体を載せたままジブラルタルに到着し、応急修理に従事した。ちなみに、その柩はアブキールの海戦に参加した〈オリエント〉のメインマストの木材で作られていたが、海戦の翌年に同艦々長がネルソンに贈ったものである。十一月三日、中将旗を半旗に掲げた〈ヴィクトリー〉がイングランドへ向けて出立し、ポーツマスを経由してテムズ河口に回航した。二十二日、ネルソンの柩は公用ヨット〈チャタム〉でグリニッジ海軍病院へと届けられ、翌年一月八日、〈ヴィクトリー〉乗員十六人が漕ぐバージでホワイトホール船着場に到着してから、アドミラルティのキャプテンズ・ルームに運ばれた。その翌日、盛大かつ荘重な行列が柩を守りながら、アドミラルティからセント・ポール大寺院へと向かう。

ネルソンの葬儀は、異例ずくめであった。先ず、イングランド海軍の最高位であるアドミラル・オブ・イングランドのピーター・パーカーが葬儀委員長となり、自ら行列の先頭に立った。この彼こそ、初めてネルソンを艦長に昇進させた提督である。次に、この行列には〈ヴィクトリー〉の乗員代表数十人が参加していた。彼らが「俺らっちにもオヤッサンを送らせてくだせい」と願い出たが、これを当初アドミラルティは一蹴した。当時、階級社会の権化のようなイングランド海軍においては、下士官水兵が提督の公式葬儀に参列するなどとは、とても考えられ

セント・ポール大寺院のネルソン廟

ないことであった。だが、やはり階級意識の強い新聞と世論が乗員たちを強力に応援した。事ここに至って、ようやく当局が折れたのである。

異例のトリは、皇太子ジョージである。彼は日頃から愚行の数々で父王や国民から忌み嫌われていたが、何を思ったかネルソンの葬儀への参列を願い出た。これを国王は許さなかったが、彼は一個人としてなら構うまいとして、セント・ポール大寺院に赴いて葬儀に参列した。

その頃、ネルソンの親友コリングウッド提督は地中海にいた。二人の出会いは、ネルソンが新米レフテナントとしてフリゲート艦〈ロウェストフト〉に着任した時で、爾来、二人は刎頸の交わりを結ぶ。コリングウッドも優れた海軍士官であった。アドミラルティや提督はネルソンを転出させると、その後釜に決まって彼を据えた。従って、彼は艦長、将官への昇進も二、三年遅れでネルソンを追うことになる。この二人、実はコリングウッドの方が八歳年長である。自然、彼が兄貴分となり、ネルソンが女に逆上《のぼせ》せあがる度に宥めていた。だから、歴史に残る信号にも平気で「ネルの奴。いい加減にしろ」と言えたのであろう。

海戦後、コリングウッドは洋上からアドミラルティへ戦勝報告書を送ったが、それは「本来、この報告書は小官が書くべきではありませんでした」で始まり、ネルソンを失った悲しみが綿々と綴られている。

今まさに、小職は慟哭《どうこく》の淵に溺れんとしております。我々は後世に不朽の名を残すべき一人の英雄を失いました。しかし、小職にとって、この英雄は若い頃から親しくした終生の友人であり、その隅々まで知り尽くしております。また、彼の人に抜きん出た思考にどれほど励まされて参ったことでしょう。この友の死に直面して、小職は心が張り裂けんばかりです。確かに、彼は栄光に包まれて逝きましたが、それを思っても、悲しみは少しも癒されないのであります。[四一六]

イングランド海軍史上、これほど私的な感情が曝け出された戦勝報告書がかつてあったであろうか。イングランド海軍のみならず、国民と国家にとっても、ネルソンの死は深刻な悲しみで、補いようのない損失であった。当時のイングランド海軍には人並み優れた提督は幾らでもいたが、提督ネルソンの器量は彼らをはるかに凌駕していた。

九世紀末のアルフレッド艦隊以来一千年を経て、イングランドのシーパワーは世界の海を制覇し、その頂点に立ったのがネルソンである。だから、マハンは自らの『ネルソン伝』に「グレート・ブリテンのシーパワーの体現」という副題を付し、全二巻八百五十二頁の最後をセント・ヴィンセント伯爵の次の言葉で締め括った。There is but one Nelson. つまり、当時第一級の提督ジョン・ジャーヴィスが見ても、後世のマハンが偲んでも「ネルソンはただ一人」であって、「ネルソンの前にネルソンなく、ネルソンの後にネルソンなし」なのである。

しかし、ここであえて彼の負の部分にも触れておく。これまで散々褒めておいて、ここで梯子を外すという下賤な下心があるわけでは決してない。戦前、戦中を通じて、わが国は滅多やたらに軍神や聖将を祭り上げたが、ネルソンは軍神でも聖将でもなく、幾つかの弱点を秘めた一個の人間でしかない。これを認識してこそ、初めて彼の提督としての偉大さが理解できると信じるからである。

一九〇〇年、英国海軍少将ウィリアム・クロウズがネルソンを次のように論評している。

あえて言えば、ネルソンの死は時宜を得たと言えなくもない。確かに、彼は自分の仕事を成し遂げてから死んだ。だが、歴史的に見れば、もし彼がトラファルガーで生き残ったとしても、彼の並外れた活動力、忠誠心並びに指揮能力を発揮する場はもうなくなっていた。

さらに言えば、この英雄は多くの弱点も内在させていた。彼が光り輝き、真価を発揮するのは、国家が彼を必要とする時、大海原を往く時、敵を眼前にした時である。だが、普段の言動の端々にはしばしばその人の品格を疑わせるものがあった。彼の教養と趣味はその名声に似ても似つかぬ低劣なもので、この点では友人コリングウッドの足許にも及ばなかった。もし彼が生き長らえて栄達を続けていたら、人々の彼に対する評価は今とはよほど異なっていたに違いない[四一七]。

すでに幾度か言及したが、光り輝いているときのネルソンにも、勇猛果敢と細心周到という一見して相反する資質が兼ね備わっている。どうも、この男は存外に複雑な人物かもしれない。それを示唆する格好の逸話を次に紹介しておく。

ナポレオン戦争における海の英雄がトラファルガーの覇者ネルソンならば、陸のそれはウォータールーの勝者ウェリントン将軍で、実はこの両者が一度だけ出会ったことがある。先に、ヴィルニューヴを追って西イン

ウェリントン（左）とネルソン（右）

ド諸島から帰還した際、ネルソンが報告のためアドミラルティに出向いたと述べた。当日、ネルソンは海軍卿の次に植民地卿を訪ねたのだが、そこの待合室でインドから帰ってきたウェリントンと一緒になったのである。

それから三十二年の後、ウェリントンは彼の友人クロッカーと、ネルソンのことを語り合った。そこで、かつてのアドミラルティ書記官クロッカーが、ネルソンには表裏があると悪口を言うと、将軍が「あの男は状況により別人になるようだ」と次のように話した。

あの時、待合室に先客がもう一人いた。方々でよく見かける肖像画に似ていて、片腕がないから、すぐネルソンと判ったよ。彼は私を知らないようだが、すぐに話しかけてきた。と言っても、あれは会話と呼べる代物ではなかった。もっぱら彼が一方的に喋っていてね。その内容たるや軽佻浮薄そのもので、呆れるより嫌気が差してきた。そのうち、彼は私をひとかどの人物と見たようで、ふいっと部屋を出ていった。きっとドアマンに私が誰か聞きに行ったのだ。戻ったとき、彼の態度も言葉付きもまるで別人のようで、おちゃらかした調子は跡形もなく消えていた。やおら大陸情勢を論じ始めたが、その該博な知識と鋭い意見に密かに舌を巻いたものだ。その後、四十五分間ほど話に興じたが、あんな有益で素晴しい会話は、いまだに忘れられないよ。四一八

ネルソンの弱点は、何といっても愛人エマ・ハミルトンとの不倫の情事である。アブキール後しばらくナポリに滞在したネルソンが彼女を伴って帰国したとき、すでに彼は国民的英雄として押しも押されもしなかった。だが、上流階層と知識階層からはひどい顰蹙を買った。

ちなみに、記念艦〈ヴィクトリー〉の司令長官室の隔壁には、エマの肖像画が掛けられている。しかも、

エマ・ハミルトン

先にネルソン臨終の絵にケチを付けた件の先任下士官が平然として「これがネルソン卿の愛人《ミストレス》のエマです」と説明するではないか。この国も海軍も「秘すれば花」を知らないでかと、東洋からの旅行者にはいささか思い半ばを過ぎるものがあった。

死の直前、ネルソンの心残りはエマと、彼女との間に生まれたホレイシャである。そこで、彼は二人の保護を政府に請願するようハーディに託していた。しかし、これはさすがに筋違いで、政府も議会も何ら顧みなかった。それでも、エマは夫ハミルトンと愛人ネルソンの遺産で裕福に暮らせたはずであるが、浪費家の彼女はたちまちその遺産を使い果たしてしまった。一八一五年、彼女はネルソンの思い出だけを抱いて、異郷カレーで野垂れ死する。

右の如き母親エマの悲惨さに比べれば、娘ホレイシャはまだ救われる。後に、彼女は役人と結婚して幾人かの子供を生み、平凡でも平穏な人生を送れたからである。ただ、彼女は自分がネルソンの娘とは認めたが、なぜか母親がエマだとは最後まで否定したという。

ちなみに、ネルソンには嗣子がいなかったから、彼の受けるべき褒賞は、すべて彼の長兄ウィリアムのところに転がり込んだ。この兄はケンブリッジ大出の聖職者というほか何の取り柄もなかったが、アドミラルにされ、伯爵に叙された。その上、邸宅購入費十万八千ポンドと恩給年額六千ポンドを支給された。

ネルソンの後日談はこれくらいにしておくが、ざっと以上の次第に、提督ネルソンの偉大さとは裏腹な、人間ネルソンの寂寞たる皮肉が見て取れよう。

ナポレオンの行方

このあたりでナポレオン戦争の話を終える。この物語はイングランド海軍の話ではあるが、トラファルガー以後、艦隊規模の海戦は一度も生起しなかったからである。また、いささか乱暴に言えば、この戦争の帰趨はトラファルガーでケリが着いていたからでもある。確かに、戦争の主人公ナポレオンは、トラファルガーの敗北にもかかわらず、プロイセンとオーストリアを制して、一八一〇年頃に絶頂期を迎える。だが、これに相前後するスペイン半島戦争とロシア遠征が命取りとなった。捲土重来を期したエルバ島からの脱出も百日天下に終り、一八一五年六月十八日のウォータールーで彼の命運が決する。

最後に余談だが、ある翻訳家が「ナポレオンをセント・ヘレナに

〈ベレロフォン〉のナポレオン

護送したのは、イングランド戦列艦の第二代目〈ベレロフォン〉で、一説には戦列艦〈ノーザンバーランド〉とも言われる」と解説している。右に傍点を付した個所は如何にも戴けないので、以下に付言する。

ウォータールーの後、ナポレオンはアメリカへの亡命を希望し、イングランド政府にパスポートの発行を申請する。無論、この厚かましい申し出はイングランド政府の拒絶するところとなり、彼はイングランドに降伏を申し入れたのである。そこで、海峡艦隊の〈ベレロフォン〉がロシュフォールに派遣され、一八一五年七月十五日早朝、ナポレオンが同艦に投降した。同艦は三等級七十四門戦列艦で、一七八六―一八一六年の就役期間にアブキールやコペンハーゲンの海戦に参加した歴戦の艦である。

確かに、イングランド海軍には第二代目の〈ベレロフォン〉もあった。ただし、これは元々が二等級八十門戦列艦〈タラヴェラ〉で、一八一八年に初代〈ウォータールー〉に、一八二四年に第二代目〈ベレロフォン〉に改称されたのであり、ナポレオンとは何ら関連がない。

次に、この初代〈ベレロフォン〉は、ナポレオンをプリマスまで連れてきただけである。以後、イングランド政府が彼を島流しに処すと決定すると、八月六日、彼は二等級八十門戦列艦の第八代目〈ノーザンバーランド〉に移乗させられ、セント・ヘレナへ護送される。

踊る会議

その昔、ドイツ映画「会議は踊る」が「ただ今宵かぎりの、二度とは来ないこのひと時を《ダス・ギブツ・ヌア・アインマール・ダス・コムト・ニヒト・ヴィーダー》」で始まる甘く軽快な主題歌で一世を風靡《ふうび》したが、その踊る会議とはナポレオン戦争終末期のウィーン会議のことである。先に「トラファルガーの海戦」でナポレオン戦争の帰趨が決したと述べたが、同時代のヨーロッパがそう感じたのは、ナポレオンのロシア遠征失敗、皇帝退位、エルバ島配流の頃であろう。

一八一四年九月、列国代表がオーストリア宰相メッテルニヒの邸宅に集まり、戦後のヨーロッパ体制について協議することになる。以後、メッテルニヒとフランス外相タレーランとの虚々実々の駆け引きで、会議はいつ終るとも知れなかった。

その一方、オーストリア政府の肝煎りで、各国代表者が連日連夜の舞踏会と園遊会に明け暮れる。この有様に、オーストリアの陸軍元帥リニュー侯爵が「会議は踊るのみ《アーバー・デア・コングレス・ヌア・タンツ》」と苦言を呈したが、事実、踊っている場合ではなかった。周知のとおり、かの怪物がエルバ島を脱出して、再びヨーロッパ中を震撼《しんかん》させたからである。

翌一五年六月九日、会議はようやく最終議定書の調印に漕ぎ付ける。その中身はメッテルニヒの保守主義とタレーランの正統主義で塗り固められ、自由主義や民族主義の観点からは必ずしも評判がよくなかった。しかし、ウィーン体制とかメッテルニヒ体制と呼ばれる秩序がヨーロッパ大陸に勢力均衡を回復させ、長期にわたり安定した情勢をもたらしたことは歴史が示すとおりである。なお、この会議において、スイスが永世中立国として国際的に認められた。

よく誤解されるが、この議定書はナポレオン戦争の講和とは別物である。一八一四年五月三十日、つまりナポレオンをエルバ島に閉じ込めた隙に、ルイ十八世のフランスと対仏同盟諸国の間で第一次パリ条約を締結して、ナポレオン戦争にケリがつけられた。この条約によって、フランスの国境が一七九二年一月のそれに遡ることになり、これにアルザスとザールが加えられる。プロイセンはラインラントの一部を獲得した。また、オーストリアやプロイセンをはじめ多くの領邦と都市がドイツ連邦を形成するが、これが「ドイツ」が国名となった初めである。[四一九]イングランドはフランスからトバゴ島、サント・ルシー島、モーリシャス島、ロドリゲス島等々を割譲され、セイロン島、ケープ植民地、マルタ島及びヘリゴラントの所有権を承認された。

次いで翌年十一月二十日、つまりウォータールーの戦いでナポレオンの百日天下を終わらせてから、第二次パリ条約が締結される。この条約では、フランスの国境を一七八九年七月の時点まで押し戻し、この国に七億フランの賠償金を課し、占領軍駐留費も負担させた。また、プロイセンとオランダが若干の領域を追加された。

かくして、ウィリアム王戦争からナポレオン戦争までの都合七回の英仏抗争は、百二十六年の長きにわたって継続された後、今ようやくその幕を降すことになった。そして、歴史的に見れば、これで次の時代における世界の覇者が決定づけられたのであるが、その栄冠をかち得た国の原動力がシーパワーにあったことは紛れもない事実であった。してみれば、先に触れたトラファルガー岬の海戦の歴史的意義とは、海神ネプチューンの愛を賭けた優勝決定戦《ザ・ファイナル・ラウンド》であったというわけである。

エピローグ

プロローグで触れた「パクス・ブリタニカ」は、昨今めったに見聞きされなくなったので、これに関して少し敷衍して、話を締め括りたい。なお、これまではイングランドで押し通してきたが、すでにネルソン亡く、おまけにパクス・ブリタニカの話をするのだから、もはやさすがにイングランドでもないであろう。そこで、以後は思いきってイングランドをイギリスと言い換える。

さて、いつ頃からパクス・ブリタニカという言葉が使われたかは定かではないが、この時代が始まったのはナポレオン戦争が終ってすぐであることは間違いない。だが、いつ頃まで続いたかについては、一八五〇年代であるとか八〇年代とか色々の見方がある。極端に言えば、一九一四年説すらがあるかもしれない。なぜならば、ナポレオン戦争後から一八八〇年代にかけて、当のブリテンが十三回もの戦争をしていたし、言うところの「平和」とは「(クリミア戦争を除けば)ヨーロッパ大国が戦争しなかったこと」に過ぎないからである。だが、パクス・ブリタニカの終焉はイギリスの威令の衰退と時を同じくするはずで、その意味では、一九一四年説は極論というより誤りである。第一次世界大戦の前にはブリテンの凋落が誰の目にも明らかであったからである。結局、イギリスの世界に対する影響力に関する認識の仕方で、一八五〇年代か八〇年代かになる。

ナポレオン戦争の後、なぜパクス・ブリタニカが招来されたか。プロイセンの将軍フォン・グナイゼナウは、次のように総括している。

およそこの世に生を享けた者のなかで、かつてグレート・ブリテンに最も貢献したのは極悪人ナポレオンである。なぜならば、彼が起こした幾多の戦争によって、イングランドは偉大になり、繁栄し、富を蓄積したからだ。いまやこの国は世界の海の女王として君臨し、その制海権と貿易に匹敵すべき競争相手はただの一国たりともない[四二〇]。

この皮肉に満ちた春秋の筆法は、けだしパクス・ブリタニカの正鵠を射て見事である。確かに、ヨーロッパ諸国は戦争に疲れ果て、あるいは疲れた振りを続け、世界秩序の維持を独りブリテンに依存したからだ。だが、この国が疲れなかったのは、折からの産業革命に支えられていたからである。さらに、長期にわたり安定したウィーン体制が、グレート・ブリテン島周辺の安全を保障した。だから、この国は安んじて世界の警官を演じられもしたのである。

ポール・ケネディ教授によれば、パクス・ブリタニカとは「グレート・ブリテンの産業通商、植民地及び海軍を変数とする三元連立方程式の解が然らしめる情勢」のことである[四二一]。つまり、同教授はマハンのレシピの海運を産業通商で置き換えたのであるが、このほうがより正確かもしれない。

先ず、十九世紀半ば、この国は産業革命を経て世界の工場へと変貌する。石炭生産量は世界の三分の二、鉄鋼製品は五分の二、綿布は二分の一に達した。そして、ロンドンのシティがこの頃の国際的な貿易ブームを取り仕切って、世界の金融業界を牛耳る。次に、イギリスは主要な植民地を連邦に組み込みつつ、さらに多くの非ヨーロッパ世界に新たな植民地と市場を開拓した。

植民地制度が嫌われ始めると、イギリスは通商という人参を途上国の鼻先にぶら下げ、傾きかけた清帝国に切り込むためには、アヘン戦争のようなエゲツないやり方も辞さなかった。

無論、地球規模で膨張する貿易と海運を防護するため、海軍という剣を手放さず、世界の各地に砲艦を配備して、その火力にものを言わせていた。やがて「砲艦外交《ガンボート・ディプロマシー》」という言葉が生まれるが、その概念を『砲艦を派遣せよ《センド・ア・ガンボート》』の共著者プレストン教授とメイジャー教授は「平時における外交的政治的な目的を具現するため、(砲艦のみならず)軍艦を運用すること」と規定する。事実、アフリカや東洋での国益を守るため、ブリテン政府は時として砲艦による懲罰的手段をとった。事態を拡大せずに治めるには砲艦の派遣がてっとり早かったし、外交上の重要事態に際しては、主力艦隊の派遣をほのめかせば大抵はケリがついたのである。まさにネルソンの言う「艦隊は常に最強の交渉人《タフ・ネゴシエイター》」であった。

一八一五年から八〇年にかけて、イギリス艦隊の勢力は平均五百四十三隻で、世界の三十七・二パーセントを占めていた。第二位のフランス艦隊は、平均二百七十五隻で十八・五パーセント。第三位のロシア艦隊にいたっては平均百八十九隻で、わずか十三・四パーセントでしかないが、さらに地勢的要因と劣悪な管理態勢とが相俟って、その勢力は単なる紙上の数字に過ぎない。[四二二]

他は推して知るべしで、アメリカ合衆国海軍はマハンのシーパワー史論に尻を叩かれる前だから、一八五五年に百隻を超えたばかりである。従って、ロイヤル・ネービーの勢力は伝統の二国同時対処戦略を可能としていた。しかも、ケネディ教授の試算によれば、この世界最強の艦隊は国民所得の二—三パーセントに当たる国防費、つまり国民一人当たり年間一ポンド足らずの経費で構築、維持されていた。[四二三]

ちなみに、当時の日本はどうであったか。一八九四年の「黄海の海戦」で清帝国の北洋艦隊を撃破し、欧米の帝国主義に割って入った。しかし、露・独・仏の三国干渉の屈辱にまみれる。以後、「臥薪嘗胆」のスローガンを掲げて、国家も国民も必死の思いで建艦計画の重圧に耐えていた。

ざっと以上がパクス・ブリタニカの意義と仕組みであるが、これを見れば、イギリスは艦隊という物理的な力と世界市場を支配する経済的な力でパクス・ブリタニカという一時代を招来したと言える。煎じ詰めれば、これがプロローグで投げかけた「小娘がネプチューンの愛を独占した理由《わけ》」である。しかし、ここで留意すべきことは、この娘の賢い振る舞いを海神の後房にはべるあまたの女房たちが支持したからこそ、彼女の然らしめる平和が半世紀前後にわたって継続できたということである。その振る舞いとは、ブリテンがこれまでの海洋政策を一大転換させたことである。

　これまで幾度か触れたとおり、従来、イングランドの海洋政策は排他的かつ重商主義的であった。この国は官民一体となって、オランダなど中・北欧諸国の自由貿易主義《フリー・シップ・フリー・グッズ》やグロチウスの自由公海論《マレ・リベルム》を真っ向から否定してきた。ところが、イギリス政府は一転して、一八〇五年に通峡儀礼を、四八年に航海条令をそれぞれ廃止した。イングランド史上、これは画期的な出来事である。

　古来、イングランド歴代君主は、イギリス海峡はじめ本土周辺海域の「ブリティッシュ海」における自らの威令の敷衍に腐心し、その具体的手段が通峡儀礼であった。これは、平和主義者ジェイムズ一世また然りである。このように、この国は排他的な保護貿易政策をとり、物資の搬出入を自国海運に限定してきた。一三八一年、時のイングランド王リチャード二世が初めて航海条令を制定したが、当時盛んな羊毛工業を助成するため、重商主義的な貿易保護政策をとったのである。チューダー朝開祖ヘンリー七世は航海条令を一層強化して、世界に先駆ける絶対君主制の基盤を確立した。さらには、王政を葬った共和制指導者クロムウェルまでが「大航海条令」を制定して、これを対オランダ戦争の起爆剤とした。そのブリテン政府が、五百年の伝統を誇る傲慢かつ排他的な海洋政策から一八〇度転換して、自由海洋と自由貿易の理念を提唱し、実行に移したのである。このあたりが、普段は伝統を墨守し、一致団結して頑迷固陋なブリトン民族のまた別の面白さであろう。

　とはいうものの、海の女王グレート・ブリテンが鶴の一声よろしく自由貿易を唱えれば、それで問題が解消したわけではない。海洋の自由を阻害するのは、重商主義ばかりではなかった。当時、世界の海運を最も脅かしていたのは、大海原を我が物顔に横行する海賊である。海賊史の権威フィリップ・ゴスに言わせれば、「海賊は殺人と同様に、およそ人間の行為として最も古くから知られる一つであり、その出現は人類の旅行や交易の始まりと時を同じくする」[四二四]。かの若きユリウス・カエサルも海賊の人質になったことがある。また、近世に降っても、海賊業界にはキャプテン・キッド、ヘンリー・モーガン、黒髭ティーチ、果ては女海賊アン・ボニーやメアリ・リードと多彩な人材に事欠かない。

すでに触れたとおり、初期スチュアート朝時代において、イングランド南西部からテムズ河口がバルバロイ海賊やコルセア海賊によって荒らしまくられ、西インド貿易船がバッカニア海賊の餌食にされた。無論、イングランドが海賊の跳梁跋扈《ちょうりょうばっこ》を座視していたわけではない。初期スチュアート朝時代、マンセル艦隊のアルジェ遠征は、ジェイムズ一世が唯一試みた武力行使であった。共和制時代には、ジェネラル・アット・シーのブレイクが艦隊を率いて、アフリカ北東部のバルバロイ海賊の根拠地ポルト・チュニスを攻略した。ナポレオン戦争が終り、世界に平和が長く継続し、国際通商の競争が盛んになると、昔からの海賊稼業が激化するのは自然の成り行きでもあった。そこで、パクス・ブリタニカの宗家ブリテンが、世界中の海賊撲滅に乗り出した。一八一六年、イングランド戦隊が地中海に乗り込んで、バルバロイ海賊の巣窟アルジェを攻撃して太守を降伏させた。そして三十年、フランスのアルジェ占領によって、ようやくバルバロイ海賊が一掃される。

一方、地中海東部では、ギリシア海賊がレヴァント貿易船を襲撃していたので、この方面にもイングランドはフリゲート艦隊を配備した。カリブ海も古くから海賊の稼ぎ場で、オランダもイングランドも対策に苦しんだ。だが、地中海における海賊掃討の進捗と時を同じくして、バッカニア海賊の脅威も次第に鎮圧されていった。

こうして、ヨーロッパに近い海域では海賊が次第に消滅したが、まだ東洋では、特にオランダ領インドと南シナ海の沿岸海域で盛んに出没した。この方面の討伐で最も有名なのは、一八四九年十月二十日の豊海《ハイホン》沖（香港東方）の海戦である。この作戦で、ダルリンプル・ヘイ海軍大佐の戦隊が、海賊の頭領シャンツァイのジャンク五十八隻を葬った。だが、東洋での海賊討伐は二十世紀まで継続されるのである。

右のとおり、イギリス政府が海賊討伐を督励したのは、この国の貿易商とそのパトロンである国会議員にうるさく催促されたからである。当然、その恩恵を最も享受したのはイギリスの貿易業界であるが、実は、海賊討伐をするだけの余力がない他の多くの国も同じ恩恵に与ったのである。

ドレイクの従兄ホーキンズはエリザベス海軍の後方部門を支えた名提督であるが、ひと頃は奴隷貿易で財を成していた。その後、ブリストル、リバプール及びグラスゴーの船が西アフリカ沿岸航路を盛んに往来したが、ここで最も旨味のある商売は奴隷貿易であった。かつてはイングランドばかりかどこの海洋国家も奴隷貿易を普通に行っていたのである。

しかし、一八〇七年、イングランドが世界に先駆けて奴隷貿易を禁止した。ウィーン会議においても、イングランド代表カースルレー卿が奴隷貿易を違法とする条項を提唱して、これが議定書に採択される。一八三三年、イングランド植民地のほとんどが奴隷制度を廃止した。元々イングランドにはプロテスタンティズムやピューリタニズムの傾向が強かったから、奴隷廃止という人道的で福音主義的な政策に踏み切っても、さほど驚くには当たるまい。

巷間、奴隷解放を叫んだのは、エイブラハム・リンカーンが最初と思い込んでいる向きが少なくないようである。だが、それより半世紀以上前から、イングランドの政治家ウィリアム・ウィルバーフォースが奴隷廃止を唱え、これに小ピットらが賛同していたのである。

右の如き崇高な動機はともかく、その実務に当るのはロイヤル・ネービーである。しかも、これほど不健康で、これほど際限がなく、これほど報いの少ない任務はなかったであろう。ウィーン会議で賛同した列国は、いざとなると皆尻込みした。そこで、奴隷船の臨検権を行使するに当たり、イギリス政府は弱いスペイン、ポルトガル及びブラジルには威嚇的な外交手段に訴え、強い合衆国やフランスには辛抱強く手練手管を弄した。

一八四七年、アドミラルティは西アフリカ戦隊を三十二隻に増強したが、成果を挙げるまでには至らなかった。このこと自体がシーパワーの限界を示していたが、関係各国が手を変え品を変えして妨害し、奴隷船が巧妙に立ち回ったからでもある。そして、この時代にアフリカからアメリカに売り込まれた奴隷は、一八〇〇年の八万人が三三年に十三万五千人と増加していた。

奴隷貿易という忌まわしい商売が衰退するのは、一八六一年、アメリカ合衆国大統領リンカーンがアメリカ船に対する臨検を容認してからである。さらには、ブリテン政府の粘り強い外交々渉で各国が奴隷貿易の撲滅に意欲的になったことも与って大きいが、世界中から奴隷制度が消滅した背景には、ロイヤル・ネービーの不撓不屈の精神と不断の努力があったことは否定できない。

本職の船乗りでも存外に気付かないでいるが、海洋の自由に貢献するもう一つが海図である。帆走艦時代の艦隊では、どこの国でも個人が作成した海図に依存していた。この分野で活躍したイングランド人は、世界周航のジェイムズ・クック艦長、スイス生まれの測量技師ジョセフ・デ・バー及び北米西岸からベーリング海峡への航路を開拓したジョージ・ヴァンクーヴァーである。

彼らの海図作成はアドミラルティが支援したが、出来上がった海図は地図出版業者が出版したから、海軍や商船の航海長たちは市販品の海図を購入していた。一七六〇年から九〇年にかけて、世界の海域で探検航海が盛んに行われ、あたかも第二の地理上の発見ともいうべき情況を呈する。これに鑑みて、一七九五年、アドミラルティは水路部を創設し、海図の出版を推進することにした。だが、水路部といっても主任と助手枚を追加したが、いずれも戦争には役立たなかった。
当時、ネルソンはフランス製の海図を頼りに地中海やビスケー湾を航行していたが、ある意味では、これもしばしば言うブリティッシュ・アイロニーかもしれない。一八〇八年、右の水路部が強化されて、アドミラルティの海図発行が大いに促進されるようになる。一八二三年、アドミラルティ作成の海図、潮汐表及び灯台表が一般に販売されるようになった。そして、一八二八年、水路誌が出版されて、この世紀のうちに全世界の航海情報を網羅するまでになった。

さて、縷々綴ってきたイングランド海軍の物語を閉じようとするとき、自ずと脳裏をめぐるのは一千年の歴史に刻まれた多くの教訓と示唆であるが、それは人の見方により一様ではあるまい。だが、個人的には、胸中に一抹の皮肉な哀愁の念が漂うのを禁じ得ない。この国の艦隊は一八〇五年の「トラファルガー岬の海戦」で世界の海軍の頂点を極め、以後も様々な政策を駆使してパクス・ブリタニカを謳歌した。それでも、その栄華は高々六、七十年しか続かなかったのである。

プロローグで触れたとおり、一八九七年の観艦式に臨んだ圧倒的なシーパワーは、誰の目にも揺るぎなき千年王国の守護神と映ったであろうが、歴史的に見れば、この時すでにパクス・ブリタニカは終っていた。しかし、そこに至るまでの雌伏は、アルフレッド大王の艦隊を基点とすれば、優に十の世紀を跨いでいた。世界史にデビューした「アルマダの戦い」からでも二世紀と四分の一を経なければならず、しかも、その道程を粛々と歩んだわけでは決してなかった。

イングランド海軍の歴史は有為転変の谷間を歩む物語であるが、それだけに見方によっては、蝉の一生に似ていなくもない。蝉の幼虫は数年間も暗い土の中で暮らし、やがてある年の夏に羽化して、光り輝く陽を浴びて声を限りに鳴き続ける。だが、それは精々二週間ほどしか続かないという。

アドミラルティの変遷

期　間	アドミラルティ組織の正式名称	主要構成員
1485–1628	**ロード・ハイ・アドミラル**	
1628–1638	**コミッション・オブ・アドミラルティ**	シニア・コミッショナーズ
1638–1642	ロード・ハイ・アドミラル	
1642–1643	コミッション・オブ・アドミラルティ	シニア・コミッショナーズ
1643–1645	ロード・ハイ・アドミラル	
1645–1648	パラメンタリー・アドミラルティ・コミッティー	シニア・メンバー
1648–1649	ロード・ハイ・アドミラル	
1649–1652	カウンシル・オブ・ステーツ・コミッティー・オン・ザ・アドミラル・アンド・ネービー	シニア・メンバー
1652–1653	コミッティー・オン・アドミラルティ・アフェアーズ	シニア・メンバー
1653–1660	アドミラルティ・コミッション	シニア・コミッショナーズ
1660–1673	ロード・ハイ・アドミラル	
1673–1684	コミッション・オブ・アドミラルティ	シニア・コミッショナーズ
1684–1688	ザ・キング・アズ・ロード・ハイ・アドミラル	(チャールズ二世) (ジェイムズ二世)
1689–1702	ボード・オブ・アドミラルティ	ファースト・ロード シニア・ネーバル・ロード
1702–1709	ロード・ハイ・アドミラル	シニア・メンバー・オブ・ロード・ハイ・アドミラルズ・カウンシル
1709–1828	**ボード・オブ・アドミラルティ**	**ファースト・ロード** **ファースト・ネーバル・ロード**
1828–1828	ロード・ハイ・アドミラル	シニア・メンバー・オブ・ロード・ハイ・アドミラルズ・カウンシル
1828–1868	ボード・オブ・アドミラルティ	ファースト・ロード ファースト・ネーバル・ロード
1868–1964		ファースト・ロード **ファースト・シー・ロード**

海軍管理監督組織（1800年頃）

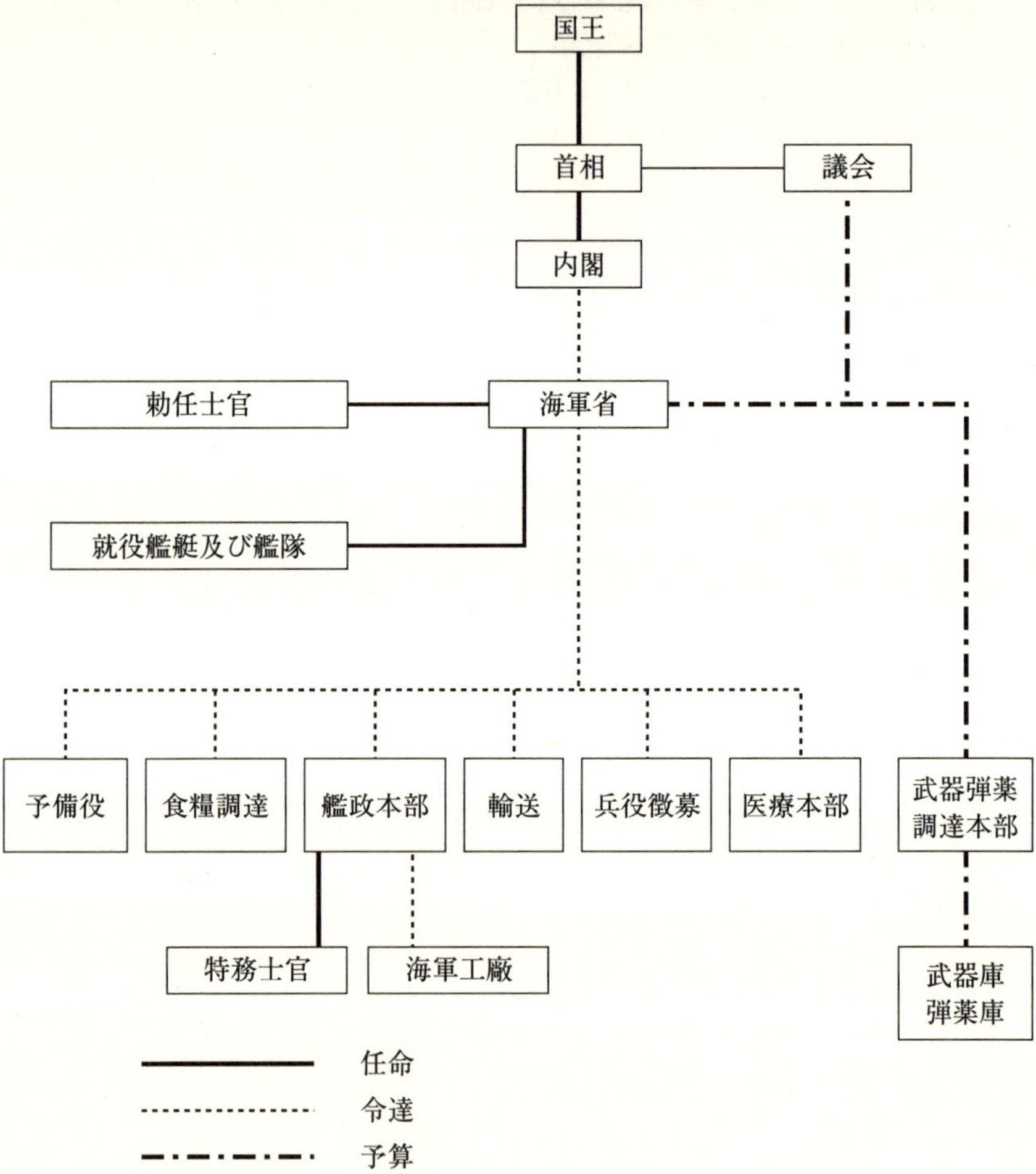

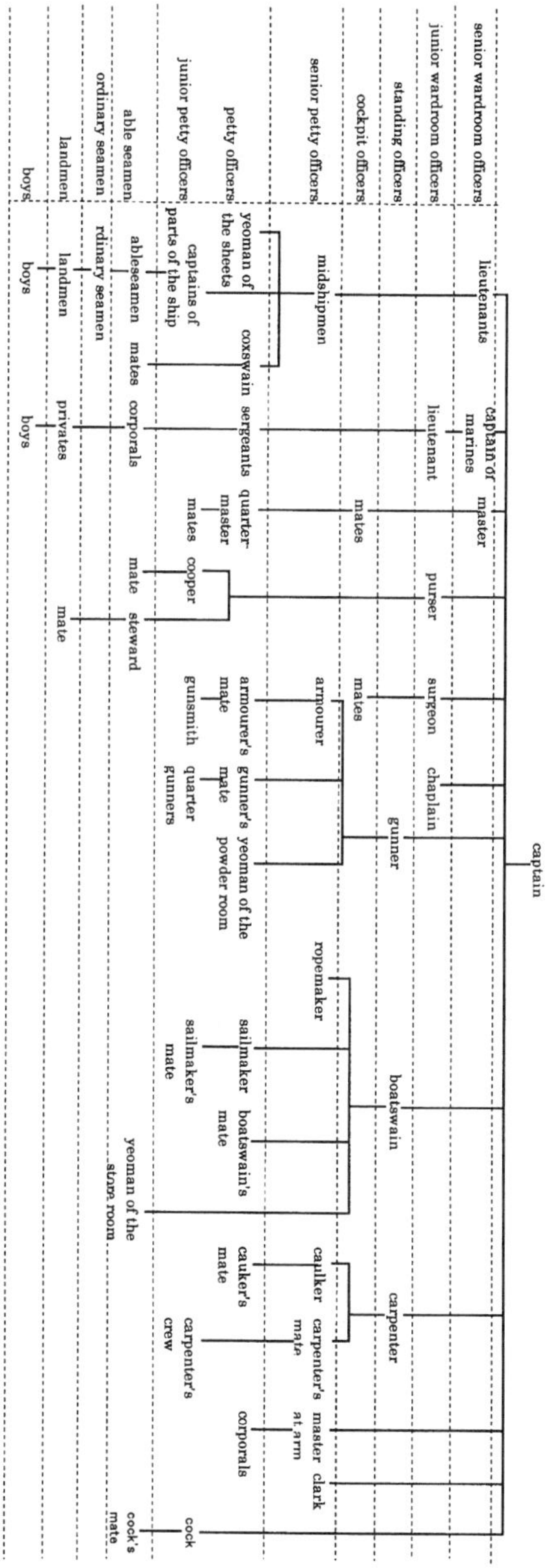

1810年における艦内編成（Brian Lavery 著 Nelson's Navy より）

別表四

艦隊区分と識別旗

	指揮官	指揮官旗	個艦識別旗
前衛隊	ヴァイス・アドミラル・オブ・ザ・ホワイト	白色旗を前部マスト	白色軍艦旗
	アドミラル・オブ・ザ・ホワイト	白色旗をメイン・マスト	
	リア・アドミラル・オブ・ザ・ホワイト	白色旗を後部マスト	
主隊	ヴァイス・アドミラル・オブ・ザ・レッド	赤色旗を前部マスト	赤色軍艦旗
	アドミラル・オブ・ザ・フリート 又は ロード・ハイ・アドミラル	国旗をメイン・マスト 又は 王室旗をメイン・マスト	
	リア・アドミラル・オブ・ザ・レッド	赤色旗を後部マスト	
後衛隊	ヴァイス・アドミラル・オブ・ザ・ブルー	青色旗を前部マスト	青色軍艦旗
	アドミラル・オブ・ザ・ブルー	青色旗をメイン・マスト	
	リア・アドミラル・オブ・ザ・ブルー	青色旗を後部マスト	

脚注

第一部

一 一八九七年六月二十七日付のザ・ロンドン・タイムズ。

二 一九〇二年三月二日付のザ・ロンドン・タイムズ。

三 古代ローマ帝国時代の平和な時代を Pax Romana と称するが、これに擬えて大英帝国の威令がもたらした平和な時代を Pax Britanica と呼ぶ。かつての米ソの二極均衡の時代はしばしば Pax Russo-Americana と言われた。

四 『英国王室史話』二頁。

五 “England expects that every man will do his duty”.

六 navy 1 (without article) Number of Ship, ships or shipping. A fleet, number of ships collected together, esp. for war. 2 The whole of the ships of war belonging to a nation or ruler considered collectively, with all the organization necessary for their command and maintenance; a regularly organized and maintained naval force.

七 「アラリヤの海戦」は紀元前五三四年で、「サラミスの海戦」は紀元前四八〇年。

八 Act 32, “The Nauy…is…a great defence and surete of his realme in tyme of ware, as well as to offence as defence.”

九 Alfred Thayer Mahan（一八四〇―一九一四）。アメリカ合衆国海軍准将。海軍大学校長。海軍史家、戦略家として名高く、著作二十一冊をはじめ多くの寄稿論文を残す。一八六八年、〈イロコイ〉艦長として、神戸、大阪及び横浜に寄港し、鳥羽・伏見の戦いに揺れる日本を見聞している。

一〇 *The Rise and Fall of British Naval Mastery* 一〇頁。

一一 *The Influence of Sea Power upon History 1660–1783* 八八頁。

一二 同右 二九―五九頁。シーパワーに影響する要素：地理的位置、地勢的適合性、領域、人口、国民性、伝統的政策。

一三 Sir Herbert Richmond（一八七一―一九四五）。イギリス海軍大将。イングランド海軍史家。ケンブリッジ大学でも講義し、後に同大ダウニング・カレッジ学長を務めた。代表的な著作は、*Statesmen and Sea Power* 及び *The Navy as an Instrument of Policy*。

一四 *The Statesmen and Sea Power* ix-x頁。

一五 筑土龍男訳、アンソニー・ソコール著『原子時代のシーパワー』八二頁。

一六 *The Rise and Fall of British Naval Mastery* 一頁。

一七 Sir John Hawkins（一五三二―九五）。プリマス市長の息子として生まれる。長じては冒険商人として、奴隷貿易で財をなす。フランシス・ドレイクの従兄に当たり、彼を船乗りに仕立て上げる。一五七七年、エリザベス一世に登用されて、王室艦隊の管理監督に当たる。一五八八年のアルマダの戦いでは、ヴァイス・アドミラルとして初代〈ヴィクトリー〉に座乗して活躍した。

一八　*The Ship of the Line*　一四頁。

一九　*The Wooden Fighting Ship in the Royal Navy AD897-1860*　二五頁。

二〇　admiralty　1 The jurisdiction or office of an admiral. 2 The department under command of the admiral. 3 The department administrating the Navy.

二一　Samuel Pepys（一六三三—一七〇三）。暗号で綴った膨大な日記で知られる。ロンドンの靴屋の倅として生まれ、奨学金を得てケンブリッジのマグダレン・カレッジに学んだ。以後、初代サンドウィッチ伯爵の海軍担当秘書となり、やがてチャールズ二世の知遇を得る。また、当時の著名な物理学者ニュートンや建築家レンとも親交があった。

二二　*The Wooden Fighting Ship in the Royal Navy AD897-1860*　二六頁。

二三　*The Admiralty*　三一頁。

二四　同右　七五頁。

二五　同右　八四頁。

二六　『三国志』における張昭の言として知られるが、彼が孟子を引用したのである。

二七　Sir Jurian Stafford Corbett（一八五四—一九二二）。海軍史家。主著に *Drake and the Tudor Navy, The Successors of Drake, The Campaign of Trafalgar, Naval Operations*。

二八　*Fighting Instructions 1530-1816*　二八頁。

二九　同右　二九頁。

三〇　*The First Salute*　一六七頁。

三一　John Clerk of Eldin（一七二八—一八一二）。

三二　*The First Salute*　一六八頁。

三三　日本語には旗旒の種類、形状、目的を区別する言葉が精々「旗」と「幟」の二つしかないが、英語には最も知られた flag のほかに pennon、guidon、banner、pennent、streamer、standard、colours、jack 等々がある。これらに関しては、森護氏の『ユニオン・ジャック物語』（中公新書）が判りやすく解説している。

三四　Richard Howe（一七二六—九九）。伯爵。アドミラル・オブ・ザ・フリート。二十歳でポスト・キャプテンとなり、オーストリア継承戦争に参戦。七年戦争では一七五九年のキベロン湾の海戦で先頭艦々長として味方艦隊を湾内に誘導した。アメリカ独立戦争初期、北アメリカ方面派遣艦隊司令官として、劣勢なイングランド勢をよく支えるが、首相ノースと衝突して辞任。一七八二年、架橋艦隊司令長官として返り咲き、第三次ジブラルタル救援に成功する。一七八三年、海軍卿。一七九〇年、再び回教艦隊司令長官になり、九四年の栄光の六月一日の海戦で歴史的勝利を収める。ネルソンはハウを「われらの時代における偉大な戦術家」と評している。

三五　Sir Home Rigg Popham（一七六二—一八二〇）。一七七八年に海軍に入り、一八一六年にリア・アドミラルに昇進したが、この間、数奇な経歴をたどる。若い頃、海軍士官でありながら、東インドにおいて個人的に貿易を営み、東インド会社と悶着を起こす。その後ヨーク公に仕え、そのコネで艦長になったが、自艦の損傷に関して、ジャーヴィスのアドミラルティと衝突し、議会までを巻き込んで、勝訴する。

三六　*The Galleon*　七七頁。

三七　*England's Sea-Officers*　四三頁。

三八　同右　六五頁。

三九　*England's Sea-Officers*　七〇頁。

四〇　*The Sailing Navy List*　八三頁。

四一　*England's Sea-Officers*　七三頁。"We can't deny that you are a Captain, so you must be allowed to be one while in command. But you shan't remain so afterwards. Still since you undoubtedly are a Captain really, we will allow you are rise—in rank—to Commander. But, convention or no convention, you shall not hold the rank of Captain."

四二　同右　同頁。

四三　comamandeur

四四　コマドーはcommadore、コモドーはcommodoreと綴る。

四五　*England's Sea-Officers*　一九三頁。

四六　アドミラルティの航海分野を所掌する部局。後に一般海事関連業務を所掌する役所となり、現在もロンドン塔南側に隣接する台地に建物がある。

四七　*England's Sea-Officers*　二〇四頁。

四八　同右　同頁。

四九　同右　二一二頁。

五〇　後にレフテナントやマスターまでがこの特権を享受したが、キャプテンが最も一般的であった。

五一　*England's Sea-Officers*　八三頁。

五二　*A History of the Administration of the Royal Navy*　二二六頁。

五三　*England's Sea-Officers*　八三頁。

五四　ミジップマン（オールド・レイティング）は昔からのミジップマン。ミジップマン（オフィサー・アンダー・インストラクション）は士官準備配置とされたもの。二つの括弧書きは、後世の歴史家たちが便宜的に付したもので、当時は両方とも単にミジップマンと呼称された。ミジップマン・エクストラは一八三三年に新設された。これもキングズ・レター・ボーイのように、当時の海軍兵学校出のヴォランティアが、ミジップマンへの昇任でキャプテンから冷遇されたのを救済するためだった。ミジップマン・エキストローディナリーは、乗艦の廃滅などで失職した乗組士官を救済するためにピープスが制定した配置で、実際にはレフテナントとして処遇された。

五五　*England's Sea-Officers*　九五—九七頁。

五六　同右　一〇一頁。

五七　John Arbuthnot Fisher（一八四一—一九二〇）。初代キルヴァーストーン男爵。イギリス海軍の主要艦隊司令長官を歴任。チャーチルに重用され、二度にわたり第一海軍卿を務めたが、ダーダネルス作戦に反対して海軍を去る。

第二部

第一章

五八　ケント、エセックス、サセックス、ウェセックス、イースト・アングリア、マーシャ及びノーザンブリア

五九　Alfred, the Great（在位八七一—八九九）。アングロ・サクソン系のウェセックス国王。全イングランドに初めて独自の支配権を確立した。

六〇　buscale 又は butsecarle

六一　この海戦だけは、なぜかフランス語で Les Espagnol sur Mer（洋上のスペイン人）と呼ばれるほうが多い。

六二　Henry VII（在位一四八五—一五〇九）。

六三　De Moleyns, *The Libelle of English Policy*

六四　一四九三年四月四日、ローマ教皇アレクサンデル六世の教書で、世界の海をヴェルデ諸島の西方三五〇リーグで二分し、以後、両国が発見する海外領土の帰属を定めた。即ち、西側がスペイン領、東側がポルトガル領である。だが、これに満足しないポルトガルは、翌年にトリデシャリス条約を結び、境界線のやや西側に南北の境界線を追加した。これにより、ポルトガルはブラジルの大部分を領有することになった。

六五　Henry VIII（在位一五〇九—四七）。

六六　Hans Poppenruyter of Mechlin が製作した攻城砲。

六七　大型の攻城砲。

六八　James Baker（不詳）。

六九　*The History of British Navy*　四三頁。

七〇　Elizabeth I（在位一五五八—一六〇三）。

七一　*History of England*　三一一—三二三頁。

七二　同右　三二三—三二八頁。

七三　*The History of the British Navy*　二五頁。

七四　Sir Francis Drake（一五三〇又は四三—九六）。十三歳で沿岸貿易に従事し、後に従兄ホーキンズとともに海外貿易で活躍する。エリザベスに登用され、私掠活動で勇名を馳せ、アルマダではヴァイス・アドミラルとして戦った。一五九六年、西インド諸島遠征で病死。

七五　Sir Martin Frobisher（一五三五—九四）。北西航路を開拓し、カナダのフロビッシャー湾を発見する。後にドレイクやホーキンズの下で私掠活動に従事した。フランス沿岸沖におけるスペイン艦隊との海戦で戦死した。

七六　Sir Richard Grenville（一五四二—九一）。イングランド王室艦隊の乗組士官。従兄の Sir Walter Raleigh とともにヴァージニア植民地開拓に従事する。一五九一年のアゾレス諸島沖の海戦で圧倒的優勢なスペイン艦隊と戦って戦死する。

七七　*Drake and the Tudor Navy Vol.II*　三頁。

七八　Charles Howard（一五三六—一六二四）。第二代エフィンガム男爵。初代ノッティンガム伯爵。ロード・アドミラル（一五八五—一六一九）。

七九　*The Royal Navy Vol.I*　五四〇頁。

八〇　Don Alonso Perez de Guzman（?）。メディナ・シドニア公爵。

八一　*The Royal Navy Vol.I*　五四〇頁。

八二　*The Campaign of the Spanish Armada*　七〇頁。ここではアルマダの全兵力を一二七隻としたが、ほかに一三〇隻説と一三二隻説とがある。

八三　一海里は約一・八キロメートル。

八四　*The Royal Navy Vol.I*　五三九頁。

八五　SLOCはSea Lines Of Communication（海上交通路）の略。

八六　*Ships, Money & Politics*　一四〇頁。

八七　Sir John Knox Laughton（一八三〇―一九一五）。アカデミックなイングランド海軍史の草分け的存在。イギリス海大、ケンブリッジ大及びロンドン大の歴史学教授を歴任。

八八　*From Howard to Nelson*　一―三頁。

八九　*Statesman and Sea Power*　二四頁。

九〇　『私の英国史』一七七頁。

第二章

九一　James I（在位一六〇三―二五）。

九二　Jean Bodin（一五三〇―九六）。*Six livres de la République*

九三　*History of England*　三八一頁。

九四　*The History of the British Navy*　七二頁。

九五　*The Navy under the Early Stuarts*　一八頁。

九六　*The History of England Vol.V*　一四六頁。

九七　*History of England*　三八六頁。

九八　*The Navy under the Early Stuarts*　三頁。

九九　*The Statesmen and Sea Power*　二六頁。

一〇〇　*The Wooden Fighting Ship*　二〇頁。

一〇一　Sir William Monson（一五六九―一六四三）。一五九六年のカディス遠征で名を挙げた。当代切っての論術家で、一七〇四年に出版された"*Naval Tracts*"全六巻は、提督によるイングランド最初の海軍論として有名。

一〇二　北アフリカのアルジェ辺りを根拠地とするトルコ海賊。

一〇三　Jan Huyghen van Linschoten（一五六三―一六一一）。旅行家として有名で、当時はポルトガルのインド大司教に雇われていた。

一〇四　Charles I（在位一六二五―四九）。

一〇五　*History of England*　三八九頁。

一〇六　*The History of England Vol.V*　五四〇頁。

一〇七　George Villiers（一五九二―一六二八）。一六一五年に政敵サマセット卿を蹴落として、ジェイムズ一世の寵臣としての地位を確立する。

一〇八　現在のバッキンガム宮殿は、元々バッキンガム公爵ジョン・シェフィールドが一七〇五年に私邸として建てたもので、これを一七六二年にジョージ三世が購入したものである。ただし、ジョン・シェフィールドはジョージ・ヴィラーズと縁もゆかりもない。

一〇九　*The History of England*　六一及び一〇二頁。

一一〇　別に、八〇〇年のフランク王国カール（シャルマーニュ）大帝の戴冠をもってするとの説もある。

一一一　Palatinate。パラティネトとは、十四世紀頃のププファルツ領主のパラティネート伯爵に因んでいる。

一一二　Armand-Jean de Plessis（一五八五―一六四二）。リシュリュー公爵。一六二二年、枢機卿。一六二四年からルイ十三世を補佐し、二八年以降はフランス国内を一手に握る。彼の主要な政治目的は、ユグノーの弾圧とハプスブルク家の抑圧にあった。

一一三　後世のフリゲート艦ではない。当時スペインはじめ地中海沿岸国で使われたオープン・デッキの小型帆走船で、主として沿岸海運に従事した。

一一四　*The Navy under the Early Stuarts*　一四一―二頁。

一一五　Edward Cecil（一五七二―一六三八）。ウィンブルドン子爵。後にエクセター伯爵。カディス遠征の失敗にもかかわらず、当時イングランドの軍事的権威とされていた。

一一六　Robert Devereaux（一五九一―一六四六）。エセックス伯爵。後の大内乱において一六四二―四六年にわたり議会派軍を指揮する。

一一七　William Feilding（?―一六四八）。デンビー伯爵。

一一八　Armand Jean du Plessis de Richelieu（一五八五―一六四二）。ルイ十三世の宰相となり、王権の強化を図り、貴族層・新教徒を抑圧する。三十年戦争に介入して、フランス絶対主義の確立に努める。

一一九　バッキンガムの正式役職名は、'Admiral, Captain General, and Governor of the King's Royal fleet intended to be set out to sea for recovery of the rightful patrimony of the Prince Elector, and my brother-in-law'。

一二〇　隻数については諸説あり。Clowes の *The Royal Navy* は七十五隻。

一二一　*Ships, Money & Politics*　一四一頁。

一二二　同右　一三〇―三一頁。

一二三　同右　一二八―二九頁。

一二四　同右　同頁。

一二五　John Hampden（一五九四―一六四三）。バッキンガム地方の土地ジェントリーで庶民院議員。大内乱では議会派の歩兵連隊を編成する。

一二六　*History of England Vol.I*　二三五頁。

一二七　*The History of the British Navy*　七八頁。

一二八　同右　同頁。

一二九　*Ships, Money & Politics*　一三八頁。

一三〇　同右　一二八―八三頁。

一三一　*The History of England Vol.V*　二三五頁。

一三二　*Ships, Money & Politics*　一五五頁。

一三三　*England in the Mediterranean 1603-1713 Vol.I*　六〇頁。

一三四　*The Navy under the Early Stuarts*　二頁。

一三五　*England in the Mediterranean 1603-1714 Vol.I*　六三頁。

一三六　同右　六〇頁。

一三七　Fulke Greville（一五五四―一六二八）。初代ブルーク男爵。

一三八　Deptford, Woolwich, Portsmouth

一三九　*The Admiralty*　六頁。

一四〇　*England in the Mediterranean 1603-1713 Vol.I*　六三頁。

一四一　Robert Mansell　不詳。
一四二　*The Admiralty*　九頁。
一四三　委員会方式は、初期スチュアート朝の政策施行における主要な手段として多用された。また、これを共和制政府も継承して、アドミラルティまでも委員会に改変した。
一四四　当時、行動中の就役艦はすべて 'cruiser' と称した。これが後に「巡洋艦」という艦種の名称になる。
一四五　*A History of the Administration of the Royal Navy 1509-1660*　二〇五頁。
一四六　John Morton（一四二〇―一五〇〇）。財務卿、大法官。
一四七　Thomas Wolsey（一四七五―一五三〇）。大法官。財務卿。
一四八　Thomas Cromwell（一四八五―一五四〇）。エセックス伯爵。枢密院顧問。財務卿。
一四九　Thomas More（一四七八―一五三五）。庶民院議長。枢密院顧問。
一五〇　William Cecil（一五二〇―一五九八）。バーレイ男爵。国務卿。
一五一　Robert Walpole（一六七六―一七四五）。初代オーフォード伯爵。財務卿。最初の内閣総理大臣。

第三章

一五二　ジェントリー階層出身者をジェントルマンというが、両方とも広い意味で使われるため、しばしば混乱と誤解を招きやすい。その点、青山吉信・今井宏編『新版　概説イギリス史』二一四頁の説明が、最も簡潔かつ正確と思われるので、参考のため以下に引用する。
「ジェントルマンは…最上層の貴族（公・侯・伯・子・男の爵位保有者）と、中間層であるヨーマン（自由保有農）との間に位置した、準貴族ともいうべき社会集団であった。身分・階層集団として、一般に彼らをジェントリーと呼ぶが、ジェントリーはさらに四つの序列に分類された。第一の「バロネット」は、…貴族最下位の男爵（バロン）に次ぐ序列である。第二は「ナイト」で、中世の「騎士」身分の後裔と言ってよかろう。以上、第一、第二の身分に属する者の名前には、「サー」の尊称を付して、たとえば、サー・ウォルター・ローリーというように呼んだ。つぎに第三は「エスクワイア」で、中世における「騎士の従者」の後裔に当たる。第四は「ジェントルマン」で、広義のジェントルマンと区別するために、「単なるジェントルマン」と呼ぶこともある。…第三と第四の身分は名前の前に「ミスター」の尊称を付して呼ばれたが、両者の相違はあまり明確ではなく、古い家柄を示す紋章によって前者が後者と区別されるというのが、一般的な慣行のようである。
一五三　Oliver Cromwell（一五九九―一六五八）。ケンブリッジに学ぶ。一六二八―二九年及び一六四〇―五三年、庶民院議員。一六四九年、共和制枢密院議長。一六五三年、護国卿。
一五四　Prince Rupert（一六一八―八二）。プファルツ選帝侯フリードリッヒとジェイムズ一世の娘エリザベスの子。

大内乱中、国王派軍と同艦隊を指揮する。第二次、第三次英蘭戦争において、艦隊指揮官として活躍し、一六七三—七九年に海軍卿。砲金（プリンス・メタル）の発明者としても有名。

一五五　古来、この島は一衣帯水の間のグレート・ブリテン島と同じような歴史的経緯をたどってきた。最初にやってきた異民族はケルト人で、これが九八〇年の「タラの戦い」でヴァイキングを退ける。だが、なかなか安定した王権の成立を見ないまま、無数の大小封建諸侯がひしめいていた。やがて、イングランドより百年遅れてアングロ・ノルマンに侵攻され始め、一一七一年以来、イングランド王ヘンリー二世によって植民地化された。イングランドとの関係が険悪となるのは、ヘンリー八世による宗教改革以降である。この島では依然としてローマン・カトリックが多かったから、ヘンリーの娘のメアリに迫害された。また、クロムウェルもこの島を弾圧した。一八〇一年、グレート・ブリテン連合王国と合併して「グレート・ブリテン及びアイルランド連合王国」となる。そして、一九一九年、アイルランド共和国として独立した。

一五六　Algernon Percy（一六〇二—六八）。ノーザンバーランド伯爵。一六三八年、ロード・ハイ・アドミラル。内乱中、チャールズと議会との和解を調整し、チャールズの裁判において彼を弁護した。

一五七　Robert Rich（一五八七—一六五八）。第二代ワーリック伯爵。一六四二—四九年、ロード・ハイ・アドミラルにしてアドミラル・オブ・ザ・フリート。大内乱では議会派側。他に植民地経営に活躍。

一五八　Robert Blake（一五九九—一六五七）。大内乱時はイングランド庶民院議員として、もっぱらブリストル方面で作戦に従事。ジェネラル・アット・シーに転じて、第一次英蘭戦争で活躍し、イングランド艦隊の近代化に大いに貢献する。

一五九　Richard Deane（一六一〇—五三）。大内乱中、議会派軍砲兵隊指揮官として活躍。チャールズ一世裁判の判事を務め、死刑判決書に署名。

一六〇　Sir George Ayscue（?—一六七一）。議会派海軍。一六五一—五二年、バルバドス及びヴァージニアの解放作戦に従事。一六五二年、プリマス沖においてオランダ艦隊と戦い、その不徹底な交戦振りにより指揮官を罷免される。第二次英蘭戦争中にアドミラル・オブ・ザ・ホワイトとなる。

一六一　Sir William Penn（一六二一—七〇）。議会派海軍。一六五一—五二年、ルパート王子追跡作戦に従事。一六五三年、ポートランド岬の海戦ではブレイクの次席指揮官。アメリカのスペイン領遠征艦隊の指揮官として、一六五五年にジャマイカを占領。王政復古後、ピープスの先任士官となり、第二次英蘭戦争において、ヨーク公の幕僚長（captain of the fleet）となる。一六六五年のロウェストフトの海戦に参加。北アメリカ大陸におけるペンシルヴァニア植民地の創設者ウィリアム・ペンの父親。

一六二　同右一六頁。

一六三　*The History of the British Navy*　八九頁。

一六四　*The Royal Navy Vol. Two*　一〇一頁。

一六五　*The History of the British Navy*　八六頁。

一六六　George Monck（又はMonk）（一六〇八—七〇）。初代アルベマール公爵。陸軍軍人。大内乱時、議会派軍に参加する。第一次英蘭戦争後、スコットランド総督。一六六〇年、軍隊を率いて、ロンドンに入り、王政復古に関して議会を支援。

一六七　フロニンゲン、フリースラント、オーフェルアイセル、ヘルダーラント、ユトレヒト、ホラント及びゼーラント。

一六八　他にフランドル地方のガンとアントウェルペンが参加した。

一六九　Sir Clements Robert Markham（一八三〇—一九一六）。歴史に関する著作も多い。

一七〇　*The Royal Navy Vol. Two*　一四一頁。

一七一　Marten Harpertszoon Tromp（一五九七—一六五三）。オランダ随一のシーマンにして提督。オランダ海軍の父と称せられる。

一七二　Michiel Adrienszoon de Ruyter（一六〇七—七六）。オランダの最も偉大な提督の一人。第一次から第三次英蘭戦争で活躍する。

一七三　Johan de Witt（一六二五—七二）。オランダの軍人政治家。一六五三—七二年、オランダ国家主席として第一次及び第二次英蘭戦争を指導した。この間、オラニエ家一派を弾圧する。後に失脚し、ハーグで民衆に惨殺される。

一七四　オランダ側の隻数については、六十四隻とか五十九隻の説もあって定かではない。

一七五　チャールズ一世が建造した〈ソヴレン・オブ・ザ・シーズ〉が、大内乱中に〈ソヴレン〉と改名された。

一七六　*The Royal Navy Vol. Two*　一七二頁。

一七七　*England's Sea-Officers*　一九三頁。

一七八　同右　一八三—四頁。

一七九　同右　一九〇頁。

一八〇　*History of England*　四二八頁。

一八一　Edward Montagu（一六二五—七二）。初代サンドウィッチ伯爵。議会派軍に参加。クロムウェルの諮問院メンバー。一六五六年、ジェネラル・アット・シー。チャールズ二世の王政復古を支援し、再びジェネラル・アット・シーに任命される。第二次英蘭戦争のロウェストフトの海戦に参加。第三次英蘭戦争で爆死。サミュエル・ピープスのパトロンでもある。

一八二　*The Royal Navy Vol. Two*　一八九頁。

一八三　*Fighting Instructions*　九七頁。

一八四　*The Royal Navy Vol. Two*　一三三頁。

一八五　*The History of the British Navy*　九一頁。

一八六　*History of England*　四四六頁。

一八七　*The Navy of the Restoration*　三四頁。

一八八　Charles II（在位一六六〇—八五）。

一八九　Edward Hyde（一六〇九—七四）。初代クラレンドン伯爵。政治家、歴史家。チャールズ二世の財務卿だが、実質的には宰相として政務を取り仕切った。主著に『大反乱史』や『アイルランド内乱史』。娘アンがヨーク公ジェイムズと結婚したため、後の女王メアリとアンの祖父に当る。

一九〇　*The History of the British Navy*　九七頁。
一九一　*The Navy of the Restoration*　十五頁。
一九二　同右　三三頁。
一九三　*Diary Vol.1*　二二一頁。
一九四　*The Admiralty*　二〇—二一頁。
一九五　エドワード・モンタギューが公金乱費の疑惑をかけられ、これをかわすために国外で謹慎することとされた。
一九六　*The Influence of Sea Power upon History*　一一八頁。
一九七　同右　一二一頁。
一九八　*The Royal Navy Vol. Two*　二八七頁。
一九九　*The Anglo-Dutch Naval Wars 1652-1672*　一六三頁。
二〇〇　*The History of the British Navy*　九九頁。
二〇一　*The Royal Navy Vol. Two*　三二一—二二頁。
二〇二　*The Navy as an Instrument of Policy*　一八七頁
二〇三　*The History of the British Navy*　九三頁。
二〇四　同右　一八九頁。
二〇五　*The Navy as an Instrument of Policy*　一九〇頁。
二〇六　同右　一九一—九二頁。
二〇七　今来陸郎編『中欧史』、山川出版社　三一七頁。

第四章

二〇八　James II（在位一六八五—八八）
二〇九　*The Royal Navy Vol. Two*　三三二頁。
二一〇　Arthur Herbert（一六四七—一七一六）。トリントン伯爵。第二次英蘭戦争に参加。一六八七年、審査律に反対して、国会議員を追放される。名誉革命におけるウィリアム先導の功績で海軍卿に任命される。
二一一　Edward Russel（一六五三—一七二七）。オーフォード伯爵。アドミラル・オブ・ザ・フリート。初期のジェントルマン海軍士官の一人。若い頃の記録は定かでないが、第三次英蘭戦争の「ソールベイの海戦」にはレフテナントとして参戦し、名誉革命の際はキャプテンとして、トリントンと共にウィリアムの渡航を支援する。一六九二年、英蘭連合艦隊司令長官。一六九四—九九年、一七〇七—一〇年及び一七一四—一七年の三度にわたり海軍卿を務める。
二一二　J.R. Seeley, *The Expansion of England*　二八頁。
二一三　Jean-Baptiste Colbert（一六一九—一六八三）。ルイ十四世の財務総監として、重商主義的政策を推進。国家財政の安定、貿易と産業の振興を図る。
二一四　*Navies and Nations Vol.One*　二二〇頁。これまでの英蘭戦争の話においても、戦列艦という言葉を使ったが、実際に「戦列艦（シップ・オブ・ザ・ライン）」という呼び方が現れたのは、ウィリアム三世時代からである。この頃からイングランドの造船技術が一段と進歩したのに伴い、それまでの「大型艦（グレート・シップ）」や「主力艦（キャピタル・シップ）」が戦列艦と呼称されるようになった。（*The Navy in the War of William III*　六頁）
二一五　Evertsen 家はオランダで最も著名な海軍一族。このCornelis Evertsen（the Younger）（一六二八—一七九）は、第一次及び第二次英蘭戦争で活躍した Cornelis Evertsen（the Old）（一六一〇—六六）の甥。なお、コーネリス・エヴァーツェンがもう一人いて、Cornelis Evertsen（the Old）の長子 Cornelis Evertsen（the youngest 又は Devil）（一六四二—一七〇六）である。

二一六　Anne-Hilarion de Contentin（一六四二—一七〇一）。ツールヴィル伯。フランス海軍元帥。バルバロイ海賊討伐に参加した後、ルイ十四世の海軍に入る。第三次英蘭戦争において、五十門艦〈パージュ〉艦長としてソールベイの海戦に参加。

二一七　*The Royal Navy Vol.II*　三四一頁。

二一八　同右　同頁

二一九　*The Influence of Sea Power upon History*　一九五頁。

二二〇　*History of England*　四八八頁。

二二一　同右　四八七—八頁。

二二二　*The Influence of Sea Power upon History*　一九四—九六頁。

二二三　William Paterson（一六五八—一七一九）。商人として財を成し、イングランド銀行設立を推進した。後にスコットランド生まれとしてイングランドとスコットランドの連合に貢献する。

二二四　Charles Montagu（一六六一—一七一五）。初代ハリファックス伯爵。大蔵卿として国債を導入し、後に財務卿となる。

二二五　*Statesmen and Sea Power*　九〇頁。

二二六　John Churchil（一六五〇—一七二二）。初代マールバラ公。

二二七　*Statesmen and Sea Power*　八〇頁。

二二八　同右　七九頁。

二二九　*The Royal Navy Vol. Two*　三六六頁。

二三〇　*Statesmen and Sea Power*　八四—八五頁。

二三一　Ann（在位一七〇二—一四）。

二三二　Sidney Godolphin（一六四五—一七一二）。初代ゴドルフィン伯爵。一七〇〇—一〇年、大蔵卿。スコットランドとの連合において、両王国の調整に敏腕を揮う。一七一〇年、アン女王の不興を買い、大蔵卿を辞任する。

二三三　François-Eugéne de Savoie-Carignan（一六六三—一七三六）。サヴォイ公。フランス生まれのオーストリア将軍。

二三四　Sir George Rooke（一六五〇—一七〇九）。裕福な家庭の次男として生まれる。第二次英蘭戦争時代に海軍に入る。ビーチィ・ヘッドの海戦では次席指揮官を務めるが、ラ・オーグの襲撃戦では艦隊指揮官となる。トーリー党員で、後にホイッグ党との政争に巻き込まれ、皮肉にもジブラルタルの占領が契機となって海軍を解任される。

二三五　正確にはレオン島である。カディス城砦はこの島に構築されたのである。

二三六　*The Royal Navy Vol. Two*　三八〇頁。

二三七　Louis Alexandre de Bourbon（一六八三—一七三七）。ルイ十四世の息子。トゥーローズ公。

二三八　*The Influence of Sea Power upon History*　二一一頁。

二三九　同右　同頁。

二四〇　Sir John Leake（一六五六—一七二〇）。商船から海軍に入る。ウィリアム戦争においてバントリー・ベイの海戦に参加。アン女王戦争においてルックの隷下指揮官として活躍し、ショヴェルの死後に地中海艦隊の司令長官を継承する。後に海軍卿となる。

二四一　Jean bernard Desjeans（一六四五—一七〇七）。ド・ボアンタス男爵。ビーチィ・ヘッドの海戦に参加し、西インド諸島方面で戦隊司令官を務めた。マラガの海戦では中央戦隊のリア・アドミラル。

二四二　Sir Clowdisley Shovell（一六五六—一七〇七）。第二次英蘭戦争の前年に海軍に入る。ラ・オーグの海戦及びマラガ岬沖の海戦において顕著な功績を挙げる。

二四三　*The Royal Navy Vol.Two*　四一五頁。

二四四　*The History of the British Navy*　一二三頁。

二四五　*A New History of British Shipping*　二〇五頁。

二四六　*The Rise and Fall of British Naval Mastery*　九九頁。

二四七　*The Defence of British Trade 1689-1815*　一九頁。

二四八　『イギリス歴史統計』五七八頁及び『世界歴史大系・イギリス史2』二六八頁。

二四九　Henry St. John（一六七八—一七五一）。初代ボリングブルック子爵。トーリー党の指導的存在で、一七一〇—一五年、国務卿として活躍するが、後にジョージ一世により罷免される。

二五〇　*Precursors of Nelson*　四六—四九頁。

二五一　*History of England*　四九六頁。

二五二　George I（在位一七一四—二七）。

二五三　今井宏編『世界歴史大系　イギリス史2』は、「近年の研究は、ジョージ一世がある程度の英語力をもっていたこと、彼とイギリス閣僚はフランス語によって意思の疎通をはかっていたことを示しており、ジョージ一世の政治上の役割を軽視してはならない」と注釈している。（三一八頁）

二五四　Goerge II（在位一七二七—六〇）

二五五　Robert Walpole（一六七六—一七四五）。ノーフォークのジェントリー階層の出自。初代オーフォード伯。ホイッグ党員。一七二一—四二年、首相（公式には、大蔵卿—財務卿兼主計卿、first lord of treasury and chancellor of exchequer）。

二五六　*History of England*　四八六頁。

二五七　同右　同頁

二五八　*The Influence of Sea Power upon Hitory*　二二四頁。

二五九　Quieta non movere. 彼自身の言葉では、"My politics are to keep free from all engagements as long as we possibly can". なお、モルトケもこれを信条としたと言われる。

二六〇　B. Mcl. Raft edt. *The Vernon Papers*, the Naval Records Society, 1958

二六一　*The Royal Navy Vol.Four*　六五頁。

二六二　George Anson（一六九七—一七六二）。アンソン男爵。アドミラル・オブ・ザ・フリート。イングランド海軍の改革に大いに貢献する。一七五一—五六及び一七五七―六二年、海軍卿。

二六三　*The Influence of Sea Power upon History*　二六五―六六頁。

二六四　*The Royal Navy Vol. Three*　一〇五頁。

二六五　*The History of the Royal Navy*　一三六頁。

二六六　*The Royal Navy Vol. Three*　一〇六頁。

二六七　Edward Hawke（一七〇五―八一）。初代ホーク男爵。アドミラル・オブ・ザ・フリート。戦列艦々長として、一七四四年のツーロンの海戦に参加した。七年戦争では、地中海艦隊司令長官として、ブレスト封鎖に従事し、キベロン湾の海戦でブレスト艦隊を殲滅する。一七六六―六八年、海軍卿。

二六八　*The History of the British Navy*　一四〇頁。

二六九　*The Royal Navy Vol. Two*　三七二頁。

二七〇　*The History of the Royal Navy*　一三六頁。

二七一　*The Influence of Sea Power upon History*　二七一頁。

二七二　*Statesmen and Sea Power*　一二二頁。

二七三　*The Influence of Sea Power upon History*　二七一―七二頁。

二七四　*Fighting Instructions 1630-1816*　一九三及び一九八頁。

二七五　*The Oxford History of American People*　一三六頁。'In America this conflict was called Queen Ann's War'.

二七六　Edward Boscawen（一七一一―六一）。アドミラル・オブ・ザ・ブルー。

二七七　Henry Pelham（一六九六―一七五四）。一七二四年、ウォルポール内閣の戦争相。一七四三―五四年、大蔵卿としてイングランド首相を務める。

二七八　Thomas Pelham-Holles（一六九三―一七六八）。初代ニューカースル公。一七五四―五六年及び一七五七―六二年、大蔵卿としてイングランド宰相の職務をとる。

二七九　*The History of the British Navy*　一四四頁。

二八〇　同右　一四五頁。

二八一　*The Command of the Sea*　二六五頁。

二八二　*The Command of the Ocean*　二六五頁。

二八三　John Byng（一七〇四―五七）。アドミラル・オブ・ザ・フリートのトリントン伯ジョージ・ビングの四男。

二八四　*The Command of the Ocean*　二六六頁。

二八五　*The Royal Navy Vol. Three*　一五二頁。

二八六　ヴァイス・アドミラル・ジョン・フォーブス。

二八七　François Marie Arouet Vortaire（一六九四―一七七八）。啓蒙主義の作家、思想家。理性と自由を標榜し、封建的専制及び宗教的不寛容と戦う。

二八八　*Life of Lord Anson*　二七六頁。

二八九　*England in the Seven Years' War Vol.I*　一三四頁。

二九〇　*The Oxford History of the American People*　一六四頁。

二九一　William Pitt（一七〇八―七八）。初代チャタム伯爵。

二九二　*The Oxford History of the American People*　一六五頁。

二九三　同右　同頁。

二九四　アンソンはすでに一七五一年六月から五六年十一月にかけて海軍卿を務めていた。

二九五　*The Oxford History of the American People*　一六四頁。

二九六　Francis Holburne（?―一七七一）。准男爵。アドミラル・オブ・ザ・ホワイト。

二九七　Jeffrey Amherst（一七一七―九七）。アムハースト男爵。北アメリカ方面軍総司令官として、タイコンデロガ、クラウン・ポイント及びモントリオールを占領。北アメリカ総督。イギリス陸軍最高司令官。

二九八　James Wolfe（一七二七―五九）。十四歳で陸軍に入る。ジョージ王戦争で従軍。

二九九　Sir Charles Saunders（一七一三―七五）。アドミラル・オブ・ザ・ホワイト。海軍卿。

三〇〇　Robert Clive（一七二五―七四）。プラッシーにおける勝利で、男爵となる。後に、ベンガル総督兼軍司令官になり、東インド会社のベンガル支配権、ひいてはイングランドのインド半島支配権を確立する。後に汚職の汚名を着せられて、自殺する。

三〇一　*History of the British West Indies*　四八五頁。

三〇二　*History of England*　五四三―五四四頁。

三〇三　同右　同頁。

三〇四　Statesmen and Sea Power　一三八頁。

三〇五　Richard Howe（一七二六―九九）。ハウ伯。アドミラル・オブ・ザ・フリート。一七八三―八八年、海軍卿。

三〇六　Charles Spencer（一七〇六―五八）。スペンサー家から養子として第三代マールバラ公となる。ウィンストン・チャーチルの先祖。

三〇七　Hubert de Brienne Conflans（一六九〇―一七七七）。

三〇八　*The History of the British Navy*　一五三頁。

三〇九　*History of England*　五四三頁。

三一〇　*Statesmen and Sea Power*　一三七頁。

三一一　George III（在位一七六〇―一八二〇）。

三一二　John Stuart（一七一三―九二）。第三代ビュート伯。少年時代のジョージ三世の教育に当たる。

三一三　*Statesmen and Sea Power*　一四〇頁。

三一四　*The Rise and Fall of British Naval Mastery*　一一五頁。

三一五　Frederick North（一七三二―九二）。ギルフォード伯。

三一六　George Sackville Germain（一七一六―八五）。サックヴィル子爵。

三一七　陸軍大臣の設置はクリミヤ戦争以後。

三一八　*The Oxford History of American People*　一八〇頁。

三一九　*The British Way in Warfare 1688-2000*　六四頁。

三二〇　同右　一七二頁。

三二一　John Adams（一七三五―一八二六）。独立宣言草案起草委員の一人。第二代アメリカ合衆国大統領。

三二二　*The Oxford History of American People*　一七九頁。

三二三　Patrick Henry（一七三六―九九）。一七六五年頃からアメリカ植民地の急進派の指導者となる。

三二四　イングランド下院議員Isaac Barreが印紙法反対演説の中でアメリカ植民地人を指して呼んだのが最初。

三二五　William Howe（一七二九―一八一四）。ハウ子爵。ルイスバーグ占領とケベック防衛に参加。ハウ提督の弟。

三二六　Sir Henry Clinton（一七三八―九五）。七年戦争で

はヨーロッパ戦線に参加。後にジブラルタル総督。

三一七　John Burgoyne（一七二二―九二）。後にアイルランド軍総司令官。戯曲作家でもある。

三一八　*The Oxford History of American People*　一七九頁。

三一九　最初のスターズ・アンド・ストライプスは、一七七七年六月に出現する。

三二〇　〈アルフレッド〉は、ボストンの商船を武装したもの。

三二一　*The Oxford History of American People*　二一九頁。

三二二　Thomas Paine（一七三七―一八〇九）。一七七四年、イングランドで破産した後、アメリカ植民地に渡る。

三二三　原題は The unanimous Declaration of the thirteen United States of America。

三二四　学習研究社『日本と世界の歴史』二五八―二六一頁。

三二五　中屋健一『新米国史』六二頁。

三二六　今井宏編『世界歴史体系　イギリス史２　近世』三四七頁。

三二七　Jean-Frédéric Phélypeaux de Maurepas（一七〇一―八一）。

三二八　*The History of the British Navy*　一五八頁。なお、リッチモンド卿によれば、サンドウィッチが三十五隻を請合ったのは、フランス参戦に伴う議会での質問に答えたものとしている。*Statesmen and Sea Power*　一四四頁。

三二九　Étienne-François de Choiseul（一七一九―八五）。候。フランスの政治家。一七五八―六一年、外務大臣。一七六一―六六年、国防大臣と海軍大臣を兼任。一七五八―六三年、事実上の宰相として活躍し、六三年の七年戦争の講和条約交渉において活躍する。近世フランス海軍の育ての父と称される。

三四〇　Jean-Baptiste Charles Henri Hector Theodat（一七二九―九四）。デスタン伯爵。ヴァイス・アドミラル。当初、陸軍将校として東インドに勤務し、陸軍中将になる。一七七七年、海軍に転じる。アメリカ独立戦争から帰って、政界に入る。後にフランス革命の理念に同調するが、マリー・アントワネットにも同情を寄せてギロチン台で処刑された。

三四一　*The Influence of Sea Power upon History*　三六〇―六四頁。*The Royal Navy Vol. Three*　四〇〇頁。

三四二　Augustus Keppel（一七二五―八六）。男爵。アンソンの世界周航には旗艦〈センチュリオン〉のレフテナントとして、ホークのキベロン湾の海戦には艦長として参加。一七八二年、ノース政権の崩壊に伴い、海軍卿に就任。

三四三　*The First Salute*　一八八―八九頁。

三四四　*The British Navy in Adversity*　一三五頁。

三四五　同右　一四二頁。

三四六　*The British Way in Warfare*　七八頁。

三四七　Samuel Barrington（一七二九―一八〇〇）。アドミラル・オブ・ザ・ホワイト。法律家にして政治家の初代バリントン子爵の次男。

三四八　Luc-Urbain du Bouexic（一七一二―九〇）。グッシエン伯。

三四九　Marriot Arbuthnot（一七一一―九四）。アドミラル・オブ・ザ・ブルー。ヨークタウンの降伏につながる一七八一年三月の「チェサピーク湾口沖の海戦」における不手際で、終身半給生活を強いられる。

三五〇　Don Luis Cordova　不詳。

三五一　John Paul Jones（一七四七—九二）。アイルランド生まれ。船乗りとしてアフリカや西インド諸島の貿易に従事し、一七七七年、ヴァージニア植民地に移住する。アメリカ独立戦争における活躍で、アメリカ合衆国海軍の父と称せられる。

三五二　George Brydges Rodney（一七一九—九二）。アドミラル・オブ・ザ・ホワイト。十三世紀に遡る名門豪族の次男。ジョージ一世と初代チャンドス公ジェイムズ・ブリジェスとが名付け親となり、ジョージ・ブリジェス・ロドニーとなる。

三五三　Luis-Antoine Gontaut（一七〇〇—八八）。ベロン公。フランス軍最高指揮官。

三五四　*The First Salute*　二一二頁。

三五五　Don Juan de Langara　不詳。

三五六　*Fighting Instructions 1530-1816*　二二七頁。

三五七　*The Sandwich Papers Vol.III*　二一一—一八頁。

三五八　Samuel Hood（一七二四—一八一六）。フッド子爵。アドミラル。一七八八—九五年、第一海軍卿。当代一流の戦略・戦術家として令名を馳せ、ネルソンが「アドミラル中のアドミラル」と絶賛するが、歯に衣着せない辛辣な批評で上下に煙たがられる。実弟のアドミラルにしてブリポート子爵 Alexander Hood（一七二六—一八一四）以下、キャプテンの Alexander Hood（一七五八—九八）、ヴァイス・アドミラルの Sir Samuel Hood（一七六二—一八一四）、リア・アドミラルの Sir Horace Hood（一八七〇—一九一六）と海軍一族の長。

三五九　*Rodney*　三五九頁。

三六〇　同右　同頁。

三六一　François-Joseph Paul Grasse（一七二二—八八）。グラース伯爵。セイント諸島の海戦で捕虜になり、帰国後、軍法会議にかけられて海軍を辞職。

三六二　Charles Cornwallis（一七三八—一八〇五）。一七八六年、インド総督兼総司令官となり、一七九〇—二年の第三次マイソール戦争における功績で初代コーンウォリス侯に叙せられる。

三六三　Thomas Graves（一七二五—一八〇二）。アドミラル・オブ・ザ・ホワイト。一七九四年の「栄光の六月一日」において、ハウ艦隊前衛戦隊指揮官として活躍し、男爵に叙せられる。

三六四　Johan Arnold Zoutman　不詳。

三六五　*The Royal Navy Vol. Three*　五〇八頁。

三六六　Richard Kempenfelt（一七一八—八二）。リア・アドミラル。当代随一の理論家。信号法の画期的な改善に寄与。スピットヘッドにおける旗艦〈ロイヤル・ジョージ〉の沈没事故で不慮の死を遂げる。

三六七　*The Royal Navy Vol. Three*　五一五頁。

三六八　同右　同頁。

三六九　*The Influence of Sea Power upon History*　四七六頁。

三七〇　James Saumarez（一七五七—一八三六）。アドミラル・オブ・ザ・ホワイト。ドッガーズ・バンクの海戦、セント・ヴィンセント岬の海戦、アブキールの海戦に参加。ネルソン亡き後のイングランド海軍を代表する名将となる。

三七一　*The Admirals Hood*　七三頁。

三七二　Paul l'Hoste（一六五二―一七〇〇）。一六九二年、『海軍戦術論』（L'Art des Armées Navals）を出版。

三七三　*The British Navy in Adversity*　三四七頁。

三七四　*The Influence of Sea Power upon History*　四九六頁。

三七五　*The Navy in Adversity*　三九三頁。

三七六　William Petty（一七三七―一八〇五）。第二代シェルバーン伯爵。

三七七　William Pitt（一七五九―一八〇六）。初代チャタム伯ウィリアム・（大）ピットの次男。一七八一年に議会入りして、翌年にはセルバーン内閣の財務大臣を務める。一七八三―一八〇一年と一八〇四―一八〇六年の二度にわたり、首相を務める。

三七八　*The Statesmen and Sea Power*　一五九頁。

三七九　Charles Middleton（一七二六―一八一三）。初代バーラム卿。

三八〇　*The Statesmen and Sea Power*　一六九頁。

三八一　*Statesmen and Sea Power*　一七二頁。

三八二　*The Naval History of Great Britain Vol.1*　五三頁。

三八三　*The Royal Navy Vol.Four*　二一五頁。

三八四　*The Naval History of Great Britain Vol.1*　五七頁。

三八五　*Statesmen and Sea Power*　一八一頁。

三八六　*The Dispatches and Letters of Lord Nelson Vol.2*　七頁。

三八七　*The Royal Navy Vol.Four*　二二五頁。

三八八　*The Dispatches and Letters of Lord Nelson Vol.2*　四六頁。

三八九　John Jervis（一七三五―一八二三）。アドミラル・オブ・ザ・フリート。セント・ヴィンセント伯爵。ネルソンを引き立てた。一八〇一―四年、海軍卿となり、ドックヤードの汚職を一掃して、海軍監理分野を粛清する。

三九〇　*The Life of John Jervis Admiral Lord St. Vincent*　一一三頁。

三九一　*The Dispatches and Letters of Lord Nelson Vol.2*　一一一、一二五、一二六及び一六一頁。

三九二　*The Life of John Jervis Admiral Lord St. Vincent*　二〇三―二〇四頁。

三九三　*St. Vincent and Camperdown*　一四一頁。

三九四　*The influence of Sea Power upon the French Revolution and Empire Vol.1*　二五五頁。

三九五　*The Life of Nelson Vol.1*　三三一頁。

三九六　同右　三三二頁。

三九七　*The Dispatches and Letters of Lord Nelson Vol.3*　四〇頁。

三九八　*Nelson and the Nile*　二五六頁。

三九九　同右　三〇一頁。

四〇〇　*The Influence of Sea Power upon the French Revolution and Empire Vol.II*　一〇九頁。

四〇一　*The Campaign of Trafalgar*　一七頁。

四〇二　Sir Henry Edward Bunbury（一七七八―一八六〇）。ナポレオン戦争中、オランダ北部、地中海方面に転戦し、ワーテルローではウェリントン軍司令部で勤務した。プリマスに拘禁されたナポレオンに対してセント・ヘレナ流刑を宣告する使者となる。

四〇三　*Statesmen and Sea Power*　二一八頁。

四〇四　*The Influence of Sea Power upon the French Revolution and Empire Vol.II*　一一一頁。

四〇五　同右　一一八頁。

四〇六　Pierr-Charles-Baptisvestre de Villeneuve（一七六三―一八〇六）。

四〇七　Honoré-Joseph-Antoine Ganteaume（一七五五―一八一八）。

四〇八　Sir William Cornwallis（一七四四―一八一九）。アメリカ独立戦争から活躍して、「ビリー・ブルー」の綽名で親しまれネルソンと親交があった。

四〇九　*The Influence of Sea Power upon the French Revolution and Empire Vol.II*　一八一頁。

四一〇　Cuthbert Collingwood（一七四八―一八一〇）。トラファルガーではネルソンの次席指揮官で、その功績により男爵となる。ネルソンの無二の親友として有名。

四一一　*The Fighting Instructions*　二八三頁。

四一二　*The dispatches and Letters of Lord Nelson*　六〇頁。

四一三　*The Fighting Instructions*　二八二―三頁。

四一四　*The Royal Navy Vol.Five*　一一七頁。

四一五　同右　一三〇頁。

四一六　同右　一六五頁。

四一七　同右　一六六頁。

四一八　*The Life of Nelson*　三三一―二頁。

四一九　四王国、一選定侯国、七大公国、十公国、十侯国、一方伯国、及び四自由市の連合。

四二〇　*A Naval History of England Vol.2*　五〇一頁。

四二一　*The Rise and Fall of British Naval Mastery*　一八五頁。

四二二　*Navies and Nations Vol.2*　四六五―六六頁。

四二三　*The Rise and Fall of British Naval Mastery*　一七六頁。

四二四　Philip Gosse, *The History of Piracy*　一頁。

第三版に寄せて

かつて七つの海を制し、「日の沈まない帝国」と呼ばれた大英帝国の礎を築いたイングランド海軍。本書は、著者によれば、「著者の知るかぎりにおいて、日本語で綴られた唯一のイングランド海軍通史」である（プロローグ）。まさに、その言葉どおり、本書には、イングランド海軍の生い立ちから、その絶頂期までの歴史のエッセンスが詰まっている。

本書の読みどころは、もちろん、世界の歴史に名を残すあまたの海戦や逸話が立て板に水のごとく生き生きと物語られ、まさに巻置くあたわずの第二部「イングランド海軍の戦い」である。しかし、それもさることながら、本書のもっとも貴重な部分は、イングランド海軍の成り立ちと制度的変遷、戦術とそれに不可欠な旗旒信号の誕生、そしてキャプテンやコマンダーといった階級制度の成立過程などを詳細に解説した第一部である。

なんといっても憲法さえ持たない慣習法の国である。イングランドの組織名や役職名の変遷はじつにややこしく、翻訳者泣かせだ。著者は、たとえば日本では「海軍本部」と訳されることが多い admiralty について、「安っぽい訳語」と皮肉りながら、ではアドミラルティとはなんぞやという問題を、その起源から解き明かしてみせる。そして、その過程でイングランド海軍の制度的な問題点を指摘する。

とにかくこの第一部は、著者の豊富な知識と長年の研究成果が遺憾なく発揮された、他者の追随を許さぬ部分であり、その資料的価値は計り知れない。この第一部だけでも、本書はおつりが来るといえる。

そして、この第一部で二つの重要なテーゼが提示され、それが第二部の「イングランド海軍の戦い」で敷衍されるのである。世に名高いアルマダの戦いから、トラファルガル海戦まで、海戦の経緯や勝因敗因を、操船術や信号術、風向きなど、船乗りの視点から的確に解説するあざやかな手際は、まさに元ネイヴァル・オフィサーの面目躍如だ。個々の海戦の解説に関しては、彼我の戦力比や損害が具体的に記述され、読者の理解を助けている。とくに、単縦列の「戦列」による戦闘を規定した艦隊戦術準則を編み出したイングランド海軍が自縄自縛の戦列至上主義に陥り、それを無視したネルソンがトラファルガル海戦で勝利をおさめる経緯は、こうした通史ならではの説得力を持っている。有名な「ネルソン・タッチ」についても、その具体的な文言が明かされ、まさに目から鱗が落ちる思いだ。

本書は通史としての性質上、逸話などは、イングランド海軍史を流れとしてとらえるために効果的なものが抽出されている。映画〈美女ありき〉やスーザン・ソンタグの小説『火山に恋して』でも有名なネルソン提督とハミルトン夫人との情事もさらりと触れるだけだ。（もちろん、汚職や敗北の責任転嫁など、スキャンダルのネタには事欠かないが。）これはイングランド海軍千年の歴史をわずか一巻の書物にまとめるという難事を成し遂げるためには仕方がないことだ。したがって、個々の海戦や特定の時代のイングランド海軍について、もっとくわしい本を書くことはできるかもしれない。

しかし、本書を越える通史を日本語で物することは、おそらくできないだろう。それは本書が、「海軍オーナーの変遷」と「制海権の確立」という国内的な紆余曲折と、より世界史的な有為転変という二つの重要なテーゼに着目して書かれているからである。王室の海軍だったイングランド海軍がいかに国家海軍へと変貌を遂げたか。「地理上の発見」時代（いわゆる大航海時代）にスペインやポルトガルに大きく遅れをとった端役にすぎなかったイングランドが、なぜ七つの海を制することができたのか？

海軍史というと、とかく海戦のドンパチとか、華々しい勝利とか、英雄譚の羅列になりがちだ。しかし、著者は、これらのテーゼに着目して個々の海戦や陸戦、王室私有海軍から国家海軍への変遷の意義を説き、イングランド海軍史をイングランド史あるいは世界史とダイナミックに結びつけることにみごとに成功している。その点で、本書はアルフレッド・マハンの『海上権力史論』やポール・ケネディの『大国の興亡』の流れをくむものといえる。艦船ファン、帆船ファンだけでなく、広く歴史に関心がある方々に広く読んでいただきたい所以である。

海上自衛隊の幹部として艦長や隊司令を歴任した著者の小林氏は、C・S・フォレスターやアレクザンダー・ケント（ダグラス・リーマン）などの海洋小説の熱心な読者でもあった。「プロローグ」にもあるように、氏がイングランド海軍史に傾倒するようになったきっかけは、イングランド海軍における階級の呼称にかんする疑問だった。日本では大佐、中佐、少佐と「大中小」の順に並んでいるのに、なぜ英語では順にキャプテン、コマンダー、レフテナント・コマンダーなのか？

こうした疑問は、物好きな翻訳者などの頭にも浮かぶものだが、氏の驚嘆すべきところは、疑問をとっかかりにして、海自退官後、イングランド海軍史の古典とされるリッチモンドやクロウズ、ルイス、コーベット、ロートンらの著作をすべて、古書で有名なイングランドの町ヘイ・オン・ワイの古書店などから、自ら現地に足を運んで入手し、それらをすべて読破したことである。もちろん、記念艦ヴィクトリー号やシンク・ポーツなど、イングランド海軍ゆかりの地を何度も訪ねたことはいうまでもない。氏の蔵書を仕事場でじかに拝見したことがあるが、まさに圧巻というほかなかった。

小林氏は、こうした研究成果を、機関誌《東郷》への寄稿や、海上自衛隊ＯＢや艦艇研究家、翻訳者などで設立された海軍史研究会のレクチャーにおいて、折にふれて披露してきた。そして、十数年にわたるイングランド海軍史研究の集大成として、満を持して書き上げたのが本書である。本書は最初、私家版として刊行されたが、これが限られた人たちの目にしか触れないことを惜しんだ翻訳者の大森洋子氏の尽力により、あらためて図版多数を追加のうえ、原書房より上梓される運びとなった。

そのおかげで読者は、これらの膨大な古典的名著のエッセンスを、その題材を知りつくした著者の流麗な日本語で味わうことができるのである。これはまさに僥倖というほかない。

しかしながら、本書は氏の知識の片鱗にすぎぬと思う。それは本書にちりばめられた雑学の数々でもあきらかだろう。イングランド海軍の歴史の面白さをもっと多くの人に教えたくてたまらない。そういう著者の姿勢が本書の端々にうかがえる。実際、海将補まで昇りつめた武人でありながら、少しも偉ぶったところがなく、軍事の素人の質問にも、それを愚問とばっさり切り捨てるのではなく、豊富な知識をふまえて教示してくれる懐の広い人物だった。信州人らしく議論好き。掃海隊群司令を務めたように、海上自衛隊で水中処分(EOD)など近代掃海術の礎を築いた一人であると同時に、クラシック音楽を愛し、絵筆を取れば帆船画で個展を開くほどの腕前の持ち主でもあった。

もし、いまもご存命であれば、イングランド海軍にまつわる該博な知識や逸話を、もっとたくさん読者と分かち合ってくれたのではないかと思うと、謦咳に接した幸運な者のひとりとして残念でならない。せめて本書が、日本におけるイングランド海軍史の古典として、今後も末永く読み継がれることを祈念している。

二〇一六年六月

村上和久(翻訳者)

参考文献

William Laird Clowes, *The Royal Navy A History from the Earliest Times to 1900 Vol.I-VII*, London, 1897

Michael Lewis, *The History of the British Navy*, Harmondsworth, 1962

Paul Kennedy, *The Rise and Fall of British Naval Mastery third ed.*, Glasgow, 1991

G.J. Marcus, *A Naval History of England I & II*, London, 1961

William James, *The Naval History of Great Britain Vol.I-VI*, London, 1837

Herbert Richmond, *Statesmen and Sea Power*, Oxford, 1945

N.A.M. Rodger, *The Safe guard of the Sea*, London, 1997

Ditto, *The Command of the Ocean*, London, 2004

Christopher Lloyd, *The Nation and the Navy*, London, 1954

Jan Glete, *Navies and Nations Vol.One & Two*, Stockholm, 1993

N.A.M. Rodger, *The Admiralty*, Levenham, 1979

Sir Vesey Hamilton, *Naval Administration*, London, 1896

M. Oppenheim, *A History of the Administration of the Royal Navy 1509-1660*, London, 1988

David Loades, *The Tudor Navy*, Cambridge, 1992

Arthur Nelson, *The Tudor Navy 1485-1603*, London, 2000

J.S. Corbett, *Drake and the Tudor Navy Vol.I-II*, London, 1899

Ditto, *The Successors of Drake*, London, 1900

Ditto, *England in the Mediterranean 1603-1713 Vol.I-II*, London, 1917

Ditto, *Fighting Instructions*, Annapolis, 1971

Peter Kemp, *The Campaign of the Spanish Armada*, New York, 1988

Garrett Mattingly, *The Defeat of the Spanish Armada*, London, 1959

C.D. Penn, *The Navy under the Early Stuarts*, Manchester, 1913

Kenneth R. Andrews, *Ships, Money & Politics*, Cambridge, 1991

Bernard Capp, *Cromwell's Navy*, Oxford, 1992

A.W. Tedder, *The Navy of the Restoration*, London, 1970

Sari R. Hornstein, *The Restoration Navy and English Foreign Trade 1674–1688*, Aldershot, 1991

Robert Lantham edt., *Samuel Pepys and the Second Dutch War*, Aldershot, 1995

Edward B. Powley, *The English Navy in the Revolution of 1688*, Cambridge, 1928

Arthur Bryant, *The Naval Side of King William's War*, London, 1972

John Knox Laughton, *From Howard to Nelson*, London, 1900

A.T. Mahan, *Influence of Sea Power upon History 1660–1783*, London, 1890

Ditto, *Influence of Sea Power upon the French Revolution and Empire 1793–1812 Vol.I & II*, London, 1893

Ditto, *The Life of Nelson The Embodiment of the Sea Power of Great Britain Vol.I & II*, London, 1897

Peter Le Fevre and Richard Harding edt., *Precursers of Nelson*, London, 2000

Brian Lavery, *Nelson and the Nile*, London, 1998

Ditto, *Nelson's Navy*, London, 1989

Ditto, *The Ship of the Line Vol.I*, London, 1983

Ian Friel, *The Good Ship*, London, 1995

Peter Kirsch, *The Galleon*, London, 1990

E.H.H. Archibald, *The Wooden Fighting Ships*, Poole, 1972

Attilio Cucari, *Sailing Ships*, Chicago, 1976
David Hume, *The History of England* Vol.IV, London, 1983
Samuel Eliot Morison, *The Oxford History of the American People*, New York, 1927
Ditto, *The European Discovery of America the Northern Voyage*, New York, 1971
Ditto, *The European Discovery of America the Southern Voyage*, New York, 1974
Sir Alan Burns, *History of the British West Indies*, London, 1965
Patrick Crowhurst, *The Defence of British Trade 1689-1815*, Folkestone, 1977
Ronald Hope, *A New History of British Shipping*, London, 1900
Timothy Wilson, *Flag at Sea*, London, 1986

アンソニー・E・コール／筑土龍男訳『原子力時代の海洋力』（恒文社、一九六五年）
アルフレッド・T・マハン／北村謙一訳『海上権力史論』（原書房、一九八二年）
G・M・トレヴェリアン／大野真弓訳『イギリス史1－3』（みすず書房、一九七四年）
青山吉信編『世界歴史大系　イギリス史〈1〉』（山川出版社、一九九一年）
麻田貞雄『両大戦間の日米関係』（東大出版会、一九九三年）
今井宏・青山吉信編『概説イギリス史〔新版〕』（有斐閣、一九九一年）
今井宏編『世界歴史大系　イギリス史〈2〉』（山川出版社、一九九〇年）
今井陸郎編『世界各国史7　中欧史（新版）』（山川出版社、一九九二年）
佐藤徳太郎『近代西欧戦史』（原書房、一九七四年）
柴田三千雄・樺山紘一・福井憲彦編『世界歴史大系　フランス史〈2〉』（山川出版社、一九九六年）
中西輝政『大英帝国衰亡史』（PHP研究所、一九九九年）
中屋健一『新米国史』（誠文堂、一九八八年）
成瀬治・山田欣吾・木村靖二編『世界歴史大系　ドイツ史〈1〉』（山川出版社、一九九七年）

福田恆存『私の英国史』（中央公論社、一九八〇年）
松村正義『日露戦争と金子堅太郎』（新有堂、一九八七年）
森護『英国王室史話』（大修館書店、一九八九年）

【ろ】

【わ】

【み】

【め】

【も】

【ゆ】

【へ】

【ほ】

【ま】

【ひ】

【な】

【に】

【ち】

【つ】

【て】

【と】

【せ】

【そ】

【た】

【す】

【き】

【く】

【う】

【え】

索　引

【あ】

【い】

小林幸雄（こばやし・ゆきお）
1937年、旧満州国新京市生まれ。防衛大学校（第６期）卒業後、海上自衛隊入隊（第13期一般幹部候補生）。海上自衛隊幹部学校（指揮幕僚課程・高級幹部課程）および防衛研究所（特別課程）修業。掃海艇艇長、護衛艦艦長、地方総監部防衛部、海上幕僚監部防衛課、掃海隊群司令部幕僚、護衛隊司令および掃海隊群司令等歴任。海将補。2008年、没。

図説《ずせつ》イングランド海軍《かいぐん》の歴史《れきし》［新装版］

●

2016年6月23日　第1刷

著者……………小林幸雄《こばやしゆきお》

装幀……………岡孝治

発行者……………成瀬雅人

発行所……………株式会社原書房
〒160-0022 東京都新宿区新宿1-25-13
電話・代表03(3354)0685
http://www.harashobo.co.jp
振替・00150-6-151594

印刷……………新灯印刷株式会社

製本……………小高製本工業株式会社

ISBN978-4-562-05335-3 , Printed in Japan